大 学 物 理

（上册）

（第三版）

吴泽华　陈治中　黄正东　编著

浙江大學出版社

图书在版编目（CIP）数据

大学物理. 上册 / 吴泽华等编著. —3 版. —杭州：浙江
大学出版社，2006.8（2024.1 重印）
　　ISBN 978-7-308-02856-1

Ⅰ. 大…　Ⅱ. 吴…　Ⅲ. 物理学－高等学校－教材　Ⅳ. O4

中国版本图书馆 CIP 数据核字（2001）第 085627 号

大学物理（上册）（第三版）

吴泽华　　陈治中　　黄正东　　编著

责任编辑	徐　霞
出版发行	浙江大学出版社
	（杭州市天目山路 148 号　邮政编码 310007）
	（网址：http://www.zjupress.com）
排　　版	杭州青翊图文设计有限公司
印　　刷	杭州高腾印务有限公司
开　　本	850mm×1168mm　1/32
印　　张	17
字　　数	473 千
版 印 次	2006 年 8 月第 3 版　2024 年 1 月第 23 次印刷
印　　数	78301—79300
书　　号	ISBN 978-7-308-02856-1
定　　价	39.00 元

内容简介

本书是以教育部颁布的《高等工业学校物理课程教学基本要求》为依据编写的。全书共分三册,第一册力学、机械振动和机械波、热学,第二册电磁学,第三册光学、量子物理学。各章均配有思考题和习题。各篇还增加了适量的扩展性内容,编写成阅读材料供教学中选用。

本书可作为高等理工科大学非物理专业教材或参考书,也可供其他类型学校的学生和教师使用或参考。备有本书全部习题题解,供以本书为教材的教师参考,可与编著者联系。

序

　　物理学最初被称为自然哲学(Natural Philosophy)。还在 17 世纪时,由于生产力的发展制约了人类对自然规律的认识,人类只观察到 Alchemistry 或静电场、磁场范畴的一些现象,而未能上升到理性认识;在对天文、天体中行星运动的观察方面,从泰柯(Tycho)、开卜勒(Kepler)、伽利略(Galileo)到牛顿(Newton),他们的研究有所突破,得到了力学和万有引力的基本规律,但对于物质的内部规律仍知之甚微。人类在经过一段时间的努力后,又掌握了电磁波、光波及光谱分析,进入了微观领域,建立了普朗克、爱因斯坦到玻尔的量子论和原子物理。在物理学的发展过程中,人类对太阳系以内的事物有了基本认识,掌握了与生活、生产有关的基本规律,并在第一原理的指导下进一步发展科技、发展已有的原理,达到了今天科技发展的辉煌阶段。

　　从 20 世纪 20 年代至今,人们一直不停地寻找更基本的原理——基本粒子和宇宙结构。从当前人类所具备的条件来看,生产力的发展远不能满足研究所需要的条件,期望弄清这些对象在近期是很难实现的。由于当前没有解决的问题的研究难度很大,造成两种错误认识:一是认为人类已经无能为力,物理学也已到了尽头;另一是认为实际太复杂,已有的第一原理、基本规律不会有更多的发展,解决问题要么有新的基础性的大发现,要么需要寻找新的数理的演绎法或等待计算机技术的发展。于是在理论与实际之间形成了鸿沟。

　　事实是:一方面,理论发展本身是建立在实践的基础上的,正是因为事物的复杂性,第一原理才会得到发展;另一方面,理论与实践是统一的,没有实践中的进一步认识就谈不上理论的发展,理论就会变为教条。这是马克思主义发展过程所证明了的道理。古代不可能发现量子力学，量子力学原理只有在实践中得到发展。今天在材料科学、生物科学中的许多问题正是进一步促进物理学发展的基本条件。

因此，科学技术与生产力是有机地相辅相成的，学习物理是为了发展生产力，进一步认识自然，反过来促进生产力，推动新的研究领域（比如天体物理、基本粒子）的发展。而物理学并没有到尽头，它是不断发展中的一个强大的生产力，具有更大的广阔的应用天地。

物理学应当成为理解自然规律和发展生产力的指南，而不是教条。因此学习物理时必须抓住本质，应做到华罗庚先生所说的那样："书要读薄。"对于十分复杂的实际应用对象而言，还必须深入进去，学习、调查和研究，将基本原理用于解决具体问题，并进一步通过实践得到发展。

应该应用马克思主义辩证唯物主义的学习方法。有了基本知识，有了马克思主义，才能如虎添翼、融会贯通。用这样的方法，才能学好物理，打下深厚的基础，才能联系实际，在认识自然和发展生产力方面发挥更大的作用。

中国科学院院士　　程开甲

1997 年 7 月 20 日

于北京

第三版前言

本教材出版于 1997 年,在 2001 年进行了第一次修订。在我国高等教育迅猛发展的新形势下,为了更好地适应新世纪教学改革对教材建设的要求,我们对照了"理工科非物理类专业大学物理课程教学基本要求"(2004 年版),对本教材进行了第二次修订。主要涉及的问题有下列几个方面:

1. 根据 2004 年制订的基本要求的核心内容和扩展内容的有关部分,对本教材进行了适当更新和调正。如在力学篇章中增加了"流体力学"简介一节;在光学篇章中简要介绍了几何光学;又将核物理和粒子物理扩展为一章。在量子物理部分也增加了新的内容。

2. 根据教学过程中对教材的研究和讨论,改写了部分章节,使更易教易学,更切合教学实际和教学规律。

3. 对部分章节的习题作了调正和补充,尽力做到由浅入深,循序渐进,使内容更加丰富充实。

编者衷心感谢多年来支持和关心本教材建设的广大读者,感谢你们提出的许多有益而中肯的意见。由于编者水平有限,尽管在再版和多次印刷中改正了一些错误和不当之处,但仍存在不少疏漏,恳请各位老师、同行和读者给予进一步指正。

编著者
2006 年 6 月

第二版前言

本书于 1997 年出版，在浙江大学的非物理类理工专业使用，并被部分高等院校选作教材或参考书。鉴于本书在编写过程中努力适应教改形势，在内容现代化、结合工程实际、加强素质教育等方面进行了一定的探索，受到广大师生的好评。

本次再版，我们考虑了师生们许多有益的建议和意见，对部分章节进行了修改和补充，改正了第一版中的一些不妥之处，并根据国家标准，对全书的量和单位进行了校核，使其更加规范化。

本书在使用过程中得到老师们的支持和帮助，编著者对此表示衷心的感谢。由于编著者水平有限，再版后的书中还会有缺点和错误，请广大读者批评指正。

编著者
2001 年 7 月

前　言

　　物理学是自然科学中的一门基础学科,它不仅与化学、天文学、地学、生物学等其他基础学科和工程技术有着十分密切的关系,并已成为现代文化的一个重要组成部分。为了体现这个时代特征,使读者进一步了解物理学对物质世界的不断揭示和对工程技术进步的深远影响,从而加深对物理学的认识,提高科学素养,我们在编写过程中注意贯彻以下各点:

　　1. 以国家教委颁布的《高等工业学校物理课程教学基本要求》为依据,结合本校教学实践,内容有所扩展,要求略有提高。并在编写中注意了与中学物理的衔接,在适当提高起点的同时,考虑了学生的可接受性。对教学基本内容着重阐述清楚物理概念和物理规律,尽力体现大学物理教材的科学性、系统性和教学性等原则,逐步使学生建立起清晰的物理图像。

　　2. 为使大学物理课程的内容现代化贯彻在整个课程的教学中,我们在经典物理部分就引进相对论和量子论概念;在动力学部分,强调物质相互作用时动量和能量的概念,由守恒定律出发引入质量、力、势能等概念,因此在内容的编排上与传统的顺序略有不同;部分现代物理的知识、热点和前沿,及其在工程技术上的应用,分别在有关的篇章里作简要介绍,并编写了适量的与学生理解水平相适应的阅读材料,如宇宙膨胀和大爆炸理论、广义相对论简介、混沌现象、孤立波、耗散结构、超导电性、同步辐射及其应用、非线性光学简介、基本粒子等,以拓宽学生的视野,扩大学生的知识面。

　　3. 本书在阐述基本物理概念和理论的同时,注意将科学思维方法和科学研究方法体现在教材之中,以开拓学生思路,加强素质教育。并在脚注中介绍了一些著名物理学家及诺贝尔物理学奖获得者的重大贡献和治学精神,以激励学生的学习积极性和探索科学的热情。

本书分上、中、下三册,上册包括力学、机械振动和机械波、热学;中册包括电磁学;下册包括光学、量子物理学。本书内容丰富,涉及面广,但考虑到不同层次教学的要求,加 * 的或小字排印的章节可以灵活选用,如删去这些部分,全书仍保持应有的系统性和完整性。

全书采用国际单位制(SI),书中用到的物理量的名称、符号和单位列表于书前。

编写者的具体分工是:力学、热学由陈治中编写,机械振动和机械波由黄正东编写,电磁学、光学和量子物理学由吴泽华编写,其中第二十四章由陈凤至编写。徐亚伯、陈凤至、许晶波老师在百忙中为本书编写了部分阅读材料。各篇阅读材料的编写者注明在篇尾。

本书经上海交通大学胡盘新教授主审。

程开甲院士特为本书作序,谨致衷心感谢。

刘元平老师阅读了本书的全部初稿,吴璧如、陈凤至、冷光尧、陆道芳、林玉蟾、施丹华等老师阅读了部分初稿,提出许多宝贵意见,亦表谢意。

限于编者的水平,不妥和错误之处敬请批评指正。

编著者
1997 年 6 月
于浙江大学物理系

物理量名称、符号和单位

物理量名称	物理量符号	单位名称	单位符号
长度	l	米	m
质量	m	千克	kg
时间	t	秒	s
速度	v, u	米每秒	m/s
加速度	a	米每二次方秒	m/s^2
角	$\theta, \alpha, \beta, \varphi$	弧度	rad
角速度	ω	弧度每秒	rad/s
角加速度	β	弧度每二次方秒	rad/s^2
周期	T	秒	s
转速	n	转每秒	r/s
频率	ν	赫[兹][1]	Hz
角频率	ω	弧度每秒	rad/s
振幅	A	米	m
波长	λ	米	m
波速	u	米每秒	m/s
波数	k	每米	m^{-1}
力	F	牛[顿]	N
摩擦系数	μ		
动量	p	千克米每秒	kg·m/s
冲量	I	牛[顿]秒	N·s
功	A	焦[耳]	J
能量	E	焦[耳]	J
动能	E_k	焦[耳]	J
势能	E_p	焦[耳]	J
热量	Q	焦[耳]	J
功率	P	瓦[特]	W
能量密度	w	焦[耳]每立方米	J/m^3
能流密度	I	瓦[特]每平方米	W/m^2

[1] 去掉方括号后为单位名称的全称，去掉括号及方括号中的字后为单位名称的简称。

物理量名称	物理量符号	单位名称	单位符号
力矩	M	牛[顿]米	N·m
转动惯量	J	千克二次方米	kg·m^2
角动量	L	千克二次方米每秒	kg·m^2/s
劲度	k	牛[顿]每米	N/m
压强	p	帕[斯卡]	Pa
面积	S	平方米	m^2
体积	V	立方米	m^3
热力学温度	T	开[尔文]	K
摄氏温度	t	摄氏度	℃
摩尔质量	M	千克每摩[尔]	kg/mol
物质的量	ν	摩[尔]	mol
平均自由程	$\bar{\lambda}$	米	m
平均碰撞频率	$\bar{Z}$	次每秒	s^{-1}
热导率	κ	瓦[特]每米开[尔文]	W/(m·K)
粘度	η	千克每米秒	kg/(m·s)
扩散率	D	二次方米每秒	m^2/s
比热	c	焦[耳]每千克开[尔文]	J/(kg·K)
摩尔热容	C_m	焦[耳]每摩[尔]开[尔文]	J/(mol·K)
定体摩尔热容	$C_{V,m}$	焦[耳]每摩[尔]开[尔文]	J/(mol·K)
定压摩尔热容	$C_{p,m}$	焦[耳]每摩[尔]开[尔文]	J/(mol·K)
摩尔热容比	γ		
热机效率	η		
致冷系数	e		
熵	S	焦[耳]每开[尔文]	J/K

目　录

绪　论

一、什么是物理学

宇宙万物，大至日月星辰，小至分子、原子，这些实物都是物质；电场、磁场和引力场，这些场也都是物质。物质是不依赖于人们的意识而客观存在的。

物质与物质之间存在着相互作用，一切物质都处于永恒的运动之中。在自然界中，没有不存在相互作用的物质，也没有不运动的物质。相互作用和运动是物质的固有属性。

研究物质运动规律的学科称为自然科学，物理学是自然科学中的一门基础学科。

物理学所研究的是物质最基本、最普遍的运动形式及其规律。包括机械运动、热运动、电磁运动和微观粒子的运动等。

由于物理学研究的物质运动形式具有极大的普遍性，它们广泛存在于其他高级的、复杂的运动形式之中，因此，物理学是其他自然科学和工程技术的基础。

物理学与生产实践的关系是非常密切的。生产实践对物理学提出许多新的研究课题，而物理学的研究成果反过来又推动了生产技术的飞速发展。17、18世纪，经典力学和热力学理论促进了热机和工业机械制造技术的发展，使人类进入了蒸汽机时代。19世纪，由于电磁理论的建立，发电机、电动机、电报机和无线电应运而生，人类迎来了电气化时代。20世纪以来，相对论和量子力学相继诞生，导致了核能、激光、超导和信息技术的发展。目前，人类社会正孕育着一场新的工业革命。

二、怎样学好物理学

由于物理学是其他自然科学和工程技术的基础，因此，物理学是理工科大学最重要的基础课之一。怎样才能学好物理学呢？其关键是要牢牢抓住以下两个方面：

第一，掌握物理学的基本概念和基本定律，掌握物理学的研究方法。要达到这一目标，须做好预习、听课、复习三个环节，认真阅读教材和有关的参考书，并通过反复思考，弄清物理机理，建立物理图像，深刻理解、真正弄懂基本概念和基本定律的含义。此外，还要通过对称性的考虑、守恒量的应用、量纲的分析、数量级的估算、极限和特例的讨论、理想模型的建立，以及观察、实验、模拟、抽象、比较、分类、归纳、演绎、统计、分析、综合等方法的应用，掌握物理学的基本研究方法。

第二，培养应用基本概念和基本定律求解具体问题的能力。要达到这一目标，就需要多观察、多研究，把所学的基本理论与生活、生产实践相结合，应用所学理论解决实际问题。作为初步，就需要看例题、做习题。做习题必须在复习并掌握基本概念和基本定律之后进行。在解题过程中，要学习应用各种物理学研究方法。那种抄公式、凑答案、不求甚解的坏习惯，是极其有害的。通常，解题的方法和步骤为：

1. **审题**　　分析物理现象，建立物理图像，弄清已知什么、求什么，作出示意图；

2. **列方程**　　按题意判断应该用什么定律，并按定律列出方程；

3. **解方程和计算**　　先用符号式解出待求量，再代入已知数值，算出结果。同一式中的物理量必须用同一单位制的单位。本书采用国际单位制(SI)。我国的法定单位制就是以国际单位制为基础而制定的。

4. **判断和讨论**　　对所得的结果，讨论其物理意义，并从数量级、量纲、极限情况等不同角度判断所得的结果是否正确。

科学研究就是探索未知。探索未知的能力反映了一个人的科学素养。渊博的知识是探索未知能力的基础。没有知识，就谈不上能力。探索未知的能力包括发现新现象、提出新问题、建立新概念、开拓新领域、获得新知识等诸方面的能力。通过物理学的学习，读者应该在获取知识和培养能力两方面都得到收益，并使自己的科学素养有所提高。

第一篇　力　学

力学的研究对象是机械运动。机械运动就是物体之间相对位置随时间的变化，它是物质运动最简单的形式。例如，天体的运行、车辆的行驶、机器的转动、河水的流动等，都是机械运动。

由于机械运动最为直观，生产实践又经常需要力学知识，因此，力学是物理学中发展最早的理论。公元前 400 多年，我国的墨翟在《墨经》一书中，对力的概念和杠杆原理就已有了明确的阐述。200 多年后，希腊的阿基米德(Archimedes) 研究了杠杆原理、重心等问题，发现了浮力定律，奠定了静力学的基础。16 世纪末，意大利科学家伽利略(G. Galilei)① 应用实验方法确立了落体运动定律、惯性定律和力学相对性原理，他还提出了加速度的概念。伽利略是实验物理和动力学的创始人。稍后，荷兰学者惠更斯(Huygens) 建立了物理摆和离心力理论，引入了转动惯量概念。17 世纪末，牛顿(I. Newton) 总结并发展了前人的研究成果，概括为牛顿运动三定律和万有引力定律，从此奠定了经典力学的基础。但是，当时力学中的一些概念(例如质量、力、动量、能量) 还不太明确。

18 世纪以后，又经过欧拉(Euler)、达朗贝尔(d'Alembert)、拉格朗日(Lagrange) 和哈密尔顿(Hamilton) 等人的工作，才使力学成为一门结构严密、系统完整的科学。

――――――――――

① **伽利略**(Galileo Galilei 公元 1564—1642 年)，意大利物理学家和天文学家，实验物理学的创始人。他通过实验和科学推理，提出了惯性定律、力学相对性原理、运动合成原理和单摆等时性等重要的定律和原理；他在比萨斜塔做了自由落体实验，令人信服地证明了所有物体都以同一加速度下落；他自制望远镜，观察天体的运动，支持哥白尼的"日心说"，因此被罗马教会判刑入狱。他还研究了共振、潮汐、太阳黑子等现象。爱因斯坦称赞说，伽利略的发现和所应用的科学推理方法，是人类思想史上最伟大的成就之一，并标志着物理学的真正开端。

力学在物理学其他部分、其他自然科学和工程技术中得到了广泛的应用,获得了极大的成功。但是,科学的进一步发展揭示了经典力学的局限性。20世纪初,爱因斯坦(A. Einstein)、普朗克(M. Planck)等物理学家发现,对于高速物体(速度接近光速)和微观粒子(例如电子、原子、分子),经典力学是不适用的,从而创立了相对论和量子论。但是,在日常生活和工程技术中,经典力学仍然是足够精确的。在航天等尖端技术中,力学也起着极为重要的作用。

力学包括**运动学**和**动力学**两个部分。前者只研究如何描述物体的运动,而不涉及引起运动和改变运动的原因;后者则研究物体的运动与物体间相互作用的关系。**静力学**是动力学的特例。

第一章　质点运动学

　　质点运动学研究描述质点运动的物理量以及这些物理量随时间而变化的规律。一般物体是由大量质点组成的，因此，研究质点运动是了解一般物体运动的基础。

　　本章首先介绍质点和参照系的概念，接着阐述描述质点运动的物理量——位置矢量、位移、速度和加速度，最后说明在两个相对运动的参照系中，同一质点的位移之间、速度之间和加速度之间的关系。

§1.1　质点　参照系

一、质点

　　研究物理现象时，常常需要抓住主要因素，忽略次要因素，把复杂的研究对象简化成理想化模型，这是物理学中一种重要的研究方法。以适当的理想模型代替复杂的研究对象，常常能撇开次要的影响，而更深刻地反映问题的本质。在以后各章中，要多次应用这一研究方法，建立许多理想模型。

　　质点，就是力学中一个重要的理想模型。实际物体都有形状、大小，但是，若在所研究的问题中，物体的形状、大小不起作用，或者所起作用甚小，则可将物体视为一个只有质量，而没有形状、大小的点，称为**质点**。

　　例如，当不会变形的物体平动时，物体上各点的运动状态完全相同，物体的形状、大小不起作用，因此，可以把平动物体看成质点。地球绕太阳运动时，既有公转，又有自转，地球上各点的运动状态各不相同,但由于地球的线度远小于地球与太阳之间的距离①,相对于太阳,地球上各点的运动状态差别甚小,因此,研究地球绕太阳公转时,可将地球视为质点。

同一物体,有时可视为质点,有时则不能,需要具体问题具体分析。例如,研究地球绕地轴自转时,就不能把地球视为质点了。

二、参照系

自然界的一切物体都在不停地运动,绝对静止的物体是不存在的。地面上的静止物体似乎是不动的,但实际上在跟着地球一起运动。因此,一切物体的运动都是相对的。一个物体的运动状态,总是相对于另一个物体而言的。要描述一个物体的运动,必须选择另一个物体作为参考。这个被选作参考的物体,就称为**参照系**。例如,研究汽车的运动,用街道或房屋作参照系。

若相对于某一参照系物体的位置恒定不变,则说物体在该参照系中是静止的。若相对于某一参照系物体的位置在不断改变,则说物体在该参照系中是运动的。

在不同的参照系中,同一物体的运动具有不同的描述,这称为**运动 描述的相对性**。例如,在相对地面匀速前进的车内,一个小球竖直落下。以车为参照系,小球作直线运动;若以地面为参照系,则小球作抛物线运动。如图 1.1 所示。因此,研究某一物体的运动时,必须指出以什么物体为参照系。

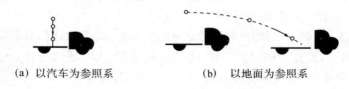

(a) 以汽车为参照系　　(b) 以地面为参照系

图 1.1　运动描述的相对性

----

① 地球直径约为 1.27×10^7m,地球与太阳之间的平均距离约为 1.50×10^{11}m。

在运动学中,参照系的选择是任意的,其原则是使运动的描述尽量简单。例如,研究地面上物体的运动时,通常以地面作参照系最为方便。研究行星的运动时,则以太阳为参照系最简单。以后将会看到,在动力学中,参照系的选择不是任意的,这是因为一些重要的动力学定律只在特定的参照系 —— 惯性系中才成立。

三、时间和空间的计量

物质运动离不开时间和空间。要在参照系中定量地描述运动,就需要测量空间的距离和时间的间隔。

时间是物质运动持续性的反映。任何已知运动规律的物理过程,都可以用来计量时间。最初,人们用地球的自转作为计量时间的钟,定义 1 秒为平均太阳日的 $\frac{1}{86\,400}$。但是,由于地球自转受潮汐、信风、两极冰山融化等因素的影响,具有不规则性,因此,这样定义的时间不能保证必要的精确度。1967 年第十三届国际计量大会决定,用铯原子钟作为新的时间计量基准,**1 秒是铯 133 原子基态的两个超精细能级之间跃迁对应辐射周期的 9 192 631 770 倍**。其精度可达 10^{-12}。并以新定义的秒(s)作为国际单位制中的时间单位。

表 1.1   一些时间的测量值

时　　　间	t/s
地球年龄	$\sim 1.4 \times 10^{17}$
古长城年龄	7.0×10^{10}
一般人寿命	2.2×10^{9}
月球公转周期	2.6×10^{6}
中子寿命	$\sim 9 \times 10^{2}$
市电周期(50Hz)	2×10^{-2}
超快速摄影曝光时间	$\sim 1 \times 10^{-4}$
τ 子寿命	$\sim 10^{-13}$
Z° 子寿命	$\sim 10^{-25}$

空间是物质运动广延性的体现。空间两点间的距离称为长度。1889 年第一届国际计量大会公布，并于 1927 年第七届国际计量大会严格规定：1 米是国际计量局保存的铂铱合金米原器在 0℃ 时两条刻线间的距离。这种实物基准很难保证精度，而且容易发生意外（例如被战争、地震、火灾破坏）。1960 年第十一届国际计量大会规定，1 米为氪 86 原子的 $2p_{10}$ 和 $5d_5$ 能级之间跃迁所对应之辐射波长的 1 650 763.73 倍。1983 年第十七届国际计量大会又对"米"作了新的定义，

1 米是真空中光在 $\dfrac{1}{299\ 792\ 458}$ **秒时间内所传播的距离**。并以新定义的米（m）作为国际单位制中长度的单位。

表 1.2　一些长度的测量值

长　　　度	l/m
太阳离银河系中心的距离	5.6×10^{20}
1 光年的长度	9.46×10^{15}
地球公转的轨道半径	1.50×10^{11}
地球半径	6.37×10^{6}
珠穆朗玛峰高度	8.84×10^{3}
普通人高度	$\sim 1.7 \times 10^{0}$
一般纸张厚度	$\sim 1 \times 10^{-4}$
病毒长度	$\sim 1.2 \times 10^{-8}$
基态氢原子半径	5.3×10^{-11}
质子半径	1.2×10^{-15}

§1.2 位置矢量 运动方程 位移

一、位置矢量

为了确定质点的位置,在参照系上取一固定点 o 作为原点,原点指向质点的矢量,称为质点的**位置矢量**,简称**位矢**,用符号 r 表示[①]。r 的长度表示质点离原点的距离,r 的方向表示质点相对于原点的方位,如图 1.2 所示。

为了定量计算的方便,须在参照系上作一个坐标系。例如,常用的直角坐标系。在直角坐标系中,质点的位置矢量可表示为

$$r = xi + yj \qquad (1.1)$$

式中 x、y 为质点的坐标,i、j 为 ox 轴和 oy 轴正方向的单位矢量。

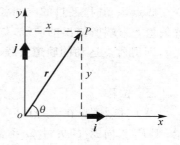

图 1.2 位置矢量

r 的大小 r(也称为 r 的模)和方向角 θ 与 x、y 之间的关系为

$$r = |r| = \sqrt{x^2 + y^2}$$

$$\tan\theta = \frac{y}{x}$$

为讨论简单明了起见,以上论述以二维情况为例。掌握二维后,就不难推广到三维了。

二、运动方程

质点运动时,其位置矢量 r 随时间 t 而不断变化,即 r 是时间 t 的函数

$$r = r(t) = x(t)i + y(t)j \qquad (1.2)$$

[①] 本书以斜黑体字母表示矢量,例如 r,以 $|r|$ 或 r 表示该矢量的大小。

式（1.2）给出了任一时刻质点的位置，反映了质点的运动规律，称为质点的**运动方程**。运动方程包含了质点运动的全部信息，以后将会看到，通过运动方程，可以确定质点的运动轨道，确定质点任意时刻的速度和加速度，也就是说，运动方程不但告诉我们任意时刻质点的运动状态如何，还告诉我们质点的运动状态是怎样改变的。所以，运动方程是质点运动学的核心。在式（1.2）中，i 和 j 是常矢量，大小和方向都恒定不变，因此，运动方程也可表示为分量式

$$x = x(t) \tag{1.3.a}$$
$$y = y(t) \tag{1.3.b}$$

质点运动时，经过的空间各点所连成的曲线（或直线），也就是位置矢量 r 末端所描出的曲线，称为质点运动的**轨道**。从式（1.3）中消去 t，即得质点运动的**轨道方程**

$$y = f(x)$$

三、位移

设 t 时刻质点在 P_1 点，$t + \Delta t$ 时刻运动到了 P_2 点，如图 1.3 所示，则 P_1 指向 P_2 的矢量 Δr 称为 t 到 $t + \Delta t$ 这段时间内质点的**位移**。由图 1.3 可见

$$\Delta r = r_2 - r_1 = (x_2 - x_1)i + (y_2 - y_1)j \tag{1.4}$$

位移是矢量。它反映了某段时间内质点位置的变化。位移只表示质点位置变化的实际效果，而不管质点所经历的轨道如何。

路程是与位移不同概念的另一个物理量。**路程**是质点运动所经历的轨道长度。路程是标量。图 1.3 中，t 到 $t + \Delta t$ 这段时间内，质点的路程是弧长 Δl。一般情况下，$|\Delta r| \neq \Delta l$。例

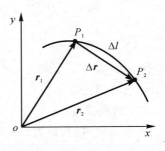

图 1.3　位移　路程

如，运动员沿 400m 跑道跑一周，回到起点，$|\Delta r| = 0$，而 $\Delta l = 400$m。只有在 $\Delta t \to 0$ 时，或者质点作单向直线运动时，才有 $|\Delta r| = \Delta l$。

在国际单位制中,位移和路程的单位都是米(m)。

例 1.1 质点的运动方程为 $r = kti + (b - ct^2)j$,式中 $k = 2\text{m/s}$、$b = 6\text{m}$、$c = 1\text{m/s}^2$。求:(1) 质点的轨道方程,并画出运动轨道;(2)$t_1 = 1\text{s}$ 和 $t_2 = 3\text{s}$ 时,质点的位置矢量 r_1 和 r_2;(3)$t_1 = 1\text{s}$ 到 $t_2 = 3\text{s}$ 这段时间内,质点的位移 Δr;(4)$t_1 = 1\text{s}$ 到 $t_2 = 3\text{s}$ 这段时间内,质点位矢模的增量 Δr。

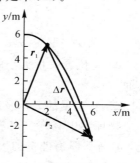

例 1.1 图

解 (1)运动方程的分量式为

$$\begin{cases} x = kt \\ y = b - ct^2 \end{cases}$$

消去 t,即得质点的轨道方程

$$y = b - c\frac{x^2}{k^2}$$

$$= 6\text{m} - 1\text{m/s}^2 \times \frac{x^2}{(2\text{m/s})^2}$$

$$= \left[6 - \frac{1}{4}\left(\frac{x}{\text{m}}\right)^2\right]\text{m}$$

代入已知数值,按轨道方程绘出运动轨道,如例 1.1 图所示,是一条抛物线。

(2)由运动方程得 $t_1 = 1\text{s}$ 和 $t_2 = 3\text{s}$ 时的位置矢量分别为

$$r_1 = 2\text{m/s} \times 1\text{s}i + [6\text{m} - 1\text{m/s}^2 \times (1\text{s})^2]j = (2i + 5j)\text{m}$$

$$r_2 = 2\text{m/s} \times 3\text{s}i + [6\text{m} - 1\text{m/s}^2 \times (3\text{s})^2]j = (6i - 3j)\text{m}$$

(3)$t_1 = 1\text{s}$ 到 $t_2 = 3\text{s}$ 内质点的位移为

$$\Delta r = r_2 - r_1 = (4i - 8j)\text{m}$$

即 Δr 的大小和方向为

$$|\Delta r| = \sqrt{4^2 + 8^2}\,\text{m} = 8.94\text{m}$$

$$\theta = \arctan\frac{-8}{4} = -63.4°(与 x 轴夹角)$$

$$(4) \qquad r_1 = \sqrt{2^2 + 5^2}\,\mathrm{m} = 5.39\mathrm{m}$$

$$r_2 = \sqrt{6^2 + 3^2}\,\mathrm{m} = 6.71\mathrm{m}$$

故 $\qquad \Delta r = r_2 - r_1 = (6.71 - 5.39)\mathrm{m} = 1.32\mathrm{m}$

Δr 是位置矢量大小的增量,$|\Delta r|$ 是位移的大小,一般两者是不等的。

四、物理量的表示及运算

物理学中有许多定量的公式来描述物理量之间的相互关系,因此,正确掌握物理量的表示及其运算规则,是本课程的一个基本要求,也是国内外重要学术期刊对论文的基本要求之一。

1. 物理量的表示

物理量的符号通常用斜体的拉丁字母或希腊字母表示,有时还带有下标。若下标是物理量,则也用斜体。若下标是说明性的标记,则用正体。例如,长度的符号 l,时间的符号 t,速度的符号 v,加速度的符号 a,力的符号 F,体积的符号 V,热力学温度的符号 T,压强的符号 p,定体摩尔热容的符号 $C_{V,\mathrm{m}}$ 等。

物理量单位的符号一般用正体小写字母表示,如果单位的名称来源于科学家人名,那么其第一个字母用正体的大写字母。例如,长度单位米的符号 m,时间单位秒的符号 s,速度单位米每秒的符号 m/s,力单位牛顿的符号 N,热力学温度单位开尔文的符号 K,压强单位帕斯卡的符号 Pa 等。

一个物理量是由数值和单位两部分组成的,例如,时间 $t = 3\mathrm{s}$,速度 $v = 5\mathrm{m/s}$,加速度 $a = 2\mathrm{m/s^2}$,压强 $p = 1 \times 10^5\mathrm{Pa}$ 等。

在图或表中,通常用物理量与其单位的比值来表示,物理量与其单位的比值是一个纯数。例如,例 1.1 图中 $x/\mathrm{m} = 0、2、4、6\cdots\cdots$ 表 1.2 中 $l/\mathrm{m} = 5.6 \times 10^{20}、1.5 \times 10^{11}\cdots\cdots$

2. 物理量的运算

物理量运算时,应先用物理量的符号列出公式,然后,把公式中各个物理量的单位用同一种单位制(例国际单位制)的单位表示,再将公式中各个物理量的数值和单位代入公式进行计算,最后得到待求物理量的数值和单位。

例如,若小球以 $v_0 = 25\mathrm{m/s}$ 的速率从地面与水平成 $\alpha = 30°$ 倾角斜向上抛,则 $t = 2\mathrm{s}$ 时,小球离地面的高度 h 为

$$h = v_0 \sin\alpha\, t - \frac{1}{2}gt^2$$

$$= 25\mathrm{m/s} \times \sin30° \times 2\mathrm{s} - \frac{1}{2} \times 9.8\mathrm{m/s^2} \times (2\mathrm{s})^2$$

$$= 5.4\mathrm{m}$$

为简明起见,可以不列出每一个物理量的单位,而直接给出待求量的单位,即

$$h = v_0 \sin\alpha\, t - \frac{1}{2}gt^2$$

$$= (25 \times \sin30° \times 2 - \frac{1}{2} \times 9.8 \times 2^2)\mathrm{m}$$

$$= 5.4\mathrm{m}$$

只要公式中的每一个物理量 v_0、t、g 都用国际单位制的单位,那么待求量高度 h 的单位一定也是国际单位制的单位 m。

3. 物理量的函数式表示

当某一物理量是另一物理量的函数时,须注意**一个原则:只有单位相同的项才能加、减或相等**[①]。在这个原则的前提之下,又可以有 3 种不同的表示方法。

第一种方法是把函数式中自变量前面的比例常量用符号表示,同时写出这些比例常量的数值和单位。例如,例 1.1 中位置矢量 $\boldsymbol{r}$ 与自变量 t 的函数关系可表示为

$$\begin{cases} \boldsymbol{r} = kt\boldsymbol{i} + (b - ct^2)\boldsymbol{j} \\ \text{式中 } k = 2\mathrm{m/s} \quad b = 6\mathrm{m} \quad c = 1\mathrm{m/s^2} \end{cases}$$

为什么式中比例常量 k、b、c 的单位分别是 $\mathrm{m/s}$、m 和 $\mathrm{m/s^2}$ 呢?这是因为根据上述的这个原则,函数式等号右边 3 个加减项的单位必

[①] 确切地说,应该是:只有量纲相同的量才能加、减或相等。请参阅 §2.2 四。

须与等号左边 r 的单位相同。r 的单位是 m，i 和 j 无单位，t 的单位为 s。因为等号右边第一项 kti 的单位必须为 m，所以 k 的单位应是 m/s，m/s 中分母 s 与 t 的单位 s 相消，kti 的单位就是 m 了。等号右边第二项 bj 的单位必须为 m，所以 b 的单位应是 m。等号右边第三项 ct^2j 的单位必须为 m，所以 c 的单位应是 m/s²，m/s² 中分母 s² 与 t^2 的单位 s² 相消、ct^2j 的单位就为 m 了。

第二种方法是把比例常量的数值和单位直接写进函数式中去。例 1.1 中 r 与 t 的函数关系可表示为

$$r = (2\text{m/s})ti + [6\text{m} - (1\text{m/s}^2)t^2]j$$

显然，用第二种方法表示，等号右边 3 项的单位都为 m，与等号左边 r 的单位相同，也符合上述的这个原则。其效果与用第一种方法表示完全相同。

第三种方法是先将函数式中所有的量都用量与该量单位的比值表示，最后写出单位。例 1.1 中 r 与 t 的函数关系表示为

$$r = \left\{ 2\left(\frac{t}{\text{s}}\right)i + \left[6 - 1\left(\frac{t}{\text{s}}\right)^2\right]j \right\}\text{m}$$

式中 $k = 2\text{m/s}$ 用 $\dfrac{k}{\text{m/s}} = \dfrac{2\text{m/s}}{\text{m/s}} = 2$ 表示，$b = 6\text{m}$ 用 $\dfrac{b}{\text{m}} = \left(\dfrac{6\text{m}}{\text{m}}\right) = 6$ 表示，$c = 1\text{m/s}^2$ 用 $\dfrac{c}{\text{m/s}^2} = \dfrac{1\text{m/s}^2}{\text{m/s}^2} = 1$ 表示，t 用 $\dfrac{t}{\text{s}}$ 表示，t^2 用 $\left(\dfrac{t}{\text{s}}\right)^2$ 表示，大括号中成为无单位的纯数，最后在大括号外面写出 r 的单位 m。显然第三种方法表示，也符合上述的这个原则，其效果也与第一、第二种方法相同。

最后，要提请注意，例 1.1 中 r 与 t 的函数关系千万不可表示为

$$r = 2ti + (6 - t^2)j$$

因为该式中等号左边 r 的单位为 m，等号右边第一项的单位是 s，等号右边第二项无单位，等号右边第三项的单位是 s²。根据上述的这个原则，单位不同的项是不能加、减或相等的，所以，可以肯定，这个等式是错误的。

§1.3 速 度

描述质点运动快慢和运动方向的物理量,称为**速度**。

一、平均速度

若 t 到 $t + \Delta t$ 这段时间内,质点的位移为 Δr,则 Δr 与 Δt 之比称为 Δt 时间内质点的平均速度 $\overline{v}$,即

$$\overline{v} = \frac{\Delta r}{\Delta t} \tag{1.5}$$

因 Δr 是矢量,Δt 是标量,故平均速度 $\overline{v}$ 是矢量,其方向与 Δr 的方向相同。如图 1.4 所示。

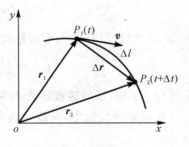

图 1.4 速度

二、瞬时速度

平均速度只能粗略反映某一段时间内质点位置变化的快慢。为了精确描述某一时刻 t(或对应某一位置)质点的运动状态,应该使 Δt 尽量缩短。当 $\Delta t \rightarrow 0$ 时,平均速度的极限,称为该时刻质点的**瞬时速度**,简称**速度**,用符号 v 表示。故质点某时刻的**瞬时速度** v 是位置矢量 r 对时间 t 的一阶导数

$$v = \lim_{\Delta t \to 0} \frac{\Delta r}{\Delta t} = \frac{dr}{dt} \tag{1.6}$$

在直角坐标系中

$$v = \frac{dr}{dt} = \frac{dx}{dt}i + \frac{dy}{dt}j \tag{1.7}$$

故直角坐标分量式为

$$v_x = \frac{dx}{dt} \tag{1.8.a}$$

$$v_y = \frac{\mathrm{d}y}{\mathrm{d}t} \qquad (1.8.\mathrm{b})$$

由于 $\Delta t \to 0$ 时，Δr 趋向于轨道的切向，因此，质点瞬时速度的方向沿该点轨道的切线并指向质点前进的方向（见图 1.4）。许多日常现象都证明了这一点。例如，下雨天把伞旋转，水滴就沿伞边缘切线方向飞出。在砂轮上磨刀时，火星沿砂轮切线方向飞出。

三、速率

路程 Δl 与时间 Δt 之比 $\dfrac{\Delta l}{\Delta t}$，称为 Δt 时间内的**平均速率**。$\Delta t \to 0$ 时，平均速率的极限称为**瞬时速率**，用符号 v 表示，即

$$v = \lim_{\Delta t \to 0} \frac{\Delta l}{\Delta t} = \frac{\mathrm{d}l}{\mathrm{d}t}$$

因 $\Delta t \to 0$ 时，位移的大小与路程相等，即 $|\mathrm{d}\boldsymbol{r}| = \mathrm{d}l$，故

$$|\boldsymbol{v}| = \left| \frac{\mathrm{d}\boldsymbol{r}}{\mathrm{d}t} \right| = \frac{\mathrm{d}l}{\mathrm{d}t} = v \qquad (1.9)$$

由式（1.9）知，**瞬时速度的大小等于瞬时速率**。

在国际单位制中，速度和速率的单位均为米／秒（m/s）。

表 1.3　一些速度大小的测量值

速　　　度	$v/(\mathrm{m/s})$
真空中光速	2.99792458×10^8
电子对撞机中电子的速度	2.99792450×10^8
基态氢原子中电子的速度	2.2×10^6
地球绕太阳公转的速度	3.0×10^4
喷气式飞机的速度	$3 \sim 9 \times 10^2$
子弹出膛时的速度	$\sim 7 \times 10^2$
人跑步（最快）的速度	1.1×10^1
蜗牛爬行的速度	$\sim 10^{-3}$
大陆板块漂移的速度	$\sim 10^{-9}$

例 1.2　已知质点的运动方程为 $\boldsymbol{r} = R(\cos\omega t\,\boldsymbol{i} + \sin\omega t\,\boldsymbol{j})$，式

中 $R = 2\mathrm{m}$、$\omega = \dfrac{\pi}{4}\mathrm{rad/s}$。求：$(1)t_1 =$
1s 到 $t_2 = 2\mathrm{s}$ 这段时间内的平均速度
$\bar{\boldsymbol{v}}$；$(2)t_1 = 1\mathrm{s}$ 和 $t_2 = 2\mathrm{s}$ 时，质点的速
度 $\boldsymbol{v}_1$ 和 $\boldsymbol{v}_2$；$(3)t_1 = 1\mathrm{s}$ 和 $t_2 = 2\mathrm{s}$ 时，
质点的速率 v_1 和 v_2。

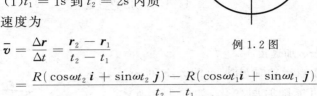

例 1.2 图

解 $(1)t_1 = 1\mathrm{s}$ 到 $t_2 = 2\mathrm{s}$ 内质
点的平均速度为

$$\bar{\boldsymbol{v}} = \frac{\Delta \boldsymbol{r}}{\Delta t} = \frac{\boldsymbol{r}_2 - \boldsymbol{r}_1}{t_2 - t_1}$$

$$= \frac{R(\cos\omega t_2\, \boldsymbol{i} + \sin\omega t_2\, \boldsymbol{j}) - R(\cos\omega t_1 \boldsymbol{i} + \sin\omega t_1\, \boldsymbol{j})}{t_2 - t_1}$$

代入已知数据，得

$$\bar{\boldsymbol{v}} =$$

$$\left\{ \frac{2\left[\cos\left(\dfrac{\pi}{4} \times 2\right)\boldsymbol{i} + \sin\left(\dfrac{\pi}{4} \times 2\right)\boldsymbol{j}\right] - 2\left[\cos\left(\dfrac{\pi}{4} \times 1\right)\boldsymbol{i} + \sin\left(\dfrac{\pi}{4} \times 1\right)\boldsymbol{j}\right]}{2 - 1} \right\}\mathrm{m/s}$$

$$= (-1.41\boldsymbol{i} + 0.59\boldsymbol{j})\mathrm{m/s}$$

（2）因任意时刻 t，质点的速度为

$$\boldsymbol{v} = \frac{\mathrm{d}\boldsymbol{r}}{\mathrm{d}t} = \omega R(-\sin\omega t\, \boldsymbol{i} + \cos\omega t\, \boldsymbol{j})$$

故 $t_1 = 1\mathrm{s}$ 时的速度为

$$\boldsymbol{v}_1 = \frac{\pi}{4} \times 2\left[-\sin\left(\frac{\pi}{4} \times 1\right)\boldsymbol{i} + \cos\left(\frac{\pi}{4} \times 1\right)\boldsymbol{j}\right]\mathrm{m/s}$$
$$= (-1.11\boldsymbol{i} + 1.11\boldsymbol{j})\mathrm{m/s}$$

$t_2 = 2\mathrm{s}$ 时的速度为

$$\boldsymbol{v}_2 = \frac{\pi}{4} \times 2\left[-\sin\left(\frac{\pi}{4} \times 2\right)\boldsymbol{i} + \cos\left(\frac{\pi}{4} \times 2\right)\boldsymbol{j}\right]\mathrm{m/s}$$
$$= -1.57\boldsymbol{i}\ \mathrm{m/s}$$

参阅例 1.2 图。

（3）$t_1 = 1\mathrm{s}$ 和 $t_2 = 2\mathrm{s}$ 时的速率分别为

$$v_1 = |\boldsymbol{v}_1| = \sqrt{1.11^2 + 1.11^2}\,\mathrm{m/s} = 1.57\,\mathrm{m/s}$$

$$v_2 = |\boldsymbol{v}_2| = 1.57\,\mathrm{m/s}$$

在例 1.6 中将看到,$\boldsymbol{r} = R(\cos\omega t\boldsymbol{i} + \sin\omega t\boldsymbol{j})$ 是在直角坐标系中作匀速圆周运动的质点的运动方程。

§1.4 加速度

一、加速度

质点运动时,其速度的大小和方向都可能随时间变化,如图 1.5 所示。若 t 时刻,质点位于 P_1 点,速度为 $\boldsymbol{v}_1$,在 $t + \Delta t$ 时刻,质点位于 P_2 点,速度为 $\boldsymbol{v}_2$,则 Δt 时间内,质点速度的增量为

$$\Delta \boldsymbol{v} = \boldsymbol{v}_2 - \boldsymbol{v}_1$$

$\Delta\boldsymbol{v}$ 与 Δt 之比,称为 t 到 $t + \Delta t$ 这段时间内,质点的**平均加速度** $\bar{\boldsymbol{a}}$

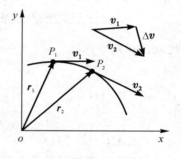

图 1.5 加速度

$$\bar{\boldsymbol{a}} = \frac{\Delta \boldsymbol{v}}{\Delta t}$$

$\Delta t \to 0$ 时,平均加速度的极限,称为 t 时刻质点的**瞬时加速度**,简称**加速度**,用符号 $\boldsymbol{a}$ 表示

$$\boldsymbol{a} = \lim_{\Delta t \to 0} \frac{\Delta \boldsymbol{v}}{\Delta t} = \frac{\mathrm{d}\boldsymbol{v}}{\mathrm{d}t} = \frac{\mathrm{d}^2\boldsymbol{r}}{\mathrm{d}t^2} \tag{1.10}$$

由式(1.10)知,**瞬时加速度等于瞬时速度对时间的一阶导数,或位置矢量对时间的二阶导数**。加速度的方向是 $\Delta t \to 0$ 时,速度增量 $\Delta\boldsymbol{v}$ 的极限方向。曲线运动中,质点的速度方向在不断变化,所以,加速度的方向与该时刻的速度方向不同。加速度的方向不沿轨道切线方向,由图 1.5 可以看出,加速度的方向指向轨道曲线的凹侧。

选用直角坐标系时,加速度可表示为

$$\boldsymbol{a} = \frac{\mathrm{d}v_x}{\mathrm{d}t}\boldsymbol{i} + \frac{\mathrm{d}v_y}{\mathrm{d}t}\boldsymbol{j} = \frac{\mathrm{d}^2x}{\mathrm{d}t^2}\boldsymbol{i} + \frac{\mathrm{d}^2y}{\mathrm{d}t^2}\boldsymbol{j} \tag{1.11}$$

或写成分量式

$$a_x = \frac{\mathrm{d}v_x}{\mathrm{d}t} = \frac{\mathrm{d}^2x}{\mathrm{d}t^2} \tag{1.12.a}$$

$$a_y = \frac{\mathrm{d}v_y}{\mathrm{d}t} = \frac{\mathrm{d}^2y}{\mathrm{d}t^2} \tag{1.12.b}$$

在国际单位制中,加速度的单位为米/秒^2(m/s^2)。

例 1.3 已知质点的运动方程为 $\boldsymbol{r} = kt^3\boldsymbol{i} + be^{ct}\boldsymbol{j}$,式中 $k = 5\text{m/s}^3$、$b = 1\text{m}$、$c = 2\text{s}^{-1}$。求 $t = 0.4\text{s}$ 时质点的加速度。

解 按速度和加速度定义式

$$\boldsymbol{v} = \frac{\mathrm{d}\boldsymbol{r}}{\mathrm{d}t} = 3kt^2\boldsymbol{i} + bce^{ct}\boldsymbol{j}$$

$$\boldsymbol{a} = \frac{\mathrm{d}\boldsymbol{v}}{\mathrm{d}t} = 6kt\boldsymbol{i} + bc^2e^{ct}\boldsymbol{j}$$

故 $t = 0.4\text{s}$ 时,质点的加速度为

$$\boldsymbol{a} = (6 \times 5 \times 0.4\boldsymbol{i} + 1 \times 2^2e^{2\times0.4}\boldsymbol{j})\text{m/s}^2$$
$$= (12\boldsymbol{i} + 8.9\boldsymbol{j})\ \text{m/s}^2$$

即 $t = 0.4\text{s}$ 时,加速度的大小和方向分别为

$$a = \sqrt{12^2 + 8.9^2}\text{m/s}^2 = 14.9\text{m/s}^2$$

$$\theta = \arctan\frac{8.9}{12} = 36.6° (与 x 轴夹角)$$

二、匀加速运动

某时刻质点的位置和速度表征该时刻质点的运动状态。通常,质点运动学问题分为两类。

第一类,已知运动方程,通过微分法求速度和加速度。这一类问题已在前面作了详细讨论。

第二类,已知速度或加速度,通过积分法求运动方程。第二类问题是第一类问题的逆问题。下面以匀加速运动为例,具体阐述。

已知质点作匀加速运动,加速度 a 为常量,$t = 0$ 时,质点的初速度为 v_0,初位置为 r_0。欲求质点匀加速运动的运动方程。

首先,根据加速度定义式(1.10)

$$a = \frac{\mathrm{d}\,v}{\mathrm{d}t}$$

即 $$\mathrm{d}\,v = a\mathrm{d}t$$

应用 $t = 0$ 时,$v = v_0$ 的初始条件,等号两边积分有

$$\int_{v_0}^{v} \mathrm{d}\,v = \int_0^t a\mathrm{d}t$$

解得

$$v = v_0 + at \tag{1.13}$$

然后,将式(1.13)代入速度定义式(1.6)

$$v = \frac{\mathrm{d}r}{\mathrm{d}t} = (v_0 + at)$$

即 $$\mathrm{d}r = (v_0 + at)\mathrm{d}t$$

应用 $t = 0$ 时,$r = r_0$ 的初始条件,等号两边积分,有

$$\int_{r_0}^{r} \mathrm{d}r = \int_0^t (v_0 + at)\mathrm{d}t$$

解得

$$r = r_0 + v_0 t + \frac{1}{2}at^2 \tag{1.14}$$

式(1.13)和式(1.14)就是**匀加速运动的速度公式和运动方程**。在直角坐标系中,其分量式为

$$v_x = v_{0x} + a_x t \tag{1.15.a}$$

$$v_y = v_{0y} + a_y t \tag{1.15.b}$$

$$x = x_0 + v_{0x}t + \frac{1}{2}a_x t^2 \tag{1.16.a}$$

$$y = y_0 + v_{0y}t + \frac{1}{2}a_y t^2 \tag{1.16.b}$$

由于地面附近不太大的空间内,重力加速度 g 为恒量①,因此,若忽略空气阻力,则自由落体、竖直上抛、平抛和斜抛运动都是匀加速运动,均可应用匀加速运动的速度公式和运动方程求解。

如果质点沿 x 轴作匀加速直线运动,那么只需式(1.15a)和式(1.16a)两个方程,下标 x 也可省略,而且"＋"、"－"号即可表示方向。假设 x 轴的正方向向右,那么,x 为正值时表示质点的位置在原点的右边,x 为负值时,表示质点的位置在原点的左边。v 和 a 为正值时,表示它们的方向与 x 轴的正方向相同,v 和 a 为负值时,表示它们的方向与 x 轴正方向相反。若再假设 $t = 0$ 时,质点位于原点(即 $x_0 = 0$),则得

$$v = v_0 + at \qquad (1.17.\text{a})$$

$$x = v_0 t + \frac{1}{2} at^2 \qquad (1.17.\text{b})$$

由式(1.17)消去 t,还可得

$$v^2 - v_0^2 = 2ax \qquad (1.18)$$

式(1.17)和式(1.18)是中学物理中所熟知的匀加速直线运动公式。可见匀加速直线运动是匀加速运动中的一个特例。

例 1.4 如例 1.4 图所示,在离地面 $H = 8.8\text{m}$ 的高台上,以速率 19.6m/s 与水平成 $\alpha = 37°$ 抛出一小球。求:(1)落地时间 T;(2)落地点与抛出点间的水平距离 L;(3)落地速度 v;(4)最高点离地面高度 h。

解 (1)以抛出点为原点,建直角坐标系如图。由式(1.16),落地时

$$\begin{cases} L = v_0 \cos\alpha\, T & \text{①} \\ -H = v_0 \sin\alpha\, T + \frac{1}{2}(-g)T^2 & \text{②} \end{cases}$$

---

① 一般计算中,可近似取 $g = 9.80\text{m/s}^2$。实验测定结果,在地面上不同的地点,g 的大小略有不同。例如,在赤道上,$g = 9.78\text{m/s}^2$;在北极,$g = 9.83\text{m/s}^2$;在北京,$g = 9.80\text{m/s}^2$。

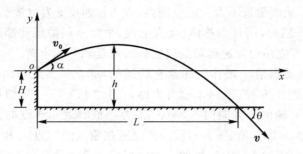

例 1.4 图

解式 ② 得

$$T = \frac{1}{2}\left[\frac{2v_0\sin\alpha}{g} + \sqrt{\left(\frac{2v_0\sin\alpha}{g}\right)^2 - 4 \times 1 \times \left(-\frac{2H}{g}\right)}\right]$$

$$= \left\{\frac{1}{2} \times \left[\frac{2 \times 19.6 \times \sin37°}{9.8}\right.\right.$$

$$+ \left.\left.\sqrt{\left(\frac{2 \times 19.6 \times \sin37°}{9.8}\right)^2 - 4 \times 1 \times \left(-\frac{2 \times 8.8}{9.8}\right)}\right]\right\}s$$

$$= 3.00s$$

（2）落地点离抛出点的水平距离为

$$L = v_0\cos\alpha\, T$$

$$= (19.6 \times \cos37° \times 3.00)m = 47.0m$$

（3）按式(1.15)，落地速度分量为

$$\begin{cases} v_x = v_0\cos\alpha = (19.6 \times \cos37°)m/s = 15.7m/s \\ v_y = v_0\sin\alpha + (-g)T = (19.6 \times \sin37° - 9.8 \times 3.00)m/s \\ \quad = -17.6m/s \end{cases}$$

即落地速度的大小和方向分别为

$$v = \sqrt{v_x^2 + v_y^2} = \sqrt{15.7^2 + 17.6^2}m/s = 23.6m/s$$

$$\theta = \arctan\frac{v_y}{v_x} = \arctan\frac{-17.6}{15.7} = -48.3°（与 x 轴夹角）$$

（4）设 t 时刻，小球到达最高点，则此时

$$v_y = v_0\sin\alpha + (-g)t = 0$$

故 $\qquad t = \dfrac{v_0 \sin\alpha}{g} = \left(\dfrac{19.6 \times \sin 37°}{9.8}\right) \text{s} = 1.20\text{s}$

此时 $\qquad y = v_0 \sin\alpha\, t + \dfrac{1}{2}(-g)t^2$

$\qquad\qquad = (19.6 \times \sin 37° \times 1.20 - \dfrac{1}{2} \times 9.8 \times 1.20^2)\text{m}$

$\qquad\qquad = 7.1\text{m}$

故最高点离地面高度为

$$h = H + y = (8.8 + 7.1)\text{m} = 15.9\text{m}$$

例 1.5 设一质点沿 x 轴运动,$t = 0$ 时刻,静止于原点。若加速度为 $a = -k(v-b)$,式中 k 和 b 为大于零的常量。求 t 时刻质点的速度和位置。

解 由加速度定义

$$a = \frac{\mathrm{d}v}{\mathrm{d}t} = -k(v-b)$$

移项、积分,并应用 $t = 0$ 时,$v_0 = 0$ 的初始条件

$$\int_0^v \frac{\mathrm{d}v}{v-b} = \int_0^t -k\mathrm{d}t$$

解得 t 时刻质点的速度

$$v = b(1 - \mathrm{e}^{-kt})$$

可见,式中 b 为 $t \to \infty$ 时的速度,称极限速度。

再由速度定义

$$v = \frac{\mathrm{d}x}{\mathrm{d}t} = b(1 - \mathrm{e}^{-kt})$$

移项、积分,并应用 $t = 0$ 时,$x_0 = 0$ 的初始条件

$$\int_0^x \mathrm{d}x = \int_0^t b(1 - \mathrm{e}^{-kt})\mathrm{d}t$$

解得 t 时刻质点的位置为

$$x = bt + \frac{b}{k}(\mathrm{e}^{-kt} - 1)$$

§1.5 切向加速度和法向加速度

质点运动的加速度可以沿直角坐标系的 x、y、z 轴分解,也可以沿轨道的切线方向和法线方向分解。

一、切向加速度和法向加速度

在运动轨道已知的情况下,采用**自然坐标系**,常常比较方便。其方法是:在轨道上任取一点作为原点 o,t 时刻质点的位置用质点与原点间轨道的长度 l 来表征,如图 1.6 所示。当质点沿轨道运动时,其运动方程为

$$l = l(t)$$

t 时刻质点速度 $\boldsymbol{v}$ 的方向沿 P_1 点的切线方向,$\boldsymbol{v}$ 的大小为 $|\boldsymbol{v}| = v$,故 t 时刻质点的速度 $\boldsymbol{v}$ 可以表示为

$$\boldsymbol{v} = v\boldsymbol{e}_t(t) = \frac{\mathrm{d}l}{\mathrm{d}t}\boldsymbol{e}_t(t) \tag{1.19}$$

式中 $\boldsymbol{e}_t(t)$ 为 t 时刻质点所在处(图 1.6 中的 P_1 点)轨道的切向单位矢量。当轨道是曲线时,切向单位矢量的方向在不断变化。例如,在图 1.6 中,$t + \mathrm{d}t$ 时刻,质点运动到 P_2 点,该处的切向单位矢量为 $\boldsymbol{e}_t(t + \mathrm{d}t)$。

由于切向单位矢量在随时间 t 而变化,因此,按加速度的定义

$$\boldsymbol{a} = \frac{\mathrm{d}\boldsymbol{v}}{\mathrm{d}t} = \frac{\mathrm{d}}{\mathrm{d}t}(v\boldsymbol{e}_t) = \frac{\mathrm{d}v}{\mathrm{d}t}\boldsymbol{e}_t + v\frac{\mathrm{d}\boldsymbol{e}_t}{\mathrm{d}t} \tag{1.20}$$

通常把与轨道切线方向垂直,指向曲率中心的单位矢量,称为法向单位矢量 $\boldsymbol{e}_n$。由图 1.6 可见,当 $\mathrm{d}\theta \to 0$ 时,$\mathrm{d}\boldsymbol{e}_t$ 的方向与 $\boldsymbol{e}_t$ 垂直,与 $\boldsymbol{e}_n$ 相同。$\mathrm{d}\boldsymbol{e}_t$ 的大小 $|\mathrm{d}\boldsymbol{e}_t| = |\boldsymbol{e}_t|\mathrm{d}\theta = \mathrm{d}\theta$,即 $\mathrm{d}\boldsymbol{e}_t = \mathrm{d}\theta\boldsymbol{e}_n$,因此

$$\frac{\mathrm{d}\boldsymbol{e}_t}{\mathrm{d}t} = \frac{\mathrm{d}\theta\boldsymbol{e}_n}{\mathrm{d}t} = \frac{\mathrm{d}\theta}{\mathrm{d}l}\frac{\mathrm{d}l}{\mathrm{d}t}\boldsymbol{e}_n = \frac{v}{\rho}\boldsymbol{e}_n$$

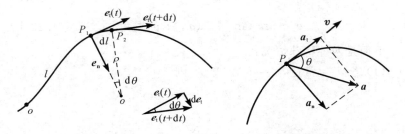

图 1.6　自然坐标系　　　　图 1.7　切向加速度和法向加速度

式中 $v = \dfrac{\mathrm{d}l}{\mathrm{d}t}$ 是 t 时刻质点的速率，$\rho = \dfrac{\mathrm{d}l}{\mathrm{d}\theta}$ 是 P_1 点处轨道的曲率半径[①]。将上式代入式(1.20)，得

$$\boldsymbol{a} = \frac{\mathrm{d}v}{\mathrm{d}t}\boldsymbol{e_t} + \frac{v^2}{\rho}\boldsymbol{e_n} \qquad (1.21)$$

式(1.21)也可表示为切向和法向的分量式，即质点切向加速度和法向加速度的大小分别为

$$|\boldsymbol{a_t}| = a_t = \frac{\mathrm{d}v}{\mathrm{d}t} \qquad (1.22.\mathrm{a})$$

$$|\boldsymbol{a_n}| = a_n = \frac{v^2}{\rho} \qquad (1.22.\mathrm{b})$$

应当注意，式(1.22)中的 $\dfrac{\mathrm{d}v}{\mathrm{d}t}$ 是质点速率对时间 t 的变化率。切向加速度 $\boldsymbol{a_t}$ 改变质点速度的大小，法向加速度 $\boldsymbol{a_n}$ 改变质点速度的方向。

　　总加速度 $\boldsymbol{a}$ 的大小和方向分别为

---

　　① 通过曲线上一点 P_1 和与 P_1 邻近的另外两点作一圆，当这两点无限趋近于 P_1 时，在极限情况下，这个圆称为曲线上 P_1 处的曲率圆，它的圆心和半径分别称为 P_1 点的曲率中心 o 和曲率半径 ρ。

$$a = \sqrt{a_t^2 + a_n^2} \qquad\qquad (1.23.a)$$

$$\theta = \arctan \frac{a_n}{a_t} \qquad (\boldsymbol{a} \text{ 与} \boldsymbol{v} \text{ 的夹角}) \qquad (1.23.b)$$

下面是两种特殊情况：

(1) 若 $v =$ 常量，$\rho = R =$ 常量，则

$$a_t = 0$$

$$a_n = \frac{v^2}{R}$$

质点作匀速圆周运动。

(2) 若轨道各处 $\rho = \infty$，则

$$a_n = 0$$

质点作直线运动。

表 1.4　一些加速度大小的测量值

加速度	$a/(\mathrm{m/s^2})$
基态氢原子中电子的加速度	9.1×10^{22}
直线加速器中质子的加速度	$\sim 3 \times 10^{15}$
子弹在枪膛中的加速度	$\sim 5 \times 10^{5}$
火箭升空时的加速度	$\sim 10^{2}$
地球表面的重力加速度	9.8×10^{0}
月球表面的重力加速度	1.7×10^{0}
地球绕太阳公转的加速度	6×10^{-3}
太阳绕银河系中心公转的加速度	$\sim 3 \times 10^{-6}$

二、圆周运动的角量描述

质点作圆周运动时，与圆心的距离自始至终恒定不变，等于半径 R，因此，质点的位置可用位置矢量与 x 轴之间的夹角 θ 来描述，并把 θ 称为质点的**角坐标**，如图 1.8 所示。

反映质点角坐标变化快慢的物理量，称为**角速度**，用符号 ω 表示。角速度等于角坐标 θ 对时间 t 的一阶导数，即

$$\omega = \frac{\mathrm{d}\theta}{\mathrm{d}t} \qquad (1.24)$$

表征角速度变化快慢的物理量，称为**角加速度**，用符号 β 表示。角加速度等于角速度 ω 对时间 t 的一阶导数，或角坐标 θ 对时间 t 的二阶导数，即

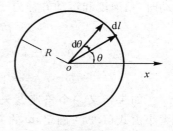

图 1.8　圆周运动的角量描述

$$\beta = \frac{\mathrm{d}\omega}{\mathrm{d}t} = \frac{\mathrm{d}^2\theta}{\mathrm{d}t^2}$$

$$(1.25)$$

在国际单位制中，角坐标的单位为弧度（rad），角速度的单位为弧度／秒（rad/s），角加速度的单位为弧度／秒²（rad/s²）。

质点作圆周运动时，其运动情况既可用速度、加速度等线量来描述，也可用角速度、角加速度等角量来描述，故有关的线量与角量之间必然存在一定的关系。由图 1.8 可见

$$\mathrm{d}l = R\mathrm{d}\theta$$

因此，质点的速度大小（速率）为

$$v = \frac{\mathrm{d}l}{\mathrm{d}t} = \omega R \qquad\qquad (1.26)$$

切向加速度和法向加速度的大小为

$$a_{\mathrm{t}} = \frac{\mathrm{d}v}{\mathrm{d}t} = \beta R \qquad\qquad (1.27.\mathrm{a})$$

$$a_{\mathrm{n}} = \frac{v^2}{R} = \omega^2 R \qquad\qquad (1.27.\mathrm{b})$$

由式（1.26）和式（1.27）可以看出，当 $\omega =$ 常量时，质点作匀速圆周运动，当 $\beta =$ 常量时，质点作匀变速圆周运动。

质点的圆周运动与直线运动有类似之处，都只需 1 个坐标即可确定其位置。因此，其运动规律也很相似。例如，质点作匀加速圆周运

动时,角速度和运动方程为

$$\omega = \omega_0 + \beta t \tag{1.28.a}$$

$$\theta = \theta_0 + \omega_0 t + \frac{1}{2}\beta t^2 \tag{1.28.b}$$

$$\omega^2 - \omega_0^2 = 2\beta(\theta - \theta_0) \tag{1.28.c}$$

如果定义一个角速度矢量 $\boldsymbol{\omega}$,$\boldsymbol{\omega}$ 的大小由式(1.24)确定,$\boldsymbol{\omega}$ 的方向按右手螺旋法则确定(右手四指朝质点前进方向沿圆周弯曲,伸直的拇指即为 $\boldsymbol{\omega}$ 的方向,如图1.9所示)。并定义角加速度矢量 $\boldsymbol{\beta}$ 为

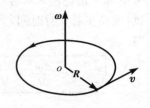

图1.9　角速度矢量

$$\boldsymbol{\beta} = \frac{\mathrm{d}\boldsymbol{\omega}}{\mathrm{d}t} \tag{1.29}$$

那么,线量与角量的关系可表示为

$$\boxed{\boldsymbol{v} = \boldsymbol{\omega} \times \boldsymbol{R}} \tag{1.30}$$

$$\boxed{\boldsymbol{a}_{\mathrm{t}} = \boldsymbol{\beta} \times \boldsymbol{R}} \tag{1.31}$$

$$\boxed{\boldsymbol{a}_{\mathrm{n}} = \boldsymbol{\omega} \times (\boldsymbol{\omega} \times \boldsymbol{R})} \tag{1.32}$$

式中 $\boldsymbol{R}$ 为质点的位置矢量。式(1.30)、式(1.31)和式(1.32)既描述了线量与角量之间的大小关系,也反映了线量与角量之间的方向关系。

例1.6　一个小球沿半径为 R 的圆周,逆时针以角速度 ω_0 作匀速圆周运动。已知 $t = 0$ 时,小球的角坐标为 $\theta_0 = 0$。求任意时刻 t 小球的速度和加速度。

解一　t 时刻小球的角速度和角坐标为

$$\omega = \omega_0$$

$$\theta = \omega_0 t$$

由式(1.26)和式(1.27)可知,t 时刻小球的速度和加速度为:

$$\boldsymbol{v} = \omega_0 R \boldsymbol{e}_{\mathrm{t}}$$

$$a_t = \beta R e_t = 0$$

$$a_n = \omega_0^2 R e_n$$

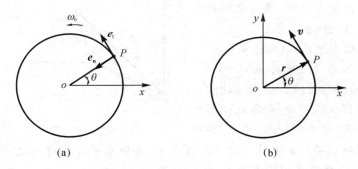

(a)　　　　　　　　(b)

例 1.6 图

式中 e_t 和 e_n 为 t 时刻小球所在处圆周的切向单位矢量和法向单位矢量。

解二　　建直角坐标系如例 1.6 图 b 所示，t 时刻质点的位置矢量为

$$r = R\cos\omega_0 t\ i + R\sin\omega_0 t\ j$$

速度和加速度为

$$v = \frac{dr}{dt} = \omega_0 R(-\sin\omega_0 t\ i + \cos\omega_0 t\ j)$$

$$a = \frac{dv}{dt} = \omega_0^2 R(-\cos\omega_0 t\ i - \sin\omega_0 t\ j)$$

两种解法所得的结果，形式不同，但实际上是完全相同的，这是因为

$$-\sin\omega_0 t\ i + \cos\omega_0 t\ j = e_t$$

$$-\cos\omega_0 t\ i - \sin\omega_0 t\ j = e_n$$

§1.6　相对运动

一、经典力学的伽利略变换

运动描述的相对性指出：在不同的参照系中，同一物体的运动有

不同的描述。本节研究在两个
作相对运动的参照系中,同一
质点的位矢之间、速度之间和
加速度之间的关系。

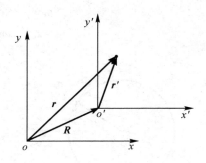

图 1.10　相对运动

　　设参照系 K(坐标系 oxy)
与参照系 K'(坐标系 $o'x'y'$)
之间有相对运动,但坐标轴的
方向都保持不变。若质点在 K
系和 K' 系中的位矢、速度、加
速度分别用 r、v、a 和 r'、v'、a' 表示。K' 系原点 o' 在 K 系中的位矢、
速度、加速度分别用 R、u、a_0 表示。由图 1.10 知

$$r = r' + R \tag{1.33}$$

将式(1.33)对时间 t 求导,得

$$\frac{\mathrm{d}r}{\mathrm{d}t} = \frac{\mathrm{d}r'}{\mathrm{d}t} + \frac{\mathrm{d}R}{\mathrm{d}t} \tag{1.34}$$

　　式中 $\dfrac{\mathrm{d}r}{\mathrm{d}t}$ 是质点在 K 系中的速度 v ,$\dfrac{\mathrm{d}R}{\mathrm{d}t}$ 是 o' 在 K 系中的速度 u,
在经典力学中,时间与参照系无关,在不同的参照系中时间相同,若
以 t 表示参照系 K 中的时间,以 t' 表示参照系 K' 中的时间,则 $t = t'$,
故

$$\frac{\mathrm{d}r'}{\mathrm{d}t} = \frac{\mathrm{d}r'}{\mathrm{d}t'} = v'$$

因此,式(1.34)可写为

$$\boxed{v = v' + u} \tag{1.35}$$

因为两参照系的坐标轴方向保持不变,K' 的原点 o' 在 K 系中的速度
u 就是 K' 系在 K 系中的速度,所以式(1.35)表明,质点在 K 系中的
速度 v 等于它在 K' 系中的速度 v' 加上 K' 系在 K 系中的速度 u。

　　通常,把 v 称为绝对速度,v' 称为相对速度,u 称为牵连速度,故
绝对速度等于相对速度和牵连速度的矢量和。例如,若车在地面上前

$$x = (v_0' \cos\theta' + u)t$$

$$y = v_0' \sin\theta'\ t - \frac{1}{2}gt^2$$

消去 t,即得轨道方程

$$y = \left(\frac{v_0' \sin\theta'}{v_0' \cos\theta' + u} \right)x - \left(\frac{g}{2(v_0' \cos\theta' + u)^2} \right)x^2$$

代入已知数值后,得

$$y = bx - cx^2$$

式中 $b = 2.11$、$c = 5.82 \times 10^{-2} \mathrm{m}^{-1}$。

（3）要使小球落回 K 系中的抛出点,必须使小球在 K 系中速度在 ox 轴上的分量为零

$$v_x = v_0' \cos\theta' + u = 0$$

得

$$\theta' = \arccos\left(-\frac{u}{v_0'} \right) = \arccos\left(-\frac{4}{20} \right) = 101.5°$$

即应与车前进的反方向成 78.5° 角抛出。

二、相对论的洛仑兹变换

经典的伽利略变换是建立在绝对时空观的基础之上的。绝对时空观认为,同一长度或同一时间在不同参照系中都是相同的。在速度不太大(远小于光速)的情况下,经典的伽利略变换是足够准确的。

但是,狭义相对论指出,空间和时间都是相对的。当速度接近光速时,绝对时空观和伽利略变换不再成立,而需要用洛仑兹变换和相对论速度变换替代。

若 K' 系相对 K 系以恒定速度 u 沿 x 轴正方向运动,$t = t' = 0$ 时,两坐标系重合,则洛仑兹坐标变换和相对论速度变换为

$$x = \frac{x' + ut'}{\sqrt{1 - u^2/c^2}} \tag{1.40.a}$$

$$y = y' \tag{1.40.b}$$

$$t = \frac{t' + \frac{u}{c^2}x'}{\sqrt{1 - u^2/c^2}} \tag{1.40.c}$$

$$v_x = \frac{v'_x + u}{1 + \frac{u}{c^2}v'_x} \qquad (1.41.\text{a})$$

$$v_y = \frac{v'_y \sqrt{1 - u^2/c^2}}{1 + \frac{u}{c^2}v'_x} \qquad (1.41.\text{b})$$

显然,当 $u \ll c$ 时,洛仑兹变换和相对论速度变换就退化为伽利略变换,所以,经典力学是相对论在速度很小时的近似理论。

洛仑兹变换和相对论速度变换将在第四章中详述。

思考题

1.1 位移与路程有何区别?在什么情况下,位移大小与路程相等?

1.2 若质点作曲线运动,且初位矢与末位矢大小相等,方向不同,初速度与末速度大小相等,方向不同,则 $|\Delta r|$ 与 Δr 是否相等? $|\Delta v|$ 与 Δv 是否相等?

1.3 若质点作曲线运动,t_1 时在 A 点,t_2 时运动到了 B 点,则 $\int_A^B \mathrm{d}\boldsymbol{r}$、$\int_A^B |\mathrm{d}\boldsymbol{r}|$ 和 $\int_A^B \mathrm{d}r$ 分别表示什么?

1.4 质点作什么运动时位矢的方向不变?作什么运动时位矢的大小不变?

1.5 平均速度的大小必等于平均速率。对吗?

1.6 瞬时速度与瞬时速率有何联系?有何区别?

1.7 若质点的运动方程为 $\boldsymbol{r} = x\boldsymbol{i} + y\boldsymbol{j}$,则

$$r = \sqrt{x^2 + y^2} \qquad v = \frac{\mathrm{d}r}{\mathrm{d}t} \qquad a = \frac{\mathrm{d}^2 r}{\mathrm{d}t^2}$$

对吗?

1.8 物体的速率恒定,而速度在变化。这是否可能?

物体的速度恒定,而速率在变化。这是否可能?

1.9 物体的速度为零,而加速度不为零。这是否可能?

1.10 匀加速运动一定是直线运动。对吗?匀速圆周运动是匀加速运动。对吗?

1.11 曲线运动中,速度方向沿轨道切线方向,故加速度方向也沿轨道切线方向。对吗?

1.12 匀加速圆周运动中,加速度方向指向圆心。对吗?

1.13 雨滴匀速竖直落下。若在沿水平路面匀速运动的车上观察,雨滴的

轨道如何?若在沿水平路面匀加速运动的车上观察,雨点的轨道又怎样?

1. 14 质点作直线运动,速度与时间关系曲线如思考题 1.14 图所示。问下列各量分别表示什么?(1)t_1 时刻曲线的斜率;(2)t_1 与 t_2 曲线间割线的斜率;(3)图中阴影部分的面积。

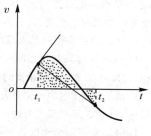

思考题 **1. 14** 图

习　题

1. 1 质点的运动方程为 $x = k + bt - ct^2$,式中 $k = 5\text{m}$、$b = 4\text{m/s}$、$c = 1\text{m/s}^2$。求 $t_1 = 1\text{s}$ 到 $t_2 = 6\text{s}$ 这段时间内的(1)平均速度;(2)平均速率。

1. 2 质点的运动方程为 $x = k + bt - ct^3$,式中 $k = 4\text{m}$、$b = 2\text{m/s}$、$c = 0.5\text{m/s}^3$。求 $t = 2\text{s}$ 时的坐标、速度和加速度。

1. 3 质点的运动方程为 $\boldsymbol{r} = (kt - bt^2)\boldsymbol{i} + (ct^2 + nt^3)\boldsymbol{j}$,式中 $k = 3\text{m/s}$、$b = 4\text{m/s}^2$、$c = -6\text{m/s}^2$、$n = 1\text{m/s}^3$。求 $t = 3\text{s}$ 时,质点的位矢、速度和加速度。

1. 4 质点的运动方程为 $x = (10\text{m/s})t$,$y = (5\text{m/s}^2)t^2$。求:(1)轨道方程;(2)$t_1 = 1\text{s}$ 到 $t_2 = 3\text{s}$ 这段时间内的平均速度;(3)$t_1 = 1\text{s}$ 时的速度和加速度。

1. 5 质点的运动方程为 $x = R\cos\omega t$,$y = R\sin\omega t$,$z = ct$,式中 R、ω 和 c 均为常量。求:(1)运动方程的矢量表示式;(2)运动轨道;(3)速度和加速度。

1. 6 高为 h 的湖岸上,以恒定速率 u 收绳,通过绳子拉船靠岸。求船与岸的水平距离为 x 时,船的速度和加速度的大小。

1. 7 质点的运动方程为 $\boldsymbol{r} = [10\text{m} - (5\text{m/s}^2)t^2]\boldsymbol{i} + (10\text{m/s})t\boldsymbol{j}$。求:$t = 1\text{s}$ 时质点的(1)位矢的模;(2)速度的模;(3)加速度的模;(4)切向加速度的模;(5)法向加速度的模。

1. 8 物体以加速度 $a = -kv^2$ 沿 x 轴运动,$t = 0$ 时物体位于原点,初速度为 v_0。求 t 时刻的速度和运动方程。

1. 9 质点的速度为 $\boldsymbol{v} = \left[2\left(\dfrac{t}{\text{s}}\right)^2\boldsymbol{i} + 5\boldsymbol{j}\right]\text{m/s}$,$t = 0$ 时位矢为 $\boldsymbol{r} = 3i\text{m}$。求:(1)加速度;(2)运动方程;(3)轨道方程。

1. 10 甲车以初速度 1m/s 和加速度 2m/s^2 沿平直道路运动,甲车出发后

2s,乙车从同一地点沿同一方向出发,以初速度 10m/s 和加速度 1m/s² 运动。试问经多长时间两车相遇?这时离出发点多远?

1.11 斜抛物体的最大高度与飞行距离相等,求抛射角。

1.12 子弹以初速 200m/s 与水平成 60° 射出。求:(1)轨道最高点的曲率半径;(2)$t = 4s$ 时,子弹速度的大小和方向。

1.13 炮弹以 15° 的仰角发射,正好击中水平距离 2000m、高 46m 处山坡上的目标。问:(1)经过多长时间击中目标?(2)炮弹的出口速度多大?

1.14 质点以初速度 2.5m/s 和切向加速度 1.34m/s² 沿半径为 4m 的圆周运动。求:$t_1 = 0$ 到 $t_2 = 2s$ 这段时间内质点的(1)路程和平均速率;(2)位移和平均速度的模。

1.15 汽车沿半径为 50m 的圆形公路行驶,自然坐标系中,汽车的运动方程为 $l = k + bt - ct^2$,式中 $k = 10m$、$b = 10m/s$、$c = 0.5m/s^2$。求 $t = 5s$ 时,汽车的速率以及切向加速度、法向加速度和总加速度的大小。

1.16 质点沿半径为 0.1m 的圆周运动,角坐标为 $\theta = b + ct^2$,式中 $b = 3rad$、$c = 1rad/s^2$。问:何时总加速度的模等于切向加速度模的 2 倍?此时速率多大?

1.17 升降机原静止于地面上,若以加速度 1.2m/s² 竖直上升后 2s 时,升降机天花板上落下一个螺母。天花板与升降机底板相距 2.7m。求:(1)螺母从天花板落到底板所需时间;(2)这段时间内,螺母相对地面参照系下降的距离。

1.18 雨滴相对地面竖直落下,列车以 20m/s 的速度在水平直铁轨上行驶,车上观察者看到雨滴的速率为 22m/s。求:(1)雨滴相对于地面的速率;(2)车上观察者测量,雨滴与竖直方向的夹角。

1.19 河宽 100m,东西向。河水以 3m/s 向正东流动。快艇从南岸码头出发,向正北行驶,艇相对水的速率为 4m/s。求:(1)快艇相对地面的速度;(2)快艇将到达对岸何处?

1.20 列车以 4.95m/s 沿水平铁轨作匀速直线运动。若以地面为 K 系(x 轴正方向沿车的前进方向,y 轴正方向竖直向上),以车为 K' 系($o'x'y'$),而且 $t = 0$ 时,两坐标系恰好重合。此时,在 K 系中,从原点以初速 19.8m/s 竖直上抛一个小球。求:(1)在 K' 系中,小球的轨道方程;(2)在 K 系中和 K' 系中,小球的加速度。

第二章 质点动力学

在第一章质点运动学中,只研究了如何描述物体的运动,而没有涉及改变运动状态的原因。本章将研究物体间的相互作用,以及由此引起物体运动状态变化的规律。

在这一章里,将给质量、力、冲量、动量、角动量、功、能等物理量作出严格的定义,并阐述牛顿运动三定律、非惯性系中的力学定律、动量定理、动量守恒定律、质心运动定律,动能定理、功能原理和机械能守恒定律,最后介绍角动量定理和角动量守恒定律。

§2.1 牛顿第一定律

一、牛顿第一定律

在伽利略以前,长达几千年内,人们只凭直觉的观察,一直认为物体的运动是由推、拉等外界的作用而引起的,原来运动的物体,如果外界停止对它的作用,那么,物体便要静止下来。

直到三百多年前,伽利略通过实验和科学推理,才纠正了上述错误。伽利略发现,小球沿斜面向下滚时,速度越来越大。而沿斜面向上滚时,速度越来越小。由此,他推论,小球沿水平面滚时,速度应保持不变。他指出,实际实验中,小球沿水平面滚动时,越滚越慢,最后会停下来,其原因是由于存在摩擦。他还发现,水平面越光滑,小球就滚得越远。抽象到理想化的情形,若水平面完全光滑无摩擦,则小球的速度将恒定不变,永远作匀速直线运动。

牛顿[①]继承并发展了伽利略的研究成果,把它总结成为动力学中的一条基本定律 —— **牛顿第一定律:**

任何物体都保持静止或匀速直线运动的状态,直到其他物体的作用迫使它改变这种状态为止。

物体保持运动状态不变的性质,称为**惯性**,因此,牛顿第一定律也称为**惯性定律**。

确切地说,牛顿第一定律中所说的"物体"应是质点。它或者是形状、大小可以忽略的物体,或者是物体内可视为质点的一个小局部,或者是物体的"质心"。待 §2.5 中介绍质心运动定律后,对质点的意义会认识得更深刻。

保持静止或匀速直线运动状态,就是速度恒定不变。故牛顿第一定律告诉我们,如果不受其他物体的作用,那么质点的速度恒定不变。若受到其他物体的作用,则速度就要发生变化。

严格讲,不受其他物体作用的物体是不存在的,因为任何物体总要受到周围其他物体的作用。但是,如果其他物体离它都非常远,对它的作用非常之小,那么可以近似地认为它是不受其他物体作用的。或者,其他物体对它的作用恰好彼此抵消,这与不受其他物体作用是等效的。

二、惯性参照系

由于一切物体的运动都是相对的,谈论物体的运动,必须说明是相对于哪一个参照系的。在运动学中,参照系的选择是任意的,以求解问题的方便为原则。以什么为参照系对研究方便,就选什么为参照系。而在动力学中,参照系的选择却不是那么可以任意的。我们通过

---

① 牛顿(Issac Newton 公元 1643—1727 年),伟大的英国物理学家。1687 年他在《自然哲学的数学原理》一书中,提出了牛顿三定律和万有引力定律,奠定了经典物理的基础。他还研究了光的色散、色差和干涉现象,发现了牛顿环,提出了光的微粒说。在数学方面,他与莱布尼兹各自独立发明了微积分。牛顿被公认为全世界最伟大的科学家之一。他担任英国皇家学会会长长达 24 年,直到去世。牛顿终身未婚,把毕生精力都献给了科学事业。评价自己所取得的成就时,牛顿说:"如果说我比别人看得远,那是因为我站在巨人们的肩上。"

下面的例子来说明这个问题。

设一个物体静止于水平桌面上,物体受到桌面和地球的作用,但恰好彼此抵消,相当于不受其他物体作用。地面参照系中的观察者看到,该物体保持静止,即,在地面参照系中,该物体不受其他物体作用,保持静止状态,这是符合牛顿第一定律的。若有一车,相对地面向右作匀速直线运动,则车上的观察者看到,该物体向左作匀速直线运动,就是说,在相对地面作匀速直线运动的车参照系中,该物体不受其他物体的作用,保持匀速直线运动状态,这也是符合牛顿第一定律的。但是,如果车沿地面向右作加速运动,那么,车上的观察者发现,该物体既不保持静止,也不保持匀速直线运动状态,而是向左作加速运动。换句话说,在相对地面作加速运动的车参照系中,该物体不受其他物体的作用,而速度却发生变化,这显然是违反牛顿第一定律的。

可见,在有的参照系中,牛顿第一定律成立,而在另一些参照系中,牛顿第一定律是不成立的。我们把牛顿第一定律成立的参照系,称为**惯性参照系**,简称**惯性系**。而把牛顿第一定律不适用的参照系,称为**非惯性参照系**,简称**非惯性系**。

一个参照系是否惯性系,应由观察和实验来确定。实验证明,以太阳为原点,坐标轴指向恒星的恒星参照系是一个很好的惯性系。相对惯性系作匀速直线运动的参照系也是惯性系。地球由于自转和公转,相对于恒星参照系(惯性系)有加速度,因此,地面参照系不是一个精确的惯性系。在地面参照系中,牛顿第一定律有微小的偏差。但是,地球相对恒星参照系的加速度非常小(见表 1.4),因此,在涉及范围不太大,经历时间不太长的情况下,对于一般力学问题,地面参照系已经是一个近似程度相当好的惯性系。

三、质量

描述物体惯性大小的物理量,称为**质量**,用符号 m 表示。质量的基准是保存在巴黎国际计量局中的一个铂铱合金圆柱体,称为**千克原器**,第一届国际计量大会规定,千克原器的质量为 1 千克(kg)。千克(kg)也是国际单位制中质量的单位。

如何定义任意物体的质量呢?设有质量为 m° 的标准质点 S 和质量未知的任意质点 P,它们之间有相互作用,但不受其他物体的作用。由于它们之间有相互作用,它们各自的速度都在不断变化。设 t_0 时刻,标准质点 S 的速度为 v_0° ,质点 P 的速度为 v_0 。t 时刻,标准质

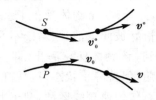

图 2.1 两个质点间
相互作用

点 S 的速度为 v°,质点 P 的速度为 v ,如图 2.1 所示。大量实验发现,在任意时间间隔内,两质点速度的增量总是方向相反,大小成正比,即

$$v^\circ - v_0^\circ = - k(v - v_0) \tag{2.1}$$

式中,k 为比例系数。定义质点 P 的质量 m 为

$$m = km^\circ = - \frac{v^\circ - v_0^\circ}{v - v_0} m^\circ \tag{2.2}$$

于是,只要测出 v° 、v_0° 、v 和 v_0 ,就可以根据式(2.2)确定任意质点 P 的质量。例如,将质量为 1kg 的标准物体 S 与另一物体 P 用一轻弹簧(轻弹簧的质量可

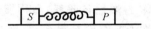

图 2.2 轻弹簧相连
的两物体

以忽略)相连,放在光滑的水平面上。先使弹簧伸长,并由静止释放,如图 2.2 所示。若某时刻测得标准物体的速率为 $v^\circ = 1\text{m/s}$,物体 P 的速率为 $v = 0.5\text{m/s}$,方向与 v° 相反,则由式(2.2)知,物体 P 的质量为

$$m = km^\circ = - \frac{v^\circ - v_0^\circ}{v - v_0} m^\circ = - \left(\frac{1 - 0}{0.5 - 0} \times 1 \right) \text{kg} = 2\text{kg}$$

从式(2.1)和式(2.2)可以看出,与标准质点相比,质点 P 的质量越大,它的速度增量就越小,速度改变越困难,所以,这样定义的质量反映了质点惯性的大小。质点惯性的大小,就是被视为质点的物体平动

惯性的大小,所以,质量是物体平动惯性大小的量度。

表 2.1 一些物体的质量

物 体	m/kg
太阳	1.99×10^{30}
地球	5.98×10^{24}
月亮	7.35×10^{22}
远洋巨轮	$\sim 2 \times 10^{8}$
大象	$\sim 4 \times 10^{3}$
人	$\sim 6 \times 10^{1}$
龙虾	$\sim 8 \times 10^{-3}$
尘埃	$\sim 5 \times 10^{-10}$
红血球	9×10^{-14}
青霉素分子	5×10^{-17}
质子	1.7×10^{-27}
电子	9.1×10^{-31}

* 四、高速运动物体的质量

在经典物理中,把物体的质量视为与速度无关的常量。相对论将告诉我们,实际上物体的质量是与本身的速度有关的,其关系为

$$m = \frac{m_0}{\sqrt{1 - v^2/c^2}} \tag{2.3}$$

式中,v 为物体的运动速度,m_0 为物体速度为零时的质量,称为静止质量,m 为物体以速度 v 运动时的质量。c 为光速,因为光速 $c = 3 \times 10^8 \mathrm{m/s}$ 很快,而经典力学所研究的物体速度都很慢,如日常生活和工程技术中的物体速度远远小于光速,即使是航天火箭的速度也远远小于光速。从式(2.3)可以看出,这时物体的质量 m 与它的静止质量 m_0 差别极其微小。所以,在经典力学的研究中,把物体的质量视为与速度无关的常量,是完全合理的。

但是,当物体的运动速度接近光速(例如高能物理中,一些微观粒子的速度可高达 $0.9c$ 以上)时,质量随速度的变化将非常显著,这时就不能把质量视为常量了。

§2.2 牛顿第二定律和牛顿第三定律

一、牛顿第二定律

质点的质量 m 与速度 v 的乘积,定义为质点的**动量**,用符号 p 表示

$$p = m v \qquad (2.4)$$

动量 p 是矢量,方向与速度 v 相同。在国际单位制中,动量的单位为千克米／秒(kg·m/s)。

物体之间的相互作用,称为**力**。质点 1 与质点 2 相互作用时,我们说质点 1 受到质点 2 的作用力,同时质点 2 也受到质点 1 的作用力。若干个物体同时对某一质点的共同作用,称为该质点所受的合外力[①]。质点不受其他物体的作用,或者所受的作用彼此抵消,就称该质点所受的合外力为零。因经典力学中,质点的质量为常量,由牛顿第一定律知,若质点所受的合外力为零,则该质点的动量恒定不变。

质点所受的合外力不为零时,质点的动量就要发生变化。质点动量 p 对时间 t 的变化率 $\dfrac{\mathrm{d}p}{\mathrm{d}t}$ 是质点所受合外力 F 的量度,定义

$$F = \frac{\mathrm{d}p}{\mathrm{d}t} = \frac{\mathrm{d}(m v)}{\mathrm{d}t} \qquad (2.5)$$

换句话说,**质点所受的合外力等于质点动量对时间的变化率**。因经典力学中,m 为常量,故上式也可写为

---

① 因为质点是一个只有质量,没有形状、大小的点,没有内部结构,所以质点没有内部相互作用力,其他物体对某一质点的作用,都是该质点所受的外力。

$$F = m \frac{\mathrm{d}\boldsymbol{v}}{\mathrm{d}t} = m\boldsymbol{a} \qquad (2.6)$$

式(2.6)表明,**质点所受的合外力 F 等于质点的质量 m 乘以加速度 $\boldsymbol{a}$**。这是牛顿第二定律的常见形式。而式(2.5)则是牛顿第二定律的一般形式。当质点的速度与光速接近时,式(2.6)不再适用,而式(2.5)仍旧成立[①]。

与牛顿第一定律一样,牛顿第二定律也仅适用于惯性系中的质点。此外,对牛顿第二定律再作两点说明:

1. $F = m\boldsymbol{a}$ 是瞬时关系式,它给出的是某时刻合外力与加速度之间的关系。只有在有合外力作用时,质点才有加速度。合外力停止作用,加速度也随之消失。合外力变化,加速度也随同变化。

2. $F = m\boldsymbol{a}$ 是矢量式。求解具体问题时,为了计算方便,可用它的分量式。例如,在直角坐标系中,其分量式为

$$F_x = ma_x \qquad (2.7.\mathrm{a})$$

$$F_y = ma_y \qquad (2.7.\mathrm{b})$$

$$F_z = ma_z \qquad (2.7.\mathrm{c})$$

在自然坐标系中,其分量式为

$$F_\mathrm{t} = ma_\mathrm{t} \qquad (2.8.\mathrm{a})$$

$$F_\mathrm{n} = ma_\mathrm{n} \qquad (2.8.\mathrm{b})$$

在国际单位制中,质量的单位为千克(kg),加速度的单位为米／秒^2(m/s^2),由式(2.6)所得力的单位名称为**牛顿**,符号为 N,1N $= 1\mathrm{kg}\cdot\mathrm{m/s}^2$[②]。

二、牛顿第三定律

由 §2.1 三、中的式(2.1)和式(2.2)知,若用质量为 m_1 和 m_2 的

---

① 只要定义动量 $\boldsymbol{p} = \dfrac{m_0}{\sqrt{1 - v^2/c^2}} \boldsymbol{v}$,在质点速度接近光速时,式(2.5)仍适用。

② 见本节"四、国际单位制和量纲"。

质点 1 和 2 进行实验,则有

$$m_1(\boldsymbol{v}_1 - \boldsymbol{v}_{10}) = - m_2(\boldsymbol{v}_2 - \boldsymbol{v}_{20})$$

故 Δt 时间内两质点动量平均变化率之间的关系为

$$\frac{\Delta \boldsymbol{p}_1}{\Delta t} = - \frac{\Delta \boldsymbol{p}_2}{\Delta t}$$

当 $\Delta t \to 0$ 时,上式的极限为

$$\frac{\mathrm{d}\boldsymbol{p}_1}{\mathrm{d}t} = - \frac{\mathrm{d}\boldsymbol{p}_2}{\mathrm{d}t}$$

因为实验时,只有质点 1 与 2 之间的相互作用,不受其他物体的作用,根据力的定义,上式左边 $\dfrac{\mathrm{d}\boldsymbol{p}_1}{\mathrm{d}t}$ 是质点 2 对质点 1 的作用力 $\boldsymbol{F}_{12}$,上式右边 $\dfrac{\mathrm{d}\boldsymbol{p}_2}{\mathrm{d}t}$ 是质点 1 对质点 2 的作用力 $\boldsymbol{F}_{21}$,所以,上式可表示为

$$\boxed{\boldsymbol{F}_{12} = - \boldsymbol{F}_{21}} \tag{2.9}$$

式(2.9)表明,两质点相互作用时,**作用力与反作用力大小相等,方向相反,作用在同一直线上**。这就是牛顿第三定律。

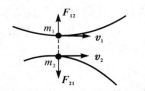

图 2.3 作用力与反作用力

作用力与反作用力属于同一性质的力,如果作用力是万有引力,那么,反作用力一定也是万有引力。作用力与反作用力分别作用在两个物体上,同时产生,同时消失。

三、力学中常见的力

近代科学研究证明,在自然界中,存在四种基本相互作用力。它们是万有引力、电磁力、强力和弱力。万有引力是存在于任何两个物体之间的引力。电磁力是带电体之间的相互作用力。从微观本质看,弹性力、摩擦力等接触力都属于电磁力。强力是原子核内部的质子、中子等核子之间的相互作用力。弱力是存在于许多基本粒子之间的相互作用力,在某些放射性衰变中才显示出来。强力和弱力都是短程

力。表 2.2 列出了四种力的力程和两个相距 10^{-15}m 的质子间四种力的强度。

表 2.2　四种基本相互作用力

力的种类	力的强度 F/N	力程 r/m
万有引力	10^{-34}	∞
弱　　力	10^{-9}	$< 10^{-18}$
电　磁　力	10^{2}	∞
强　　力	10^{4}	$< 10^{-15}$

力学中常见的力有万有引力、弹性力、摩擦力等,现分别阐述如下:

1. 万有引力

万有引力定律指出,**在任何两个质点之间,都存在着相互吸引的力,引力的方向沿两质点的连线,力的大小与两质点质量** m_1、m_2 **的乘积成正比,与两质点间的距离** r **的二次方成反比**,即

$$F = G\frac{m_1 m_2}{r^2} \tag{2.10}$$

式中,$G = 6.67 \times 10^{-11} \mathrm{N \cdot m^2/kg^2}$,称为**引力常量**。

用矢量式表示,万有引力定律可表示为

$$\boldsymbol{F} = -G\frac{m_1 m_2}{r^2}\hat{r} \tag{2.11}$$

式中,$\hat{r}$ 为位矢方向的单位矢量,负号表示万有引力的方向始终与 $\hat{r}$ 方向相反。

万有引力定律中的力是两个质点之间的引力,如果需要求两个物体之间的万有引力,那么必须把物体分为许多小块,把每一小块视为质点,然后,利用积分计算所有这些质点之间的引力。计算表明,两个均匀球体之间的万有引力可将两球视为质量集中在球心的两个质

点,直接应用式(2.10)计算。

进一步研究表明,物体之间的万有引力是通过**引力场**实现的。例如,在 A 质点周围的空间内,其他质点都受到 A 质点的引力作用。我们把 A 质点周围有引力作用的空间称为 A 质点产生的引力场。A 质点的引力场对处于场中的 B 质点有万有引力作用。同样,B 质点在周围空间也建立引力场,对 A 质点有万有引力作用。地球在地面附近空间产生的引力场称为**重力场**。

* 引力质量与惯性质量

§2.1 三、中所定义的质量,也就是牛顿第二定律 $\boldsymbol{F} = m\boldsymbol{a}$ 中的质量,反映了物体自身惯性的大小,称为**惯性质量**。而万有引力定律中的质量反映了物体产生引力或者感受到引力的大小,称为**引力质量**。

两者关系如何呢?我们以千克原器作为引力质量和惯性质量的共同基准,规定千克原器的引力质量 $m^\circ_{引}$ 和惯性质量 $m^\circ_{惯}$ 都等于 1 千克,即

$$m^\circ_{引} = m^\circ_{惯} = 1\text{kg}$$

如果以 $m_{引}$ 和 $m_{惯}$ 分别表示任一物体的引力质量和惯性质量,那么,根据万有引力定律和牛顿第二定律,在同一地点,它们的重力分别为

$$P^\circ = G \frac{m^\circ_{引} M}{R^2} = m^\circ_{惯} g_0$$

$$P = G \frac{m_{引} M}{R^2} = m_{惯} g_0$$

式中,M 为地球的引力质量,R 为地球的半径。由于在同一地点,不同物体的重力加速度相同,因此,由上述两式可得

$$\frac{m_{引}}{m_{惯}} = \frac{m^\circ_{引}}{m^\circ_{惯}} = 1$$

由此可见,任一物体的引力质量 $m_{引}$ 与它的惯性质量 $m_{惯}$ 相等,相当精密的实验也证实了这一点,因此两者不必区分,统称为质量,用符号 m 表示。

2. 重力

地面附近的物体都受到地球的引力

$$F = G \frac{mM}{R^2} \quad (\text{方向指向地心})$$

$\boldsymbol{F}$ 中垂直地球自转轴的分力是物体随地球自转作匀速圆周运动的向心力,另一个分力 $\boldsymbol{P}$ 就是物体的重力,如图 2.4 所示。重力 $\boldsymbol{P}$ 使物体

产生重力加速度 g，即

$$P = mg \qquad (2.12)$$

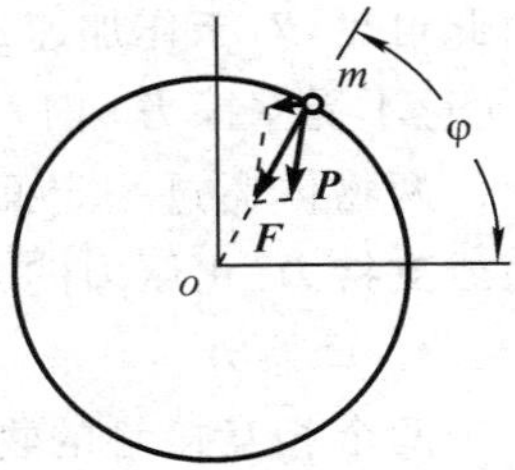

由于地球自转，使 g 的大小随地理纬度 φ 有微小的变化，可以证明[①]

$$P = \frac{GmM}{R^2}\left(1 - \frac{\cos^2\varphi}{290}\right)$$

若令

$$\frac{GM}{R^2} = g_0 \qquad (2.13)$$

图 2.4　重力

则

$$g = g_0\left(1 - \frac{\cos^2\varphi}{290}\right) \qquad (2.14)$$

从式(2.14)可以看出，地球自转对重力加速度的影响是非常微小的，因此，一般计算时可忽略不计，取地面附近的重力加速度为 $g = 9.8\,\text{m/s}^2$。

3. 弹性力

形变的物体有恢复原来形状的趋势，而对与它接触并迫使它形变的物体产生作用力，这种力称为**弹性力**。

弹簧被拉伸或压缩时，在弹性限度以内，其弹性力遵从**胡克(R. Hooke)定律**，即

$$F = -kx \qquad (2.15)$$

式中 k 为弹簧的劲度，x 为弹簧偏离平衡位置的位移，负号表示力与位移方向相反。$x > 0$ 时，$F < 0$，力的方向与 x 轴的正方向相反；$x < 0$ 时，$F > 0$，力的方向与 x 轴的正方向相同。

绳子被拉紧时，绳子内部各段之间的弹性力，称为**张力**。对绳中任一小段应用牛顿第二定律，有

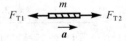

图 2.5　绳中的张力

$$F_{T2} - F_{T1} = ma$$

---

①　参阅例 2.10。

由此可见,对于作加速运动的绳子,只有当绳子的质量可以忽略不计（而且不受摩擦力）时,才可认为 $F_{T1} = F_{T2}$,绳中张力处处相等。

两物体通过一定面积相互压紧时,两者之间的弹性力称为**正压力**或**支持力**。正压力的方向垂直于接触面。

4. **摩擦力**

两个相互接触的物体沿接触面有相对滑动趋势,而尚未相对滑动时,在接触面之间就会产生阻碍相对运动趋势的力,这种力称为**静摩擦力**,用符号 F_{f0} 表示。静摩擦力的大小等于产生相对运动趋势的力。当产生相对运动趋势的力增大到一定值时,将发生相对滑动,这时的静摩擦力称为**最大静摩擦力** F_{f0m}。实验表明,最大静摩擦力的大小与该接触面间正压力的大小 F_N 成正比,即

$$F_{f0m} = \mu_0 F_N \qquad (2.16)$$

式中,μ_0 称为**静摩擦系数**,μ_0 的大小取决于接触面的材料和粗糙、干湿情况。

当接触面间有相对滑动时,接触面之间的摩擦力称为**滑动摩擦力**,用符号 F_f 表示。实验表明,滑动摩擦力的大小也与正压力成正比

$$F_f = \mu F_N \qquad (2.17)$$

式中,μ 称为**滑动摩擦系数**。μ 的大小不但取决于接触面的材料和粗糙、干湿情况,还与相对运动的速度有关。速度不太大时,μ 略小于 μ_0。一般计算时,若不作特别说明,可认为 $\mu = \mu_0$。

表 2.3　一些材料间的滑动摩擦系数

材　　　料	μ	材　　　料	μ
木材与木材	～ 0.3	铁与皮革	～ 0.3
钢与钢	～ 0.2	钢与冰	～ 0.02
铁与水泥路	～ 0.3	钢与木材	～ 0.4

四、国际单位制和量纲

1. 国际单位制

物理学是建立在实验基础之上的,常常需要对各种物理量进行测量,测量的结果一般包括数值和单位两部分。

由于物理量之间是通过定义、定律或定理而相互联系的,因此,没有必要给每一个物理量都规定一个独立的单位。只要选择几个物理量作为**基本量**,给每个基本量规定一个**基本单位**,其他物理量(导出量)的单位就可以按它与基本量的关系而导出,称为**导出单位**。这样形成的一套单位,称为一种**单位制**。

基本量和基本单位的选择不同,就形成不同的单位制。历史上曾出现过许多种单位制,给学术研究和日常生活、生产带来很多不便。为此,国际计量委员会制定了一套**国际单位制**,简称 SI。目前,我国的法定单位制就是以国际单位制为基础,加上少数几个非 SI 单位而构成的。

在力学部分中,国际单位制的基本量和基本单位为:长度,其单位为"米"(m);质量,其单位为"千克"(kg);时间,其单位为"秒"(s)。其他力学量的单位均为导出单位。例如,由速度、加速度和动量的定义 $\boldsymbol{v} = \dfrac{\mathrm{d}\boldsymbol{r}}{\mathrm{d}t}$、$\boldsymbol{a} = \dfrac{\mathrm{d}\boldsymbol{v}}{\mathrm{d}t}$ 和 $\boldsymbol{p} = m\boldsymbol{v}$ 可知,速度的单位为米／秒(m/s),加速度的单位为米／秒²(m/s²),动量的单位为千克·米／秒(kg·m/s),由 $\boldsymbol{F} = m\boldsymbol{a}$ 可知,力的单位为千克·米／秒²(kg·m/s²),并给它一个专门名称"牛顿"(N),即

$$1\mathrm{N} = 1\mathrm{kg \cdot m/s^2}$$

2. 量纲

因为定义、定律和定理确定了物理量之间的关系,所以,每个导出量都可以用基本量的某种组合表示出来。表示导出量怎样由基本量组合而成的式子,称为该导出量的**量纲**。以 L、M 和 T 分别表示基本量长度、质量和时间的量纲,其他导出量的量纲都可用 L、M 和 T 的指数幂乘积表示出来。例如,速度、加速度、动量和力的量纲分别为

$$\dim \boldsymbol{v} = LT^{-1} \qquad \dim \boldsymbol{a} = LT^{-2}$$
$$\dim \boldsymbol{p} = MLT^{-1} \qquad \dim \boldsymbol{F} = MLT^{-2}$$

式中 $\dim \boldsymbol{v}$ 表示速度的量纲, $\dim \boldsymbol{p}$ 表示动量的量纲, 等等。只有量纲相同的量才能加、减或相等, 所以, 通过检查等式两边各项的量纲是否相同, 可以初步验证等式是否成立。

例 2.1 倾角为 $\alpha = 30°$ 的斜面体以加速度 $\boldsymbol{a}_0 = 3\mathrm{m/s^2}$ 在水平地面上作匀加速直线运动, 光滑的斜面上有一质量为 $m = 2\mathrm{kg}$ 的物体, 如例 2.1 图所示。求斜面体对物体的作用力和物体相对斜面体的加速度。

解 以物体为研究对象, 地面为参照系。

物体所受的外力有: 重力 $m\boldsymbol{g}$, 大小为 mg, 方向竖直向下; 斜面体的正压力 $\boldsymbol{F}_N$, 大小 F_N 待求, 方向垂直斜面向上。作出物体的受力图。

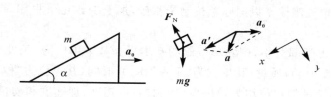

例 2.1 图

物体相对斜面体的加速度 $\boldsymbol{a}'$, 大小 a' 待求, 方向沿斜面向下。斜面体相对地面的加速度 $\boldsymbol{a}_0$, 大小 a_0 已知, 方向水平向右。故物体在地面参照系中的加速度 $\boldsymbol{a}$ 为

$$\boldsymbol{a} = \boldsymbol{a}' + \boldsymbol{a}_0$$

按牛顿第二定律, 在地面参照系中, 物体所受的合外力 $m\boldsymbol{g} + \boldsymbol{F}_N$ 等于物体的质量 m 乘以物体在地面参照系中的加速度 $\boldsymbol{a}$, 故物体的运动方程[1]为

---

[1] $\boldsymbol{r} = \boldsymbol{r}(t)$ 称为质点的运动方程, $\boldsymbol{F} = m\boldsymbol{a} = m\dfrac{\mathrm{d}^2 \boldsymbol{r}}{\mathrm{d}t^2}$ 称为质点的运动微分方程, 通常简称为运动方程。因为两者都决定质点的运动, 而且对运动微分方程积分, 即得运动方程。

$$mg + F_N = ma$$

为求解方便,在地面参照系中作直角坐标系,选坐标系 x 轴平行斜面向下,y 轴垂直斜面向下,则物体运动方程的分量式为

x 方向 $\qquad\qquad mg\sin\alpha = m(a' - a_0\cos\alpha)$

y 方向 $\qquad\qquad mg\cos\alpha - F_N = ma_0\sin\alpha$

式中,$mg\sin\alpha$ 是合外力 $mg + F_N$ 在 x 轴上的分量,$(a' - a_0\cos\alpha)$ 是地面参照系中物体的加速度 a 在 x 轴上的分量。$(mg\cos\alpha - F_N)$ 是合外力在 y 轴上的分量,$a_0\sin\alpha$ 是地面参照系中物体的加速度 a 在 y 轴上的分量。上述 2 个方程中有 2 个未知量 a' 和 F_N,恰好可以解出。解得斜面体对物体的作用力为

$$F_N = m(g\cos\alpha - a_0\sin\alpha)$$
$$= 2 \times (9.8\cos30° - 3\sin30°)\text{N} = 14\text{N}$$

物体相对斜面体的加速度为

$$a' = g\sin\alpha + a_0\cos\alpha$$
$$= (9.8\sin30° + 3\cos30°)\text{m/s}^2 = 7.5\text{m/s}^2$$

讨论 (1)牛顿定律只适用于惯性系,本题中的斜面体相对地面有加速度,是非惯性系,故在斜面体参照系中牛顿定律不成立。

(2)在惯性系中,坐标系可任意选择,以求解方便为原则。例如,本题若选 x 轴水平向左,y 轴竖直向下,则运动方程分量式为

x 方向 $\qquad\qquad F_N\sin\alpha = m(a'\cos\alpha - a_0)$

y 方向 $\qquad\qquad mg - F_N\cos\alpha = ma'\sin\alpha$

同样可以解出两个未知量 F_N 和 a'。但是,由于两个方程中都同时含有 F_N 和 a',解方程比较麻烦。

(3)若斜面体静止或作匀速直线运动,即 $a_0 = 0$,则 $F_N = mg\cos\alpha$,$a' = g\sin\alpha$。这种情况是本题的特例。

由本题的求解过程可见,应用牛顿定律解题,一般步骤如下

(1)确定研究对象和参照系;

(2)分析受力,作受力图;

(3)分析加速度;

（4）选坐标系,列方程;

（5）解出待求量符号式,再代入数据计算;

（6）讨论。

例2.2 质量分别为 m_1 和 m_2 的甲、乙两个物体通过动滑轮用轻绳相连,动滑轮的轴与质量为 m_3 的丙物体通过定滑轮用轻绳相连,丙物体放在静止于地面的水平光滑桌面上,如例 2.2 图所示。设 m_1 > m_2,绳子和滑轮的质量均可忽略不计。求甲、乙、丙三物体在地面参照系中的加速度。

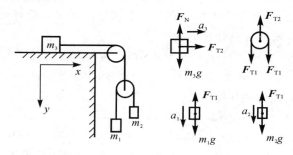

例 2.2 图

解 以甲、乙、丙物体和动滑轮为研究对象,地面为参照系。

甲物体所受的外力为:重力 m_1g,竖直向下;绳子张力 F_{T1},竖直向上。乙物体所受的外力为:重力 m_2g,竖直向下;绳子张力 F_{T1},竖直向上。动滑轮所受的外力为:绳子张力 $2F_{T1}$,竖直向下;绳子张力 F_{T2},竖直向上。丙物体所受的外力为:重力 m_3g,竖直向下;桌面支持力 F_N,竖直向上;绳子张力 F_{T2},水平向右。因绳子和滑轮的质量均忽略不计,故每条绳中的张力大小处处相等。分别作出受力图。设甲、乙和丙物体的加速度分别为 a_1、a_2 和 a_3,方向如受力图中所示。

选坐标系如图,x 轴水平向右,y 轴竖直向下,按牛顿第二定律列方程如下

甲物体 $$m_1g - F_{T1} = m_1a_1$$

乙物体	$m_2g - F_{T1} = m_2a_2$
动滑轮	$2F_{T1} - F_{T2} = 0$
丙物体	$F_{T2} = m_3a_3$

上述 4 个方程中,有 F_{T1}、F_{T2}、a_1、a_2 和 a_3 共 5 个未知量,因此,还需要补充一个方程。设甲、乙两物体相对动滑轮的加速度为 a'(也是未知量),则

$$a_1 = a_3 + a'$$
$$a_2 = a_3 - a'$$

这样,6 个方程正好可以解出 6 个未知量。

解方程组,得

$$a' = \left[\frac{(m_1 - m_2)m_3}{4m_1m_2 + (m_1 + m_2)m_3} \right] g$$

$$a_1 = \left[\frac{4m_1m_2 + (m_1 - m_2)m_3}{4m_1m_2 + (m_1 + m_2)m_3} \right] g$$

$$a_2 = \left[\frac{4m_1m_2 + (m_2 - m_1)m_3}{4m_1m_2 + (m_1 + m_2)m_3} \right] g$$

$$a_3 = \left[\frac{4m_1m_2}{4m_1m_2 + (m_1 + m_2)m_3} \right] g$$

讨论 特例 $m_1 = m_2 = m$ 代入上述答案后,得

$$a' = 0$$

$$a_1 = a_2 = a_3 = \frac{2mg}{2m + m_3}$$

这个结果显然是正确的。由此基本上可以判断,上述求解所得的答案是对的。

通过讨论还可看出,只有在 $m_1 = m_2 = m$ 这种特例情况下,才可把甲、乙、丙三个物体视为一个整体,在重力 $2mg$ 作用下作匀加速运动。

本例的受力图中,力和加速度的符号都没有用黑体字,而用了斜体字。斜体字符号只表示力和加速度的大小,它们的方向由图中的箭头表示。此外,本例列方程时,省略了运动方程的矢量式,而直接写出

运动方程的分量式。由于这样处理可使求解过程简洁明了,因此,在后面的例题中,大多也采用了这种方法。

例 2.3 质量为 m_1 的物体放在质量为 m_2 的板上,板放在水平地面上,如例 2.3 图所示。物体与板之间的摩擦系数为 μ_1,板与地面之间的摩擦系数为 μ_2。水平拉力 F 作用在板上。问: F 在什么范围内,物体与板相对静止,以同一加速度运动?

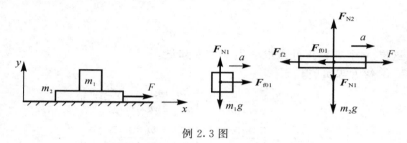

例 2.3 图

解 假设物体与板相对静止,以同一加速度 a 运动。以物体和板为研究对象,以地面为参照系。

物体所受的外力为:重力 m_1g,方向竖直向下;板的正压力 F_{N1},方向竖直向上;静摩擦力 F_{f01},方向水平向右。板所受的外力为:拉力 F,方向水平向右;重力 m_2g,方向竖直向下;物体的正压力 F_{N1},方向竖直向下;静摩擦力 F_{f01},方向水平向左;地面的正压力 F_{N2},方向竖直向上;滑动摩擦力 F_{f2},方向水平向左。

根据受力分析,分别作出受力图。

选坐标系 x 轴水平向右, y 轴竖直向上,按牛顿第二定律列出方程

$$F_{f01} = m_1 a$$

$$F_{N1} - m_1 g = 0$$

$$F - F_{f01} - F_{f2} = m_2 a$$

$$F_{N2} - F_{N1} - m_2 g = 0$$

补充一个滑动摩擦力方程

$$F_{f2} = \mu_2 F_{N2}$$

解方程组,得

$$a = \frac{F}{m_1 + m_2} - \mu_2 g$$

$$F_{f01} = \frac{m_1 F}{m_1 + m_2} - \mu_2 m_1 g$$

若加速度 a 等于零,则物体与板都静止不动,即

$$a = \frac{F}{m_1 + m_2} - \mu_2 g = 0$$

得
$$F = \mu_2 (m_1 + m_2) g$$

若 F_{f01} 达到最大静摩擦力,则物体与板相对滑动,即

$$F_{f01} = \frac{m_1 F}{m_1 + m_2} - \mu_2 m_1 g = \mu_1 F_{N1} = \mu_1 m_1 g$$

得
$$F = (\mu_1 + \mu_2)(m_1 + m_2) g$$

当 $\mu_2(m_1 + m_2)g \leqslant F \leqslant (\mu_1 + \mu_2)(m_1 + m_2)g$ 时,物体与板相对静止,以同一加速度一起运动。

本题也可假设物体和板均静止不动,解得 $F \leqslant \mu_2(m_1 + m_2)g$,假设板加速度大于物体加速度,解得 $F \geqslant (\mu_1 + \mu_2)(m_1 + m_2)g$。从而得到所求结果,读者可自己练习。

讨论 以水平力 F 拉板时,由于 F 大小不同,可能出现三种不同的情况。$F \leqslant \mu_2(m_1 + m_2)g$ 时,物体与板均静止不动。$\mu_2(m_1 + m_2)g \leqslant F \leqslant (\mu_1 + \mu_2)(m_1 + m_2)g$ 时,物体与板以同一加速度一起运动。$F > (\mu_1 + \mu_2)(m_1 + m_2)g$ 时,板的加速度大于物体的加速度,板从物体下面抽出。

例 2.4 细绳长 R,一端固定于 o 点,质量为 m 的小球系在绳的另一端,在竖直平面内绕 o 点作半径为 R 的圆周运动。已知小球在最低点时的速率为 v_0。求在任意位置时,小球的速率和绳中的张力。

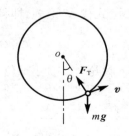

例 2.4 图

解　以小球为研究对象,地面为参照系,小球受重力 $m\boldsymbol{g}$ 和绳子张力 $\boldsymbol{F}_T$ 的作用,作圆周运动,按牛顿第二定律,其运动方程为

$$m\boldsymbol{g} + \boldsymbol{F}_T = m\boldsymbol{a}$$

以细绳与铅垂线的夹角 θ 表示小球的角位置,并规定逆时针时,$\theta > 0$,则运动方程的切向和法向分量式为

$$- mg\sin\theta = ma_t = m\frac{\mathrm{d}v}{\mathrm{d}t} \qquad \text{①}$$

$$F_T - mg\cos\theta = ma_n = m\frac{v^2}{R} \qquad \text{②}$$

因为需要求 v 与 θ 的函数关系式,所以应将 ① 式中的 $\frac{1}{\mathrm{d}t}$ 变换成 $\mathrm{d}\theta$ 的函数。由于 $\omega = \dfrac{\mathrm{d}\theta}{\mathrm{d}t} = \dfrac{v}{R}$,故

$$\frac{1}{\mathrm{d}t} = \frac{v}{R\mathrm{d}\theta}$$

将它代入 ① 式,① 式变为

$$- g\sin\theta = \frac{v\mathrm{d}v}{R\mathrm{d}\theta}$$

分离变量,并代入 $\theta = 0$ 时,$v = v_0$ 的初始条件后积分

$$\int_{v_0}^{v} v\mathrm{d}v = \int_{0}^{\theta} - Rg\sin\theta\mathrm{d}\theta$$

得小球在任意位置时的速率[①]

$$v = \sqrt{v_0^2 + 2Rg(\cos\theta - 1)} \qquad \text{③}$$

将 ③ 式代入 ② 式,即得小球在任意位置时,绳中的张力

$$F_T = m\frac{v_0^2}{R} + (3\cos\theta - 2)mg \qquad \text{④}$$

讨论　(1)小球位于最低点($\theta = 0$)时,绳中张力最大

$$F_T = m\frac{v_0^2}{R} + mg \qquad \text{⑤}$$

[①] 由例 2.21 和例 2.23 可知,应用质点动能定理求 v 较方便,应用机械能守恒定律求 v 最方便。

（2）小球在最高点（$\theta = \pi$）时，绳中张力最小

$$F_\mathrm{T} = m\,\frac{v_0^2}{R} - 5mg \qquad \textcircled{6}$$

因绳子张力不能小于零，否则绳子就要松弛，故要小球作圆周运动，初速 v_0 的最小值应满足 ⑥ 式中的 $F_\mathrm{T} = 0$，即

$$m\,\frac{v_0^2}{R} - 5mg = 0$$

得

$$v_0 = \sqrt{5gR}$$

例 2.5　在地面上以多大速度竖直上抛，物体才能脱离地球，而不回来？

解　以上抛的物体为研究对象，地球为参照系。物体受地球的万有引力作用。因物体高度的变化很大，故地球对它的引力不能视为常量。

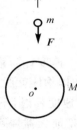

例 2.5 图

选地心为坐标原点，上抛方向为 x 轴正方向，根据牛顿第二定律，物体的运动方程为

$$-\,G\,\frac{mM}{x^2} = ma = m\,\frac{\mathrm{d}v}{\mathrm{d}t} \qquad \textcircled{1}$$

式中 $\left(-\,G\,\dfrac{mM}{x^2}\right)$ 是合外力在 x 轴上的分量，负号表示合外力的方向与 x 轴正方向相反。对 ① 式中的部分量作适当变换

$$G\,\frac{M}{x^2} = G\,\frac{M}{R^2}\,\frac{R^2}{x^2} = g\,\frac{R^2}{x^2}$$

$$\frac{1}{\mathrm{d}t} = \frac{v}{\mathrm{d}x}$$

将上述两式代入 ① 式，分离变量，并代入初始条件 $x = R$ 时 $v = v_0$，积分

$$\int_{v_0}^{v} v\,\mathrm{d}v = \int_{R}^{x} -\,g\,\frac{R^2}{x^2}\,\mathrm{d}x$$

得

$$v = \sqrt{v_0^2 - 2gR + \frac{2gR^2}{x}}$$

物体不返回地球,要求 $x \to \infty$ 时,$v \geqslant 0$,故竖直上抛物体脱离地球的初速度应满足

$$v_0^2 - 2gR \geqslant 0$$

即

$$v_0 \geqslant \sqrt{2gR} = \sqrt{2 \times 9.8 \times 6.4 \times 10^6} \mathrm{m/s}$$
$$= 11.2 \times 10^3 \mathrm{m/s}$$

这一速度称为**第二宇宙速度**,或逃逸速度。发射速度大于第二宇宙速度时,物体就脱离地球,不再回来。但是,如果真的在地面上以第二宇宙速度发射,不但技术上非常困难,而且由于与大气剧烈摩擦发热,会把航天器烧毁了。所以,实际发射,都采用多级火箭。先以较低速度在大气中上升,并不断加速,等进入外层空间后,再提高到第二宇宙速度。

本题计算中,假设物体只受到地球的引力作用,实际上物体还受到太阳和其他星体的引力作用。理论上讲,物体离地球无限远才完全不受地球的引力作用,实际上,只要离地球 $9.3 \times 10^8 \mathrm{m}$ 以上,太阳引力已起主要作用,物体就不会返回地球了。

* **例 2.6** 半径为 R 的圆环,其环面固定在光滑的水平地面上,质量为 m 的物体沿环的内壁运动,物体与环之间的摩擦系数为 μ。已知 $t = 0$ 时,物体的速率为 v_0。求任意时刻物体的速率 v、所受的摩擦力 F_f 和已经走过的路程 Δl。

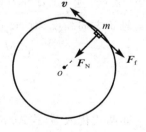

例 2.6 图

解 以物体为研究对象,地面为参照系,物体在竖直方向受重力和地面支持力作用,两力相互平衡。在水平面内受环的正压力 F_N 和摩擦力 F_f 作用,作圆周运动。

采用自然坐标系,物体运动方程的分量式为

切向 $\qquad -F_\mathrm{f} = ma_\mathrm{t} = m\dfrac{\mathrm{d}v}{\mathrm{d}t}$ ①

法向 $\qquad F_\mathrm{N} = ma_\mathrm{n} = m\dfrac{v^2}{R}$ ②

补充一个滑动摩擦力方程

$$F_\mathrm{f} = \mu F_\mathrm{N}$$ ③

②、③ 式代入 ① 式,得

$$-\frac{\mu v^2}{R} = \frac{\mathrm{d}v}{\mathrm{d}t}$$

分离变量,代入初始条件,积分

$$\int_{v_0}^{v} \frac{\mathrm{d}v}{v^2} = \int_0^t -\frac{\mu}{R}\mathrm{d}t$$

得任意时刻物体的速率

$$v = \frac{v_0}{1 + \dfrac{\mu v_0}{R}t}$$ ④

由 ④、②、③ 式,得任意时刻物体所受的摩擦力

$$F_\mathrm{f} = \frac{\mu m v_0^2}{R(1 + \dfrac{\mu v_0}{R}t)^2}$$ ⑤

物体已走过的路程为

$$\Delta l = \int v\mathrm{d}t = \int_0^t \frac{v_0}{1 + \dfrac{\mu v_0}{R}t}\mathrm{d}t = \frac{R}{\mu}\ln(1 + \frac{\mu v_0}{R}t)$$

讨论 (1)由 ④ 式可以看出,物体的速率随时间增大而逐渐减小。当 $t \to \infty$ 时,$v \to 0$。摩擦系数 μ 越大,环半径越小,则速率减小得越快。

(2)由 ⑤ 式可以看出,物体在运动过程中,所受的摩擦力也是逐渐减小的。当 $t \to \infty$ 时,$v \to 0$,$F_\mathrm{N} \to 0$,F_f 也趋向于零。

* **例 2.7** 质量为 m 的小球在液体中由静止释放,竖直下沉。设

液体相对地面静止。液体对小球的浮力为 F，黏滞阻力为 kv，k 是与液体的黏滞性和小球半径有关的一个常量。求任意时刻小球的速度。

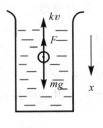

例 2.7 图

解 以地面为参照系。小球所受的外力有：重力 mg，竖直向下；浮力 F，竖直向上；黏滞阻力 kv，竖直向上。如例 2.7 图所示。

选竖直向下为 x 轴正向，根据牛顿定律，小球的运动方程为

$$mg - F - kv = ma = m \frac{\mathrm{d}v}{\mathrm{d}t} \qquad ①$$

将 ① 式分离变量，并代入初始条件 $t = 0$ 时，$v = 0$，积分

$$\int_0^v \frac{m \mathrm{d}v}{mg - F - kv} = \int_0^t \mathrm{d}t \qquad ②$$

得任意时刻小球下沉的速度

$$v = \frac{mg - F}{k}(1 - \mathrm{e}^{-\frac{k}{m}t}) \qquad ③$$

讨论 （1）由 ③ 式可见，当 $t \to \infty$ 时，小球达到最大速度

$$v_{\mathrm{f}} = \frac{mg - F}{k}$$

这一速度 v_{f} 称为**极限速度**。

（2）物理中的"∞"，并非真的要无限大，而是足够大的意思。例如，本题中只要 $t \geqslant 5\frac{m}{k}$ 时，就完全可以认为小球已以极限速度匀速下降了。

* **例 2.8** 一根绳子绕在固定于地面的圆柱上，绳与圆柱接触部分 ab 对圆心的张角为 θ。已知绳与圆柱间的静摩擦系数为 μ。绳子质量可忽略不计，绳子正处于逆时针相对滑动的临界状态，求绳子两端张力 $F_{\mathrm{T}a}$ 与 $F_{\mathrm{T}b}$ 间的关系。

解 由于绳子与圆柱间存在摩擦力，ab 段绳中各处张力大小不

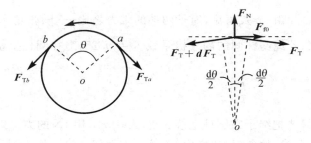

例 2.8 图

等。为了求绳中张力的规律，先以 ab 段中任一小段 $\mathrm{d}l$ 为研究对象，$\mathrm{d}l$ 对圆心张角为 $\mathrm{d}\theta$。以地面为参照系。$\mathrm{d}l$ 小段绳子受 4 个力：右边绳子张力 F_T，左边绳子张力 $F_\mathrm{T} + \mathrm{d}F_\mathrm{T}$，圆柱对 $\mathrm{d}l$ 小段的正压力 F_N 和最大静摩擦力 $F_{\mathrm{f0}} = \mu F_\mathrm{N}$，如受力图所示。由题意知，处于相对滑动边缘，故绳静止。

采用自然坐标系，按牛顿定律，$\mathrm{d}l$ 小段的运动方程分量式为

切向 $\qquad (F_\mathrm{T} + \mathrm{d}F_\mathrm{T})\cos\dfrac{\mathrm{d}\theta}{2} - F_\mathrm{T}\cos\dfrac{\mathrm{d}\theta}{2} - \mu F_\mathrm{N} = 0 \qquad$ ①

法向 $\qquad (F_\mathrm{T} + \mathrm{d}F_\mathrm{T})\sin\dfrac{\mathrm{d}\theta}{2} + F_\mathrm{T}\sin\dfrac{\mathrm{d}\theta}{2} - F_\mathrm{N} = 0 \qquad$ ②

因 $\mathrm{d}\theta$ 很小，$\cos\dfrac{\mathrm{d}\theta}{2} \approx 1$，$\sin\dfrac{\mathrm{d}\theta}{2} \approx \dfrac{\mathrm{d}\theta}{2}$，代入 ①、② 式，并略去二阶无限小量，①、② 式成为

$$\mathrm{d}F_\mathrm{T} = \mu F_\mathrm{N} \qquad ③$$

$$F_\mathrm{T}\mathrm{d}\theta = F_\mathrm{N} \qquad ④$$

④ 式代入 ③ 式，并代入边界条件，积分

$$\int_{T_a}^{T_b} \frac{\mathrm{d}F_\mathrm{T}}{F_\mathrm{T}} = \int_0^\theta \mu\mathrm{d}\theta$$

得

$$\frac{F_{\mathrm{T}b}}{F_{\mathrm{T}a}} = \mathrm{e}^{\mu\theta} \qquad ⑤$$

讨论　由 ⑤ 式可见,绳子两端的张力之比 $\dfrac{F_{Tb}}{F_{Ta}}$ 随张角 θ 按指数规律变化。若绳与柱间的静摩擦系数 $\mu = 0.25$,绳在圆柱上绕 5 圈,则

$$\frac{F_{Tb}}{F_{Ta}} = e^{0.25 \times 5 \times 2\pi} = \frac{2.6 \times 10^3}{1}$$

就是说,只要把绳子在圆柱上绕 5 圈,人在 a 端用 1N 的力可以拉住 b 端 2.6×10^3N 的负载。船靠岸时,总是把缆绳在桩上绕几圈,就是利用这一原理。

§2.3　力学相对性原理
非惯性系中的力学定律

一、力学相对性原理

由 §1.6 知,若参照系 K' 相对参照系 K 以速度 $\boldsymbol{u}$ 作匀速直线运动,则同一质点在两个参照系中的速度 $\boldsymbol{v}$ 与 $\boldsymbol{v}'$ 之间、加速度 $\boldsymbol{a}$ 与 $\boldsymbol{a}'$ 之间的关系为

$$\boldsymbol{v} = \boldsymbol{v}' + \boldsymbol{u}$$

$$\boldsymbol{a} = \boldsymbol{a}'$$

在经典力学中,速度远小于光速,质量和力均与参照系无关,即 $m' = m, \boldsymbol{F}' = \boldsymbol{F}$。因此,若 K 为惯性系,在 K 系中牛顿定律成立

$$\boldsymbol{F} = m\boldsymbol{a}$$

则在 K' 系中,牛顿定律也一定成立

$$\boldsymbol{F}' = m'\boldsymbol{a}'$$

K' 系也是惯性系。

这就证明,相对惯性系作匀速直线运动的参照系也是惯性系。在所有的惯性系中,牛顿定律的形式保持不变。设想有一列相对地面作

匀速直线运动的火车,如果在封闭的车厢内做力学实验,所得结果与地面上的实验结果完全相同,就无法用力学实验来判断自己乘坐的火车相对地面是静止的,还是在作匀速直线运动。伽利略对此加以归纳,总结为**力学相对性原理:在惯性系中进行力学实验,无法确定该惯性系相对其他惯性系的速度**。或者说,**力学定律在所有惯性系中具有相同的形式**。换言之,**力学定律对惯性系变换具有不变性**。也可以说,**所有的惯性系都是等价的**。四种说法表达同一原理。

伽利略变换中,认为在不同的惯性系中,时间是一样的,长度也是一样的。这种绝对时间、绝对长度的概念,在速度远低于光速时,未发现什么问题。但是,当速度接近光速时就不对了,时间和长度其实都是相对的,所以伽利略变换也必须用洛仑兹变换来代替。在洛仑兹变换下,不但力学定律的形式不变,而且一切物理定律的形式都是不变的,也就是说,物理定律的形式在所有惯性系中都相同。

相对性原理实质上否定了绝对参照系的存在。因为假如宇宙中存在一个特别优越的天体,那么固定在它上面的参照系就是一个特别优越的绝对参照系,其他物体相对于绝对参照系的运动就是绝对运动。而相对性原理告诉我们,所有的惯性系都是等价的,这就说明,不存在特别优越的绝对参照系。

二、非惯性系中的力学定律

前面一再提到,牛顿定律只适用于惯性系。如果一个参照系相对惯性系加速平动,或者相对惯性系转动,那么,这个参照系就不是惯性系,在这个参照系中,牛顿定律是不成立的。凡是牛顿定律不成立的参照系都是**非惯性系**,例如,相对地面加速平动的火车、电梯,游乐园中转动的平台等等。那么,在非惯性系中,力学定律是什么形式呢?这就是本节所要讨论的问题。

1. 加速平动非惯性系

如图 2.6 所示,若车厢以 a_0 相对地面作加速平动,外力 F 作用在车内质量为 m 的物体上,使物体相对车厢产生 a' 的加速度,则物体相对地面的加速度 a 为

$$a = a_0 + a'$$

在地面参照系中,牛顿定律成立,即

$$\boldsymbol{F} = m\boldsymbol{a} = m(\boldsymbol{a}_0 + \boldsymbol{a}') \tag{2.18}$$

由上式可见

$$\boldsymbol{F} \neq m\boldsymbol{a}'$$

即在加速平动的车厢内,牛顿定律不成立。

但是,如果车厢中的观察者设想物体同时还受到一个假想的**惯性力**

$$\boxed{\boldsymbol{F}_i = -m\boldsymbol{a}_0} \tag{2.19}$$

就是说,假想的**惯性力**大小等于物体的质量 m 与牵连加速度 $\boldsymbol{a}_0$ 大小的乘积,方向与牵连加速度 $\boldsymbol{a}_0$ 的方向相反。

再将式(2.19)代入式(2.18),移项,那么得到

$$\boxed{\boldsymbol{F} + \boldsymbol{F}_i = m\boldsymbol{a}'} \tag{2.20}$$

式(2.20)表明,在加速平动非惯性系中,只要考虑惯性力后,其运动方程又符合"力 = 质量 × 加速度"的形式了。应用这一方程,可使求解加速平动非惯性系中的力学问题变得比较方便。

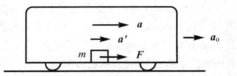

图 2.6 加速平动非惯性系

需要指出,惯性力与物体之间的相互作用力是不同的。惯性力是非惯性系中一个假想的力[①],是为了使非惯性系中的运动方程也具有牛顿第二定律的形式而人为引入的,反映了非惯性系的加速效应。惯性力没有施力者,也没有反作用力。

例 2.9 质量 M、倾角 θ 的斜面体放在光滑的水平面上,质量 m 的物体置于光滑的斜面上。求斜面体相对地面的加速度 a_0 和物体相对斜面体的加速度 a'。

---

① 在广义相对论中,恒定均匀引力场中的惯性系与没有引力场但以恒定加速度运动的非惯性系是等效的,惯性力与引力等效。

解一　研究斜面体时,以地面为参照系(惯性系)。作斜面体受力图。在地面惯性系中,斜面体的加速度水平向右,大小 a_0 待求。在地面参照系上选坐标系 oxy,如例 2.9 图(a)所示,按牛顿定律列出斜面体的运动方程

$$F_{N1}\sin\theta = Ma_0$$

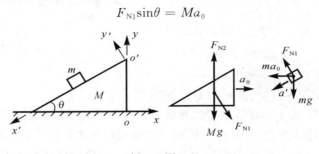

例 2.9 图(a)

研究物体时,以斜面体为参照系(非惯性系)。作物体受力图。因斜面体是非惯性系,在斜面体这个非惯系中,物体除了受相互作用力 mg 和 $\boldsymbol{F}_{N1}$ 外,还受惯性力的作用,惯性力的大小为 ma_0,方向与 $\boldsymbol{a}_0$ 相反。在斜面体这个非惯性系中,物体的加速度沿斜面向下,大小 a' 待求。在斜面体参照系上选坐标系 $o'x'y'$,如例 2.9 图(a)所示。按非惯性系中的力学定律列出物体的运动方程

x' 方向 $\qquad\qquad ma_0\cos\theta + mg\sin\theta = ma'$

y' 方向 $\qquad\qquad F_{N1} + ma_0\sin\theta - mg\cos\theta = 0$

解得

$$a_0 = \frac{mg\sin\theta\cos\theta}{M + m(\sin\theta)^2}$$

$$a' = \frac{(M + m)g\sin\theta}{M + m(\sin\theta)^2}$$

解二　研究斜面体和物体的运动时,都以斜面体为参照系(非惯性系)。设斜面体相对地面的加速度大小为 a_0,方向水平向右,斜面体和物体的受力图如例 2.9 图(b)所示。在斜面体这个非惯性系中,

斜面体静止，物体的加速度方向沿斜面向下，大小 a' 待求。在斜面体参照系上选坐标系 $o'x'y'$ 如例 2.9 图 (b) 所示，列出斜面体和物体的运动方程

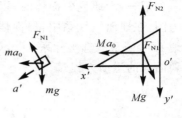

例 2.9 图 (b)

$$Ma_0 - F_{N1}\sin\theta = 0$$

$$ma_0 + F_{N1}\sin\theta = ma'\cos\theta$$

$$mg - F_{N1}\cos\theta = ma'\sin\theta$$

解方程组，所得 a_0 和 a' 与解一相同。

本题也可以都以地面为参照系研究斜面体和物体的运动。作斜面体和物体的受力图，按牛顿第二定律列斜面体和物体的运动方程，并根据物体只能在斜面体上运动的特点，列出物体相对地面的加速度与相对斜面体的加速度之间的关系式，然后求解方程组，将得出相同的结果。请读者自己练习。

读者应该比较三种解法，看那种方法求解最方便，那种方法求解最麻烦，并同时进一步深入理解惯性力的概念，掌握应用非惯性系中力学定律解题的方法。

2. 转动非惯性参照系　惯性离心力

若参照系相对惯性系没有平动，只有转动，则称为转动非惯性参照系。

设有水平转台，绕固定于地面的竖直轴以角速度 ω 作匀角速转动。质量 m 的小球用长 r 的细线连在转轴上，放在径向滑槽中，如图 2.7 所示。下面来分析小球的运动。

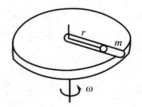

图 2.7　转动非惯性系

若以地面为参照系（惯性系），在水平面内，小球受细线拉力 F_T，作匀速圆周运动，向心加速度 $a_n = \omega^2 r e_n$。选用自然坐标系，按牛顿定律，小球的运动方程为

$$F_{\mathrm{T}} = m\omega^2 r e_{\mathbf{n}}$$

若以转台为参照系,小球受细线拉力,此外,因转台的转动,使小球有牵连加速度 $a_0 = \omega^2 r e_{\mathbf{n}}$,故还受惯性力

$$F_{\mathrm{i}} = -ma_0 = -m\omega^2 r e_{\mathbf{n}} \tag{2.21}$$

这个惯性力称为**惯性离心力**。小球在细线拉力和惯性离心力的共同作用下,相对转台静止,即

$$F_{\mathrm{T}} + F_{\mathrm{i}} = F_{\mathrm{T}} + (-m\omega^2 r e_{\mathbf{n}}) = 0$$

惯性离心力是在转动非惯性系中假想作用在物体上的一种惯性力,方向始终沿径向向外。不要把惯性离心力与离心力相混淆。离心力是向心力的反作用力,在图 2.7 中,向心力是细线对小球的拉力,离心力是小球对细线的拉力,作用在细线上。

上面,我们只讨论了相对惯性系匀角速转动的非惯性系,而且小球相对转动非惯性系是静止的这种特殊情况。一般情况下,非惯性系相对惯性系可以既平动,又转动。若变角速转动,则小球还要受切向惯性力$(-m\beta \times r)$。若小球在转动非惯性系中运动,则小球还要受侧向的惯性力$(-2m\omega \times v')$。)这个侧向惯性力称为柯里奥利(Coriolis)力。对此感兴趣的读者,可参阅本篇后面的阅读材料 1.B。

例 2.10 地面上纬度 φ 处,有一质量为 m 的静止物体。考虑地球自转的影响,求物体的重力和该处的重力加速度。

解 考虑地球自转的影响,就是把地球看作匀角速转动的非惯性系。物体在地球引力 F、惯性离心力 F_{i} 和地面支持力 F_{N} 的共同作用下,处于静止状态。地面支持力 F_{N} 的反作用力,即物体作用在地面上的力,就是物体的重力 P。所以,重力 P 也就是

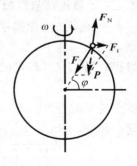

例 2.10 图

地球引力 F 和惯性离心力 F_{i} 的合力,如例 2.10 图所示,即

$$P = F + F_{\mathrm{i}}$$

F 和 F_{i} 分别为

$$F = G\frac{mM}{R^2} = mg_0 \quad (\text{指向地心})$$

$$F_i = m\omega^2 R\cos\varphi \quad (\text{垂直自转轴向外})$$

F_i 与 F 之比为

$$\frac{F_i}{F} = \frac{\omega^2 R\cos\varphi}{g_0} = \frac{\left(\dfrac{2\pi}{24 \times 3600}\right)^2 \times 6.37 \times 10^6}{9.8}\cos\varphi \approx \frac{\cos\varphi}{290}$$

可见 $F \gg F_i$，故 $\boldsymbol{P}$ 与 $\boldsymbol{F}$ 之间的夹角非常小，物体的重力近似为

$$P = mg \approx F - F_i\cos\varphi$$

$$= mg_0\left[1 - \frac{(\cos\varphi)^2}{290}\right]$$

该处的重力加速度为[①]

$$g = g_0\left[1 - \frac{(\cos\varphi)^2}{290}\right]$$

§2.4 动量定理 动量守恒定律

一、质点动量定理

牛顿第二定律描述的是力与作用效果之间的瞬时关系，但是在很多实际问题中，力总是持续作用一段时间，这就需要考虑力的时间累积效果。为此，将式(2.5)改写为微分形式

$$\boldsymbol{F}\mathrm{d}t = \mathrm{d}\boldsymbol{p} \tag{2.22}$$

质点所受的合外力 $\boldsymbol{F}$ 一般是时间 t 的函数，将上式在 $t_0 \sim t$ 的一段时间内积分，得

$$\boxed{\int_{t_0}^{t}\boldsymbol{F}\mathrm{d}t = \boldsymbol{p} - \boldsymbol{p}_0 = m\boldsymbol{v} - m\boldsymbol{v}_0} \tag{2.23}$$

等号右边的 $\boldsymbol{p}$ 和 $\boldsymbol{p}_0$ 分别是 t 和 t_0 时质点的动量。等号左边是力对时间

[①] 因地球不是严格的球体，各处密度分布也不均匀，故此式是近似的。

的积分,称为力的**冲量**,用符号 $\boldsymbol{I}$ 表示

$$I = \int_{t_0}^{t} \boldsymbol{F}\mathrm{d}t \qquad\qquad (2.24.\text{a})$$

故式(2.23)也可表示为

$$\boldsymbol{I} = \boldsymbol{p} - \boldsymbol{p}_0 = \Delta\boldsymbol{p} \qquad\qquad (2.25)$$

式(2.23)和式(2.25)表明,**一段时间内,质点所受合外力的冲量等于这段时间内质点动量的增量**。这就是**质点动量定理**。式(2.22)是质点动量定理的微分形式,实际上是牛顿第二定律的变形。

冲量是矢量,是力持续作用一段时间的累积效果。力越大,作用时间越长,冲量就越大。在国际单位制中,冲量的单位为牛•秒(N•s)。

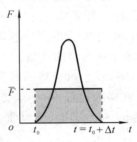

图 2.8　平均冲力

在碰撞、打击等过程中,两物体之间的相互作用力称为**冲力**。因冲力的作用时间很短,变化极大,很难知道 $\boldsymbol{F}(t)$ 的函数关系,因此常常引入**平均冲力**的概念。令 $t = t_0 + \Delta t$,则平均冲力的定义为

$$\overline{F} = \frac{\int_{t_0}^{t} F(t)\mathrm{d}t}{\Delta t} = \frac{\int_{t_0}^{t} F(t)\mathrm{d}t}{t - t_0} \qquad\qquad (2.26)$$

若一物体所受的冲力 $\boldsymbol{F}$ 方向恒定,其大小 F 与时间 t 的关系曲线如图2.8所示,则平均冲力 $\overline{F}$ 水平线下的矩形面积 $\overline{F}\Delta t$ 与实际冲力 $F(t)$ 曲线下的面积 $\int_{t_0}^{t} F(t)dt$ 相等。由式(2.26)知,力 $F(t)$ 的冲量 I,也可表示为

$$I = \overline{F}\Delta t \qquad\qquad (2.24.\text{b})$$

质点动量定理是矢量式。根据问题的具体情况,可作矢量图,按几何关系求解,也可用动量定理分量式计算。在直角坐标系中,其分量式为

$$I_x = \overline{F}_x \Delta t = mv_x - mv_{0x} \qquad (2.27.\text{a})$$

$$I_y = \overline{F}_y \Delta t = mv_y - mv_{0y} \qquad (2.27.\text{b})$$

$$I_z = \overline{F}_z \Delta t = mv_z - mv_{0z} \qquad (2.27.\text{c})$$

从式(2.27)可知,质点动量在某方向上分量的增量,等于质点所受冲量在该方向上的分量。

例 2.11 质量为 m 的弹性小球与墙碰撞,碰撞前后小球速率均为 v,运动方向与墙法线的夹角都是 α。在碰撞时间内,小球所受重力可忽略不计,求小球对墙的冲量。

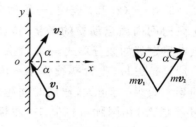

例 2.11 图

解一 以小球为研究对象,在碰撞过程中,小球受墙的冲力作用。设碰撞前后小球的速度分别为 $\boldsymbol{v}_1$ 和 $\boldsymbol{v}_2$,由质点动量定理得

$$\boldsymbol{I} = m\boldsymbol{v}_2 - m\boldsymbol{v}_1$$

按上式作矢量图,如例 2.11 图所示。因为

$$|m\boldsymbol{v}_2| = |m\boldsymbol{v}_1| = mv$$

由图可见,墙对小球的冲量大小为

$$I = 2mv\cos\alpha$$

$\boldsymbol{I}$ 的方向沿墙法线向右。小球对墙的冲量与墙对小球的冲量等值反向。

解二 选坐标系 oxy 如图所示,按质点动量定理分量式

$$I_x = mv_{2x} - mv_{1x}$$
$$= mv\cos\alpha - m(-v\cos\alpha) = 2mv\cos\alpha$$
$$I_y = mv_{2y} - mv_{1y}$$
$$= mv\sin\alpha - mv\sin\alpha = 0$$

故墙对小球的冲量大小为 $2mv\cos\alpha$,方向沿 x 轴正方向。小球对墙的冲量与此等值反向。

两种解法,结果相同。

例 2.12　质量为 $m = 0.10\text{kg}$ 的小球从高 H
$= 1.3\text{m}$ 处由静止落下,与水平地面碰撞后,反弹
的最大高度为 $h = 0.90\text{m}$,碰撞时间 $\Delta t = 0.01\text{s}$。
求碰撞时,地面对小球的冲量和平均冲力。

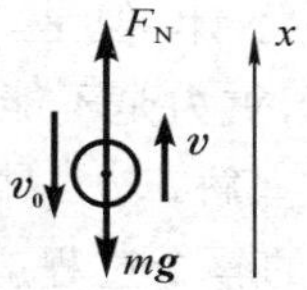

例 2.12 图

解一　以小球为研究对象,在碰撞时间 Δt
内应用质点动量定理。在 Δt 时间内,小球受两个
力作用:重力 mg,方向向下;地面的冲力 F_N,方向向上。由运动学知,
碰撞前后小球的速度分别为

$$v_0 = \sqrt{2gH}\ (\text{方向向下})$$

$$v = \sqrt{2gh}\ \ (\text{方向向上})$$

选竖直向上为 x 轴的正方向,按质点动量定理的分量式,有

$$(\overline{F}_N - mg)\Delta t = mv - m(-v_0)$$

式中 $\overline{F}_N$ 为地面对小球的平均冲力。由上述三式解得地面对小球的冲
量为

$$I_N = \overline{F}_N \Delta t = m(\sqrt{2gH} + \sqrt{2gh}) + mg\Delta t$$

$$= [0.10 \times (\sqrt{2 \times 9.8 \times 1.3} + \sqrt{2 \times 9.8 \times 0.90})$$

$$+ 0.10 \times 9.8 \times 0.01]\text{N·s} = 0.935\text{N·s}$$

地面对小球的平均冲力为

$$\overline{F}_N = \frac{I_N}{\Delta t} = mg\left(\frac{\sqrt{2H/g} + \sqrt{2h/g}}{\Delta t} + 1\right)$$

$$= \Big[0.10 \times 9.8$$

$$\times \left(\frac{\sqrt{2 \times 1.3/9.8} + \sqrt{2 \times 0.90/9.8}}{0.01} + 1\right)\Big]\text{N}$$

$$= 93.5\text{N}$$

讨论

$$\frac{\overline{F}_N}{mg} = \frac{93.5}{0.1 \times 9.8} \approx 95$$

可见,当碰撞时间 Δt 很短时,冲力很大,远远大于重力,故重力可忽

略 不计。但是，如果碰撞时间不太短（例如物体落到柔软的垫子上）时，重力是不能忽略的。

解二　对小球从 H 高处落下、与地面碰撞、反弹上升到最高点 h 的整个过程应用质点动量定理。

由运动学知，从 H 高处落到地面，需时间
$$\Delta t_1 = \sqrt{\frac{2H}{g}}$$

从地面上升到 h 高处，需时间
$$\Delta t_2 = \sqrt{\frac{2h}{g}}$$

在整个过程中，重力的作用时间为 $(\Delta t_1 + \Delta t + \Delta t_2)$，重力对小球的冲量为 $mg(\Delta t_1 + \Delta t + \Delta t_2)$，方向向下；地面冲力的作用时间为 Δt，地面冲力对小球的冲量为 $\overline{F}_N \Delta t$，方向向上；整个过程之初小球在 H 高处是静止的，故初速度 $v_0 = 0$；整个过程之末，小球已反弹到最高点 h，在最高点小球的速度为零，故末速度 $v = 0$。

选 x 轴正方向竖直向上，根据质点动量定理的分量式，有
$$\overline{F}_N \Delta t - mg(\Delta t_1 + \Delta t + \Delta t_2) = mv - mv_0 = 0$$
解得
$$\overline{F}_N = mg\left(\frac{\sqrt{2H/g} + \sqrt{2h/g}}{\Delta t} + 1 \right)$$

与解一所得结果完全相同。

二、质点系动量定理

若干个质点组成的系统，称为**质点组**或**质点系**，或简称**系统**。质点系外的物体对质点系内质点的作用力称为该质点系所受的**外力**。质点系内部质点之间的相互作用力称为该质点系所受的**内力**。如图 2.9 所示，设质点系由质量分

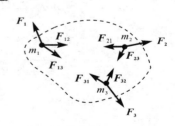

图 2.9　质点系的外力和内力

别为 m_1、m_2 和 m_3 的三个质点组成，F_1、F_2 和 F_3 分别为三个质点所受的外力；F_{12} 和 F_{13} 为质点 m_1 所受的内力，F_{21} 和 F_{23} 为质点 m_2 所受的内力，F_{31} 和 F_{32} 为质点 m_3 所受的内力。对质点系内的每个质点应用质点动量定理

$$(F_1 + F_{12} + F_{13})\mathrm{d}t = \mathrm{d}p_1$$
$$(F_2 + F_{21} + F_{23})\mathrm{d}t = \mathrm{d}p_2$$
$$(F_3 + F_{31} + F_{32})\mathrm{d}t = \mathrm{d}p_3$$

将上述三式相加，因作用力与反作用力大小相等，方向相反，$F_{12} = -F_{21}$，$F_{13} = -F_{31}$，$F_{23} = -F_{32}$，质点系的内力相互抵消，故得

$$\left(\sum F_i \right) \mathrm{d}t = \mathrm{d}\left(\sum p_i \right)$$

以 F 表示质点系所受的合外力 $\sum F_i$，以 P 表示质点系的总动量 $\sum p_i$，上式可写为

$$F\mathrm{d}t = \mathrm{d}P \tag{2.28}$$

式（2.28）对 t 积分，得

$$\boxed{\int_{t_0}^{t} F\mathrm{d}t = P - P_0} \tag{2.29}$$

上式可推广到任意多个质点组成的系统。式（2.29）称为**质点系动量定理**，它表明：**质点系总动量的增量等于合外力的冲量**。式（2.28）是质点系动量定理的微分形式。

由质点系动量定理可见，外力才能改变质点系的总动量，内力可以改变质点系内部各质点的动量，但不会改变质点系的总动量。

质点系动量定理也可写成分量式，以便计算。

三、动量守恒定律

由式（2.28）可以看出

$$\boxed{\text{若 } F = 0，\text{则 } P = \sum m_i v_i = \text{常矢量}} \tag{2.30}$$

式（2.30）说明，**若质点系所受的合外力为零，则质点系的总动量保**

持不变。这个结论称为**动量守恒定律**。

质点系动量守恒的条件是合外力为零。质点系总动量守恒,并非质点系内部各个质点的动量都恒定。在内力的作用下,质点系内部各质点的动量的配比可能变化,但质点系内部各质点动量的矢量和保持不变。

应用动量守恒定律解题时,因无须考虑质点系在内力作用下发生的复杂过程,就可确定过程前后质点系的总动量,所以比较方便。

在碰撞、爆炸等过程中,对于参与碰撞的物体所组成的系统,内力远远大于一般的外力(如重力、摩擦力等),这时,外力可以忽略不计,近似认为质点系的总动量守恒。

动量守恒定律式(2.30)是矢量式,具体计算时,可应用分量式

$$若 \; F_x = 0 \; 则 \quad P_x = \sum m_i v_{ix} = 恒量 \qquad (2.31.a)$$

$$若 \; F_y = 0 \; 则 \quad P_y = \sum m_i v_{iy} = 恒量 \qquad (2.31.b)$$

$$若 \; F_z = 0 \; 则 \quad P_z = \sum m_i v_{iz} = 恒量 \qquad (2.31.c)$$

有时质点系的总动量不守恒,但是,若合外力在某方向上的分量为零,则质点系动量在该方向上的分量守恒。

动量定理、动量守恒定律适用于惯性系。一个式子中的各个物理量都应该相对于同一个惯性系。

动量守恒定律是自然界最基本、最普遍的规律之一。$F = ma$ 只适用于低速宏观物体,而实验和理论都证明,无论对宏观物体还是微观粒子,无论对低速物体还是高速物体,动量守恒定律都是普遍适用的。

例 2.13 炮车以仰角 θ 发射一个炮弹。已知炮车和炮弹的质量分别为 M 和 m。相对于炮车,炮弹出膛速度的大小为 v',发射经历的时间为 Δt。地面摩擦力可以忽略。求炮车

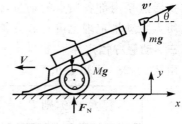

例 2.13 图

的反冲速度 V 和地面所受的平均冲力 F_N。

解 以炮车和炮弹一起作为研究的质点系。以地面为参照系，坐标轴方向如图。炮弹发射过程中，质点系所受的外力有：重力 Mg 和 mg，竖直向下；地面冲力 $\overline{F}_N$，竖直向上（因地面光滑无摩擦）。

在地面参照系中，炮弹的出膛速度为

$$\boldsymbol{v} = (v'\cos\theta - V)\boldsymbol{i} + v'\sin\theta\boldsymbol{j}$$

x 方向质点系不受外力，总动量的 x 方向分量守恒

$$m(v'\cos\theta - V) - MV = 0$$

y 方向，应用质点系动量定理

$$(\overline{F}_N - Mg - mg)\Delta t = mv'\sin\theta$$

解得

$$V = \frac{mv'\cos\theta}{M + m} \quad （水平向左）$$

$$\overline{F}_N = (M + m)g + \frac{mv'\sin\theta}{\Delta t} \quad （竖直向上）$$

地面所受的平均冲力与炮车所受的平均冲力等值反向。

本题也可对炮车和炮弹分别应用质点动量定理求解，这种解法还可同时求出炮车与炮弹之间的相互作用力，但计算比较麻烦一些。请读者自己练习。

例 2.14 质量为 m、速度大小为 $v = 200\text{m/s}$ 的导弹在空中爆炸，分裂为两块。已知质量为 $\frac{m}{4}$ 一块的速度大小为 $v_1 = 400\text{m/s}$，与导弹原飞行方向成 $\alpha = 60°$。求另一块的速度。

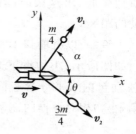

例 2.14 图

解 以导弹为质点系，以地面为参照系，选坐标轴方向如图所示。质点系所受的外力只有重力，但因爆炸过程时间极短，内力（爆炸力）远大于重力，重力可忽略不计，因此，爆炸过程中质点系动量守恒。设另一块的速度为 $\boldsymbol{v}_2$，与导弹原飞行方向成 θ 角，如例 2.14 图所示，则

$$\frac{m}{4}v_1\cos\alpha + \frac{3m}{4}v_2\cos\theta = mv$$

$$\frac{m}{4}v_1\sin\alpha - \frac{3m}{4}v_2\sin\theta = 0$$

解得

$$v_2 = \frac{1}{3}\sqrt{(4v - v_1\cos\alpha)^2 + (v_1\sin\alpha)^2}$$

$$= \left[\frac{1}{3}\sqrt{(4 \times 200 - 400\cos60°)^2 + (400\sin60°)^2}\right]\text{m/s}$$

$$= 231\text{m/s}$$

$$\theta = \arctan\left(\frac{v_1\sin\alpha}{4v - v_1\cos\alpha}\right)$$

$$= \arctan\left(\frac{400\sin60°}{4 \times 200 - 400\cos60°}\right) = 30°$$

本题也可作矢量图,按几何关系计算,读者可自己练习。

例 2.15 质量为 M,半径为 R 的四分之一圆弧形滑槽原来静止于光滑水平地面上,质量为 m 的小物由静止开始沿滑槽从槽顶滑到槽底。求这段时间内滑槽移动的距离 l。

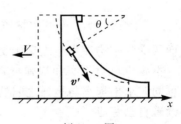

例 2.15 图

解 以滑槽和小物组成的质点系为研究对象,选地面坐标轴方向如图所示。小物滑下这段时间 t 内,水平方向上质点系不受外力,总动量的水平分量守恒。若以 v' 和 V 分别表示滑下过程中任一时刻,小物相对滑槽的速率和滑槽相对地面的速率,则

$$m(v'\sin\theta - V) - MV = 0 \qquad ①$$

①式中 $v'\sin\theta$ 是小物对槽速度的水平分量,$(v'\sin\theta - V)$ 是小物对地速度的水平分量,见例 2.15 图。在小物从槽顶滑到槽底这段时间内,小物相对滑槽,水平方向移动的距离 $\int_0^t v'\sin\theta\,\mathrm{d}t$ 为滑槽的半径 R,即

$$\int_0^t v'\sin\theta\,\mathrm{d}t = R \qquad \text{②}$$

这段时间内滑槽移动的距离为

$$l = \int_0^t V\,\mathrm{d}t \qquad \text{③}$$

由 ①、②、③ 式解得

$$l = \frac{mR}{M + m}$$

本题也可以 v_x 表示任一时刻小物对地速度的水平分量,写出水平方向质点系动量守恒分量式,并注意这段时间内小物相对地面移动的水平距离为 $\int_0^t v_x\,\mathrm{d}t = R - l$,可解得同样结果。

§2.5　质心运动定律

研究质点系的运动时,常常引入质心的概念。

一、质心

质点系的质量中心,简称为**质心**。质心的质量 m 等于质点系内各质点质量的总和

$$m = \sum m_i \qquad (2.32)$$

质心的位置是质点系内各质点的带权(质量)平均位置,质心的位矢 $\boldsymbol{r}_C$ 为

$$\boxed{\boldsymbol{r}_C = \frac{\sum m_i \boldsymbol{r}_i}{m}} \qquad (2.33.\,\text{a})$$

在直角坐标系中,质心位置的坐标为

$$x_C = \frac{\sum m_i x_i}{m} \qquad (2.33.\,\text{b})$$

$$y_C = \frac{\sum m_i y_i}{m} \qquad (2.33.c)$$

$$z_C = \frac{\sum m_i z_i}{m} \qquad (2.33.d)$$

质量连续分布的物体可以看成许多由质量为 dm 的质元组成的质点系。以 $\boldsymbol{r}$ 表示任一质元 dm 的位矢,则物体质心的位矢为

$$\boldsymbol{r}_C = \frac{\int \boldsymbol{r}\,dm}{\int dm} = \frac{\int \boldsymbol{r}\,dm}{m} \qquad (2.34.a)$$

在直角坐标系中,质心位置的坐标为

$$x_C = \frac{\int x\,dm}{m} \qquad (2.34.b)$$

$$y_C = \frac{\int y\,dm}{m} \qquad (2.34.c)$$

$$z_C = \frac{\int z\,dm}{m} \qquad (2.34.d)$$

二、质心运动定律

将式(2.33.a)中的 $\boldsymbol{r}_C$ 对时间 t 求导,得**质心速度**$\boldsymbol{v}_C$,即

$$\boldsymbol{v}_C = \frac{d\boldsymbol{r}_C}{dt} = \frac{\sum m_i}{m}\frac{d\boldsymbol{r}_i}{dt} = \frac{\sum m_i \boldsymbol{v}_i}{m}$$

上式中 $\sum m_i \boldsymbol{v}_i$ 是质点系的总动量 $\boldsymbol{P}$,故上式说明,质点系的总动量等于质点系总质量 m 与质心速度$\boldsymbol{v}_C$ 的乘积

$$\boxed{\boldsymbol{P} = \sum m_i \boldsymbol{v}_i = m\boldsymbol{v}_C} \qquad (2.35)$$

将上式代入质点系动量定理的微分形式(2.28),得

$$\boldsymbol{F} = \frac{d\boldsymbol{P}}{dt} = m\frac{d\boldsymbol{v}_C}{dt}$$

式中 $\dfrac{\mathrm{d}\boldsymbol{v}_C}{\mathrm{d}t}$ 为质心加速度 $\boldsymbol{a}_C$，故

$$\boxed{\boldsymbol{F} = m\boldsymbol{a}_C}$$ （2.36）

式(2.36) 称为**质心运动定律**，它表明，**质点系所受的合外力等于质点系总质量与质心加速度的乘积**。只要设想质点系的全部质量都集中在质心，质点系所受的全部外力也全部集中作用在质心上，那么质心的运动规律与质点的运动规律完全相同。质点系内部各个质点的运动可能很复杂，但质心的运动只由合外力决定，而与内力无关。例如，跳水运动员跳离高台以后，他的身体伸屈、翻

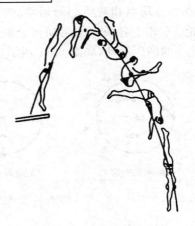

图 2.10　质心的运动

滚、旋转，身体上各点的运动很复杂，但他的质心运动与以同一初速抛出的质点的运动完全相同，因此，运动员质心的运动轨道是一条抛物线，如图 2.10 所示。

　　质心运动定律是质点系动量定理的另一表达形式。动量守恒定律也可表达为：**若质点系所受的合外力为零，则质心速度 v_C 保持不变**。

三、质心参照系

　　原点选在质心上的平动参照系[①]，称为**质心参照系**。由于质心始终位于质心参照系的原点，故在质心参照系中，质心永远静止，质心速度 v_C' 永远为零

$$\boldsymbol{v}_C' = 0$$

因而在质心参照系中，质点系的总动量也为零

----

　　① 平动参照系是与惯性系只有相对平动，而无相对转动的参照系。

$$\boldsymbol{P}' = m\boldsymbol{v}'_C = 0$$

所以,质心参照系又称为**零动量参照系**。

一个质点系相对地面参照系的运动,可分解为随质心的整体运动和各质点相对质心的运动。例如,在水平地面上沿直线滚动的车轮,车轮上各质点的运动可分解为随质心的直线运动和绕质心(轮心)的圆周运动,如图 2.11 所示。

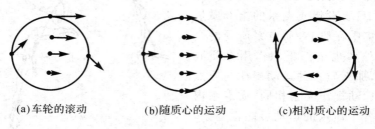

(a)车轮的滚动   (b)随质心的运动   (c)相对质心的运动

图 2.11   质点系运动的分解

例 2.16 $t = 0$ 时,质量分别为 $m_1 = 2\text{kg}$ 和 $m_2 = 8\text{kg}$ 的两个质点位置如例 2.16 图所示,速度分别为 $\boldsymbol{v}_{10} = 4\boldsymbol{i}\text{m/s}$ 和 $\boldsymbol{v}_{20} = 3\boldsymbol{j}\text{m/s}$。它们分别受两个恒外力 $\boldsymbol{F}_1 = 6\boldsymbol{j}\text{N}$ 和 $\boldsymbol{F}_2 = -16\boldsymbol{i}\text{N}$ 的作用。对由这两个质点组成的质点系,求:

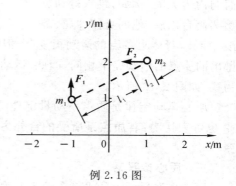

例 2.16 图

(1)$t = 0$ 时的质心位矢和质心速度;(2) 质心加速度;(3)$t = 2\text{s}$ 时的质心位矢。

解   (1)$t = 0$ 时的质心位矢为

$$\boldsymbol{r}_{C0} = \frac{m_1\boldsymbol{r}_{10} + m_2\boldsymbol{r}_{20}}{m}$$

$$= \left[\frac{2 \times (-\boldsymbol{i} + \boldsymbol{j}) + 8 \times (\boldsymbol{i} + 2\boldsymbol{j})}{2 + 8} \right] \text{m}$$
$$= (0.6\boldsymbol{i} + 1.8\boldsymbol{j}) \text{ m}$$

$t = 0$ 时的质心速度为

$$\boldsymbol{v}_{C0} = \frac{\boldsymbol{P}_0}{m} = \frac{m_1 \boldsymbol{v}_{10} + m_2 \boldsymbol{v}_{20}}{m}$$
$$= \left(\frac{2 \times 4\boldsymbol{i} + 8 \times 3\boldsymbol{j}}{2 + 8} \right) \text{m/s}$$
$$= (0.8\boldsymbol{i} + 2.4\boldsymbol{j}) \text{ m/s}$$

（2）按质心运动定律，质心加速度为

$$\boldsymbol{a}_C = \frac{\boldsymbol{F}}{m} = \left(\frac{-16\boldsymbol{i} + 6\boldsymbol{j}}{2 + 8} \right) \text{m/s}^2$$
$$= (-1.6\boldsymbol{i} + 0.6\boldsymbol{j}) \text{m/s}^2$$

这个质点系的质心将以此恒定加速度作匀加速运动。

（3）按匀加速运动方程，$t = 2\text{s}$ 时质心的位矢为

$$\boldsymbol{r}_C = \boldsymbol{r}_{C0} + \boldsymbol{v}_{C0} t + \frac{1}{2} \boldsymbol{a}_C t^2$$
$$= \left[(0.6\boldsymbol{i} + 1.8\boldsymbol{j}) + (0.8\boldsymbol{i} + 2.4\boldsymbol{j}) \times 2 \right.$$
$$\left. + \frac{1}{2} \times (-1.6\boldsymbol{i} + 0.6\boldsymbol{j}) \times 2^2 \right] \text{m}$$
$$= (-10\boldsymbol{i} + 7.8\boldsymbol{j}) \text{m}$$

例 2.17 应用质心概念和质心运动定律求解例 2.15。

解 以小物和滑槽所组成的质点系作为研究对象。选地面坐标系如例 2.17 图所示。小物滑下的过程中，质点系水平方向不受外力（$F_x = 0$），故质点系质心加速度的水平分

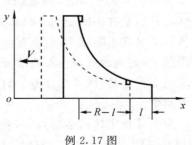

例 2.17 图

量为零（$a_{Cx} = 0$）。又因开始时，质点系静止，故小物滑下过程中，质点系质心位矢的水平分量 x_C 始终不变。

设刚开始滑时小物和滑槽的 x 坐标分别为 x_{10} 和 x_{20}，小物滑到槽底时其坐标分别为 x_1 和 x_2，那么，质点系质心的 x 坐标为

$$x_C = \frac{mx_{10} + Mx_{20}}{m + M} = \frac{mx_1 + Mx_2}{m + M}$$

槽向左移动的距离 l 为

$$l = x_{20} - x_2$$

由例 2.17 图可见，小物向右移动的水平距离为

$$x_1 - x_{10} = R - l$$

由上述三式即可解得

$$l = \frac{mR}{m + M}$$

请考虑，小物滑下的过程中，质心位矢的竖直分量 y_C 保持不变吗？

§2.6　密舍尔斯基方程　火箭运动

一、密舍尔斯基方程

在有些问题中，由于质量的流动，我们所关心的研究对象（称为**主体**），其质量在不断变化。例如，火箭在飞行中，不断向后喷出燃气，火箭的质量在不断减小；雨滴在过饱和水汽中降落时，水汽不断凝结到雨滴上，雨滴的质量在不断增大；握住静止于桌面上的一卷绳子的一端向上提起时，运动部分绳子的质量在不断增加。上述事例都属于这类问题。

为了寻找主体的运动规律，我们先取主体和流动物一起所组成的质点系作为研究对象，在惯性系中对此质点系应用质点系动量定理。

设 t 时刻主体的质量为 m，速度为 $\boldsymbol{v}$。$\mathrm{d}t$ 时间内有质量为 $\mathrm{d}m$、速度为 $\boldsymbol{u}$ 的流动物加到主体上。$(t + \mathrm{d}t)$ 时刻主体的质量变为 $(m +$

dm),速度变为($\boldsymbol{v}$ + d$\boldsymbol{v}$)。

t 时刻质点系的动量为($m\boldsymbol{v}$ + $\boldsymbol{u}$dm),(t + dt)时刻质点系的动量为(m + dm)($\boldsymbol{v}$ + d$\boldsymbol{v}$)。

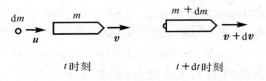

t 时刻 t + dt 时刻

图 2.12   质量流动的质点系

若主体受外力 $\boldsymbol{F}$,流动物受外力 $\boldsymbol{F}'$,则根据质点系动量定理的微分形式,有

$$\boldsymbol{F} + \boldsymbol{F}' = \frac{\mathrm{d}\boldsymbol{P}}{\mathrm{d}t} = \frac{(m + \mathrm{d}m)(\boldsymbol{v} + \mathrm{d}\boldsymbol{v}) - (m\boldsymbol{v} + \boldsymbol{u}\mathrm{d}m)}{\mathrm{d}t}$$

在这一类问题中,流动物所受外力往往远小于主体所受外力,即 $\boldsymbol{F}' \ll \boldsymbol{F}$,$\boldsymbol{F}'$ 可以忽略。上式经整理,并略去二阶无限小量后,可得

$$m\frac{\mathrm{d}\boldsymbol{v}}{\mathrm{d}t} = \boldsymbol{F} + (\boldsymbol{u} - \boldsymbol{v})\frac{\mathrm{d}m}{\mathrm{d}t} \tag{2.37}$$

式中,($\boldsymbol{u} - \boldsymbol{v}$)是流动物 d$m$ 相对主体的速度,以 $\boldsymbol{v}'$ 表示,即 $\boldsymbol{u} - \boldsymbol{v} = \boldsymbol{v}'$,故上式也可写为

$$m\frac{\mathrm{d}\boldsymbol{v}}{\mathrm{d}t} = \boldsymbol{F} + \boldsymbol{v}'\frac{\mathrm{d}m}{\mathrm{d}t} \tag{2.38}$$

式(2.37)或式(2.38)就是**主体运动方程**,也称为**密舍尔斯基方程**。方程中 m 为 t 时刻主体的质量,$\dfrac{\mathrm{d}\boldsymbol{v}}{\mathrm{d}t}$ 为 t 时刻主体的加速度,$\boldsymbol{v}'$ 为流动物即将加到主体上时相对主体的速度,$\dfrac{\mathrm{d}m}{\mathrm{d}t}$ 为主体质量随时间而增大的速率,$\boldsymbol{F}$ 为 t 时刻主体所受的合外力。如果主体不断流出质量(如火箭),密舍尔斯基方程同样是适用的,只是方程中的 $\dfrac{\mathrm{d}m}{\mathrm{d}t} < 0$,$\boldsymbol{v}'$ 表示

流动物刚刚离开主体时相对主体的速度。

与牛顿第二定律比较,密舍尔斯基方程多了一项$\boldsymbol{v}'\dfrac{\mathrm{d}m}{\mathrm{d}t}$。这一项的物理意义是什么呢?现分析如下:

若以流动物 $\mathrm{d}m$ 为研究对象,$\mathrm{d}t$ 时间内它的动量增量为

$$\mathrm{d}\boldsymbol{p} = (\boldsymbol{v} + \mathrm{d}\boldsymbol{v})\mathrm{d}m - \boldsymbol{u}\mathrm{d}m$$
$$= (\boldsymbol{v} + \mathrm{d}\boldsymbol{v})\mathrm{d}m - (\boldsymbol{v}' + \boldsymbol{v})\mathrm{d}m = -\boldsymbol{v}'\mathrm{d}m$$

按牛顿第二定律,主体对流动物 $\mathrm{d}m$ 的作用力为

$$\frac{\mathrm{d}\boldsymbol{p}}{\mathrm{d}t} = -\boldsymbol{v}'\frac{\mathrm{d}m}{\mathrm{d}t}$$

这个力的反作用力$\left(\boldsymbol{v}'\dfrac{\mathrm{d}m}{\mathrm{d}t}\right)$就是流动物 $\mathrm{d}m$ 对主体的作用力。当$\dfrac{\mathrm{d}m}{\mathrm{d}t}$ > 0、$\boldsymbol{v}'$ 方向与主体前进方向相同时,$\boldsymbol{v}'\dfrac{\mathrm{d}m}{\mathrm{d}t}$ 的方向与主体前进方向相同,它是流动物对主体的推进力。在火箭飞行中,$\dfrac{\mathrm{d}m}{\mathrm{d}t} < 0$,$\boldsymbol{v}'$ 方向与火箭的前进方向相反,$\boldsymbol{v}'\dfrac{\mathrm{d}m}{\mathrm{d}t}$ 的方向与主体的前进方向相同,它是喷气对火箭的反冲力,也就是火箭发动机的推力。雨滴在饱和水汽中落下时,$\dfrac{\mathrm{d}m}{\mathrm{d}t} > 0$,$\boldsymbol{v}'$ 的方向与雨滴前进方向相反,故$\boldsymbol{v}'\dfrac{\mathrm{d}m}{\mathrm{d}t}$ 的方向与雨滴的前进方向相反,它是水汽对雨滴的阻力。

二、火箭运动

现在分两种情形来讨论火箭的运动。

1. 在重力场中竖直发射

设初始质量为 m_0 的火箭在重力场中竖直发射,喷气速率(相对火箭)为$\boldsymbol{v}'$,方向向下。若空气阻力不计,火箭所受外力只有重力 $m\boldsymbol{g}$,方向向下。按密舍尔斯基方程

$$m\frac{\mathrm{d}\boldsymbol{v}}{\mathrm{d}t} = m\boldsymbol{g} + \boldsymbol{v}'\frac{\mathrm{d}m}{\mathrm{d}t}$$

以竖直向上为 x 轴的正方向,其分量式为

$$m \frac{\mathrm{d}v}{\mathrm{d}t} = (-mg) + (-v') \frac{\mathrm{d}m}{\mathrm{d}t}$$

分离变量,积分,并代入初始条件:$t = 0$ 时初速度
为零、初始质量为 m_0,得任意时刻火箭的速度

$$v = v'\ln \frac{m_0}{m} - gt \qquad (2.39)$$

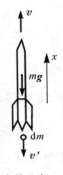

火箭飞行
图 2.13

2. 在不受外力情况下发射

当反冲力远大于重力时,重力可忽略不计。
由式(2.39)知,这种情况下,在任意时刻 t,火箭
的速度为

$$v = v'\ln \frac{m_0}{m} \qquad (2.40)$$

飞行距离为

$$L = \int_0^t v\mathrm{d}t = \int_0^t v'\ln \frac{m_0}{m} \, \mathrm{d}t \qquad (2.41)$$

上述两式说明,必须知道火箭质量 $m(t)$ 的函数关系,才能求出飞行速度 v
和飞行距离 L 随时间 t 而变化的规律。下面两种质量变化方式在实际和理论中
应用较多:

第一种,每秒钟放出的质量为常量,m 可表示为
$$m = m_0(1 - \alpha t) \qquad (2.42)$$
式中,α 为常量,且 $\alpha t < 1$。将式(2.42)代入式(2.40),得
$$v = -v'\ln(1 - \alpha t)$$
式(2.42)代入式(2.41)积分,得

$$L = \frac{v'}{\alpha} \left[(1 - \alpha t)\ln(1 - \alpha t) + \alpha t \right]$$

第二种,质量按指数规律变化,可表示为
$$m = m_0\mathrm{e}^{-\alpha t} \qquad (2.43)$$
式(2.43)代入式(2.40)和式(2.41)积分,得
$$v = \alpha v' t$$
$$L = \frac{\alpha v'}{2} t^2$$

知道了飞行速度和飞行距离随时间的变化规律,也就掌握了火箭的运动规

律。

由式(2.40)知,单级火箭的最后速度 v_f 为

$$v_f = v' \ln \frac{m_0}{m_f}$$

式中,m_f 为燃料烧完后火箭的质量。目前的技术水平,v' 和 $\frac{m_0}{m_f}$ 最大只有 $v' \approx 2500 \text{m/s}$,$\frac{m_0}{m_f} \approx 6$,故最后只能达到 $v_f \approx 4500 \text{m/s}$,还不到第一宇宙速度,要提高火箭的速度,可采用多级火箭。

多级火箭

几支火箭连接在一起就成为一支多级火箭。若三级火箭从地面发射,忽略重力和空气阻力的影响。设 $t = 0$ 时,火箭速度为零,质量为 m_{10},第一级火箭点火。当第一级火箭的燃料烧尽时,火箭质量为 m_1,火箭速度为

$$v_1 = v' \ln \frac{m_{10}}{m_1}$$

此时第一级火箭外壳自动脱落,火箭质量为 m_{20},第二级火箭点火。当第二级火箭的燃料烧尽时,火箭质量为 m_2,火箭速度为

$$v_2 = v_1 + v' \ln \frac{m_{20}}{m_2}$$

此时第二级火箭外壳自动脱落,火箭质量为 m_{30},第三级火箭点火。当第三级火箭的燃料烧尽时,火箭质量为 m_3,火箭速度为

$$v_3 = v_2 + v' \ln \frac{m_{30}}{m_3}$$
$$= v' \ln \frac{m_{10}}{m_1} + v' \ln \frac{m_{20}}{m_2} + v' \ln \frac{m_{30}}{m_3}$$
$$= v' \ln \left[\left(\frac{m_{10}}{m_1}\right)\left(\frac{m_{20}}{m_2}\right)\left(\frac{m_{30}}{m_3}\right) \right]$$

若 $v' = 2.5 \times 10^3 \text{m/s}$,$\frac{m_{10}}{m_1} = \frac{m_{20}}{m_2} = \frac{m_{30}}{m_3} = 5$,则

$$v_3 = 12.1 \times 10^3 \text{m/s}$$

即使考虑重力和空气阻力的影响,实际速度也可超过第一宇宙速度。

例 2.18 长 l 的柔软均匀绳子竖直下垂,下端刚好触及水平地面,单位长绳子的质量为 ρ_1。若让它由静止开始自由下落,求已落下 x 长一段时,地面所受的压力。

解　取已落在地面上的一段绳子
为主体,已落下 x 长一段时,主体质量
为 $m = \rho_l x$,速度 $v = 0$,加速度 $\dfrac{\mathrm{d}v}{\mathrm{d}t} = 0$。
所受外力为:重力 mg,方向向下;地面
支持力 F_N,方向向上。流动物 $\mathrm{d}m$ 相对主
体的速度大小为 $v' = \sqrt{2gx}$,方向向
下。按密舍尔斯基方程

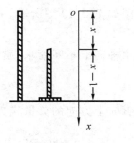

例 2.18 图

$$m \frac{\mathrm{d}\,\boldsymbol{v}}{\mathrm{d}t} = \boldsymbol{F} + \boldsymbol{v'} \frac{\mathrm{d}m}{\mathrm{d}t}$$

选 x 坐标轴如图所示,并将上述各量代入上式的 x 方向分量式中,得

$$0 = (mg - F_N) + v'\left(\rho_l \frac{\mathrm{d}x}{\mathrm{d}t}\right) = mg - F_N + \rho_l v'^2$$

即　　　　　　$F_N = (\rho_l x)g + \rho_l(2gx) = 3\rho_l xg$

地面所受压力大小为 $3\rho_l xg$,方向竖直向下。即地面所受压力是已落
在地面上绳子重量的三倍。

本题也可取流动物 $\mathrm{d}m$ 为研究对象,应用质点动量定理求解,也
可以整条绳子作为质点系研究,并应用质心运动定律求解。请读者自
己练习。

例 2.19　如图所示,轻绳
通过轻滑轮,一端挂一质量为
m_1 的物体,另一端挂一桶水,t
$= 0$ 时其质量为 m_0,因桶底有
一小孔,单位时间内有质量 μ
的水相对水桶以速率 v' 从小
孔中竖直向下喷出。设 $m_1 >$
m_0,求 t 时刻物体的加速度和
绳中的张力。

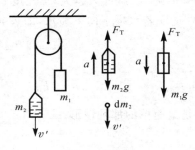

例 2.19 图

解　以地面为参照系。取物体和 t 时刻的水桶为研究对象,其受

力图如例 2.19 图所示。由牛顿定律,列出物体的运动方程

$$m_1 g - F_T = m_1 a \qquad \text{①}$$

因水桶向下不断喷水,质量在逐渐减小,对它应用密舍尔斯基方程

$$m_2 \frac{\mathrm{d} \boldsymbol{v}_2}{\mathrm{d} t} = \boldsymbol{F} + \boldsymbol{v}' \frac{\mathrm{d} m_2}{\mathrm{d} t}$$

竖直向上方向的分量式为

$$m_2 \frac{\mathrm{d} v_2}{\mathrm{d} t} = (F_T - m_2 g) + (- v') \frac{\mathrm{d} m_2}{\mathrm{d} t}$$

按题意 $m_2 = m_0 - \mu t$,$\dfrac{\mathrm{d} v_2}{\mathrm{d} t} = a$,代入上式

$$(m_0 - \mu t) a = F_T - (m_0 - \mu t) g + \mu v' \qquad \text{②}$$

由 ①、② 两式解得

$$a = \frac{(m_1 - m_0 + \mu t) g + \mu v'}{m_1 + m_0 - \mu t} \qquad \text{③}$$

$$F_T = \frac{2 m_1 m_0 g - 2 m_1 \mu t g - m_1 \mu v'}{m_1 + m_0 - \mu t} \qquad \text{④}$$

讨论 (1)水桶所受向上的反冲力为

$$(- v') \frac{\mathrm{d} m_2}{\mathrm{d} t} = \mu v'$$

μ 和 v' 越大,反冲力越大,加速度 a 越大。

(2)若水桶不向下喷水,即 $\mu = 0$,则由 ③、④ 式得

$$a = \left(\frac{m_1 - m_0}{m_1 + m_0} \right) g$$

$$F_T = \frac{2 m_1 m_0 g}{m_1 + m_0}$$

这是最简单的那种情形。

§2.7 功 质点动能定理

一、功

由 §2.4 可知,力持续作用时,若知道力与时间的函数关系,可以通过求力的时间积累 —— 冲量,来研究质点运动状态的变化。但是有些情况下,力持续作用时,知道的并非力与时间的函数关系,而是力与空间位置的函数关系 $\boldsymbol{F}(\boldsymbol{r})$,这时就需要求力的空间积累 —— **功**。

设恒力 $\boldsymbol{F}$ 作用于某质点,质点沿直线位移 $\Delta\boldsymbol{r}$,则恒力 $\boldsymbol{F}$ 对质点所做的功被定义为 $\boldsymbol{F}$ 与 $\Delta\boldsymbol{r}$ 的标积,以符号 A 表示功,写为

$$A = \boldsymbol{F} \cdot \Delta\boldsymbol{r} = F|\Delta\boldsymbol{r}|\cos\theta = F_t|\Delta\boldsymbol{r}| \qquad (2.44)$$

式中,θ 为力 $\boldsymbol{F}$ 与位移 $\Delta\boldsymbol{r}$ 之间的夹角,F_t 为 $\boldsymbol{F}$ 的切向分量,如图 2.14 所示。

功是标量,没有方向,但有正负。当 $0 \leqslant \theta < \dfrac{\pi}{2}$ 时,$A > 0$,力 $\boldsymbol{F}$ 对质点做正功。当 $\dfrac{\pi}{2} < \theta \leqslant \pi$ 时,$A < 0$,力 $\boldsymbol{F}$ 对质点做负功,即质点反抗力 $\boldsymbol{F}$ 而做了功。当 $\theta = \dfrac{\pi}{2}$ 时,$A = 0$,即力 $\boldsymbol{F}$ 与位移垂直时,力 $\boldsymbol{F}$ 对质点不做功。可见只有切向力才做功,法向力不做功。

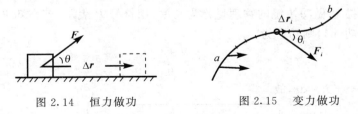

图 2.14 恒力做功   图 2.15 变力做功

在国际单位制中,功的单位名称为**焦耳**(Joule),符号为 J,1J =

1N·m。

若变力 $\boldsymbol{F}$ 作用于质点,质点沿曲线从 a 点移到 b 点,如图 2.15 所示,则可以把路径 ab 分成许多小段。因小段很短,每个小段可近似看作直线,每个小段上受的力可近似看作恒力,故质点移动每个小段,力对质点所做的功为 $\boldsymbol{F}_i \cdot \Delta \boldsymbol{r}_i$,力在整个路径中所做的总功近似等于所有小段上的微功之和

$$A \approx \sum \boldsymbol{F}_i \cdot \Delta \boldsymbol{r}_i$$

若把路径 ab 分成无限多个小段,则任一元位移上力的元功为

$$\mathrm{d}A = \boldsymbol{F} \cdot \mathrm{d}\boldsymbol{r} = F|\mathrm{d}\boldsymbol{r}|\cos\theta = F\cos\theta \mathrm{d}l = F_t \mathrm{d}l \qquad (2.45)$$

式中,F_t 为 $\boldsymbol{F}$ 沿轨道切线方向的分量。无限多元功求和就变成了积分,并得到质点沿路径从 a 移到 b 的过程中,力 $\boldsymbol{F}$ 对质点所做功的准确值

$$A = \int_{(a)}^{(b)} \boldsymbol{F} \cdot \mathrm{d}\boldsymbol{r} = \int_{(a)}^{(b)} F\cos\theta \, \mathrm{d}l \qquad (2.46)$$

选用直角坐标系时,因 $\boldsymbol{i} \cdot \boldsymbol{i} = \boldsymbol{j} \cdot \boldsymbol{j} = \boldsymbol{k} \cdot \boldsymbol{k} = 1, \boldsymbol{i} \cdot \boldsymbol{j} = \boldsymbol{i} \cdot \boldsymbol{k} = \boldsymbol{j} \cdot \boldsymbol{k} = 0$,故

$$A = \int_{(a)}^{(b)} (F_x\boldsymbol{i} + F_y\boldsymbol{j} + F_z\boldsymbol{k}) \cdot (\mathrm{d}x\boldsymbol{i} + \mathrm{d}y\boldsymbol{j} + \mathrm{d}z\boldsymbol{k})$$

$$= \int_{(a)}^{(b)} (F_x\mathrm{d}x + F_y\mathrm{d}y + F_z\mathrm{d}z) \qquad (2.47)$$

描述做功快慢的物理量称为功率,用符号 P 表示。若在 $\mathrm{d}t$ 时间内做功 $\mathrm{d}A$,则功率为

$$P = \frac{\mathrm{d}A}{\mathrm{d}t} \qquad (2.48)$$

因 $\mathrm{d}A = \boldsymbol{F} \cdot \mathrm{d}\boldsymbol{r}$,故

$$P = \boldsymbol{F} \cdot \frac{\mathrm{d}\boldsymbol{r}}{\mathrm{d}t} = \boldsymbol{F} \cdot \boldsymbol{v} \qquad (2.49)$$

由式(2.49)可以看出,发动机功率一定时,若要增大牵引力,就得降低速度。

在国际单位制中,功率的单位为**瓦特**(Watt)[①],符号为 W,1W = 1J/s。

二、质点动能定理

惠更斯(C. Huygens)在研究两个硬质木球的完全弹性碰撞时发现,碰撞前后不但两球的动量之和守恒,而且质量与速率平方乘积之和也保持不变。这说明 mv^2 也是描述质点运动状态的一个重要物理量。mv 与 mv^2 两个量当中,究竟哪个量是运动的真正度量呢?笛卡儿(R. Descartes)与莱布尼兹(W. Leibniz)为此争论了 20 多年,直到 1743 年,达朗贝尔(d'Alembert)的《动力学论》一书出版,争论才告结束。达朗贝尔指出,合力的时间积累改变质点的动量 mv,而合力的空间积累改变质点的 $\frac{1}{2}mv^2$。后来,托马斯·扬(Thomas Young)首先把 $\frac{1}{2}mv^2$ 称为质点的**动能**,用符号 E_k 表示

$$E_k = \frac{1}{2}mv^2 \qquad (2.50)$$

下面就来证明合力的空间积累 —— 功与质点动能之间的关系。设质量为 m 的质点受合外力 $\boldsymbol{F}$ 的作用,质点沿曲线由 a 移到 b,如图 2.15 所示。质点移动元位移 $d\boldsymbol{r}$ 时,合外力对质点所做的元功为

$$dA = \boldsymbol{F} \cdot d\boldsymbol{r} = F_t dl$$

按牛顿第二定律

$$F_t = ma_t = m\frac{dv}{dt}$$

---

① 瓦特(James Watt 公元 1736—1819 年)苏格兰工程师、发明家,他改进当时的蒸汽机,装上了冷凝器、飞轮和离心调速器,使蒸汽机达到了完善的地步。为了纪念他的功绩,用他的姓氏作为功率的单位。

故

$$\mathrm{d}A = m \frac{\mathrm{d}v}{\mathrm{d}t}\mathrm{d}l = mv\mathrm{d}v$$

以 v_0 和 v 分别表示质点在 a 点和 b 点时的速率,积分上式

$$\int_{(a)}^{(b)} \mathrm{d}A = \int_{v_0}^{v} mv\mathrm{d}v$$

得

$$A = \frac{1}{2}mv^2 - \frac{1}{2}mv_0^2 \qquad (2.51.\mathrm{a})$$

或

$$A = E_\mathrm{k} - E_\mathrm{k0} = \Delta E_\mathrm{k} \qquad (2.51.\mathrm{b})$$

式(2.51)称为**质点动能定理**。它表明,**合外力对质点所做的功等于质点动能的增量**。

按功的定义式(2.46)求功,通常需要计算矢量积分,比较麻烦。如果已知质点始、终态的动能,那么应用质点动能定理求合外力的功,只需要代数加减运算,因此方便得多。

由上述讨论可见,动量和动能这两个物理量都是重要的,它们各自反映了问题的一个方面。动量和动能一起,才能对物质运动作出更全面的描述和度量。

* 三、高速物体的动能

狭义相对论指出,能量与质量是不可分割的,静止物体具有静止能量 $E_0 = m_0 c^2$,以速度 v 运动的物体具有能量

$$E = mc^2 = \frac{m_0 c^2}{\sqrt{1 - v^2/c^2}}$$

式中,m_0 为物体的静止质量,c 为光速。物体的动能 E_k 是 mc^2 与 $m_0 c^2$ 之差,即

$$E_\mathrm{k} = mc^2 - m_0 c^2 = m_0 c^2 \left(\frac{1}{\sqrt{1 - v^2/c^2}} - 1 \right)$$

当 $v \ll c$ 时,上式近似为

$$E_k \approx \frac{1}{2}m_0v^2$$

与经典力学中的动能表示式相同。

表 2.4 一些物体的动能

物　　体	E_k/J	物　　体	E_k/J
地球公转	$\sim 2.6 \times 10^{33}$	下落的雨滴	$\sim 4 \times 10^{-5}$
行驶的汽车	$\sim 5 \times 10^5$	电子对撞机中的电子	$\sim 4 \times 10^{-10}$
出膛的子弹	$\sim 4 \times 10^3$	氢原子中的电子	$\sim 2.2 \times 10^{-18}$
步行的人	~ 60	室温下的空气分子	$\sim 6.2 \times 10^{-21}$

例 2.20 轻弹簧的一端固定,另一端系一小球,置于光滑水平面上。弹簧为原长时小球的位置称为小球的平衡位置。若以小球的平衡位置为原点,水平向右为 x 轴

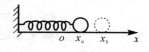

例 2.20 图

正方向,如例 2.20 图所示。求小球从 x_a 移动到 x_b 的过程中弹性力所做的功。

解 按胡克定律,在弹性限度内,弹性力为

$$\boldsymbol{F} = -kx\boldsymbol{i}$$

式中,k 为弹簧的劲度,负号表示弹性力方向始终指向平衡位置。小球从 x_a 运动到 x_b 的过程中,弹性力所做的功为

$$A = \int \boldsymbol{F} \cdot d\boldsymbol{r} = \int_{x_a}^{x_b} -kx dx = -\left(\frac{1}{2}kx_b^2 - \frac{1}{2}kx_a^2\right)$$

上述结果表明,弹性力做功只与始、末位置有关,而与路径无关。小球沿任意曲线移动,上述结论也是正确的。

例 2.21 质量为 m 的小球系在长 R 的细绳一端,另一端固定于 o 点。起初绳子下垂,并给小球大小为 v_0 的水平初速度。求绳子与铅垂线成 θ 角时小球的速率。

解　对小球的上摆过程应用质点动能定理

$$A = \frac{1}{2}mv^2 - \frac{1}{2}mv_0^2 \qquad ①$$

例 2.21 图

小球受重力 $m\boldsymbol{g}$ 和张力 $\boldsymbol{F}_{\mathrm{T}}$ 的作用，但张力始终与位移垂直，不做功，故合外力的功为

$$
\begin{aligned}
A &= \int \boldsymbol{F} \cdot \mathrm{d}\boldsymbol{r} = \int (m\boldsymbol{g} + \boldsymbol{F}_{\mathrm{T}}) \cdot \mathrm{d}\boldsymbol{r} \\
&= \int m\boldsymbol{g} \cdot \mathrm{d}\boldsymbol{r} = \int mg \,|\mathrm{d}\boldsymbol{r}| \cos\!\left(\frac{\pi}{2} + \theta\right) \\
&= \int_0^\theta - mgR\sin\theta \,\mathrm{d}\theta = mgR(\cos\theta - 1) \qquad ②
\end{aligned}
$$

② 式代入 ① 式，得

$$v = \sqrt{v_0^2 - 2gR(1 - \cos\theta)}$$

与例 2.4 比较，例 2.4 求解时需等号两边积分，本题应用动能定理求解，只需等号一边积分，因此较为方便。

§2.8　势　　能

小球竖直上抛时，随着小球上升，小球的动能不断减少，上升到顶点时，动能变为零，重新自由下落时，动能又越来越大，回到抛出点时，又恢复抛出时的动能。小球上升过程中，动能到哪里去了呢？莱布尼兹认为是以另一种形式的能量储藏起来了。1847 年亥姆霍兹（Helmholtz）指出，小球上升过程中，与运动有关的能量——动能变成了一种与相对位置有关的能量——**势能**。为了阐明势能这一概念，先研究一对作用力和反作用力所做的功。

一、一对作用力和反作用力所做的功

设两质点 m_1 和 m_2 之间的作用力和反作用力分别为 $\boldsymbol{F}_{12}$ 和 $\boldsymbol{F}_{21}$，$\mathrm{d}t$ 时间内两质点的元位移分别为 $\mathrm{d}\boldsymbol{r}_1$ 和 $\mathrm{d}\boldsymbol{r}_2$，这一对作用力和反作用力

做功之和为

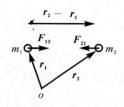

$$dA = \boldsymbol{F}_{12} \cdot d\boldsymbol{r}_1 + \boldsymbol{F}_{21} \cdot d\boldsymbol{r}_2$$

由于 $\boldsymbol{F}_{12} = -\boldsymbol{F}_{21}$，因此

$$dA = \boldsymbol{F}_{21} \cdot (d\boldsymbol{r}_2 - d\boldsymbol{r}_1)$$
$$= \boldsymbol{F}_{21} \cdot d(\boldsymbol{r}_2 - \boldsymbol{r}_1)$$

（2.52）　图 2.16　一对作用力和

式中，$(\boldsymbol{r}_2 - \boldsymbol{r}_1)$ 是质点 m_2 相对质点 m_1 的位　　反作用力所做的功

矢，$d(\boldsymbol{r}_2 - \boldsymbol{r}_1)$ 是质点 m_2 对质点 m_1 的相对元位移。式(2.52)表明，一对作用力和反作用力所做元功之和等于其中一个质点所受的力与该质点对另一质点的相对元位移之标积，也就是说，**一对作用力和反作用力做功之和仅与两质点的相对位移有关**。由于这一特点，可得到两点推论

（1）通常 $d\boldsymbol{r}_2 \neq d\boldsymbol{r}_1$，$d(\boldsymbol{r}_2 - \boldsymbol{r}_1) \neq 0$，故一对作用力和反作用力做功之和一般不等于零；

（2）由于经典力学中，相对位矢与参照系的选择无关，因此可以选取一个相对 m_1 静止的参照系来计算一对作用力和反作用力所做的功，在这个参照系中，$\boldsymbol{F}_{12}$ 对静止的 m_1 不做功，$\boldsymbol{F}_{21}$ 对 m_2 所做的功，就是这一对作用力和反作用力所做功的总和。

二、保守力

根据各种力做功的特性不同，可以把力分为保守力和非保守力两种。

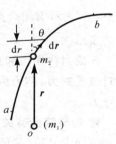

下面分析万有引力所做的功。设由质量分别为 m_1 和 m_2 的两个质点组成质点系统，两质点之间仅有万有引力相互作用。若以 m_1 为参照系的原点，则万有引力对 m_2 所做的功即为这一对作用力和反作用力所做功的总和。

图 2.17　引力做功

因 m_2 所受引力为

$$F = -G\frac{m_1 m_2}{r^2}\hat{r}$$

式中,$\hat{r}$ 为 m_2 位矢方向的单位矢量,故 m_2 从 a 点沿任意路径移动到 b 点的过程中,万有引力所做的功为

$$A = \int_{(a)}^{(b)} \boldsymbol{F} \cdot \mathrm{d}\boldsymbol{r} = \int_{(a)}^{(b)} -G\frac{m_1 m_2}{r^2}\hat{r} \cdot \mathrm{d}\boldsymbol{r}$$

由于 $\hat{r} \cdot \mathrm{d}\boldsymbol{r} = 1|\mathrm{d}\boldsymbol{r}|\cos\theta = \mathrm{d}r$,这里 $\mathrm{d}r$ 为 m_2 位矢大小 $|\boldsymbol{r}| = r$ 的增量(而不是 $|\mathrm{d}\boldsymbol{r}|$),故

$$A = \int_{(a)}^{(b)} \boldsymbol{F} \cdot \mathrm{d}\boldsymbol{r} = \int_{r_a}^{r_b} -G\frac{m_1 m_2}{r^2}\mathrm{d}r$$

$$= -\left[\left(-G\frac{m_1 m_2}{r_b}\right) - \left(-G\frac{m_1 m_2}{r_a}\right)\right] \tag{2.53}$$

式(2.53)表明,一对万有引力做功之和,只决定于两质点始、终态的相对位置,而与质点移动的路径无关。由式(2.53)可以看出,若使 m_2 沿任意闭合路径移动一周回到 a 点,万有引力做功为零

$$\oint \boldsymbol{F} \cdot \mathrm{d}\boldsymbol{r} = 0 \tag{2.54}$$

式中,$\oint$ 表示沿闭合路径一周积分。式(2.54)是做功与路径无关的简洁表示法。

凡成对作用力和反作用力做功之和与路径无关,只决定于始、末相对位置的力,称为保守力。万有引力、重力、弹性力和静电力等都是保守力。

做功与路径有关的力,称为非保守力。例如,质量 m 的物体在粗糙水平面上,沿任意闭合路径移动一周,摩擦力做功为

$$A = \oint F_f \cdot \mathrm{d}\boldsymbol{r} = -\mu mgl \neq 0$$

式中,l 为闭合路径的长度。沿闭合回路一周做功不等于零,也就是做功与路径有关,所以摩擦力不是保守力。此外,爆炸力、牵引力、涡旋

力、生物力、磁力和非弹性冲击力等都是非保守力。

三、势能与保守力的关系

如果系统的内力是保守力,由于成对保守内力做功之和与路径无关,只决定于系统内部质点之间的始、终态的相对位置,因此,就存在一个由系统内部质点之间相对位置决定的状态函数,这个状态函数称为系统的**势能**,用符号 E_p 表示,并定义为:**系统相对位置变化的过程中,成对保守内力做功之和等于系统势能增量的负值。**若以 E_{pa} 和 E_{pb} 分别表示位置 a 和位置 b 时系统的势能,以 $F_保$ 表示系统的保守内力,以 $A_{内保}$ 表示由 a 到 b 的变化过程中成对保守内力做功之和,则定义式可表示为

$$A_{内保} = \int_{(a)}^{(b)} F_保 \cdot \mathrm{d}r = -(E_{pb} - E_{pa}) = -\Delta E_p \qquad (2.55)$$

式(2.55)只定义了势能差。要确定任一位置时系统的势能值,必须选定一个位置 s 作为势能零点。若把式(2.55)中的位置 b 选作势能零点 s,即规定 $E_{pb} = E_{ps} = 0$,则任意位置 a 的势能为

$$E_{pa} = \int_{(a)}^{(s)} F_保 \cdot \mathrm{d}r \qquad (2.56)$$

式(2.56)说明,**系统在任一位置时的势能等于从该位置沿任意路径变到势能零点的过程中,保守内力所做的功。**

势能零点的选择是任意的,以运算方便为原则。系统的位置一定时,势能零点选择不同,系统的势能值也不同。但是,两个位置间的势能差与势能零点无关。

由于势能差为系统内部质点间成对相互作用的保守内力做功之和,因此,势能是属于相互作用的整个质点系统的。

只有当系统的内力是保守力时,才能引入相应的势能。非保守内力做功与路径有关,不存在相应的势能。

由式(2.56)知,从保守内力求势能需用积分,反过来,从势能求保守内力必定要用求导。

在直角坐标系中,式(2.55)的微分式可写为

$$-dE_p = \boldsymbol{F}_{保} \cdot d\boldsymbol{r} = (F_x\boldsymbol{i} + F_y\boldsymbol{j} + F_z\boldsymbol{k}) \cdot (dx\boldsymbol{i} + dy\boldsymbol{j} + dz\boldsymbol{k})$$
$$= F_x dx + F_y dy + F_z dz$$

若保持 y、z 不变,将 E_p 对 x 求导,得

$$F_x = -\left(\frac{dE_p}{dx}\right)_{y,z} = -\frac{\partial E_p}{\partial x}$$

式中,$\dfrac{\partial E_p}{\partial x}$ 表示 y、z 保持不变时,E_p 对 x 的导数,称为 E_p 对 x 的偏导数。同理

$$F_y = -\frac{\partial E_p}{\partial y} \qquad\qquad F_z = -\frac{\partial E_p}{\partial z}$$

故

$$\boldsymbol{F}_{保} = -\left(\frac{\partial E_p}{\partial x}\boldsymbol{i} + \frac{\partial E_p}{\partial y}\boldsymbol{j} + \frac{\partial E_p}{\partial z}\boldsymbol{k}\right) \qquad (2.57)$$

上式中的 $\left(\dfrac{\partial E_p}{\partial x}\boldsymbol{i} + \dfrac{\partial E_p}{\partial y}\boldsymbol{j} + \dfrac{\partial E_p}{\partial z}\boldsymbol{k}\right)$ 称为势能函数的**梯度**,故式(2.57)可用算符 ∇ 简单表示为[①]

$$\boxed{\boldsymbol{F}_{保} = -\nabla E_p} \qquad (2.58)$$

即**保守内力等于势能函数梯度的负值**。

四、力学中的几种势能

在力学中,万有引力、重力和弹性力是保守力,可引入相应的势能。

1. 引力势能

将式(2.53)与式(2.55)比较,得到两质点系统的**引力势能**

---

① 由高等数学知,在球坐标系中

$$\boldsymbol{F} = -\nabla E_p = -\left(\frac{\partial E_p}{\partial r}\hat{r} + \frac{1}{r}\frac{\partial E_p}{\partial \theta}\hat{\theta} + \frac{1}{r\sin\theta}\frac{\partial E_p}{\partial \varphi}\hat{\varphi}\right)$$

$$E_p = -G\frac{m_1 m_2}{r} + C \qquad (2.59)$$

式中，C 为常量，其数值决定于势能零点的选择。若选两质点相距无限远时为引力势能零点，即令 $r \to \infty$ 时，$E_p = 0$，则 $C = 0$，得

$$E_p = -G\frac{m_1 m_2}{r} \qquad (2.60)$$

2. 重力势能

重力势能是引力势能的特例。对质量 m 的小球和地球组成的系统，选小球在地面时为引力势能零点，即令 $r = R$（地球半径）时，$E_p = 0$，由式(2.59)知，此时常量 C 为

$$C = G\frac{mM}{R}$$

式中，M 为地球质量。在小球离地面高 h 时，$r = R + h$，按式(2.59)

$$E_p = -G\frac{mM}{R+h} + G\frac{mM}{R}$$

在地面附近不太高时，$h \ll R$，故

$$E_p = m\frac{GM}{R(R+h)}h \approx m\frac{GM}{R^2}h$$

因 $\dfrac{GM}{R^2} = g$，得到小球离地面高 h 时的**重力势能**

$$E_p = mgh \qquad (2.61)$$

3. 弹性势能

将例 2.20 的答案 $A_{ab} = -\left(\dfrac{1}{2}kx_b^2 - \dfrac{1}{2}kx_a^2\right)$ 与式(2.55)比较，得**弹性势能**

$$E_p = \frac{1}{2}kx^2 + C$$

若选弹簧成自然长度时为弹性势能零点，即令 $x = 0$ 时，$E_p = 0$，则 $C = 0$，弹性势能为

$$E_{\mathrm{p}} = \frac{1}{2}kx^2 \qquad\qquad (2.62)$$

§2.9 功能原理 机械能守恒定律

前两节分别介绍了质点动能定理和质点系的势能,本节将在此基础上阐述质点系的功能原理和机械能守恒定律。

一、质点系动能定理

质点系内各个质点所受的力,可分为外力和内力。在质点系从始态变到终态的过程中,对质点系内的每一个质点应用质点动能定理,有

$$A_{1外} + A_{1内} = E_{\mathrm{k}1} - E_{\mathrm{k}10}$$
$$A_{2外} + A_{2内} = E_{\mathrm{k}2} - E_{\mathrm{k}20}$$
$$\vdots$$

将上述各式相加,得

$$\sum A_{i外} + \sum A_{i内} = \sum E_{\mathrm{k}i} - \sum E_{\mathrm{k}i0}$$

由 §2.4 知,成对内力的矢量和 $\sum \boldsymbol{F}_{i内} = 0$,但是由 §2.8 知成对内力做功之和一般 $\sum A_{i内} \neq 0$。若以 $A_{外}$ 和 $A_{内}$ 分别表示外力做功之和 $\sum A_{i外}$ 和内力做功之和 $\sum A_{i内}$,以 E_{k} 和 $E_{\mathrm{k}0}$ 分别表示质点系的末动能 $\sum E_{\mathrm{k}i}$ 和初动能 $\sum E_{\mathrm{k}i0}$,则上式可表示为

$$A_{外} + A_{内} = E_{\mathrm{k}} - E_{\mathrm{k}0} \qquad\qquad (2.63)$$

式(2.63)称为**质点系动能定理**,它表明,**外力做功和内力做功之和等于质点系动能的增量**。

二、功能原理

质点系内力的功又可分为保守内力的功 $A_{内保}$ 和非保守内力的

功 $A_{内非}$，即

$$A_{内} = A_{内保} + A_{内非}$$

而保守内力的功等于势能增量的负值

$$A_{内保} = -(E_p - E_{p0})$$

将上述两式代入式(2.63)，得

$$\boxed{A_{外} + A_{内非} = (E_k + E_p) - (E_{k0} + E_{p0})} \quad (2.64)$$

质点系的动能与势能之和称为系统的**机械能**。故式(2.64)说明，**外力做功和非保守内力做功之和等于系统机械能的增量**。这一结论称为**功能原理**。在功能原理的数学表示式中，$A_{外}$ 是外力对系统内每个质点所做功的总和，即

$$A_{外} = \sum A_{i外} = \sum \left[\int \boldsymbol{F}_{i外} \cdot \mathrm{d}\boldsymbol{r}_i \right]$$

同理，$A_{内非}$ 是非保守内力对系统内每个质点所做功的总和

$$A_{内非} = \sum A_{i内非} = \sum \left[\int \boldsymbol{F}_{i内非} \cdot \mathrm{d}\boldsymbol{r}_i \right]$$

功能原理的对象是质点系。式中没有出现 $A_{内保}$，是由于保守内力的功已用势能增量的负值所代替。

功能原理适用于惯性系。若在非惯系中，则须在式(2.64)等号左边再加上一项惯性力的功后，等式才能成立。

三、机械能守恒定律

由功能原理可知，当只有保守内力做功，而外力和非保守内力做功之和等于零时，系统的机械能保持不变，即

$$\boxed{\begin{array}{c} 若 A_{外} + A_{内非} = 0，则 E_k + E_p = E_{k0} + E_{p0} = 常量 \\ 或 E_k - E_{k0} = -(E_p - E_{p0}) \end{array}}$$

$$(2.65)$$

就是说，**如果只有保守内力做功，而外力和非保守内力做功之和等于零，那么，系统的动能与势能之间可以互相转换，但系统的总机械能**

保持不变。这一结论称为**机械能守恒定律**。

注意：机械能守恒的条件不是外力和非保守内力之和为零，而是外力和非保守内力做功之和等于零。

四、势能曲线

势能零点选定之后，系统的势能 E_p 是相对位置的函数，势能与位置的关系曲线称为势能曲线。引力势能、重力势能和弹性势能的势能曲线分别如图 2.18(a)、(b)、(c) 所示。

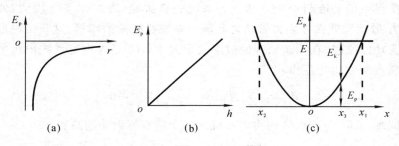

图 2.18　势能曲线

根据势能曲线可以判断保守内力的方向，估计保守内力的大小。以弹性势能曲线为例说明如下：根据式(2.57)和式(2.62)，弹性保守内力与弹性势能之间的关系为

$$\boldsymbol{F}_{保} = -\frac{\mathrm{d}E_p}{\mathrm{d}x}\boldsymbol{i}$$

由上式可知，保守内力的方向指向势能减小的方向，其大小正比于曲线的斜率。在 $x = 0$ 处，$(-\frac{\mathrm{d}E_p}{\mathrm{d}x}) = 0$，弹性力等于零，是系统的平衡位置；在 $x = x_1$ 处，$(-\frac{\mathrm{d}E_p}{\mathrm{d}x}) < 0$，弹性力指向 x 轴的负方向，即指向平衡位置；在 $x = x_2$ 处，$(-\frac{\mathrm{d}E_p}{\mathrm{d}x}) > 0$，弹性力指向 x 轴的正方向，也是指向平衡位置。

当系统的机械能守恒时，根据势能曲线，可以判断势能与动能的比例。用水平直线的高度表示系统的总机械能 E，因 $E_k + E_p = E$，故 x 轴与势能曲线之间的高度表示系统的势能 E_p，势能曲线与总机械能水平直线之间的高度表示系统的动能 E_k。在图 2.18(c) 中，标出了 $x = x_3$ 时，E_p 和 E_k 的大小。当 $x = x_1$ 或 x_2 时，势能最大($E_p = E$)，动能最小($E_k = 0$)；当 $x = 0$ 时，势能最小($E_p = 0$)，动能最大($E_k = E$)。由于动能不能为负值，因此，系统只能在 x_1 与 x_2 之间运动，不能超出这一范围。

五、能量守恒定律

进一步研究发现，系统与外界之间交换能量的形式有做功和传热两种。这里所说的做功，包括机械、电磁、化学、原子及原子核等各种形式的功；这里所说的传热，包括传导、辐射等各种形式的热量传递。能量的形式也是多种多样的，除了机械能，还有热能、电磁能、化学能、原子核能和生物能等各种形式的能量。大量实践表明，**当外界不对系统做功，也不向系统传递热量时，系统内部各种形式的能量之间可以相互转换，但各种形式能量的总和保持不变。这就是普遍的能量守恒定律。**

与外界没有物质和能量交换的系统，称为**孤立系统。**能量守恒定律也可表达为：**孤立系统内部各种形式的能量之间可以互相转换，但其总能量保持不变。**

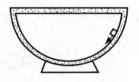

图 2.19 能量守恒

例如，在图 2.19 所示的一个刚性绝热容器内，物体沿器壁下滑后，在容器内来回滑动，最后静止于容器底部。显然，由容器、物体和地球构成的系统是个孤立系统，在上述过程中，非保守内力（摩擦力）做负功，系统的机械能减少，转换成等量的热能，但系统的总能量保持不变。

能量守恒定律是自然界最基本、最普遍的规律之一，适用于自然界任何的变化过程，无论物理的、化学的、生物的等等变化过程，无一例外。如果在实验中出现能量不守恒的情况，那无须怀疑能量守恒定律的正确性,而可以肯定在实验中漏计了某种能量,也有可能又发现了一种新形式的能量,从而可以去探索一些未知的新领域。

例 2. 22　如例 2. 22 图所示,劲度为 k 的轻弹簧下端固定,沿斜面放置,质量为 m 的物体从与弹簧上端相距 a 的位置以 v_0 的初速度沿斜面下滑,使弹簧最多压缩 b。假设物体与弹簧在相互作用的过程中,无机械能损失。斜面倾角为 α。求物体与斜面之间的摩擦系数 μ。

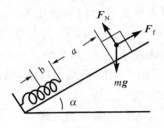

例 2.22 图

解　以物体、弹簧和地球一起作为研究的系统。重力和弹性力为保守内力。斜面对物体的正压力 F_N 与位移方向垂直,不做功,摩擦力 F_f 是非保守内力,对物体做负功。按功能原理

$$A_{外} + A_{内非} = (E_k + E_p) - (E_{k0} + E_{p0})$$

有

$$0 - F_f(a + b) = \left(0 + \frac{1}{2}kb^2\right) - \left[\frac{1}{2}mv_0^2 + mg(a + b)\sin\alpha\right]$$

而

$$F_f = \mu F_N = \mu mg\cos\alpha$$

解得

$$\mu = \frac{\frac{1}{2}mv_0^2 + mg(a + b)\sin\alpha - \frac{1}{2}kb^2}{mg(a + b)\cos\alpha}$$

应用功能原理求解时,保守内力的功用势能增量的负值代替,不必用积分计算弹性力和重力的功,使计算大大简化。本题也可以以物体为研究对象,应用质点动能定理求解,或者用牛顿定律求解,但计算比较麻烦。读者可自行试解。

例 2.23　长 R 的细绳一端固定,另一端系一质量为 m 的小球,铅直悬挂。求:(1) 要使小球在竖直平面内作圆周运动,小球的水平初速度大小 v_0 至少多大?(2) 若水平初速度大小为 v_0,当绳与铅垂线之间夹角为 θ 时,求小球速率 v 和绳中张力 F_T。(空气阻力不计)

解 （1）以小球和地球为系统，小球运动过程中，只有保守内力重力做功，系统的机械能守恒。以悬挂点 o 为重力势能零点，以 v_1 表示小球在最高点时的速率，则

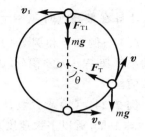

例 2.23 图

$$\frac{1}{2}mv_1^2 + mgR = \frac{1}{2}mv_0^2 - mgR$$

①

以 F_{T1} 表示小球在最高点时绳中的张力，按牛顿定律

$$F_{T1} + mg = m\frac{v_1^2}{R}$$

②

要使小球作圆周运动，绳子不能松弛，即

$$F_{T1} \geqslant 0$$

③

由 ①、②、③ 式解得

$$v_0 \geqslant \sqrt{5gR}$$

（2）以 v 和 F_T 分别表示绳与铅垂线成 θ 角时，小球的速率为 v，绳中的张力为 F_T，按机械能守恒定律

$$\frac{1}{2}mv^2 - mgR\cos\theta = \frac{1}{2}mv_0^2 - mgR$$

由牛顿定律

$$F_T - mg\cos\theta = m\frac{v^2}{R}$$

解得

$$v = \sqrt{v_0^2 - 2gR(1 - \cos\theta)}$$

$$F_T = m\frac{v_0^2}{R} + (3\cos\theta - 2)mg$$

讨论 （1）以下是两种特例

小球在最低点时，$\theta = 0$，$F_T = m\dfrac{v_0^2}{R} + mg$ （张力最大）

小球在最高点时，$\theta = \pi$，$F_\text{T} = m \dfrac{v_0^2}{R} - 5mg$（张力最小）

（2）与例 2.4 和例 2.21 比较可见，应用机械能守恒定律求本题中的小球速率 v 无须积分，因此，比应用牛顿定律或动能定理求解更为方便。

例 2.24　（1）要使物体成为离地面高 h 而作匀速圆周运动的人造地球卫星，需以多大速度从地面发射？（2）要使物体脱离地球的引力范围，至少需要以多大速度从地面发射？

解　（1）以物体和地球一起作为研究系统。以 v_0 表示物体从地面发射的速率，v 表示物体在离地面 h 高处作匀速圆周运动的速率。设系统与其他星体相距很远，可近似认为系统机械能守恒

$$\frac{1}{2}mv^2 + \left(-G\frac{mM}{R+h} \right) = \frac{1}{2}mv_0^2 + \left(-G\frac{mM}{R} \right)$$

由牛顿定律

$$G\frac{mM}{(R+h)^2} = m\frac{v^2}{R+h}$$

解得

$$v_0 = \sqrt{GM\left(\frac{2}{R} - \frac{1}{R+h} \right)}$$

由于 $\dfrac{GM}{R^2} = g$，故

$$v_0 = \sqrt{gR\left(2 - \frac{R}{R+h} \right)}$$

由上式可知，h 越小，所需发射速度也越小，在地球表面附近的人造卫星，$h \ll R$，有

$$v_0 \approx \sqrt{gR} = \sqrt{9.8 \times 6.37 \times 10^6}\,\text{m/s} = 7.9 \times 10^3\,\text{m/s}$$

这一发射速度称为**第一宇宙速度**，也称为最小环绕速度。

（2）物体离地球无限远（$r \to \infty$）时，脱离地球的引力范围。按机械能守恒定律

$$\frac{1}{2}mv^2 + \left(-G\frac{mM}{\infty}\right) = \frac{1}{2}mv_0^2 + \left(-G\frac{mM}{R}\right)$$

解得

$$v_0 = \sqrt{\frac{2GM}{R} + v^2}$$

因物体速率 $v \geqslant 0$，故

$$v_0 \geqslant \sqrt{\frac{2GM}{R}} = \sqrt{2gR} = 11.2 \times 10^3 \text{m/s}$$

这一发射速度称为**第二宇宙速度**。只要发射速度大于第二宇宙速度，物体就能脱离地球引力范围，而与发射的方向无关。这是用能量观点求解时的另一优点。

§2.10 碰 撞

在自然界中，碰撞是经常发生的现象，例如打桩、锻铁、击球等。在微观领域中，粒子间的碰撞更多，例如，气体分子之间的碰撞、核子与核子，核子与原子之间的碰撞等等。通过碰撞可以研究微观粒子的结构和性质。

碰撞过程可分为压缩和恢复两个阶段。先是两物体相互靠近接触，压缩形变。然后，形变恢复，两物体重又分开；或者成为永久形变，两物体以同一速度运动。

微观粒子之间的碰撞，并不真正接触，而是这样的一个过程：两粒子相互接近，当非常靠近时，两粒子之间的斥力发生作用，使它们改变原来的运动方向，然后彼此分开。微观粒子的这种碰撞，有时也称为散射和反冲。

一、完全弹性碰撞　　完全非弹性碰撞

通常，碰撞过程的时间很短，冲力很大，因此，如果把相互碰撞的两个小球一起作为研究的系统，那么，外力一般可忽略不计，认为系

统的总动量守恒。

为简单起见,本节主要讨论两个小球之间的正碰撞。正碰撞也称对心碰撞,碰撞前后,两球的速度均在其连心线上。设两球的质量分别为 m_1 和 m_2,碰撞前两球的速度分别为 v_{10} 和 v_{20},碰撞后两球的速度分别为 v_1 和 v_2,如图 2.20 所示。

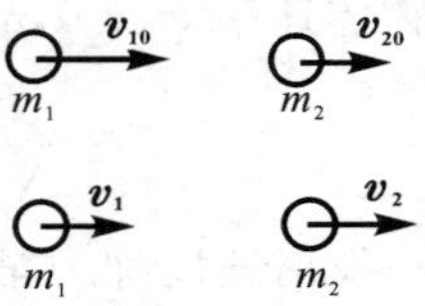

按照碰撞过程中系统总动能变化的不同,可分为完全弹性碰撞、完全非弹性碰撞和非完全弹性碰撞。

图 2.20　正碰撞

1. 完全弹性碰撞

碰撞过程中系统总动能守恒的碰撞,称为**完全弹性碰撞**,因此求解完全弹性正碰撞的方程组为

系统总动量守恒:

$$m_1 v_1 + m_2 v_2 = m_1 v_{10} + m_2 v_{20} \tag{2.66}$$

系统总动能守恒:

$$\frac{1}{2} m_1 v_1^2 + \frac{1}{2} m_2 v_2^2 = \frac{1}{2} m_1 v_{10}^2 + \frac{1}{2} m_2 v_{20}^2 \tag{2.67}$$

由式(2.66)和式(2.67)可解得

$$v_1 = \frac{m_1 v_{10} + m_2 v_{20}}{m_1 + m_2} + \frac{m_2 (v_{20} - v_{10})}{m_1 + m_2}$$

$$v_2 = \frac{m_1 v_{10} + m_2 v_{20}}{m_1 + m_2} + \frac{m_1 (v_{10} - v_{20})}{m_1 + m_2}$$

2. 完全非弹性碰撞

碰撞后两球结合在一起,以同一速度 v 运动的碰撞,称为**完全非弹性碰撞**,因此,求解完全非弹性碰撞的方程为

系统总动量守恒:

$$(m_1 + m_2) v = m_1 v_{10} + m_2 v_{20} \tag{2.68}$$

由式(2.68)可解得

$$v = \frac{m_1 v_{10} + m_2 v_{20}}{m_1 + m_2}$$

二、非完全弹性碰撞

一般碰撞介于完全弹性碰撞与完全非弹性碰撞之间,称为**非完全弹性碰撞**。求解非完全弹性碰撞比较复杂一些,需引入一个新的物理量 —— 恢复系数 e,它等于碰撞后两球相互离开的速度 $(v_2 - v_1)$ 与碰撞前两球相互接近的速度 $v_{10} - v_{20}$ 之比

$$e = \frac{v_2 - v_1}{v_{10} - v_{20}} \tag{2.69}$$

恢复系数 e 与两球的质量和速度无关,取决于两球的材料。两球取定以后,e 就是一个常数。求解非完全弹性碰撞的方程组就是式(2.66)和式(2.69)。由式(2.66)和式(2.69)可解得

$$v_1 = \frac{m_1 v_{10} + m_2 v_{20}}{m_1 + m_2} - e\,\frac{m_2(v_{10} - v_{20})}{m_1 + m_2}$$

$$v_2 = \frac{m_1 v_{10} + m_2 v_{20}}{m_1 + m_2} - e\,\frac{m_1(v_{20} - v_{10})}{m_1 + m_2}$$

式中等号右边第一项是系统的质心速度,第二项是相对质心的运动速度。碰撞前后,系统损失的动能为

$$- \Delta E_{k} = \left(\frac{1}{2} m_1 v_{10}^2 + \frac{1}{2} m_2 v_{20}^2 \right) - \left(\frac{1}{2} m_1 v_1^2 + \frac{1}{2} m_2 v_2^2 \right)$$

$$= \frac{1}{2}(1 - e^2)\,\frac{m_1 m_2}{m_1 + m_2}(v_{10} - v_{20})^2$$

完全弹性碰撞和完全非弹性碰撞是非完全弹性碰撞的特例。对于完全弹性碰撞,碰撞过程中,系统的动能守恒,不损失,即 $- \Delta E_k = 0$,故 $e = 1$,就是说完全弹性碰撞的恢复系数 $e = 1$。对于完全非弹性碰撞,因碰撞后两球结合在一起,即 $v_2 = v_1 = v$,由式(2.69)知,$e = 0$,就是说完全非弹性碰撞的恢复系数 $e = 0$。非完全弹性碰撞中,$0 < e < 1$。

由 $(- \Delta E_k)$ 一式可见,完全非弹性碰撞中,因 $e = 0$,系统损失的总动能 $(- \Delta E_k)$ 最大。

*三、在质心坐标系中研究碰撞

质心坐标系是以质心为原点的平动坐标系。两球碰撞过程中,只有内力相互作用,系统动量守恒,质心速度恒定不变,质心作匀速直线运动,故其质心坐

标系为惯性系。在质心坐标系中,系统的总动量守恒,且恒为零。若以 v'_{10}、v'_{20} 和 v'_1、v'_2 分别表示碰撞前后两球在质心系中的速度,则系统动量守恒的分量式为

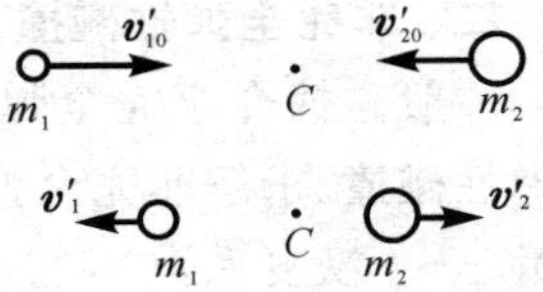

图 2.21　质心系中的正碰撞

$$m_1v'_1 + m_2v'_2 = m_1v'_{10} + m_2v'_{20} = 0 \tag{2.70}$$

$$e = \frac{v'_2 - v'_1}{v'_{10} - v'_{20}} \tag{2.71}$$

由式(2.70)和式(2.71)解得

$$v'_1 = - ev'_{10} \tag{2.72.a}$$

$$v'_2 = - ev'_{20} \tag{2.72.b}$$

可见,用质心坐标系处理两个粒子的碰撞,既简单,又对称,因此,在核物理中,经常被采用。

根据伽利略变换,在地面参照系中,碰撞后两球速度为

$$v_1 = v'_1 + v_C \tag{2.73.a}$$

$$v_2 = v'_2 + v_C \tag{2.73.b}$$

式(2.73)中,v_C 为在地面参照系中两球系统的质心速度

$$v_C = \frac{m_1v_{10} + m_2v_{20}}{m_1 + m_2} \tag{2.74}$$

而

$$v'_1 = - ev'_{10} = - e(v_{10} - v_C) \tag{2.75.a}$$

$$v'_2 = - ev'_{20} = - e(v_{20} - v_C) \tag{2.75.b}$$

由上述诸式可解得 v_1 和 v_2,与本节"二"中所得的结果完全相同。

*四、柯尼希定理

质点系的动能 E_k 等于质点系内各个质点动能的总和 $\sum \frac{1}{2} m_i v_i^2$。若以 v_C 表示质点系的质心速度,v'_i 表示质点 m_i 在质心系中的速度,则

$$v_i = v'_i + v_C$$

$$E_k = \sum \frac{1}{2} m_i v_i^2 = \sum \frac{1}{2} m_i (v'_i + v_C)^2$$

$$= \sum \frac{1}{2} m_i v_i'^2 + \sum m_i v'_i v_C + \sum \frac{1}{2} m_i v_C^2$$

式中 $\sum m_i v'_i$ 是在质心系中质点系的总动量,它恒等于零;$m = \sum m_i$ 为质点系

的总质量,故

$$E_k = \sum \frac{1}{2} m_i v_i'^2 + \frac{1}{2} m v_C^2 \qquad (2.76)$$

上式表明,质点系的总动能 E_k 等于各质点相对质心运动的动能 $\sum \frac{1}{2} m_i v_i'^2$ 加上随质心整体运动的动能 $\frac{1}{2} m v_C^2$。这一结论称为**柯尼希(König)定理**。

柯尼希定理应用于两球系统时,因碰撞过程中,外力可忽略不计,系统动量守恒,质心速度 v_C 为恒量,故随质心整体运动的动能 $\frac{1}{2} m v_C^2$ 不变,可以改变的只有相对质心运动的动能。

碰撞前后,两球系统相对质心运动的动能分别为

$$E_{k0}' = \frac{1}{2} m_1 v_{10}'^2 + \frac{1}{2} m_2 v_{20}'^2$$

$$E_k' = \frac{1}{2} m_1 v_1'^2 + \frac{1}{2} m_2 v_2'^2$$

由式(2.74)、式(2.75)和上述两式,得

$$E_{k0}' = \frac{1}{2} \frac{m_1 m_2}{m_1 + m_2} (v_{10} - v_{20})^2$$

$$E_k' = \frac{1}{2} e^2 \frac{m_1 m_2}{m_1 + m_2} (v_{10} - v_{20})^2$$

碰撞过程中,相对质心运动动能的损失为

$$-\Delta E_k' = \frac{1}{2} (1 - e^2) \frac{m_1 m_2}{m_1 + m_2} (v_{10} - v_{20})^2 \qquad (2.77)$$

因随质心整体平动的动能 $\frac{1}{2} m v_C^2$ 不变,故地面坐标系中,碰撞前后动能损失$(-\Delta E_k)$ 与相对质心运动动能损失$(-\Delta E_k')$ 相同。这与本节"二"中所得结果完全一致。

例 2.24 在光滑的水平面上,质量为 m_1 的 A 球以速度 v_{10} 与质量为 m_2 的静止 B 球正碰撞,碰后 A 球静止。已知 $\dfrac{m_1}{m_2} = 0.8$。求:(1)碰后 B 球的速度 v_2;(2)此碰撞的恢复系数 e;(3)碰撞中损失的机械能$(-\Delta E_k)$。

解 (1)碰撞过程中,A、B 两球组成的系统动量守恒,有

$$m_2 v_2 = m_1 v_{10}$$

故
$$v_2 = \frac{m_1}{m_2}v_{10} = 0.8v_{10}$$

$\boldsymbol{v}_2$ 的方向与 $\boldsymbol{v}_{10}$ 的方向相同。

（2）碰撞后相互离开的速度为 v_2，碰撞前相连接近的速度为 v_{10}，故
$$e = \frac{v_2}{v_{10}} = 0.8$$

（3）碰撞中损失的机械能为
$$-\Delta E_{\mathrm{k}} = \frac{1}{2}m_1v_{10}^2 - \frac{1}{2}m_2v_2^2 = 0.2\left(\frac{1}{2}m_1v_{10}^2\right)$$

例 2.25 在光滑的水平面上，质量为 m_1、半径为 a_1 的 A 球以速度 $\boldsymbol{v}_{10}$ 与质量为 m_2、半径为 a_2 的静止 B 球斜碰撞。通过两球心而与 $\boldsymbol{v}_{10}$ 平行的两条直线之间相距 b。设两球表面皆光滑。求碰撞后两球的速度。

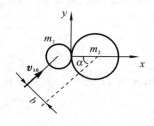

例 2.25 图

解 选取碰撞时两球心的连线为 x 轴。由于两球光滑，y 方向无相互作用力，y 方向两球速度的分量保持不变，故碰撞后两球速度 y 方向分量分别为：
$$v_{1y} = v_{10}\sin\alpha = \frac{b}{a}v_{10}$$
$$v_{2y} = 0$$
式中 $a = a_1 + a_2$。

x 方向的碰撞，其规律与正碰撞相同，即
$$m_1v_{1x} + m_2v_{2x} = m_1v_{10}\cos\alpha$$
$$= m_1v_{10}\frac{\sqrt{a^2 - b^2}}{a}$$
$$e = \frac{v_{2x} - v_{1x}}{v_{10}\frac{\sqrt{a^2 - b^2}}{a}}$$

由上述两式解得

$$v_{1x} = \frac{m_1 - em_2}{m_1 + m_2} \frac{\sqrt{a^2 - b^2}}{a} v_{10}$$

$$v_{2x} = \frac{(1 + e)m_1}{m_1 + m_2} \frac{\sqrt{a^2 - b^2}}{a} v_{10}$$

讨论：若 $m_1 = m_2, e = 1$，则

$$v_{1x} = 0 \qquad v_{1y} = \frac{b}{a} v_{10}$$

$$v_{2x} = \frac{\sqrt{a^2 - b^2}}{a} v_{10} \qquad v_{2y} = 0$$

这表明,若 A 球与质量相等的静止 B 球发生完全弹性斜碰撞,则碰撞后两球的运动方向互相垂直。

§2.11 角动量定理 角动量守恒定律

除动量和能量外,角动量也是一个描述质点和质点系运动状态的重要物理量。

一、质点角动量定理

1. 质点对点的角动量

在自然界中,许多运动都可视为质点绕某一中心的运转。例如,行星绕太阳的运动、电子绕原子核的运动等等。描述这些运动的规律,都需要用角动量这个物理量。

质点对惯性系中某一固定点 o 的**角动量**(或称动量矩)L 定义为

$$\boxed{L = r \times p = r \times mv} \tag{2.78}$$

式中,r 为质点相对 o 点的位矢,$p = mv$ 为质点的动量,如图 2.22 所示。质点角动量的大小为

$$L = rp\sin\varphi = mrv\sin\varphi$$

式中,φ 为 r 和 p 两个矢量间的夹角。L 的方向垂直于 r 和 p 所决定的平面,其指向由右手螺旋法则决定,即右手弯曲的四指从 r 经较小的

角转到 **p**,伸直的拇指指向 **L** 的方向。

质点作圆周运动时,对圆心的位

矢 **r** 始终与动量 **p** 垂直,$\varphi = \dfrac{\pi}{2}$,因此,质点对圆心的角动量大小为

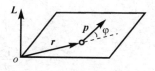

图 2.22　质点的角动量

$$L = pr = mvr$$

在国际单位制中,角动量的单位为千克·米²/秒(kg·m²/s)。

由式(2.78)可见,质点的角动量不仅与它的动量有关,而且与固定点 o 的位置有关。同一质点,因所选固定点的位置不同,其角动量也不同。

2. 力对点的力矩

若质点对 o 点的位矢为 **r**,受到力 **F** 的作用,则定义力 **F** 对 o 点的力矩 **M** 为

$$\boxed{\boldsymbol{M} = \boldsymbol{r} \times \boldsymbol{F}}$$

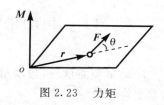

图 2.23　力矩

(2.79)

力矩的大小为

$$M = rF\sin\theta$$

式中 θ 为 **r** 与 **F** 的夹角。**M** 的方向垂直于 **r** 和 **F** 所构成的平面,其指向由右手螺旋法则确定。

在国际单位制中,力矩的单位为牛·米(N·m)。

3. 质点角动量定理

为寻找角动量与力矩的关系,将质点的角动量对时间求导

$$\frac{\mathrm{d}\boldsymbol{L}}{\mathrm{d}t} = \frac{\mathrm{d}}{\mathrm{d}t}(\boldsymbol{r} \times \boldsymbol{p}) = \frac{\mathrm{d}\boldsymbol{r}}{\mathrm{d}t} \times \boldsymbol{p} + \boldsymbol{r} \times \frac{\mathrm{d}\boldsymbol{p}}{\mathrm{d}t}$$

由于 $\dfrac{\mathrm{d}\boldsymbol{r}}{\mathrm{d}t} \times \boldsymbol{p} = \boldsymbol{v} \times (m\boldsymbol{v}) = 0$,$\dfrac{\mathrm{d}\boldsymbol{p}}{\mathrm{d}t}$ 为质点所受的合外力 **F**,**r** × **F** 为质点所受的合外力矩 **M**,因此

$$M = \frac{\mathrm{d}L}{\mathrm{d}t} \qquad (2.80)$$

上式说明，**质点角动量对时间的变化率等于质点所受的合外力矩**。注意，这里的角动量和合外力矩是对惯性系中同一固定参考点而言的。

将式(2.80)等号两边同乘以 $\mathrm{d}t$ 并积分，得

$$\int_{t_0}^{t} M \mathrm{d}t = = L - L_0 \qquad (2.81)$$

式中 $\int_{t_0}^{t} M \mathrm{d}t$ 称为合外力矩 M 在 t_0 到 t 时间内的**冲量矩**（或称角冲量）。在国际单位制中，冲量矩的单位为牛·米·秒（N·m·s）。式(2.80)和式(2.81)是质点角动量定理的微分形式和积分形式。

二、质点角动量守恒定律

由式(2.80)可见

$$若 \ M = 0, 则 \ L = 常矢量 \qquad (2.82)$$

这就是**质点角动量守恒定律**，它表明，**对某一固定点，若质点所受的合外力矩为零，则质点对该固定点的角动量守恒**。

行星绕太阳运动时，行星所受的力始终指向太阳中心。电子绕原子核运动时，电子所受的力始终指向原子核中心。凡是力的作用线始终指向一个点（称为力中心）的力称为中心力。质点在中心力作用下运动时，质点所受对力中心的力矩始终为零，因此，质点对力中心的角动量守恒。例如行星对太阳中心的角动量守恒，电子对原子核中心的角动量守恒等等。

三、质点系角动量定理

质点系角动量定理的表示式为

$$\boxed{M = \frac{\mathrm{d}L}{\mathrm{d}t}} \tag{2.83}$$

式中 L 是质点系对某一固定点的总角动量，M 为所有外力对该固定点力矩的矢量和，也称合外力矩。

式(2.83)表明，**质点系对惯性系中一固定点的角动量随时间的变化率等于所有外力对该固定点力矩的矢量和**。这一结论称为**质点系角动量定理**。

* 质点系角动量定理的证明如下：

质点系对惯性系中某一固定点 o 的角动量 L 是质点系中所有质点对 o 点角动量的矢量和，即

$$L = \sum L_i = \sum (r_i \times p_i) \tag{2.84}$$

将上式对时间求导

$$\frac{\mathrm{d}L}{\mathrm{d}t} = \frac{\mathrm{d}}{\mathrm{d}t}\left[\sum (r_i \times p_i)\right] = \sum \left(\frac{\mathrm{d}r_i}{\mathrm{d}t} \times p_i\right) + \sum \left(r_i \times \frac{\mathrm{d}p_i}{\mathrm{d}t}\right)$$

等号后第一项为零，第二项中的 $\dfrac{\mathrm{d}p_i}{\mathrm{d}t}$ 是第 i 个质点所受的合力，即第 i 个质点所受外力和内力的矢量和 $(F_i + f_i)$，故

$$\frac{\mathrm{d}L}{\mathrm{d}t} = \sum \left[r_i \times (F_i + f_i)\right]$$

而由图 2.24 可见，一对作用力和反作用力对固定点 o 的力矩矢量和为

$$r_i \times f_{ij} + r_j \times f_{ji} = r_i \times f_{ij} + r_j \times (-f_{ij})$$
$$= (r_i - r_j) \times f_{ij} = 0$$

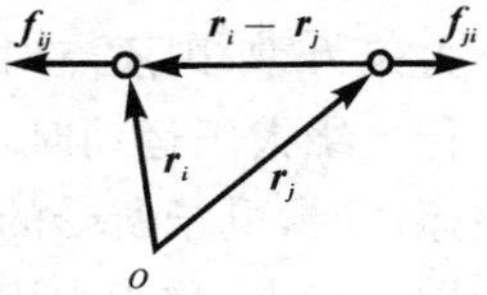

因质点系的内力都是成对出现的，所以，所有内力对 o 点力矩的矢量和为零

$$\sum (r_i \times f_i) = 0$$

所有外力对 o 点力矩的矢量和 $\sum (r_i \times F_i)$ 用符号 M 表示，于是得

图 2.24 一对作用力和反作用力的力矩

$$M = \frac{\mathrm{d}L}{\mathrm{d}t} \tag{2.83}$$

四、质点系角动量守恒定律

由式(2.83)知

$$\boxed{若\ \boldsymbol{M} = \sum(\boldsymbol{r}_i \times \boldsymbol{F}_i) = 0,则\ \boldsymbol{L} = \sum(\boldsymbol{r}_i \times \boldsymbol{p}_i) = 常矢量}$$

(2.85)

就是说,**若质点系所受所有外力对某一固定点力矩的矢量和为零,则质点系对该固定点的总角动量守恒**。这称为**质点系角动量守恒定律**。大量实验和观测证明角动量守恒定律在自然界是普遍成立的。

由质点系角动量守恒定律可见,质点系角动量守恒的条件是外力矩的矢量和为零,而不是合外力为零。有时系统所受外力矩矢量和等于零,但外力矢量和不等于零,这时质点系的总角动量守恒,但系统的总动量不守恒。

对质点系角动量定理和质点系角动量守恒定律的进一步研究,留待第三章中进行。

例 2.26 我国第一颗东方红人造卫星的椭圆轨道长半轴为 $a = 7.79 \times 10^6$ m,短半轴为 $b = 7.72 \times 10^6$ m,周期 $T = 114$min,近地点和远地点距地心分别为 $r_1 = 6.82 \times 10^6$ m 和 $r_2 = 8.76 \times 10^6$ m。(1)证明

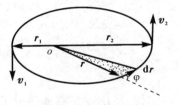

例 2.26 图

单位时间内卫星对地心位矢扫过的面积为常量;(2)求卫星经近地点和远地点时的速度 v_1 和 v_2。

解 (1)因卫星所受地球引力始终指向地心(其他星体对卫星的引力可忽略),故相对地心 o,卫星所受合外力矩为零,卫星对地心的角动量守恒

$$\boldsymbol{L} = m\boldsymbol{r} \times \boldsymbol{v} = 常矢量$$

由于卫星角动量的方向保持不变,因此,卫星轨道必在一个平面内。由于卫星角动量的大小 $L = mrv\sin\varphi$ 保持不变,可以证明卫星对

地心位矢在单位时间内扫过的面积 $\dfrac{\mathrm{d}S}{\mathrm{d}t}$ 为常量。因为

$$\frac{\mathrm{d}S}{\mathrm{d}t} = \frac{\dfrac{1}{2}r\,|\,\mathrm{d}\boldsymbol{r}\,|\sin\varphi}{\mathrm{d}t} = \frac{1}{2}rv\sin\varphi = \frac{L}{2m} = 常量$$

这就是开普勒第二定律。

（2）因在近地点和远地点，卫星的速度与位矢垂直，$\varphi = \dfrac{\pi}{2}$，故

$$\frac{\mathrm{d}S}{\mathrm{d}t} = \frac{1}{2}r_1 v_1 = \frac{1}{2}r_2 v_2$$

因卫星经过一个周期 T，绕椭圆轨道运动一周，其位矢 $\boldsymbol{r}$ 扫过整个椭圆的面积 πab，故

$$T\frac{\mathrm{d}S}{\mathrm{d}t} = \pi ab$$

解得

$$v_1 = \frac{2\pi ab}{T r_1} = \left(\frac{2\pi \times 7.79 \times 10^6 \times 7.72 \times 10^6}{114 \times 60 \times 6.82 \times 10^6}\right)\mathrm{m/s}$$
$$= 8.1 \times 10^3\mathrm{m/s}$$

$$v_2 = \frac{2\pi ab}{T r_2} = 6.3 \times 10^3\mathrm{m/s}$$

我们已经比较完整地研究了质点和质点系的运动规律，引入了许多物理量，得到了许多定律和定理。这些定律和定理的适用范围有大有小，其重要性也不相同。例如胡克定律是经验公式，只在弹性限度的范围内适用，超出弹性限度就不成立，其适用范围比较小。动量定理、动能定理、功能原理和角动量定理满足力学相对性原理，对惯性系内的低速宏观物体都成立，适用范围就大多了，层次也高多了。而动量守恒定律、能量守恒定律和角动量守恒定律满足普遍的相对性原理，它们既适用于宏观物体，也适用于微观粒子；既适用于低速领域，也适用于高速世界；既适用于实物，也适用于场，它们具有最大的普遍适用性，是描述物质运动最基本、最普遍、最重要的规律。

2.1 下述说法是否正确?为什么?

(1)若质点受几个力的作用,则一定产生加速度;

(2)若质点的速度很大,则它受的合力一定很大;

(3)质点的运动方向一定与合力方向相同;

(4)若质点的速率不变,则它所受的合力为零。

2.2 若在惯性系中质点受所合力为零,则质点一定静止。对吗?

2.3 $F = ma$ 的适用范围是什么? $F = \dfrac{\mathrm{d}\boldsymbol{p}}{\mathrm{d}t}$ 的适用范围是什么?

2.4 质点相对于某参照系静止,该质点所受合力是否一定为零?

2.5 质量为 m 的物体挂在弹簧秤上,而弹簧秤挂在升降机的天花板上。当升降机以加速度 g 上升时,弹簧秤读数为多少?当升降机以加速度 g 下降时,弹簧秤读数又为多少?

2.6 细绳的一端固定,另一端系一小球,在竖直平面内作圆周运动。当小球在最高点时受那几个力的作用?

2.7 细绳的一端固定在水平面上,另一端系一小球,小球在水平面内作圆周运动。设水平面光滑。问(1)小球角速度相同时,绳长易断还是绳短易断?(2)小球线速度相同时,绳长易断还是绳短易断?

2.8 惯性力有没有反作用力?惯性力的大小和方向由什么决定?

2.9 当球高速飞来时,用什么方法接球,手受的冲力较小,为什么?

2.10 用锤击钉,钉很容易被钉进木材。而很难用锤把钉压进木材。为什么?

2.11 质量为 m 的小球以初速 v_0、发射角 α 斜抛,从发射到落地过程中小球所受合力的冲量多大?方向如何?

2.12 为什么在碰撞、爆炸、打击等过程中,可近似应用动量守恒定律?

2.13 在物体相互作用过程中,是否只要系统选得适当,总可使系统动量守恒?为什么?

2.14 在作匀速直线运动的船上,向前和向后抛出两个质量相等的物体,两物体与船的相对速度大小相同。水的阻力可忽略。船的动量和速度有无变化?

2.15 若大、小两船离岸距离相等,则人从大船跳上岸比较容易,为什么?

2.16 若人静止在完全光滑的平面上,则他用什么方法才能移动?

2.17 物体竖直上抛,再回到抛出点。过程始、末时,物体的速度是否相等?动量是否相等?整个过程中,物体的动量是否守恒?

2.18 火箭为什么能在真空中飞行?

2.19 船头有一帆,船尾有一风扇。要使船朝船头方向前进,风扇应怎样吹?

2.20 将手榴弹斜抛出去后,在途中爆炸成许多碎片,问系统的质心轨道如何?

2.21 质心运动定律与牛顿第二定律形式相似,它们代表的意义有何不同?

2.22 质心系是否一定是惯性系?在质心系中,质点系的动量是否一定为零?

2.23 车静止在光滑的水平面上,当人在车上走动时,人和车组成的系统的质心位置是否移动?

2.24 车原静止在光滑水平面上。在车厢内,人从车尾向车头抛球。若抛的球足够多,问车移动的距离能否大于车本身长度?

2.25 物体从粗糙的斜面上滑下的过程中,物体受哪些作用力?哪些力对物体做正功?哪些力对物体做负功?哪些力对物体不做功?

2.26 将同一物体提升相等的高度,下面两种提法,那种提法提力所需做的功较少?(1)匀速提起。(2)匀加速提起。

2.27 各举一例说明
(1)恒力对作直线运动的物体做功;
(2)恒力对作曲线运动的物体做功;
(3)变力对作直线运动的物体做功;
(4)变力对作曲线运动的物体做功。

2.28 摩擦力是否一定做负功?举例说明。

2.29 功是否与参照系有关?动能是否与参照系有关?动能定理是否与参照系有关?请说明为什么?

2.30 细绳上端固定,下端系一小球,使小球在水平面内作匀速圆周运动。在运动过程中,重力和绳张力是否对物体做功?向心力是否对物体做功?

2.31 将质量为 m 的物体举高 h,并使物体获得速度 v。在此过程中,合力对物体做功多少?举力对物体做功多少?

2.32 甲将弹簧从平衡位置开始拉长 l,乙在此基础上再拉长 $0.5l$。谁做的功较多?

2.33 质量为 m 的子弹以水平速度 v_0 与质量为 M 的冲击摆发生完全非弹性碰撞,撞后子弹与摆一起升高 h。整个过程中,子弹和摆一起所组成的系统的动量守恒吗?机械能守恒吗?

2.34 下述情况可能吗?

(1) 物体只有机械能而无动量;

(2) 物体只有动量而无能量。

2.35 两质量不等的物体具有相同的动能,问哪个物体的动量较大?若两质量不等的物体具有相同的动量,则哪个物体的动能较大?

2.36 质点系的动量守恒时,是否机械能也一定守恒?质点系的机械能守恒,是否动量也一定守恒?为什么?

2.37 引力势能是否一定为负值?弹性势能是否一定为正值?重力势能与引力势能的关系如何?

2.38 从同一点以同样的速率分别竖直上抛一球和斜抛一球,两球质量相等。落地时两球的动量是否相同?动能是否相同?

2.39 从同一点以同样速率分别竖直上抛一球和斜抛一球。两球质量相等。问到达最高点时两球的动能是否相同?势能是否相同?

2.40 劲度系数为 k 的轻弹簧上端固定,下端系一质量为 m 的物体,先用手托住,使弹簧为原长,然后手极其缓慢地放下,直到物体静止为止。放下的过程中,以弹簧、物体和地球一起为系统,其机械能是否守恒?放下前后,系统的重力势能减少了多少?弹性势能增加了多少?手的托力对系统做了多少功?

2.41 物体的动量发生变化,它的动能是否一定也发生变化?

2.42 质点系的内力之和是否一定为零?内力做功之和是否一定为零?内力矩之和是否一定为零?为什么?

习 题

2.1 质量为 m 的物体放在斜面上,两者之间的摩擦系数为 μ。求:(1) 欲使物体沿斜面下滑,斜面的最小倾角 $\theta_{\min}$;(2) 若斜面倾角为 $\theta,\theta > \theta_{\min}$,要使物体不沿斜面下滑,至少需对物体施加多大的水平力?

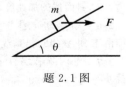

题 2.1 图

2.2 质量为 M、倾角为 α 的斜面体放在水平桌面上,斜面上放一质量为 m 的物体,已知物体与斜面间、斜面体与桌面间均光滑。要使物体相对斜面体静止,需对斜面体施加多大的水平力 F?此时,物体与斜面间的正压力多大?斜面体与桌面间的正压力多大?

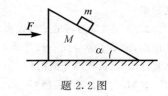

题 2.2 图

2.3 如图所示,物体 A 和 B 的质量分别为 1.0kg 和 2.0kg,A 与 B 之间的摩擦系数为 0.20,B 与桌面间的摩擦系数为 0.30。已知相对于桌面,A 和 B 的加速度大小均为 0.15m/s²,问作

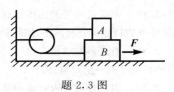

题 2.3 图

用在 B 上的水平拉力 F 多大?设滑轮和绳的质量均可忽略。

2.4 长 l 的细绳一端固定于梁上,另一端挂一质量为 m 的小球,已知小球在水平面内作匀速圆周运动、绳与铅垂线夹角为 θ。求小球运动一周所需的时间。

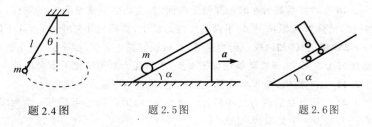

题 2.4 图   题 2.5图   题 2.6 图

2.5 质量为 1.0kg 的小球用细绳挂在倾角为 30° 的光滑斜面体上,斜面体以加速度 3.0m/s² 沿如图所示方向运动,求:(1)绳中张力和小球与斜面间的正压力;(2)斜面体的加速度多大时,小球离开斜面?

2.6 质量为 m、线长为 l 的单摆悬挂在小车顶上,小车沿倾角为 α 的光滑斜面滑下。求摆线与铅垂线之间的夹角及线中的张力。

2.7 如图所示,A、B 两物体质量分别为 $m_1 = 1.0$kg 和 $m_2 = 0.60$kg,两斜面倾角分别为 $\alpha = 30°$ 和 $\beta = 60°$,设两斜面均光滑,且固定在地面上,绳和滑轮质量不计,求两物体的加速度和绳中张力。

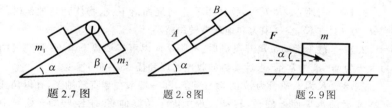

题 2.7 图　　　　　题 2.8 图　　　　　题 2.9图

2.8 甲、乙两物体质量分别为 $m_1 = 0.80\text{kg}$ 和 $m_2 = 1.6\text{kg}$，它们之间由轻绳相连，放在倾角为 $\alpha = 37°$ 的斜面上，两物体与斜面之间的摩擦系数分别 $\mu_1 = 0.20$ 和 $\mu_2 = 0.40$。(1)若甲在下，乙在上，如图所示，求两物体的加速度；(2)甲、乙位置对调，求两物体的加速度。

2.9 质量为 m 的物体放在水平地面上，两者之间的摩擦系数为 μ，用与水平成 α 角的力 F 推物体。(1) F 多大时，物体匀速前进？(2) α 角多大时，无论 F 多大，都无法推动物体？

2.10 一密度均匀的球形脉冲星，其转动角速度为 $\omega = 60\pi$ rad/s。假设它仅靠万有引力使之不分解，求最小密度 ρ。

2.11 质量 m 的火车以速率 v 沿半径 R 的圆形轨道行驶。问：(1)路面倾角 θ_0 多大时，铁轨所受侧压力为零？(2)若倾角 $\theta < \theta_0$，则外轨所受侧压力多大？

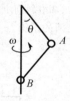

题 2.12 图

2.12 长 $2l$ 的轻绳上端固定在竖直轴上，中间系一小球 A，下端系一小球 B。B 套在光滑的竖直轴上。两球的质量均为 m。若 A 球以角速度 ω 绕竖直轴作匀速圆周运动，求两绳与竖直轴的夹角和绳中的张力。

2.13 半径为 R 的球形空腔内，一小球沿腔壁作水平圆周运动，小球与空腔球心的连线与铅垂线夹角为 θ，小球与腔壁之间的摩擦系数为 μ。问小球速率多大时，小球将脱离该圆周轨道向上滑动？

题 2.13 图

2.14 质量为 m、速度为 v_0 的汽车关闭发动机后沿 x 轴正方向直线滑行，所受阻力 $F_\text{f} = -kv$，k 为正常量。若以刚关发动机时汽车的位置为坐标原点，并开始计时，求 t 时刻汽车的速度和位置。

2.15 质量 m 的粒子以初速 v_0 沿 y 轴正方向运动，从 $t = 0$ 起，粒子受到 x

正方向的作用力 kt,k 为常量。求粒子的运动轨道。

2.16 离地心 $2R$ 处,一物体由静止向地面落下,求物体到达地面时的速度。R 为地球半径,空气阻力和地球自转忽略不计。

2.17 跳伞运动员离开飞机后,不张伞而以鹰展姿势下落,受到空气的阻力大小为 kv^2,k 为常量,求运动员的收尾速度和任一时刻的速度。

2.18 长为 l、质量为 m 的均匀绳子,其一端系在竖直转轴上,并以角速度 ω 在光滑的水平面上旋转,转动过程中绳子始终伸直。求距转轴 r 处绳中的张力。

2.19 以加速度 $a_0 = 2.7\text{m/s}^2$ 竖直上升的升降机内,长 $l = 0.25\text{m}$ 的轻绳一端固定于升降机内顶板上,另一端系一质量 $m = 0.5\text{kg}$ 的小球,已知小球相对升降机在水平面内作匀速圆周运动,绳与铅垂线成 $\theta = 30°$。求:(1)绳中张力;(2)小球作匀速圆运动的角速度。

2.20 如图所示,质量为 M 的物体 A 放在倾角为 α 的斜面上,质量为 m 的物体 B 放在物体 A 上。A 与 B 间和 A 与斜面间均光滑。开始时,A 和 B 均静止。求:A 沿斜面下滑时,(1)A 相对地面的加速度;(2)B 相对 A 的加速度;(3)A 与 B 之间的正压力。

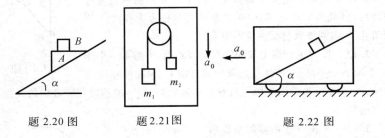

题 2.20 图　　　　题 2.21图　　　　题 2.22 图

2.21 如图所示,升降机以加速度 a_0 向下运动,$m_1 > m_2$,不计绳和滑轮质量,忽略摩擦。求 m_1 和 m_2 相对升降机的加速度和绳中的张力。

2.22 车内倾角为 α 的固定斜面上放一物体,物体与斜面间的静摩擦系数为 μ_0。若要使物体相对斜面静止,车应以多大的水平加速度运动?

2.23 如图所示,车以 $a_0 = 2.0\text{m/s}^2$ 水平向左运动,水平桌面上的物体质量为 $m_1 = 2.0\text{kg}$,绳子另一端悬挂的物体质量为 $m_2 = 3\text{kg}$,物体与水平桌面间的摩擦系数为 $\mu = 0.25$。绳和滑轮的质量不计。求绳中张力。

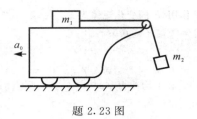

题 2.23 图

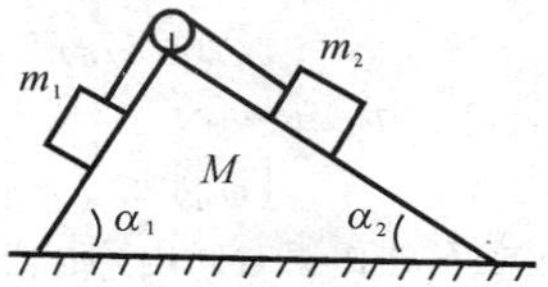

题 2.24 图

2.24 如图所示,质量为 M、倾角为 α_1 和 α_2 的斜面体放在水平地面上,质量为 m_1 和 m_2 的两物体分置斜面两侧,用轻绳经轻滑轮相连。所有摩擦均可忽略。求物体相对斜面体的加速度和斜面体相对地面的加速度。

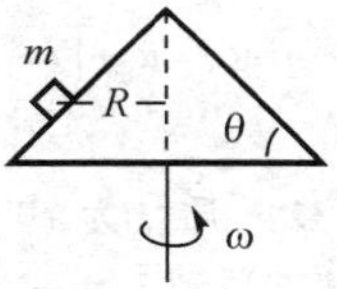

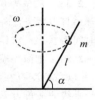

题 2.25 图

2.25 圆锥体表面放一质量为 m 的小物体,圆锥体以角速度 ω 绕竖直轴匀速转动。物体与轴间距离为 R。锥面与水平面夹角为 θ。问物体与锥体间的静摩擦系数至少多大,物体才能与圆锥体相对静止。

2.26 圆柱形容器内的水与容器一起以角速度 ω 绕容器的竖直对称轴旋转,试证水面形状为旋转抛物面。

题 2.27 图

2.27 如图所示,细杆一端支在地面上,以角速度 ω 绕竖直轴旋转,杆与水平地面夹角为 α,质量为 m 的小环套在杆上,可沿杆滑动,环与杆间的摩擦系数为 μ。问环离支点的距离 l 在何范围内,环与杆相对静止?

2.28 细绳跨过一个定滑轮,一端挂一个质量为 m_1 的物体,另一端穿在质量为 m_2 的圆柱体的竖直细孔中。圆柱体相对绳子以 a 匀加速下滑。求物体和柱体相对地面的加速度、绳中张力和柱体与绳间的摩擦力。

2.29 质量 $m = 3000\text{kg}$ 的重锤从高 $h = 1.5\text{m}$ 处自由下落,撞击工件后经(1)$\Delta t = 1.0 \times 10^{-1}\text{s}$;(2)$\Delta t = 1.0 \times 10^{-2}\text{s}$ 后静止,求锤对工件的平均冲力。

2.30 质量为 3kg,初速度为 1.0m/s 的质点,受到一个方

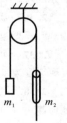

题 2.28 图

向与初速度相同,大小随时间变化的力 F 作用。F 的变化规律为

$$F = \begin{cases} (200\text{N/s})t & (0 \leqslant t \leqslant 0.1\text{s}) \\ 20\text{N} & (0.1\text{s} \leqslant t \leqslant 0.3\text{s}) \\ 80\text{N} - (200\text{N/s})t & (0.3\text{s} \leqslant t \leqslant 0.4\text{s}) \end{cases}$$

求:(1) 在 F 的作用时间内,质点所受的冲量和平均冲力;(2)$t = 0.4$s 时质点的速度。

2.31 已知质点的质量为 1kg,运动方程为 $\boldsymbol{r} = 0.8\left(\cos(\frac{1}{4}\text{rad/s})t\, \boldsymbol{i}\right.$ $\left.+ \sin(\frac{1}{4}\text{rad/s})t\, \boldsymbol{j}\right)$m,求从 $t = 0$ 到 $t = 2\pi$ s 这段时间内,质点所受合力的冲量。

2.32 质量为 70kg 的跳伞员从停在高空与地面相对静止的直升机中跳出,当速度达到 55m/s 时开伞,经 1.25s 后,速度减小为 5m/s。求这段时间内降落伞绳索对跳伞员的平均拉力。

2.33 质量为 0.3kg 的棒球以 20m/s 水平飞来,被球棒打击后竖直向上飞达 10m 高度。设球与棒的接触时间为 0.02s。求棒对球的平均冲力。

2.34 细绳一端固定,另一端系一质量为 m 的小球,并以角速度 ω 在水平面内作匀速圆周运动,绳子与铅垂线的夹角为 θ,如图所示。求小球从 A 点运动到 B 点的过程中,绳子拉力对小球的冲量。

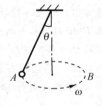

题 2.34 图

2.35 水平拉力 F 拉一静止于水平地面上、质量为 $m = 10$kg 的木箱。F 大小随时间变化,从 $t = 0$ 到 $t = 4$s 期间,$F = 30$N,从 $t = 4$s 到 $t = 7$s 期间,F 由 30N 均匀减小到零。木箱与地面间的摩擦系数为 $\mu = 0.2$。求:(1)$t = 4$s 时木箱的速度;(2)$t = 7$s 时木箱的速度;(3)$t = 6$s 时木箱的速度。

2.36 质量为 0.2kg 的小球以 8m/s 的速度与光滑水平地面碰撞,入射角为 30°,反射角为 60°。碰撞时间为 0.01s。求球对地面的平均冲力。

2.37 质量为 0.25kg 的小球以 20m/s 的速度、45° 的入射角与桌面碰撞,反弹速度为 10m/s,反射角为 60°。求碰撞过程中小球所受的冲量。

2.38 质量为 m 的人站在质量为 M 的气球下面的绳梯上,最初气球相对地面静止。(1)如果人相对绳梯以速度 v' 向上攀登,求气球相对地面的速度;(2)人停止攀登,求气球速度。

2.39 船的质量为 $M = 1.0 \times 10^4$kg,炮弹的质量为 $m = 10$kg,原来船以

$V_0 = 3.0\text{m/s}$ 行驶，若炮弹相对于船以 $v' = 1.0 \times 10^3\text{m/s}$ 沿船前进方向发射，求船速。水对船的阻力忽略不计。

2.40 原来静止的原子核由于衰变，辐射出一个电子和一个中微子，电子和中微子的运动方向互相垂直，电子的动量为 $1.2 \times 10^{-22}\text{kg·m/s}$，中微子的动量为 $6.4 \times 10^{-23}\text{kg·m/s}$，求原子核剩余部分反冲动量的大小和方向。

2.41 光滑的水平面上，A 球以 $v_{10} = 20\text{m/s}$ 碰撞静止的 B 球，碰撞后 A 球的速度大小为 $v_1 = 15\text{m/s}$，方向与原运动方向垂直。已知 B 球的质量为 A 球质量的 5 倍。求碰撞后 B 球速度的大小和方向。

2.42 质量均为 M 的两辆小车沿一直线停在光滑的地面上。质量 m 的人从 A 车跳入 B 车，又以相同的速率（相对于地面）跳回 A 车。求两车速度之比。

2.43 质量为 $1.0 \times 10^2\text{kg}$、长 3.6m 的小船原静止于静水中，若质量为 50kg 的人从船头走到船尾，则船相对地面移动了多少距离？

2.44 质量为 $(m + M)$ 的炮弹，其发射速度的方向与水平成 α 角，大小为 v_0，到达最高点时炸裂为质量为 m 和 M 的两块，m 相对 M 以速率 u 水平向后飞出，求爆炸后 M 飞过的水平距离。

2.45 光滑水平桌面上，两物体沿一直线相向运动，它们的质量分别为 $m_1 = 4.0\text{kg}$ 和 $m_2 = 6.0\text{kg}$，速度大小分别为 $v_{10} = 10.0\text{m/s}$ 和 $v_{20} = 5.0\text{m/s}$，碰撞后两物体黏在一起。求：(1) 碰撞后两物体的速度 v；(2) 碰撞过程中两物体相互作用冲量的模。

*2.46[①] A、B、C 三质点放在光滑水平面上，它们的质量分别为 m_1、m_2、m_3，用不可伸长的柔软轻绳相连，AB 与 BC 的夹角为 α，如图所示。若沿 BC 方向的冲量 I 作用在 C 上，求质点 A 开始运动时的速度。

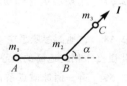

题 2.46 图

*2.47 从地面斜向发射的炮弹在最高点炸裂为质量相等的两块。第一块在炸裂后 1s 落到爆炸点正下方地面上，该处离发射点 1000m。已知最高点距地面 19.6m。忽略空气阻力。求第二块的落地点到发射点的距离。

2.48 质量为 M 的斜面体正沿光滑水平地面向右滑动，质量为 m 的小球

---

① 有 * 的题难度较大，供教学参考。

以速率 v_0(相对地面)水平向右飞来,与斜面碰撞后竖直向上以速率 v(相对地面)弹起,设碰撞时间为 Δt,求碰撞前后斜面体速度的增量 ΔV 和碰撞过程中斜面体对地面的平均冲力 $\overline{N}$。

2.49 三个质点的质量分别为 $m_1 = 2\text{kg}$,$m_2 = 4\text{kg}$,$m_3 = 4\text{kg}$,位矢分别为 $\boldsymbol{r}_1 = 3i\text{m}$,$\boldsymbol{r}_2 = (2i + 4j)\text{m}$,$\boldsymbol{r}_3 = -2j\text{m}$。求此质点系的质心位置。

2.50 半圆形均匀薄板的半径为 R,求其质心的位置。

2.51 已知细棒的质量线密度为 $\rho_1 = \rho_0\dfrac{x}{l}$,式中 ρ_0 为常量,l 为棒长,求此棒质心的位置。

2.52 半个均匀薄球壳的半径为 R,求其质心的位置。

2.53 求半圆形均匀细铜丝的质心位置。已知半圆的半径为 R。

2.54 斜向升空的爆竹在最高点炸裂为质量相等的两块,其中第一块落在最高点的正下方,已知两块同时落地,求第二块的落地位置。设第一块落地点离发射点的距离为 l。

2.55 均匀细棒弯成如图所示直角形,求它的质心位置。

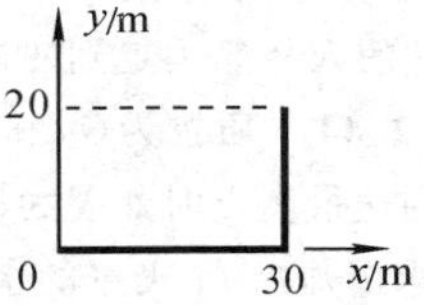

题 2.55 图

2.56 在 2000m 高处,一个以 60m/s 的速度垂直下落的炸弹炸裂成质量相等的两块,其中一块的速度方向垂直向下。求爆炸后 10s 时此系统的质心位置。

2.57 用质心概念和质心运动定律求题 2.43 中人和船相对地面移动的距离。

2.58 在地面参照系中,质量为 m_1 和 m_2 的质点的速度分别为 $\boldsymbol{v}_1$ 和 $\boldsymbol{v}_2$,求:(1)此质点系相对地面的质心速度;(2)每个质点相对系统质心的速度。

2.59 有一两球质点系,某一时刻质量 $m_1 = 4\text{kg}$ 的甲球和 $m_2 = 2\text{kg}$ 的乙球分别位于 x 轴上的 $x_1 = 2\text{m}$ 和 $x_2 = 8\text{m}$ 处。甲受外力 $\boldsymbol{F} = 3j\text{N}$,乙球不受外力作用。求该时刻,这个质点系的(1)质心位置;(2)质心加速度。

2.60 细绳跨过半径 $R = 0.3\text{m}$ 的定滑轮,两端悬挂质量分别为 $m_1 = 0.6\text{kg}$ 和 $m_2 = 0.4\text{kg}$ 的两个物体。滑轮和绳的质量均不计。若 $t = 0$ 时两物体在同一水平面上,并由静止释放,求两物体组成的质点系的质心加速度和 $t = 0.5\text{s}$ 时的质心位置。

*2.61 质量为 m_1 和 m_2 的两物体用劲度为 k 的轻弹簧相连,m_2 放在水平地面上。以大小为 $F = (m_1 + m_2)g$、方向竖直向下的力作用在 m_1 上,使弹簧压缩,然后释放,如图所示。以两物体为质点系,求:(1)刚释放时和 m_2 刚离地时的质心加速度;(2)m_1 在平衡位置时的质心加速度。

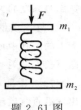

题 2.61 图

*2.62 轴对称的电动机定子质量为 m_1,固定在水平地基上。转子质量为 m_2,角速度为 ω。若因安装误差,转子的质心与定子轴线的偏心距离为 e。求地基对电机的作用力。

2.63 质量 0.4kg 的小球从高塔上自由落下后 1s 时,质量 0.6kg 的小球从同一点自由落下。求第二个小球释放后 t s 时,这两球质点系的质心速度和质心加速度。

2.64 一喷气式飞机以 200m/s 的速度在空中飞行,燃气轮机每秒钟吸入 50kg 空气,与 2kg 燃料混合燃烧后,相对飞机以 400m/s 的速度向后喷出。求该燃气轮机的推力。

2.65 质量为 6000kg 的火箭铅直发射,喷气相对火箭的速度为 2000m/s,每秒钟喷气 120kg,求:(1)起飞时火箭的加速度;(2)若所带燃料为 4800kg,求火箭的最后速度;*(3)火箭能达到的最大高度。设上升高度范围内 $g = 9.8 \text{m/s}^2$。分忽略重力和不忽略重力两种情况分别求解。

2.66 线密度为 $\rho_l = 0.2 \text{kg/m}$ 的柔软均匀细绳卷成一堆放在地面上,手握绳的一端以 $v = 2 \text{m/s}$ 的速度垂直向上匀速提起,求提起 0.5m 时手的提力。

2.67 车厢以 3m/s 的速度从煤斗下匀速通过,已知每秒钟有 500kg 煤从煤斗垂直落入车厢,求机车对该车厢的牵引力。

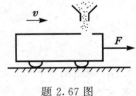

题 2.67 图

2.68 物料从 B 车中以每秒 μkg 的速率铅直喷进 A 车,B 车水平速度为 v_b,某时刻 A 车的质量为 m,速度为 v_a,求该时刻 A 车的加速度。A、B 车沿同一水平路面前后行驶。

*2.69 初始质量为 $m_0 = 1000$kg,初始速度为 $v_0 = 200$m/s 的飞船进入外层空间的尘埃中,已知飞船前表面的面积为 $S = 10 \text{m}^2$,尘埃密度为 $\rho = 0.10 \times 10^{-3} \text{kg/m}^3$。若飞船上尘埃沉积的速率为 $\dfrac{\mathrm{d}m}{\mathrm{d}t} = \rho S v$。求任意时刻飞船的速度。

*2.70 质量为 m 的小球下系一条足够长的柔软绳子。绳子的质量线密度为 ρ_l。将小球以初速 v_0 从地面竖直上抛,忽略空气阻力。求:(1)上升过程中,小

球速率与高度的关系;(2) 小球上升的最大高度。

*2.71 质量线密度为 ρ_l 的柔软细绳卷成一堆放在水平桌面上,绳一端从桌面上的小孔中依靠自身重量落下。设摩擦均可忽略不计。求:(1) 下落速度与已落下长度的关系;(2) 落下长度与时间 t 的关系。

2.72 质量 $m = 2\text{kg}$ 的物体在力 $F = kt$ (式中 $k = 4\text{N/s}$) 的作用下,由静止出发沿直线运动,求从 $t = 0$ 到 $t = 3\text{s}$ 的时间内,F 对物体所做的功。

2.73 质量为 $m = 0.1\text{kg}$ 的质点,其速度为 $\boldsymbol{v} = [(2 + 6t/\text{s})\boldsymbol{i} + 6\boldsymbol{j}]\text{m/s}$。求:$t = 1\text{s}$ 时,合力对质点做功的功率。

2.74 质点在力 $\boldsymbol{F}$ 的作用下沿 x 轴运动,已知在质点的运动范围内,$F = (8\text{N/m})x$,$\boldsymbol{F}$ 与 x 轴正方向夹角 $\theta = \arccos[(0.03\text{rad/m})x]$。求质点从 $x_1 = 10\text{m}$ 运动到 $x_2 = 20\text{m}$ 的过程中,$\boldsymbol{F}$ 对质点所做的功。

2.75 质点在力 $F(x) = (2x/\text{m} - 4)\text{N}$ 作用下,沿 x 轴从 $x = 0$ 运动到 $x = 6\text{m}$,分别用积分法和图示法求 F 对质点所做的功。

2.76 一山坡高 h,水平距离 l,各处坡度不同。用方向处处沿山坡切向的力 F,将质量为 m 的物体匀速地从山底沿山坡拉上山顶。物体与山坡间的摩擦系数为 μ。求上山过程中重力、摩擦力、支持力和拉力所做的功。

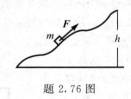

题 2.76 图

2.77 光滑的水平面上,质量为 1kg 的甲小球与质量为 2kg 的乙小球发生正碰撞,碰撞前甲球速度为 6m/s,乙球静止。碰撞后甲球以 2m/s 的速度反向弹回。求:(1) 碰撞后乙球的速度;(2) 碰撞过程中甲球对乙球所做的功。

2.78 质量 $m = 10\text{kg}$ 的物体原静止于原点,在合力 $F = (3 + 4x/\text{m})\text{N}$ 的作用下,沿 x 轴运动。求物体经过 $x = 3\text{m}$ 时的速度。

2.79 半圆形的屏固定在光滑的水平面上,质量 m 的小物体以速率 v_0 沿切向进入屏,沿屏内壁滑动,并从屏的另一端滑出。已知物体与屏内壁间的摩擦系数为 μ。求摩擦力对物体所做的功。

2.80 图中倾角为 $\alpha = 30°$ 的斜面体固定在水平地面上,物体 A 和 B 的质

量均为 $m = 1\text{kg}$，A 与斜面间的摩擦系数 $\mu = 0.37$。滑轮和绳子质量忽略不计。$h = 10\text{m}$。物体 A 和 B 由静止开始运动，求 B 到达地面时的速度。要求分别用质点动能定理和功能原理求解。

2.81 质量为 M 的沙箱原静止于光滑水平面上，质量为 m 的子弹沿水平方向射入沙箱。这段时间中沙箱相对地面前进 s，此后子弹与沙箱一起以速度 v 运动。求：(1) 在这段时间内，子弹对沙箱的平均冲力；(2) 子弹射入沙箱前的速度；(3) 这段时间内，子弹和沙箱组成的系统所损失的动能。

题 2.79 图

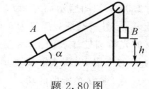

题 2.80 图

2.82 轻弹簧的一端固定，另一端系一质量 $m = 0.3\text{kg}$ 的小球，放在光滑的水平面上。弹簧回复力 $F = (-6\text{N/m})x - (4\text{N/m}^3)x^3$，式中 x 为弹簧的伸长。(1) 证明此回复力为保守力；(2) 以平衡位置为势能零点，求 $x = 0.1\text{m}$ 时，这一系统的势能；(3) 先拉长到 $x = 0.2\text{m}$，然后由静止放手，求小球回到 $x = 0.1\text{m}$ 时的速度。

2.83 $5 \times 10^3\text{kg}$ 的陨石从天外落到地球上，求万有引力所做的功。已知地球质量 $M = 6.0 \times 10^{24}\text{kg}$，半径 $R = 6.4 \times 10^6\text{m}$。

2.84 双原子分子的势能函数为

$$E_p = E_0\left[\left(\frac{r_0}{r}\right)^{12} - 2\left(\frac{r_0}{r}\right)^6\right]$$

式中 r 为两原子之间的距离，r_0 为常量。求：(1) 保守内力为零处所对应的 r；(2) $E_p = 0$ 处对应的 r；(3) 画出势能曲线的示意图。

2.85 物体以初速 $v_0 = 4.0\text{m/s}$ 沿倾角为 $\alpha = 15°$ 的斜面向上滑。已知物体与斜面间的摩擦系数为 $\mu = 0.20$，求：(1) 物体能冲上斜面多远？(2) 物体下滑回到斜面底部时速度多大？

2.86 质量为 $m = 2.0\text{kg}$ 的物体由静止开始，从四分之一圆柱形槽的内壁滑下，经过底部时速率为 $v = 6.0\text{m/s}$。已知圆槽半径为 $R = 4.0\text{m}$。求滑下过程中摩擦力对物体所做的功。

2.87 劲度分别为 k_1 和 k_2 的轻弹簧 A 和 B 中间连接一质量为 m 的物体，放在光滑的水平面上，弹簧 A 的另一端固定，弹簧 B 的另一端用水平力 F 极其缓慢地拉长 l，求力 F 所做的功。

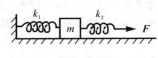

题 2.86 图　　　　　　　　题 2.87 图

2.88 如图所示,劲度为 k 的轻弹簧一端固定于 A 点,另一端系一质量为 m 的物体,靠在半径为 a 的光滑圆柱体表面上,弹簧原长为 AB,在切向力 F 的作用下,物体极其缓慢地沿柱面从 B 点移到 C 点,求力 F 所做的功。

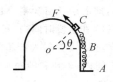

题 2.88 图

2.89 太空中,质为 m 和 M 的两球原相距无限远,均静止。可认为该两球系统不受其他外力作用,仅在两球之间的万有引力作用下相互靠近。求当它们相距 r 时:(1)两球的速度;(2)这系统的质心速度;(3)这系统的质心加速度。

2.90 劲度为 $k = 100\text{N/m}$ 的轻弹簧一端固定,另一端系一质量为 $M = 8.98\text{kg}$ 的木块,放在水平面上,质量为 $m = 0.02\text{kg}$ 的子弹水平射入木块内,弹簧被压缩了 0.10m。木块与平面间的摩擦系数为 $\mu = 0.20$。求子弹射入木块前的速率。

2.91 质量为 m、长为 l 的均匀链条一部分直线状放在水平桌面上,设桌面与链条间的摩擦系数为 μ。当链条下垂长度为 l_0 时,由静止开始沿竖直的光滑管道下滑,求链条刚好全部离开桌面时的速率。

2.92 质量为 m 的小球系在长 l 的细绳下端,绳的上端固定。当绳与铅垂线成 θ_0 角时,由静止放手,求绳与铅垂线成 θ 角时小球的速度、加速度和绳中张力的值。

2.93 长 l 的单摆挂在 o 点,o 点正下方 $l-a$ 处有一钉子。使摆线与竖直方向成 β 角时由静止释放。当摆线遇到钉子后,摆锤以钉子为圆心作圆周运动。求摆线偏离竖直方向 θ 角时,摆锤的速率。

2.94 要使小球完成翻圈运动,不脱离圆形轨道,最少应从多高由静止开始滑下?(见题 2.94 图)。设滑道光滑,圈半径为 R。

2.95 在半径为 R 的光滑球面的最高点处,质点由静止开始向下滑动,滑到何处后质点脱离球面?

2.96 弹簧原长为 l，劲度为 k，上端固定，下端挂一质量为 m 的物体。先用手托住，使弹簧为原长，物体静止。(1) 若将物体托住，极其缓慢地放下，弹簧最大伸长多少?(2)手突然释放物体，弹簧最大伸长多少?

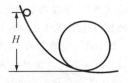

题 2.94 图

2.97 劲度为 k 的轻弹簧左端固定，右端连接一质量为 m_1 的物体，放在光滑的水平面上。使质量为 m_2 的物体紧靠 m_1，并使弹簧压缩 b，然后由静止释放。求 m_1 与 m_2 开始分离时的速度。

2.98 轻弹簧的两端分别连接质量为 m_1 和 m_2 的两块平板，m_2 放在水平地面上。若在 m_1 上施一竖直向下的力 F，然后突然撤去 F，问 F 至少多大，m_2 才能被提起离开地面?

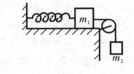

题 2.99 图

*2.99** 如图所示，劲度为 k 的轻弹簧一端固定，另一端系一质量为 m_1 的物体，放在光滑的水平桌面上。m_1 的右边连一轻绳绕过轻滑轮接一挂钩，把质量为 m_2 的物体轻轻挂上。求 m_1 的最大速度。

2.100 劲度分别为 k_1 和 k_2 的两个轻弹簧互相连接后，上端固定，下端系一质量为 m 的物体。在两弹簧为原长时，由静止释放，求弹簧的最大伸长量和弹簧对物体的最大作用力。

*2.101** 劲度为 k 的轻弹簧上端固定，下端悬挂质量为 m_1 和 m_2 的两个物体，达到平衡后，突然撤去 m_2。求 m_1 的最大速度。

2.102 从地面发射，要使航天器脱离地球引力范围，发射速度至小多大?这一速度称为第二宇宙速度。

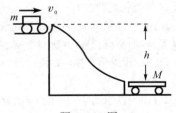

2.103 如图所示，传输带以 $v_0 = 2\text{m/s}$ 的速度把 $m = 20\text{kg}$ 的行李包送到光滑的坡道上滑下，装到 $M = 40\text{kg}$ 的小车上。已知坡道高 $h = 0.6\text{m}$，行李

题 2.103 图

包与车之间的摩擦系数 $\mu = 0.4$，小车与地面间的摩擦可忽略。取 $g = 10\text{m/s}^2$ 计算，求：(1) 行李包与车无相对滑动后的车速；(2) 行李包从上车到相对小车静止所需时间。

*2.104** 炮弹以初速 v_0 与水平成 α 角发射。在最高点炸裂为质量 m_1 和 m_2

的两块弹片,速度均沿原方向。爆炸能量 E 全部转变为动能。求:(1)炸裂时两弹片的相对速度;(2)相对地面,两弹片的速度;(3)落地时两弹片间的距离。

2.105 质量为 1.0kg 的冲击摆用长 1.0m 的细绳悬挂,质量为 2.0g 的子弹以 500m/s 的速度水平射入冲击摆,穿出摆时的速度为 100m/s。求摆的上升高度。设子弹穿过摆的时间极短。

2.106 质量为 $M = 10$kg 的物体放在光滑水平面上,并与一水平轻弹簧相连,弹簧另一端固定,弹簧的劲度为 $k = 1000$N/m。今有质量为 $m = 1$kg 的小球以水平速度 $v_0 = 4$m/s 飞来,与物体 M 相撞后以 $v_1 = 2$m/s 弹回。问:(1)M 起动后,弹簧的最大压缩量多大?(2) 小球与物体的碰撞是完全弹性吗?恢复系数多大?(3) 若小球上涂有黏胶,碰撞后即与 M 黏在一起,则(1)、(2)的结果又如何?

题 2.107 图

2.107 质量为 m 的小球从光滑的四分之一圆弧形槽上由静止开始滑下。槽的半径为 R,质量为 M,球与槽间、槽与地面间的摩擦均可忽略。求球离槽时球和槽的速率。

题 2.108 图

2.108 轻弹簧下端固定在地面上,上端连接一块质量为 $M = 0.8$kg 的平板,质量为 $m = 0.2$kg 的胶块由平板上方 $h = 0.1$m 处自由下落到平板上,并黏在一起,碰撞时间为 $\Delta t = 0.001$s。碰撞后胶块和平板一起下降的最大距离为 $x = 0.1$m。求:(1) 碰撞刚结束时胶块与平板一起运动的速度;(2) 弹簧的劲度 k。

2.109 质量为 m_3 的平板放在水平地面上,通过劲度为 k 的竖直轻弹簧与质量为 m_2 的平板相连,并达到平衡。质量为 m_1 的小球从距 m_2 为 h 的高处自由落下,与 m_2 作完全非弹性碰撞。为使 m_2 向上反弹时能带动 m_3 刚好离开地面,h 应为多少?

2.110 质量为 M、倾角为 α 的斜面体放在光滑水平面上,质量为 m 的物体从 h 高处沿斜面滑下。已知斜面光滑。求:(1)物体滑到斜面底端时,物体相对斜面体的速度和斜面体相对地面的速度;(2)在物体从 h 高滑到底的过程中,物体对斜

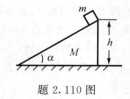

题 2.110 图

面体所做的功。

*2.111 质量为 m 的小球沿半径 R、质量 M 的半圆形光滑槽从最高点滑下。槽放在光滑的水平面上。开始时槽和小球都静止。求：(1) 小球滑到槽的最低点时，小球相对槽的速度、槽相对地面的速度和槽对球的作用力；(2) 在小球从最高点滑到最低点的过程中，槽所移动的距离。

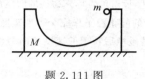

题 2.111 图

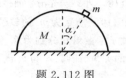

题 2.112 图

*2.112 质量为 M、半径为 R 的光滑半球，其底面放在光滑的水平面上。质量为 m 的小物块沿半球面滑下。物块初始位置与铅垂线之间的夹角为 α。初始时刻半球与小物块均静止。求物块脱离半球面之前，与竖直方向成 θ 角时，物块绕球心运动的角速度。

2.113 质量为 M_2 的天车静止在光滑的水平轨道上。天车下用长 l 的细绳挂一质量为 M_1 的沙袋，也处于静止状态。质量为 m 的子弹水平飞来，射入沙袋中与沙袋一起运动，并带动天车前进。已知细绳与竖直方向间的最大偏转角为 α。求射入沙袋前子弹的速度。

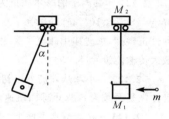

题 2.113 图

*2.114 质量均为 m 的物体 A 和 B 用劲度为 k 的轻弹簧连接，放在光滑的水平面上。质量为 m 的子弹沿弹簧方向以速率 v_0 水平飞来，与物体 A 发生完全非弹性碰撞，冲力远大于弹力。求：(1) 弹簧的最大压缩量；(2) 物体 B 的最大动能。

2.115 水流以速率 v 与挡板法线成 α 角冲向光滑的挡板，分成左右两路支流。支流的速率均为 v。水的总流量为 $\dfrac{\mathrm{d}m}{\mathrm{d}t} = q$。求：(1) 水流对挡板的作用力；(2) 两路支流的流量。

2.116 在光滑的水平桌面上，质量为 $m_1 = 10\mathrm{g}$ 和 $m_2 = 50\mathrm{g}$ 的两个小球分别以速率 $v_{10} = 0.30\mathrm{m/s}$ 和 $v_{20} = 0.10\mathrm{m/s}$ 相向而行，发生正碰撞。(1) 若碰撞

后，m_2 恰好静止，求 m_1 的速度；并判断是否完全弹性碰撞；(2)若 m_2 固定于桌面上，m_1 以 0.30m/s 与 m_2 相碰，碰后以 0.30m/s 反向弹回，求碰撞过程中两球系统动量的改变，并判断是否完全弹性碰撞。

2.117 一个小球与另一个质量相等的静止小球发生完全弹性斜碰撞，证明碰撞后两小球的运动方向相互垂直。

2.118 小球与光滑平面碰撞，入射角为 θ_0，反射角为 θ，求碰撞的恢复系数。

***2.119** 质量为 m_1 的粒子与质量为 m_2 的静止粒子作完全弹性碰撞。碰撞后，两粒子的散射角分别为 θ_1 和 θ_2。散射角是碰撞后粒子的速度方向与原入射方向间的夹角。证明：θ_1 与 θ_2 满足如下关系：

$$\tan \theta_1 = \frac{\sin 2\theta_2}{\dfrac{m_1}{m_2} - \cos 2\theta_2}$$

2.120 质量为 m_1 的重锤从 h 高处自由落下，与质量为 m_2 的桩发生完全非弹性碰撞。每打一次，桩深入土中距离 d。假设土对桩的阻力为恒量。求土对桩的阻力。

2.121 硼离子的摩尔质量为 $M_1 = 10.0 \times 10^{-3}\text{kg}$，硅原子的摩尔质量为 $M_2 = 28.0 \times 10^{-3}\text{kg}$。动能为 $2.00 \times 10^5\text{eV}$ 的硼离子与静止的硅原子发生完全弹性正碰撞，求碰撞中硼离子失去的动能(在制造半导体材料时，这一动能称为最大传输能量)。

***2.122** 小球从 h 高处以初速 v_0 水平抛出，落地时与光滑水平地面碰撞。已知恢复系数为 e。求小球回跳速度 $\boldsymbol{v}$。

***2.123** 在光滑水平面上，小球 A 以速度 $\boldsymbol{v}_{10}$ 与质量相同的小球 B 发生完全弹性斜碰撞。碰撞时两球心连线与 $\boldsymbol{v}_{10}$ 夹角为 α。设两球表面光滑。求碰撞后两球的速度。

***2.124** 倾角为 $\theta = 15°$ 的固定光滑斜面上，点 o 上方 $h = 1.6\text{m}$ 处，一小球由静止自由落下，与斜面碰撞，恢复系数 $e = 0.60$。求：(1)碰撞后小球的速度；(2)碰撞后小球达到的最高点与 o 点的高度差；(3)碰撞后小球机械能损失的百分数。

2.125 细绳穿过光滑平板上的小孔，板上面绳的一端系一质量为 $m = 50\text{g}$ 的小球，板下面绳的一端悬挂一质量为 $M_1 = 200\text{g}$ 的重物。已知当小球在板上作半径为 $r_0 = 24.8\text{cm}$ 的匀速圆周运动时，重物 M_1 达到平衡。若在 M_1 下方再挂一质量为 $M_2 = 100\text{g}$ 的重物，并使它极其缓慢地向下移动，求小球作匀速圆

周运动的半径 r 和角速度 ω。

2.126 细绳跨过光滑轻定滑轮,一端挂一质量为 M 的升降机,升降机中有一质量为 m 的人,绳另一端挂一质量为 $M+m$ 的物体。已知人在地面上跳时质心能达到的最大高度为 h。若人在升降机中消耗同样能量往上跳,相对地面,人的速度多大?能跳多高?

2.127 太阳质量为 1.99×10^{30}kg,水星绕太阳运行轨道的近日点距太阳 $r_1 = 4.59 \times 10^{10}$m,远日点距太阳 $r_2 = 6.98 \times 10^{10}$m。求水星经近日点和远日点时的速率 v_1 和 v_2。

2.128 质量为 m 的飞船关闭发动机后以速度 $\boldsymbol{v}$ 飞向质量为 M、半径为 R 的遥远星球。过球心作一直线与 $\boldsymbol{v}$ 平行,问飞船与此直线间的垂直距离 b(称为瞄准距离)多大时,飞船轨道恰好与星球表面相切,能在星球表面着陆?俘获截面 πb^2 多大?

2.129 轻绳跨过轻定滑轮,一猴子抓住绳的一端,绳的另一端挂一与猴子质量相等的重物。若猴子由静止开始,相对绳子以速度 v 向上爬,求重物上升的速度 V。

2.130 质量为 $m = 0.1$kg 的质点在 $\boldsymbol{r} = (-2\boldsymbol{i} + 4\boldsymbol{j} + 6\boldsymbol{k})$m 位置时的速度为 $\boldsymbol{v} = (5\boldsymbol{i} + 4\boldsymbol{j} + 6\boldsymbol{k})$m/s,求此时该质点对原点的角动量。

第三章　刚体力学基础
流体力学简介

　　前两章研究了质点和质点系的运动规律。然而在许多实际问题中，必须把所研究的物体视为由无限多质点组成的连续体。物质的三种聚集状态 —— 固体、流体和气体都是连续体。

　　刚体和理想流体是连续体的两种理想模型。本章主要讨论刚体力学基础，最后简单介绍一下理想流体的运动规律。

§3.1　刚体运动的描述

　　很多情况下，不少固体在外力作用和运动过程中形变非常小，形状和体积基本上保持不变。由此抽象出一种理想模型 —— 刚体。**刚体是在任何情况下形状和体积都严格保持不变的物体。**一般情况下，木块、钢球、滑轮等都可近似视为刚体。

一、平动和转动

平动和转动是刚体运动最基本的两种形式。

1. 刚体的平动

　　如果在运动过程中，**刚体上任意两点的连线始终保持平行**，那么，这种运动称为刚体的**平动**，如图 3.1 所示。电梯的升降，活塞的往返等都是刚体的平动。

　　在平动过程中，刚体上各质点的运动轨道相同，任何时刻各

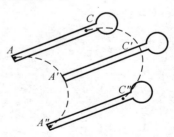

图 3.1　刚体的平动

质点的速度、加速度也都相同,因此,刚体上任一质点的运动都可以代表整个刚体的平动。通常,以刚体质心的运动代表刚体的平动。于是,对刚体平动的描述就归结为对质点运动的描述,这在第一章中已经解决了。

2.刚体的定轴转动

若刚体中各个质点都绕某一直线作圆周运动,则称这种运动为刚体的**转动**。这一直线称为**转轴**。转轴固定的转动称为**定轴转动**,如图 3.2 所示。例如,电动机转子、时钟指针、砂轮、门窗的运动等都是定轴转动。

如果转轴上只有一点固定不动,而转轴的方向在不断变化,这种运动称为刚体的**定点转动**。例如,雷达天线、陀螺的运动等是刚体的定点转动,如图 3.3 所示。

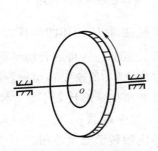

图 3.2　刚体的定轴转动

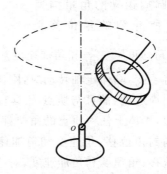

图 3.3　刚体的定点转动

刚体的一般运动可看作平动和转动的叠加。例如,圆盘沿直线无滑动地滚动,可分解为:① 圆盘质心的平动;② 圆盘绕通过质心且垂直盘面的轴的转动,见图 2.11。拧螺钉时,可将螺钉的运动分解为:① 沿轴线方向的平动;② 绕

图 3.4　螺钉的运动

轴线的转动,如图 3.4 所示。

二、刚体定轴转动的描述

为了描述刚体的定轴转动,在刚体内任取一质点 P,P 对轴的垂线为 oP,通过 oP 并与转轴垂直的平面,称为**转动平面**。如图 3.5 所示。刚体绕 oz 轴作定轴转动时,质点 P 在转动平面内作圆周运动。质点 P 的运动可用 §1.5 中"圆周运动的角量描述"所介绍的角位移

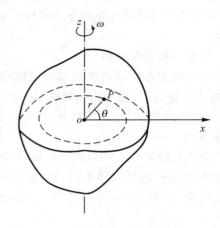

图 3.5　刚体定轴转动的描述

$\Delta\theta$、角速度 $\omega = \dfrac{\mathrm{d}\theta}{\mathrm{d}t}$ 和角加速度 $\beta = \dfrac{\mathrm{d}\omega}{\mathrm{d}t}$ 来描述。由于刚体的形状、大小保持不变,刚体定轴转动时,刚体上所有质点都在各自的转动平面内作圆周运动,而且与质点 P 具有相同的角位移、角速度和角加速度,因此,刚体上任一质点的角位移、角速度和角加速度代表了整个刚体共同的角位移、角速度和角加速度。由于这个缘故,§1.5 中定义的角位移、角速度和角加速度,对描述刚体定轴转动完全适用。

虽然刚体上各质点的角速度和角加速度都相同,但是由于刚体上各质点离轴的距离不同,因而具有不同的速度和加速度。线量与角量的关系在 §1.5 中也已讨论过,现一一列出,不再重复证明。

$$v = \omega r$$
$$a_{\mathrm{t}} = \beta r$$
$$a_{\mathrm{n}} = \omega^2 r$$

同理,质点匀加速圆周运动中角位置、角速度和角加速度之间的关系,也适用于刚体的匀角加速定轴转动,即

$$\omega = \omega_0 + \beta t$$

$$\theta = \theta_0 + \omega_0 t + \frac{1}{2}\beta t^2$$

$$\omega^2 - \omega_0^2 = 2\beta(\theta - \theta_0)$$

与质点的圆周运动一样，可用正、负号表示刚体转动的方向。若假设逆时针为角坐标 θ 的正方向，则 $\omega > 0$ 表示逆时针方向转动，$\omega < 0$ 表示顺时针方向转动；$\beta > 0$ 表示角加速度的方向与正方向相同，$\beta < 0$ 表示角加速度的方向与正方向相反。

例 3.1 半径为 0.40 m、转速为 900 r/min 的飞轮被制动后均匀减速，经 30 s 后停止转动。求：(1) 在制动过程中，飞轮的角加速度；(2) 从制动到停止转动这段时间内，飞轮转过的角度；(3) 开始制动后 25 s 时，飞轮边缘质点的速度、切向加速度和法向加速度。

解 (1) 以转动方向为正方向，由题意知，飞轮的末角速度为 $\omega = 0$，初角速度为

$$\omega_0 = 2\pi n = \left(2\pi \times \frac{900}{60}\right) \text{rad/s} = 30\pi \text{ rad/s}$$

按匀角加速转动的角速度公式

$$\omega = \omega_0 + \beta t$$

故制动过程中，飞轮的角加速度为

$$\beta = \frac{\omega - \omega_0}{t} = \left(\frac{0 - 30\pi}{30}\right) \text{rad/s}^2$$
$$= -\pi \text{ rad/s}^2 = -3.14 \text{ rad/s}^2$$

负号表示角加速度方向与转动方向相反。

(2) 根据匀角加速转动运动方程，从制动到停止这段时间内飞轮转过的角度为

$$\Delta\theta = \theta - \theta_0 = \omega_0 t + \frac{1}{2}\beta t^2$$

$$= \left[30\pi \times 30 + \frac{1}{2} \times (-\pi) \times 30^2\right] \text{rad}$$

$$= 450\pi \text{ rad} = 1.41 \times 10^3 \text{rad}$$

（3）开始制动后 25 s 时飞轮的角速度为

$$\omega = \omega_0 + \beta t$$
$$= [30\pi + (-\pi) \times 25] \text{rad/s} = 5\pi \text{ rad/s}$$

飞轮边缘质点的速度、切向加速度和法向加速度分别为

$$v = \omega R = (5\pi \times 0.40) \text{m/s} = 6.28 \text{ m/s}$$
$$a_t = \beta R = [(-\pi) \times 0.40] \text{m/s}^2 = -1.26 \text{ m/s}^2$$
$$a_n = \omega^2 R = [(5\pi)^2 \times 0.40] \text{m/s}^2 = 98.7 \text{ m/s}^2$$

例 3.2 一刚体作定轴转动,角速度与时刻 t 的关系为 $\omega = (6\text{rad/s}^3)t^2$。求:(1)$t = 1\text{s}$ 时的角加速度;(2)在 $t = 1\text{s}$ 到 $t = 2\text{s}$ 这段时间内,刚体转过的角度。

解 （1）按角加速度定义

$$\beta = \frac{d\omega}{dt} = (12 \text{ rad/s}^3)t$$

$t = 1\text{s}$ 时

$$\beta = 12 \text{ rad/s}^2$$

（2）按角速度定义

$$\omega = \frac{d\theta}{dt} = (6 \text{ rad/s}^3)t^2$$

分离变量,代入初始条件积分

$$\int_{\theta_0}^{\theta} d\theta = \int_{1\text{s}}^{2\text{s}} (6 \text{ rad/s}^3)t^2 dt$$

解得在这段时间内转过的角度为

$$\theta - \theta_0 = 14 \text{ rad}$$

请注意:因为本题中的刚体不是作匀角加速转动,所以不能套用匀角加速转动公式,需根据角速度和角加速度的定义,积分求解。

§3.2　刚体定轴转动的转动定律

在上一节中,只讨论了刚体转动的运动学问题,没有涉及产生和

用的关系,即刚体转动动力学。

一、对轴的力矩

对于有固定转轴的刚体,由于轴承的约束,平行于转轴的力,或者作用线通过转轴的力,都不能使刚体转动。例如,平行于门轴或与门轴相交的力,无论多大,都无法使门转动。只有在垂直于转轴的平面内、而且与转轴不相交的力,才会使刚体转动。

设力 **F** 作用于刚体中的质点 P,而且在转动平面内。转动平面与转轴相交于 o 点,如图 3.6 所示。转轴与力作用线之间的垂直距离 d 称为力对转轴的**力臂**。力的大小与力臂的乘积称为**力对转轴的力矩**,用符号 M 表示,即

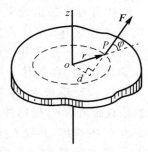

图 3.6 对轴的力矩

$$M = Fd \tag{3.1}$$

若以 **r** 表示 P 点对 o 点的位矢,以 φ 表示 **r** 与 **F** 之间的夹角,由图 3.6 可见,$d = r\sin\varphi$,故式(3.1)也可写为

$$M = Fr\sin\varphi = F_{t} r \tag{3.2}$$

式中 $F_{t} = F\sin\varphi$ 为 **F** 的切向分量,故对转轴的力矩 M 也等于力的切向分量 F_{t} 乘以力作用点到转轴的垂直距离 r。当 $\varphi = 0$ 或 π 时,$M = 0$,力的作用线通过转轴,对转轴不产生力矩。

刚体定轴转动时,可用正、负号表示力矩的方向。若设逆时针为正方向,则使刚体逆时针转动的力矩 $M > 0$,使刚体顺时针转动的力矩 $M < 0$。

如果力不在垂直于转轴的平面内,可将力分解为一个与转轴垂直的分力和一个与转轴平行的分力。而与转轴平行的分力对转轴不产生力矩,所以式(3.1)和式(3.2)中的 F 是力在转动平面内的分力。

如果几个力同时作用在有固定转轴的刚体上,刚体所受的合力矩等于各个力对转轴力矩的代数和。

$$M = \varSigma F_i d_i = \varSigma F_{it} r_i$$

二、刚体定轴转动的转动定律

刚体可看作是由无限多质点组成的连续体。刚体作定轴转动时,刚体上各质点均绕转轴作圆周运动。在刚体上任取一个质点 i,其质量为 m_i,离转轴的垂直距离为 r_i,受到外力 $\boldsymbol{F}_i$ 和内力 $\boldsymbol{F}'_i$ 的作用,并设 $\boldsymbol{F}_i$ 和 $\boldsymbol{F}'_i$ 均在与转轴垂直的平面内,如图 3.7 所示。根据牛顿第二定律,质点 i 的运动方程为

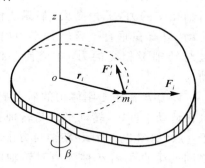

图 3.7　推导转动定律用图

$$\boldsymbol{F}_i + \boldsymbol{F}'_i = m_i \boldsymbol{a}_i$$

若以 F_{it} 和 F'_{it} 分别表示 $\boldsymbol{F}_i$ 和 $\boldsymbol{F}'_i$ 的切向分量,则上式的切向分量式为

$$F_{it} + F'_{it} = m_i a_{it}$$

式中 a_{it} 为质点 i 的切向加速度。根据线量与角量的关系,$a_{it} = \beta r_i$,故上式可写为

$$F_{it} + F'_{it} = m_i r_i \beta$$

等号两边同乘以 r_i,得

$$F_{it} r_i + F'_{it} r_i = m_i r_i^2 \beta$$

因法向分力 F_{in} 和 F'_{in} 均通过转轴,不产生力矩,故上式等号左边,$F_{it} r_i$ 和 $F'_{it} r_i$ 分别为外力 $\boldsymbol{F}_i$ 和内力 $\boldsymbol{F}'_i$ 对转轴的力矩。

若对刚体中所有的质点都应用牛顿第二定律,列出与上式相应的式子,把所有这些式子相加,有

$$\sum F_{it} r_i + \sum F'_{it} r_i = \left(\sum m_i r_i^2 \right) \beta$$

上式等号左边第二项 $\sum F'_{it} r_i$ 是内力矩的代数和。但因内力总是成对

出现的,而成对作用力与反作用力大小相等、方向相反,在同一直线上,对转轴的力矩相互抵消,所以内力矩之和必等于零,即 $\sum F'_{it}r_i = 0$。上式等号左边第一项 $\sum F_{it}r_i$ 为所有外力对转轴力矩之和,用符号 M 表示。上式等号右边的 $\left(\sum m_i r_i^2\right)$ 与刚体本身的性质和转轴的位置有关,一定的刚体对一定的转轴,$\left(\sum m_i r_i^2\right)$ 是一个常量,称为刚体对该转轴的**转动惯量**,用符号 J 表示。于是,上式可表示为

$$\boxed{M = J\beta} \tag{3.3}$$

式(3.3)表明,**刚体定轴转动时,角加速度 β 与外力矩之和 M 成正比,与转动惯量 J 成反比**。这一关系称为**刚体定轴转动的转动定律**,简称**转动定律**。转动定律是刚体定轴转动的基本定律,其重要性与质点动力学中的牛顿第二定律相当。

* 三、刚体定轴转动的转动定律与质点系角动量定理的关系

刚体的定轴转动是刚体转动最简单的形式,刚体转动的一般形式是定点转动。由 §2.11 知,任意质点系的角动量 L 与所受外力矩之和 M 之间的关系为质点系角动量定理

$$M = \frac{\mathrm{d}L}{\mathrm{d}t}$$

刚体是一个特殊的质点系,质点系角动量定理对刚体的定点转动、定轴转动,自然都是适用的。而刚体定轴转动的转动定律只适用于刚体的定轴转动,下面我们将证明,它只是质点系角动量定理沿转轴的一个分量式。

设刚体绕 z 轴作定轴转动,现对它应用质点系角动量定理 $M = \dfrac{\mathrm{d}L}{\mathrm{d}t}$,并求 $M = \dfrac{\mathrm{d}L}{\mathrm{d}t}$ 在 z 轴上的分量式。

先求合外力矩 M 沿 z 轴的分量 M_z。设刚体上任一质点 i 受外力 F_i 作用,并设 F_i 在与转轴垂直的平面内(见图 3.8)。F_i 对 o 点的力矩为

$$M_i = R_i \times F_i = R_i \times (F_{it} + F_{in})$$

上式中法向分力 F_{in} 与 z 轴相交,对 z 轴不产生力矩;$(R_i \times F_{it})$ 在质点 i 与 z 轴决定的平面内,并与 R_i 垂直。故 M_i 沿 z 轴的分量为

$$M_{iz} = R_i F_{it}\sin\varphi = F_{it}r_i$$

刚体所受外力矩之和在 z 轴上的分量为刚体上所有质点的 M_{iz} 之总和

$$M_z = \sum F_{it} r_i$$

再求角动量 $\boldsymbol{L}$ 沿 z 轴的分量 L_z。由图 3.9 知,刚体上任一质点 i 对 o 点的角动量为

$$\boldsymbol{L}_i = \boldsymbol{R}_i \times (m_i \boldsymbol{v}_i)$$

$\boldsymbol{L}_i$ 在质点 i 和 z 轴决定的平面内,并与 $\boldsymbol{R}_i$ 垂直。$\boldsymbol{L}_i$ 在 z 轴上的分量为

$$L_{iz} = m_i R_i v_i \sin\varphi = m_i r_i v_i = m_i r_i^2 \omega$$

刚体总角量 $\boldsymbol{L}$ 在 z 轴上的分量为刚体上所有质点的 L_{iz} 之总和

$$L_z = \sum m_i r_i^2 \omega = J_z \omega$$

上式对 t 求导,有

$$\frac{\mathrm{d}L_z}{\mathrm{d}t} = J_z \frac{\mathrm{d}\omega}{\mathrm{d}t} = J_z \beta$$

因此,刚体绕 z 轴作定轴转动时,质点系角动量定理沿 z 轴的分量式 $M_z = \dfrac{\mathrm{d}L_z}{\mathrm{d}t}$ 为

$$M_z = \sum F_{it} r_i = J_z \beta$$

省去脚标,就是本节二、中所得到的刚体定轴转动的转动定律。

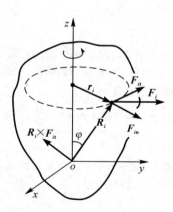

图 3.8　力矩沿 z 轴的分量

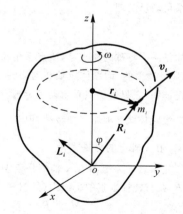

图 3.9　角动量沿 z 轴的分量

§3.3　转动惯量

一、转动惯量的物理意义

由于刚体是一个形状、大小不会改变的质点系,刚体平动时,刚体中各点的速度、加速度都相同,所以,可以用刚体质心的运动代表整个刚体的平动,质心运动定律反映了刚体平动的规律。

将转动定律与质心运动定律比较:

$$M = J\beta$$

$$\boldsymbol{F} = m\boldsymbol{a}_C$$

可以看出,两个式子非常相似。外力矩之和 M 与合外力 $\boldsymbol{F}$ 对应,角加速度 β 与质心加速度 $\boldsymbol{a}_C$ 对应,转动惯量 J 与质量 m 对应。质量 m 是刚体平动惯性大小的量度,与此相当,**转动惯量 J 是刚体转动惯性大小的量度**。

根据转动定律,在相同的外力矩 M 作用下,转动惯量 J 较大的刚体角加速度 β 较小,转动惯量较小的刚体角加速度较大。也就是说,转动惯量较大的刚体转动惯性较大,转动惯量较小的刚体转动惯性较小。

二、转动惯量的计算

由 §3.2 知,**刚体对转轴的转动惯量 J 等于刚体上各质点的质量 m_i 与各质点到转轴垂直距离二次方 r_i^2 乘积之和**,即

$$J = \sum m_i r_i^2 \qquad (3.4)$$

如果刚体的质量是连续分布的,那么,其转动惯量可用积分计算

$$J = \int r^2 \mathrm{d}m \qquad (3.5)$$

式中,$\mathrm{d}m$ 为质量元,r 为质量元 $\mathrm{d}m$ 到转轴的垂直距离。

在国际单位制中,转动惯量的单位为千克·米^2(kg·m^2)。

三、平行轴定理和垂直轴定理

1. 平行轴定理

刚体对任一转轴的转动惯量 J 等于对通过质心的平行轴的转动惯量 J_C 加上刚体质量 m 与两平行轴间距离二次方 h^2 的乘积,即

$$J = J_C + mh^2 \qquad (3.6)$$

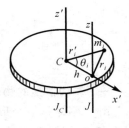

图 3.10　平行轴定理

这一关系称为**平行轴定理**。

* **平行轴定理的证明**

如图 3.10 所示,刚体对 oz 轴的转动惯量 J 为

$$J = \sum m_i r_i^2 = \sum m_i(r_i'^2 + h^2 - 2r_i' h \cos\theta_i)$$

上式等号右边第一项为刚体对通过质心的平行轴 Cz' 的转动惯量 $J_C = \sum m_i r_i'^2$;第二项为 mh^2;为了分析第三项,以质心 C 为原点,作 Cx' 轴,按质心定义

$$x_C' = \frac{\sum m_i x_i'}{\sum m_i} = \frac{\sum m_i r_i' \cos\theta_i}{m} = 0$$

故第三项 $-\sum 2m_i r_i' h \cos\theta_i = 0$。因此证得

$$J = J_C + mh^2$$

2. 垂直轴定理

若刚体薄板在 xy 平面内,对 x 轴和 y 轴的转动惯量分别为 J_x 和 J_y,则薄板对 z 轴的转动惯量为

$$J_z = J_x + J_y \qquad (3.7)$$

这一关系称为**垂直轴定理**。

* **垂直轴定理的证明**

由图 3.11 可见,薄板对 z 轴的转动惯量为

$$J_z = \sum m_i r_i^2 = \sum m_i(x_i^2 + y_i^2)$$

而上式中 $\sum m_i x_i^2 = J_y$,$\sum m_i y_i^2 = J_x$,故证得

$$J_z = J_x + J_y$$

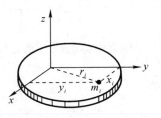

图 3.11　垂直轴定理

由以上讨论可见,刚体的转动惯量

与三个因素有关：① 刚体的总质量；② 质量分布；③ 转轴的位置。实际上，只有几何形状和质量分布简单规则的刚体，才能用积分法求其转动惯量。形状和质量分布无规则的刚体，可用实验测定其转动惯量。表 3.1 列出了一些刚体的转动惯量，这些刚体都是形状规则、密度均匀的。

表 3.1　一些刚体的转动惯量

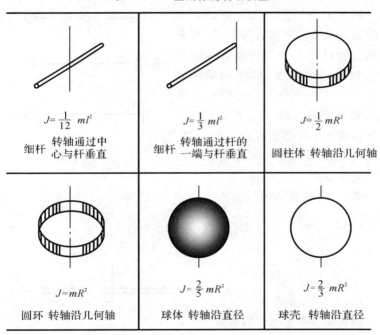

四、回转半径

若刚体对转轴的转动惯量为 J，则定义刚体对该转轴的**回转半径** R_G 为

$$R_G = \sqrt{\frac{J}{m}}　　　　　（3.8.a）$$

式中 m 为刚体的质量。例知,均匀细杆对通过一端并与杆垂直的轴的回转半径为 $R_G = \sqrt{\dfrac{J}{m}} = \sqrt{\dfrac{ml^2/3}{m}} = \dfrac{l}{\sqrt{3}}$

反之,若已知刚体的质量为 m、对转轴的回转半径为 R_G,则刚体对该转轴的转动惯量为

$$J = mR_G^2 \qquad (3.8.b)$$

例 3.3 (1)质量为 m 的两个质点连接在长 l 的刚性轻杆两端,求它对通过轻杆中心并与杆垂直的轴的转动惯量。(2)求本题(1)中的刚体对通过其中一个质点并与杆垂直的轴的转动惯量。(3)质量为 $2m$ 的质点连接在长 l 的刚性轻杆一端,求它对通过轻杆另一端并与杆垂直的轴的转动惯量。

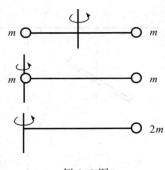

例 3.3 图

解 根据转动惯量定义 $J = \sum m_i r_i^2$ 知

$$(1) J = m\left(\dfrac{l}{2}\right)^2 + m\left(\dfrac{l}{2}\right)^2$$

$$= \dfrac{m}{2} l^2$$

$$(2) J = ml^2$$

$$(3) J = (2m)l^2 。$$

例 3.4 均匀细杆的质量为 m,长为 l,求此杆对下述两轴的转动惯量:(1)转轴通过杆的中心并与杆垂直;(2)转轴通过杆的一端并与杆垂直。

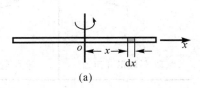

(a)

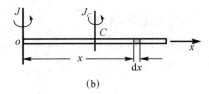

(b)

例 3.4 图

解 (1)选坐标轴如例 3.4 图(a)所示。在杆上 x 处任取长 dx 的线元,其质量元为

$\mathrm{d}m = \rho_l \mathrm{d}x = \dfrac{m}{l}\mathrm{d}x, \rho_l$ 为细杆的质量线密度。由式(3.5)得杆对此轴的转动惯量为

$$J = \int x^2 \mathrm{d}m = \int_{-\frac{l}{2}}^{+\frac{l}{2}} x^2 \rho_l \mathrm{d}x$$

$$= \frac{1}{12}\rho_l l^3 = \frac{1}{12}ml^2$$

（2）选坐标轴如例 3.4 图(b)所示，由式(3.5)得

$$J = \int x^2 \mathrm{d}m = \int_0^l x^2 \rho_l \mathrm{d}x$$

$$= \frac{1}{3}\rho_l l^3 = \frac{1}{3}ml^2$$

或按平行轴定理

$$J = J_C + mh^2$$

$$= \frac{1}{12}ml^2 + m\left(\frac{l}{2}\right)^2 = \frac{1}{3}ml^2$$

例 3.5 均匀圆盘的质量为 m，半径为 R，转轴通过圆盘中心且与盘面垂直。求圆盘对转轴的转动惯量和回转半径。

解 按题意，圆盘的质量面密度为

$$\rho_S = \frac{m}{\pi R^2}$$

在圆盘上取半径 r 宽 $\mathrm{d}r$ 的细圆环，细圆环的面积为

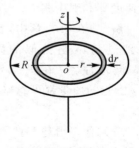

例 3.5 图

$$\mathrm{d}S = 2\pi r \mathrm{d}r$$

细圆环的质量为

$$\mathrm{d}m = \rho_S \mathrm{d}S = 2\pi \rho_S r \mathrm{d}r$$

因 $\mathrm{d}r \to 0$，细圆环的质量可认为都分布在半径为 r 的圆周上，到转轴的距离均为 r，故该细圆环对转轴的转动惯量为

$$\mathrm{d}J = r^2 \mathrm{d}m = 2\pi \rho_S r^3 \mathrm{d}r$$

整个圆盘的转动惯量是无限多个细圆环转动惯量的总和,即

$$J = \int r^2 \mathrm{d}m = \int_0^R 2\pi\rho_S r^3 \mathrm{d}r = \frac{\pi}{2}\rho_S R^4 = \frac{1}{2}mR^2$$

按回转半径定义,圆盘对此轴的回转半径为

$$R_G = \sqrt{\frac{J}{m}} = \sqrt{\frac{mR^2/2}{m}} = \frac{R}{\sqrt{2}}$$

例 3.6 质量为 m、半径为 R 的匀质圆柱形定滑轮上跨一轻绳,绳的两端分别悬挂质量为 m_1 和 m_2 的物体,并知 $m_2 > m_1$。滑轮与轴间光滑无摩擦。绳与滑轮间无相对滑动。求滑轮的角加速度 β、物体的加速度 a 和绳中张力。

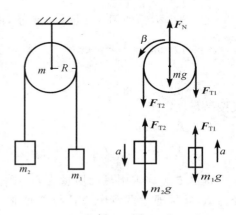

例 3.6 图

解 在第二章中,曾见到过与本题类似的附图,但须注意,在第二章中,滑轮的质量都可忽略不计,而在本题中,滑轮的质量是不能忽略的。

分别作出滑轮和两物体的受力图,如例 3.6 图所示。注意,滑轮是转动的刚体,不能视为质点。刚体所受的力不能都移到一个点上,而要画在各个力自己的作用点上。因滑轮质量不能忽略,对轴有转动惯量,滑轮要变速转动,故滑轮两边绳子的张力大小不同,假设分别为 F_{T1} 和 F_{T2}。滑轮的重力和轴对滑轮的约束力都通过轴线,对转轴不产生力矩。因为 $m_2 > m_1$,所以 m_2 向下运动,m_1 向上运动,滑轮逆时针转动。

按牛顿第二定律和转动定律分别列出两物体和滑轮的运动方程

$$F_{T1} - m_1g = m_1a$$

$$m_2g - F_{T2} = m_2a$$
$$F_{T2}R - F_{T1}R = J\beta$$

圆柱形滑轮的转动惯量为

$$J = \frac{1}{2}mR^2$$

绳与滑轮间无相对滑动,故有

$$a = \beta R$$

解以上各式,得

滑轮的角加速度 $\qquad \beta = \left(\cfrac{m_2 - m_1}{m_1 + m_2 + \cfrac{m}{2}} \right)\cfrac{g}{R}$

物体的加速度 $\qquad a = \left(\cfrac{m_2 - m_1}{m_1 + m_2 + \cfrac{m}{2}} \right)g$

绳中张力 $\qquad F_{T1} = m_1 \left(\cfrac{2m_2 + \cfrac{m}{2}}{m_1 + m_2 + \cfrac{m}{2}} \right)g$

$$F_{T2} = m_2 \left(\cfrac{2m_1 + \cfrac{m}{2}}{m_1 + m_2 + \cfrac{m}{2}} \right)g$$

讨论 若滑轮质量可忽略不计,即 $m = 0$,则

$$a = \left(\frac{m_2 - m_1}{m_1 + m_2} \right)g$$

$$F_{T1} = F_{T2} = \frac{2m_1m_2g}{m_1 + m_2}$$

显然,这就回到了第二章中已经熟知的情形。

例 3.7 一均匀细杆的质量为 m,长为 l,可绕通过其一端的光滑 水平轴在竖直平面内转动。若使杆从水平位置由静止开始自由下摆,求细杆摆下 θ 角时,(1)细杆的角加速度 β;(2)细杆的角速度 ω;

（3）细杆的质心加速度 a_C 和 * 轴对杆的作用力 F_N。

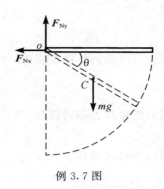

例 3.7 图

解 （1）摆下 θ 角时，细杆所受外力有两个：重力 mg，竖直向下，作用在细杆的质心上；轴对杆的作用力 F_N，大小方向都不知道，设水平分量为 F_{Nx}，竖直分量为 F_{Ny}。F_N 与轴相交，不产生力矩。重力对转轴的力矩为 $mg\dfrac{l}{2}\cos\theta$。按转动定律，有

$$mg\,\frac{l}{2}\cos\theta = J\beta$$

已知 $J = \dfrac{1}{3}ml^2$，解得角加速度

$$\beta = \frac{3g}{2l}\cos\theta$$

（2）由于细杆下摆过程中，角加速度不是常量，不能用匀加速转动公式求角速度，而须根据角加速度定义，通过积分求任意位置时的角速度。因为

$$\beta = \frac{\mathrm{d}\omega}{\mathrm{d}t} = \frac{3g}{2l}\cos\theta$$

将 $\omega = \dfrac{\mathrm{d}\theta}{\mathrm{d}t}$ 即 $\mathrm{d}t = \dfrac{\mathrm{d}\theta}{\omega}$ 代入上式，并应用 $\theta = 0$ 时 $\omega_0 = 0$ 的初始条件，积分

$$\int_0^\omega \omega\mathrm{d}\omega = \int_0^\theta \frac{3g}{2l}\cos\theta\,\mathrm{d}\theta$$

得角速度

$$\omega = \sqrt{\frac{3g\sin\theta}{l}}$$

（3）根据角量与线量的关系，此位置时，细杆的质心加速度为

$$a_{Ct} = \beta \frac{l}{2} = \frac{3g}{4}\cos\theta$$

$$a_{Cn} = \omega^2 \frac{l}{2} = \frac{3g}{2}\sin\theta$$

由质心运动定律列出质心运动方程

$$F_{Nx}\sin\theta - F_{Ny}\cos\theta + mg\cos\theta = ma_{Ct}$$

$$F_{Nx}\cos\theta + F_{Ny}\sin\theta - mg\sin\theta = ma_{Cn}$$

解得轴对杆的作用力

$$F_{Nx} = \frac{9}{4}mg\sin\theta\cos\theta$$

$$F_{Ny} = mg\left[1 + \frac{3}{2}(\sin\theta)^2 - \frac{3}{4}(\cos\theta)^2 \right]$$

讨论　（1）水平位置时，即 $\theta = 0$ 时

$$\beta = \frac{3g}{2l} \qquad \omega_0 = 0$$

$$a_{Ct} = \frac{3g}{4} \qquad a_{Cn} = 0$$

$$F_{Nx} = 0 \qquad F_{Ny} = \frac{1}{4}mg$$

（2）竖直位置时，即 $\theta = \frac{\pi}{2}$ 时

$$\beta = 0 \qquad \omega = \sqrt{\frac{3g}{l}}$$

$$a_{Ct} = 0 \qquad a_{Cn} = \frac{3g}{2}$$

$$F_{Nx} = 0 \qquad F_{Ny} = \frac{5}{2}mg$$

* **例 3.8**　如图所示，升降机内，质量为 m_2 的物体放在倾角为 θ 的斜面上，m_2 用轻绳连接，绳跨过半径为 r、转动惯量为 J 的滑轮，另一端悬挂一个质量为 m_1 的物体。m_2 与斜面间的摩擦系数为 μ。升降机以加速度 a 竖直上升时，m_2 沿斜面向上运动。设滑轮与轴间摩擦可忽略，绳与滑轮间无相对滑动。求：（1）物体 m_2 相对升降机的加速度；

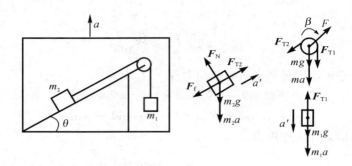

例 3.8 图

（2）绳中张力。

解　以升降机为参照系（非惯性系），分别作出 m_1、m_2 和滑轮的受力图。以 a' 表示 m_2 相对升降机的加速度的大小，根据受力图，对 m_1 和 m_2 分别应用非惯性系中的力学定律，对滑轮应用转动定律，列出它们的运动方程

$$m_1g + m_1a - F_{T1} = m_1a'$$
$$F_{T2} - F_f - (m_2g + m_2a)\sin\theta = m_2a'$$
$$F_N - (m_2g + m_2a)\cos\theta = 0$$
$$F_{T1}r - F_{T2}r = J\beta$$

F_f 为滑动摩擦力，故

$$F_f = \mu F_N$$

绳与滑轮间不打滑，有

$$a' = \beta r$$

解以上各式，得 m_2 相对升降机的加速度

$$a' = \left(\frac{m_1 - m_2\sin\theta - \mu m_2\cos\theta}{m_1 + m_2 + J/r^2}\right)(g + a)$$

方向沿斜面向上。绳中张力为

$$F_{T1} = \left[\frac{m_1m_2(1 + \sin\theta + \mu\cos\theta) + m_1J/r^2}{m_1 + m_2 + J/r^2}\right](g + a)$$

$$F_{T2} = \left[\frac{m_1 m_2 (1 + \sin\theta + \mu\cos\theta) + m_2 J(\sin\theta + \mu\cos\theta)/r^2}{m_1 + m_2 + J/r^2} \right](g + a)$$

讨论　若是特例,滑轮质量忽略不计,升降机静止不动,斜面光滑无摩擦,即 $J = 0, a = 0, \mu = 0$,则代入求解所得答案,得

$$a' = \left(\frac{m_1 - m_2 \sin\theta}{m_1 + m_2} \right) g$$

$$F_{T1} = F_{T2} = \frac{m_1 m_2 (1 + \sin\theta) g}{m_1 + m_2}$$

回到最简单的特殊情形。

§3.4　刚体定轴转动的动能定理

一、定轴转动刚体的动能

刚体以角速度 ω 绕定轴转动时,刚体中各质点均绕轴作圆周运动。刚体的转动动能是刚体中所有质点的动能之和,即

$$E_k = \sum \frac{1}{2} m_i v_i^2 = \sum \frac{1}{2} m_i (\omega r_i)^2$$
$$= \frac{1}{2} \left(\sum m_i r_i^2 \right) \omega^2$$

式中 $\sum m_i r_i^2$ 为刚体对转轴的转动惯量 J,故

$$E_k = \frac{1}{2} J \omega^2 \tag{3.9}$$

即刚体绕定轴转动的动能等于刚体的转动惯量与角速度二次方乘积的一半。在形式上,式(3.9)与质点的动能定义式 $E_k = \frac{1}{2} m v^2$ 非常相似。

根据平行轴定理 $J = J_C + mh^2$,转动动能可改写为

$$E_k = \frac{1}{2} (J_C + mh^2) \omega^2 = \frac{1}{2} J_C \omega^2 + \frac{1}{2} mh^2 \omega^2$$

由图 3.12 可见,上式中 $h\omega$ 为刚体的质心速度 v_C,故

$$E_k = \frac{1}{2}J_C\omega^2 + \frac{1}{2}mv_C^2 \quad (3.10)$$

式(3.10)表明,定轴转动刚体的动能可分解为绕通过质心轴的转动动能 $\frac{1}{2}J_C\omega^2$ 和随质心平动的动能 $\frac{1}{2}mv_C^2$。这是柯尼希定理(见 §2.10)的特殊形式,对于刚体这种特殊的质点系,在定轴转动时,质点系内所有质点相对质心运动的动能为 $\frac{1}{2}J_C\omega^2$。可参考阅读材料 1.D。

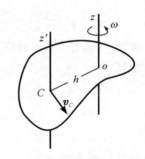

图 3.12　转动动能的分解

二、力矩的功

按功的定义,力对质点所做的功等于力 $\boldsymbol{F}$ 与质点位移 $\mathrm{d}\boldsymbol{r}$ 点乘的线积分

$$A = \int \boldsymbol{F} \cdot \mathrm{d}\boldsymbol{r}$$

当刚体绕定轴转动时,如何计算力对刚体所做的功呢?

设力 $\boldsymbol{F}$ 在与轴垂直的转动平面内,作用在刚体中的质点 P 上,转动平面与轴相交于 o 点,P 相对 o 点的位矢为 $\boldsymbol{r}$,如图 3.13 所示。当刚体绕轴转过元角位移 $\mathrm{d}\theta$ 时,P 的元位移大小为 $|\mathrm{d}\boldsymbol{r}| = r\mathrm{d}\theta$,力 $\boldsymbol{F}$ 所做的元功为

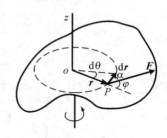

图 3.13　力矩的功

$$\mathrm{d}A = \boldsymbol{F} \cdot \mathrm{d}\boldsymbol{r}$$
$$= Fr\mathrm{d}\theta\cos\alpha = Fr\sin\varphi\mathrm{d}\theta$$

式中 φ 为 $\boldsymbol{r}$ 与 $\boldsymbol{F}$ 的夹角,$Fr\sin\varphi$ 为力 $\boldsymbol{F}$ 对转轴的力矩 M,故

$$\mathrm{d}A = M\mathrm{d}\theta$$

在刚体从角位置 θ_0 转到 θ 的过程中,力 $\boldsymbol{F}$ 对刚体所做的功为

$$A = \int_{\theta_0}^{\theta} M \mathrm{d}\theta \qquad\qquad (3.11)$$

式(3.11)表明,在刚体定轴转动过程中,力对刚体所做的功等于力矩与元角位移乘积的积分,称为力矩的功。

力矩的功率为

$$P = \frac{\mathrm{d}A}{\mathrm{d}t} = M \frac{\mathrm{d}\theta}{\mathrm{d}t} = M\omega \qquad\qquad (3.12)$$

即力矩的功率等于力矩与角速度的乘积。

三、刚体定轴转动动能定理

根据转动定律,刚体作定轴转动时,所受的外力矩之和为

$$M = J\beta = J \frac{\mathrm{d}\omega}{\mathrm{d}t}$$

上式等号两边同乘 $\mathrm{d}\theta = \omega \mathrm{d}t$,有

$$M\mathrm{d}\theta = J\omega \mathrm{d}\omega$$

若从角位置 θ_0 变到 θ 时,角速度由 ω_0 变到 ω,则积分上式

$$\int_{\theta_0}^{\theta} M\mathrm{d}\theta = \int_{\omega_0}^{\omega} J\omega \mathrm{d}\omega$$

得

$$A = \frac{1}{2}J\omega^2 - \frac{1}{2}J\omega_0^2 \qquad\qquad (3.13)$$

式(3.13)表明,外力矩之和对定轴转动刚体所做的功等于刚体对该轴转动动能的增量。这就是刚体定轴转动的动能定理。

从另一个角度看,由于质点系的内力总是成对出现的,由 §2.8 知,两质点间的一对作用力与反作用力做功之和仅与这两个质点的相对位移有关,而刚体中质点之间无相对位移,刚体的内力做功为零。因此,刚体动能的变化只取决于外力的功,而与内力无关。

对于包含转动刚体在内的系统,只要计入刚体的转动动能,功能原理也是适用的,即

$$A_\text{外} + A_\text{内非} = (E_\text{k} + E_\text{p}) - (E_\text{k0} + E_\text{p0})$$

式中 E_k 为系统的总动能,包括所有的平动动能和转动动能;E_p 为系统的总势能。计算刚体的重力势能时,可将刚体看作全部质量集中于质心的一个质点[①]。

同理,若外力做功和非保守内力做功之和为零,只有保守内力做功,则包含刚体的系统机械能守恒。

例 3.9 质量为 m_1,半径为 R 的匀质圆柱形定滑轮可绕光滑的水平轴转动,滑轮上绕有轻绳,绳的一端挂一质量为 m_2 的物体。物体由静止释放,求下落 h 时物体的速度。

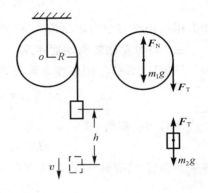

例 3.9 图

解一 下落过程中,物体所受外力为重力 m_2g 和绳子拉力 F_T。滑轮所受外力为绳子拉力 F_T、重力 m_1g 和轴的约束力 F_N。后两个力通过转轴,对定轴转动的滑轮不做功。拉力的力矩对滑轮所做的功为

$$A = \int_0^{\Delta\theta} F_\text{T}R\mathrm{d}\theta = F_\text{T}R \int_0^{\Delta\theta} \mathrm{d}\theta = F_\text{T}R\Delta\theta$$

式中 $\Delta\theta$ 是物体下落 h 时滑轮转过的角度。对滑轮应用转动动能定理,有

$$F_\text{T}R\Delta\theta = \frac{1}{2}J\omega^2$$

式中 ω 是物体下落 h 时滑轮的角速度。J 是滑轮的转动惯量,由于滑轮为匀质圆柱形,故

---

① 刚体重力势能等于所有质点的重力势能之和 $E_\text{p} = \sum m_i g h_i = mg \dfrac{\sum m_i h_i}{m} = mgh_C$

$$J = \frac{1}{2}m_1 R^2$$

对物体应用质点动能定理，有

$$m_2 g h - F_T h = \frac{1}{2}m_2 v^2$$

式中 v 是物体下落 h 时的速度。因绳与滑轮间无相对滑动，故

$$v = \omega R$$
$$h = R\Delta\theta$$

解以上诸式，得

$$v = \sqrt{2gh\left(\frac{m_2}{m_2 + m_1/2}\right)}$$

解二　若以滑轮、绳、物体和地球一起为系统，物体下落过程中，只有重力做功，系统机械能守恒。设物体的初始位置为重力势能零点，下落 h 时物体的速度为 v，滑轮的角速度为 ω，则

$$\frac{1}{2}m_2 v^2 + \frac{1}{2}J\omega^2 - m_2 g h = 0$$

滑轮转动惯量为 $J = \frac{1}{2}m_1 R^2$，绳与滑轮不打滑，故

$$v = \omega R$$

解之，即得

$$v = \sqrt{2gh\left(\frac{m_2}{m_2 + m_1/2}\right)}$$

讨论　物体下落，重力势能减少，其中一部分转化为物体的平动动能 $\frac{1}{2}m_2 v^2$，另一部分转化为滑轮的转动动能 $\frac{1}{2}J\omega^2$。

若滑轮质量可忽略不计，即 $m_1 = 0$，则物体的末速度为 $v = \sqrt{2gh}$，动能 $\frac{1}{2}m_2 v^2 = m_2 g h$，滑轮的转动动能为零，相当于物体自由落下，重力势能全部转化为物体的动能。

本题也可应用牛顿第二定律和转动定律先求出物体的加速度 a，再根据加速度与速度的关系求末速度 v，但计算要复杂一些。请读

者自己练习。

例 3.10 质量为 m、长为 l 的均匀
细杆,可绕通过一端的光滑水平固定轴
在竖直平面内转动,若杆从水平位置由
静止自由下摆,求杆摆下 θ 角时杆的动
能和角速度。

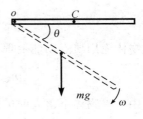

例 3.10 图

解一 以杆为研究系统。杆在摆下
的过程中,受到两个外力:轴对杆的约束力 F_N,大小、方向不断变化,
但始终通过转轴,力矩为零,对转动的杆不做功;重力 mg,作用在质
心上,方向向下,对转轴的力矩为 $M = mg\dfrac{l}{2}\cos\theta$。摆下过程中,重力
矩做功为

$$A = \int_0^\theta M\mathrm{d}\theta = \int_0^\theta mg\,\frac{l}{2}\cos\theta\,\mathrm{d}\theta$$
$$= \frac{1}{2}mgl\sin\theta$$

按转动动能定理

$$A = \frac{1}{2}J\omega^2 - \frac{1}{2}J\omega_0^2$$

按题意 $J = \dfrac{1}{3}ml^2$,$\omega_0 = 0$,解得杆摆下 θ 角时杆的动能和角速度分别为

$$E_k = \frac{1}{2}J\omega^2 = \frac{1}{2}mgl\sin\theta$$

$$\omega = \sqrt{\frac{2A}{J}} = \sqrt{\frac{3g\sin\theta}{l}}$$

解二 重力矩做功就是重力做功,若以杆和地球组成的系统为
研究对象,在杆摆下的过程中只有重力矩做功,系统机械能守恒。选
转轴的位置为重力势能零点,则根据机械能守恒定律,有

$$\frac{1}{2}J\omega^2 - mg\frac{l}{2}\sin\theta = 0$$

而 $J = \dfrac{1}{3}ml^2$,故杆摆下 θ 角时杆的动能和角速度分别为

$$E_k = \frac{1}{2}J\omega^2 = \frac{1}{2}mgl\sin\theta$$

$$\omega = \sqrt{\frac{mgl\sin\theta}{J}} = \sqrt{\frac{3g\sin\theta}{l}}$$

在例 3.7 中,曾用转动定律和角加速度定义求解过本题中的角速度。三种方法相比,显然用机械能守恒定律求解最方便;用转动动能定理求解次之;用转动定律和加速度定义,再积分求解,最为麻烦,但若需要求角加速度或轴对杆的作用力,则必须用这种解法。

杆绕固定轴转动的转动动能也可分解为两部分:随质心运动的平动动能 $\frac{1}{2}mv_C^2$ 和绕质心轴的转动动能 $\frac{1}{2}J_C\omega^2$,即

$$\frac{1}{2}mv_C^2 = \frac{1}{2}m(\omega\frac{l}{2})^2 = \frac{3}{8}mgl\sin\theta$$

$$\frac{1}{2}J_C\omega^2 = \frac{1}{2}\left(\frac{1}{12}ml^2\right)\omega^2 = \frac{1}{8}mgl\sin\theta$$

两者之和就是杆绕固定轴转动的转动动能

$$\frac{1}{2}mv_C^2 + \frac{1}{2}J_C\omega^2 = \frac{1}{2}J\omega^2$$

例 3.11 如图所示,轻绳两端分别系有质量为 m_1 和 m_2 的物体,m_2 放在水平桌面上,绳跨过转动惯量为 J、半径为 r 的定滑轮,m_1 垂直悬挂。绳与滑轮间无相对滑动。先用手把 m_1 托住,使 m_1 静止,而绳子正好不松弛,然后轻轻放手,m_1 下降 h 时速率为 v。求 m_2 与桌面间的摩擦系数。

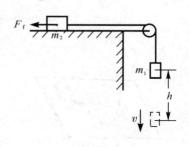

例 3.11 图

解 以两物体、绳、滑轮和地球一起作为研究系统。m_1 下落过程中,绳子张力为系统的非保守内力,但做总功为零。系统所受外力有:轴对滑轮的约束力通过固定转轴,不做功;桌面对 m_2 的摩擦力做负功。根据功能原理

$$-F_{\mathrm{f}}h = \left(\frac{1}{2}J\omega^2 + \frac{1}{2}m_1v^2 + \frac{1}{2}m_2v^2 \right) - m_1gh$$

而 $$F_{\mathrm{f}} = \mu m_2 g$$

$$v = \omega r$$

解得

$$\mu = \frac{m_1}{m_2} - \left(1 + \frac{m_1}{m_2} + \frac{J}{m_2 r^2} \right) \frac{v^2}{2gh}$$

§3.5   定轴转动的角动量定理
和角动量守恒定律

一、质点对轴的角动量

设质点的质量为 m,速度为 $\boldsymbol{v}$,$\boldsymbol{v}$ 的方向在与轴 oz 垂直的转动平面内,转动平面与轴相交于 o 点,质点相对 o 点的位矢为 $\boldsymbol{r}$,$\boldsymbol{r}$ 与 $\boldsymbol{v}$ 的夹角为 φ,如图 3.14 所示,则定义该质点对 oz 轴的角动量 L 为

$$L = mvr\sin\varphi = mvd \tag{3.14}$$

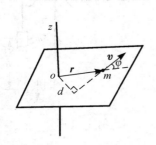

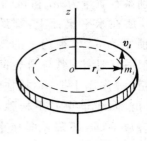

图 3.14   质点对轴的角动量　　　　图 3.15　　刚体对轴的角动量

二、刚体对轴的角动量

刚体对轴的角动量是刚体中所有质点对轴的角动量之和。刚体定轴转动时,刚体中所有质点都以相同的角速度 ω 绕轴作圆周运动,

$\varphi = \dfrac{\pi}{2}$,任一质点 m_i 对转轴的角动量都为 $m_i v_i r_i$,因此,刚体对转轴的角动量为

$$L = \Sigma m_i v_i r_i = \Sigma m_i (\omega r_i) r_i = (\Sigma m_i r_i^2) \omega$$

即
$$L = J\omega \qquad\qquad (3.15)$$

式(3.15)表明,**刚体对轴的角动量 L 等于转动惯量 J 与角速度 ω 的乘积**。

三、定轴转动的角动量定理

将式(3.15)代入质点系角动量定理 $\boldsymbol{M} = \dfrac{\mathrm{d}\boldsymbol{L}}{\mathrm{d}t}$ 中,得

$$M = \frac{\mathrm{d}L}{\mathrm{d}t} = \frac{\mathrm{d}(J\omega)}{\mathrm{d}t} \qquad\qquad (3.16)$$

式(3.16)表明,**刚体定轴转动时,对轴的外力矩之和等于对该轴的角动量随时间的变化率**。式(3.16)称为**定轴转动的角动量定理**(微分形式),它的适用范围比转动定律 $M = J\beta$ 广。转动定律只适用定轴转动的刚体,刚体对定轴的转动惯量 J 是恒定不变的。一般质点系绕定轴转动时,转动惯量可能发生变化(例如,溜冰运动员绕自身竖直轴转动时,手臂伸屈可改变对竖直轴的转动惯量),这时,转动定律已不适用,而式(3.16)仍旧适用。

若定轴转动的质点系受外力矩之和 M 的作用,在 t_0 到 t 时间内,其转动惯量由 J_0 变为 J,角速度由 ω_0 变为 ω,则将式(3.16)分离变量积分,得

$$\int_{t_0}^{t} M \mathrm{d}t = J\omega - J_0\omega_0 \qquad\qquad (3.17)$$

式中 $\displaystyle\int_{t_0}^{t} M \mathrm{d}t$ 是对转轴的外力矩之和 M 在 t_0 到 t 时间内的累积作用,

称为外力矩之和对转轴的**冲量矩**。式(3.17)称为**定轴转动的角动量定理**(积分形式),它表明定轴转动的质点系所受外力矩之和对转轴的冲量矩等于质点系对该转轴角动量的增量。

四、定轴转动的角动量守恒定律

由式(3.16)可见

$$\text{当 } M = 0 \text{ 时}, J\omega = \text{常量} \tag{3.18}$$

就是说,**若定轴转动质点系所受对转轴的外力矩之和为零,则质点系对该转轴的角动量守恒**。这一规律称为**定轴转动的角动量守恒定律**。

图 3.16   角动量守恒定律的演示

质点系作定轴转动时,不论转动惯量恒定与否,定轴转动的角动量守恒定律都是成立的。在刚体作定轴转动的过程中,转动惯量 J 恒定,若外力矩之和 $M = 0$,则刚体对转轴的角动量 $J\omega =$ 常量,角速度 ω 保持不变,刚体作匀角速转动。可变形的质点系在作定轴转动的过程中,由于内力的作用,对转轴的转动惯量 J 可以变化,若外力矩之和 $M = 0$,则质点系的角动量守恒 $J\omega =$ 常量,J 增大时 ω 减小;J 减小时 ω 增大。例如,一人双手各握哑铃,站在转台上,先使人和转台一起以一定的角速度转动起来。系统具有一定的角动量。因转台与轴之间的摩擦力矩和空气阻力矩很小,可以忽略,系统角动量守恒。当人伸开双臂时,系统对转轴的转动惯量增大,角速度减小;当人收拢双臂时，系统对转轴的转动惯量减小，角速度增大。花样溜冰运动员和芭蕾舞演员先将手脚伸展，以一定角速度绕自身竖直轴转动，然后收拢手脚，转动惯量大大减小，旋转速度就显著变快。

表 3.2　质点运动与刚体定轴转动的比较

质　点　运　动		刚体的定轴转动	
速　度	$\boldsymbol{v} = \dfrac{\mathrm{d}\boldsymbol{r}}{\mathrm{d}t}$	角速度	$\omega = \dfrac{\mathrm{d}\theta}{\mathrm{d}t}$
加速度	$\boldsymbol{a} = \dfrac{\mathrm{d}\boldsymbol{v}}{\mathrm{d}t}$	角加速度	$\beta = \dfrac{\mathrm{d}\omega}{\mathrm{d}t}$
质　量	m	转动惯量	$J = \int r^2 \mathrm{d}m$
力	$\boldsymbol{F}$	对轴的力矩	$M = Fr\sin\varphi$
动　量	$\boldsymbol{p} = m\boldsymbol{v}$	对轴的角动量	$L = J\omega$
牛顿第二定律	$\boldsymbol{F} = \dfrac{\mathrm{d}\boldsymbol{p}}{\mathrm{d}t} = m\boldsymbol{a}$	转动定律	$M = \dfrac{\mathrm{d}L}{\mathrm{d}t} = J\beta$
冲　量	$\displaystyle\int_{t_0}^{t} \boldsymbol{F}\mathrm{d}t$	冲量矩	$\displaystyle\int_{t_0}^{t} M\mathrm{d}t$
动量定理	$\displaystyle\int_{t_0}^{t} \boldsymbol{F}\mathrm{d}t = m\boldsymbol{v} - m\boldsymbol{v}_0$	角动量定理	$\displaystyle\int_{t_0}^{t} M\mathrm{d}t = J\omega - J\omega_0$
动量守恒定律	$\boldsymbol{F} = 0$ 时，$m\boldsymbol{v} =$ 常量	角动量守恒定律	$M = 0$ 时，$J\omega =$ 常量
力的功	$A = \int \boldsymbol{F} \cdot \mathrm{d}\boldsymbol{r}$	力矩的功	$A = \int M\mathrm{d}\theta$
功　率	$P = \boldsymbol{F} \cdot \boldsymbol{v}$	功　率	$P = M\omega$
动　能	$E_k = \dfrac{1}{2}mv^2$	转动动能	$E_k = \dfrac{1}{2}J\omega^2$
动能定理	$A = \dfrac{1}{2}mv^2 - \dfrac{1}{2}mv_0^2$	转动动能定理	$A = \dfrac{1}{2}J\omega^2 - \dfrac{1}{2}J\omega_0^2$

前面五节研究了刚体的定轴转动，表 3.2 列出了质点运动和刚体定轴转动的一些重要物理量和重要公式。类比是一种有效的科学研究方法，通过类比，可以发现异中之同和同中之异，有利于更深刻

地理解它们的运动规律。历史上,科学家们借助类比方法,曾获得许多重大的科学发现。

例 3.12 如图所示,轻绳跨过质量为 M、半径为 R 的圆柱形定滑轮,一端挂一质量为 m 的物体,质量也为 m 的人抓住绳的另一端,开始时处于静止状态。若人相对绳子以速率 v 向上爬,则物体以多大速度上升?(设绳与滑轮间无相对滑动,滑轮与轴间摩擦可忽略。)

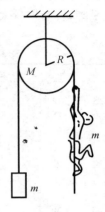

例 3.12 图

解 以滑轮、绳、人和物体组成的系统为研究对象。系统所受外力中,滑轮的重力和轴对滑轮的约束力都通过转轴,不产生力矩;人和物体的重力对转轴的力矩大小相等,方向相反,相互抵消。故系统所受合外力矩为零,角动量守恒。

因开始时系统处于静止状态,角动量为零。设人向上爬时,物体以速度 V 向上运动,滑轮以角速度 ω 顺时针转动。在地面参照系中,人向上运动的速度为 $(v - V)$。以顺时针为正方向,则人对转轴的角动量为 $-m(v - V)R$,物体对转轴的角动量为 mVR,滑轮对转轴的角动量为 $J\omega = \frac{1}{2}MR^2\omega$,根据定轴转动角动量守恒定律,有

$$mVR - m(v - V)R + \frac{1}{2}MR^2\omega = 0$$

绳与滑轮间无相对滑动,故

$$V = \omega R$$

解得

$$V = \left(\frac{2m}{4m + M}\right)v$$

讨论 开始时系统静止,动量为零。当人相对绳子以速度 v 向上爬时,系统具有向上的动量

$$mV + m(v - V) = mv$$

168

系统由静止变到人和物分别以速度$(v - V)$和V向上运动的过程中，系统的动量增大了。这是因为人在向上加速过程中，轴对系统的作用力大于系统的重力，合外力不等于零，因此，系统的动量不守恒。在人匀速向上运动的过程中，则系统的角动量和动量都守恒。

例 3.13 长为$l = 0.80\text{m}$、质量为$m_1 = 0.30\text{kg}$的均匀细杆可绕水平光滑固定轴自由转动，起初杆下垂静止。若质量为$m_2 = 50 \times 10^{-3}\text{kg}$的小球沿水平方向以$v_0 = 9.0\text{m/s}$的速度与杆的中心碰撞，碰撞是完全弹性的，碰撞时间极短，碰撞后小球反向弹回。求：（1）碰撞后，杆开始转动时的角速度；（2）碰撞过程中，小球对杆的冲量和对转轴的冲量矩。

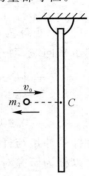

例 3.13 图

解 （1）碰撞过程时间极短，可以认为碰撞过程中杆始终处于竖直位置，碰撞结束后，杆开始以角速度ω上摆。

碰撞过程中，杆和小球组成的系统所受的外力有重力和轴的约束力，但它们都通过转轴，对转轴不产生力矩，因此系统角动量守恒。若以v表示小球弹回的速度，以ω表示碰撞后杆开始转动时的角速度，则有

$$J\omega - m_2 v \frac{l}{2} = J\omega_0 + m_2 v_0 \frac{l}{2}$$

因碰撞是完全弹性的，系统动能守恒，即

$$\frac{1}{2}J\omega^2 + \frac{1}{2}m_2 v^2 = \frac{1}{2}J\omega_0^2 + \frac{1}{2}m_2 v_0^2$$

式中$\omega_0 = 0$，J为杆对转轴的转动惯量

$$J = \frac{1}{3}m_1 l^2$$

解以上三式，得

$$\omega = \frac{12m_2 v_0}{(4m_1 + 3m_2)l}$$

$$= \left[\frac{12 \times 50 \times 10^{-3} \times 9.0}{(4 \times 0.30 + 3 \times 50 \times 10^{-3}) \times 0.80} \right] \text{rad/s} = 5.0 \text{rad/s}$$

$$v = \left(\frac{4m_1 - 3m_2}{4m_1 + 3m_2} \right) v_0$$

$$= \left[\left(\frac{4 \times 0.30 - 3 \times 50 \times 10^{-3}}{4 \times 0.30 + 3 \times 50 \times 10^{-3}} \right) \times 9.0 \right] \text{m/s} = 7.0 \text{m/s}$$

（2）以小球为研究对象，设碰撞过程中，小球受杆的冲力为 F_N，方向水平向左。对小球应用质点动量定理，得小球所受冲量

$$I = \int F_N \mathrm{d}t = m_2 v - m_2(-v_0)$$

$$= \left[50 \times 10^{-3} \times 7.0 - 50 \times 10^{-3} \times (-9.0) \right] \text{N·s}$$

$$= 0.80 \text{N·s} \quad （方向向左）$$

球对杆的冲量与杆对球的冲量大小相等，方向相反。

以杆为研究对象，碰撞过程中杆受到小球所施对转轴的冲量矩，对杆应用定轴转动角动量定理，得到杆所受对转轴的冲量矩为

$$\int M \mathrm{d}t = J\omega - J\omega_0 = \frac{1}{3} m_1 l^2 \omega - 0$$

$$= \left(\frac{1}{3} \times 0.30 \times 0.80^2 \times 5.0 \right) \text{N·m·s}$$

$$= 0.32 \text{ N·m·s}$$

由于这一冲量矩是由小球对杆的冲力所产生的，故也可根据冲量矩定义直接求，即

$$\int M \mathrm{d}t = \int \left(F_N \frac{l}{2} \right) \mathrm{d}t = \left(\int F_N \mathrm{d}t \right) \frac{l}{2}$$

$$= \left(0.80 \times \frac{0.80}{2} \right) \text{N·m·s} = 0.32 \text{ N·m·s}$$

讨论 杆和小球所组成的系统的总动量，碰撞前为

$$m_2 v_0 = (50 \times 10^{-3} \times 9.0) \text{ kg·m/s} = 0.45 \text{ kg·m/s}$$

碰撞后为

$$m_1 v_{1C} - m_2 v = m_1 \omega \frac{l}{2} - m_2 v$$

$$= (0.30 \times 5.0 \times \frac{0.8}{2} - 50 \times 10^{-3} \times 7.0) \text{kg·m/s}$$

$$= 0.25 \ \text{kg·m/s}$$

故 碰撞过程中,系统的动量是不守恒的,这是因为在碰撞过程中,轴对杆有水平方向作用力,设其冲量为 I',则根据质点系动量定理,有

$$I' = \left(m_1 \omega \frac{l}{2} - m_2 v \right) - m_2 v_0 = -0.20 \text{N·s}$$

负号表示轴对杆的冲量水平向左。

可 以证明,小球水平飞来,只有碰在离转轴距离 $r = \dfrac{2}{3} l$ 处的杆上 时,轴对杆才没有水平作用力,这一碰撞点称为打击中心。$r < \dfrac{2}{3} l$ 时,轴对杆的水平冲力方向向左;$r > \dfrac{2}{3} l$ 时,轴对杆的水平冲力方向向右。可参考习题 3.22。

例3.14 质量为 M,半径为 R 的均匀水平圆盘,可绕通过盘心的光滑竖直轴转动,盘上半径为 $\dfrac{R}{2}$ 处有一质量为 m 的人。起初人和圆盘均静止。若人沿半径为 $\dfrac{R}{2}$ 的圆周相对圆盘行走一圈,求圆盘相对地面转过的角度。

例 3.14 图

解 以圆盘和人组成的系统为研究对象。在人行走过程中,系统所受外力有重力和轴的约束力,但重力与转轴平行,轴的约束力通过转轴,对转轴都不产生力矩。故系统对转轴的角动量守恒。

设人以角速度 ω' 相对圆盘逆时针运动时,圆盘相对地面以角速度 Ω 顺时针转动,并以逆时针为正方向,则人相对地面的角速度为 $\omega = \omega' - \Omega$,人对转轴的角动量为 $m \left(\dfrac{R}{2} \right)^2 (\omega' - \Omega)$,圆盘对转轴的角动量为 $-\dfrac{1}{2} MR^2 \Omega$,按定轴转动角动量守恒定律,有

$$m \left(\frac{R}{2} \right)^2 (\omega' - \Omega) - \frac{1}{2} MR^2 \Omega = 0$$

解得

$$\Omega = \frac{m\omega'}{m + 2M}$$

设 Δt 时间内,人相对转盘逆时针行走一圈,转盘相对地面顺时针转过 $\Delta\theta_{盘地}$,人相对地面逆时针转过 $\Delta\theta_{人地}$,则

$$\Delta t = \frac{2\pi}{\omega'} = \frac{\Delta\theta_{盘地}}{\Omega} = \frac{\Delta\theta_{人地}}{\omega' - \Omega}$$

解得

$$\Delta\theta_{盘地} = \frac{2\pi m}{m + 2M}$$

$$\Delta\theta_{人地} = \frac{4\pi M}{m + 2M}$$

讨论 若圆盘的质量远大于人的质量,即 $M \gg m$,则 $\Delta\theta_{盘地} \approx 0$,$\Delta\theta_{人地} \approx 2\pi$,即圆盘静止不动,人相对地面转过 2π。

§3.6 刚体的平面运动

一、刚体平面运动的运动学

若刚体内所有质点的运动都平行于某一平面,则称这种运动为刚体的**平面运动**。刚体的定轴转动属于刚体的平面运动,是刚体平面运动的一种特殊形式。通常用通过质心并平行于该平面的剖面来代表作平面运动的刚体。

由第二章知,质点系的任意运动可分解为随质心的运动和质点系内所有质点相对质心的运动。刚体是一个特殊的质点系,其形状、大小恒定不变,内部质点之间无相对位移,因而,质心运动代表刚体的平动。刚体作平面运动时,相对质心的运动就是相对通过质心并与剖面垂直的轴的转动。因此,**刚体的平面运动可分解为质心运动和绕质心轴的转动**。

图 3.17(a) 中,刚体作平面运动。设 t 时刻,刚体位置为 AB,

$t + \Delta t$ 时刻,运动到了 $A'B'$。这一位置变化可以这样实现:以质心 C 为基点,先随质心 C 平动 Δr_C,再绕通过质心 C 并垂直剖面的轴转过 $\Delta \theta$ 角。

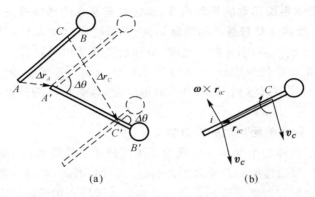

图 3.17 平面运动的分解

实际上,平动和转动是同时进行的。设 $\Delta t \rightarrow 0$,即得到 t 时刻刚体的运动状态:一边随质心 C 以 $\boldsymbol{v}_c = \dfrac{\mathrm{d}\boldsymbol{r}_C}{\mathrm{d}t}$ 平动,同时,一边以角速度 ω $= \dfrac{\mathrm{d}\theta}{\mathrm{d}t}$ 绕通过质心 C 并垂直剖面的轴转动。刚体上任一质点 i 的速度 $\boldsymbol{v}_i$ 等于刚体的质心速度 $\boldsymbol{v}_C$ 与质点 i 相对于质心的速度 $\boldsymbol{v}_{iC}$ 之和。由 §1.5 知,质点 i 相对质心的速度为 $\boldsymbol{v}_{iC} = \boldsymbol{\omega} \times \boldsymbol{r}_{iC}$,如图 3.17(b) 所示,故质点 i 的速度为

$$\boldsymbol{v}_i = \boldsymbol{v}_C + \boldsymbol{\omega} \times \boldsymbol{r}_{iC} \tag{3.19}$$

式中 $\boldsymbol{r}_{iC}$ 为质点 i 相对质心 C 的位矢,$\boldsymbol{\omega}$ 的方向按右手螺旋法则确定,图 3.17(b) 中,$\boldsymbol{\omega}$ 的方向垂直纸面向里。

图 3.17(a) 中的位置变化,也可以通过另一途径实现:以 A 为基点,随 A 点平动 Δr_A,再绕通过 A' 点并垂直剖面的轴转过 $\Delta \theta$ 角。显然,以刚体上任意一点为基点,通过相似途径都可以实现图 3.17(a) 中的位置变化。

由图 3.17(a) 可见,在相同时间内,若所选基点不同,则平动位移不同(例 $\Delta \boldsymbol{r}_A \neq \Delta \boldsymbol{r}_C$),因而平动速度和加速度也不同(例 $\boldsymbol{v}_A \neq \boldsymbol{v}_C$),但是转过的角度 $\Delta\theta$ 相同,因而转动角速度和角加速度也相同。换句话说,**刚体平面运动的平动速度、加速度与基点的选择有关,而转动角速度、角加速度与基点的选择无关**。无论绕通过质心 C 的轴,还是绕通过 A 点的轴,刚体的角速度、角加速度都是相同的。

从运动学的角度看,可选刚体上任意一点作为基点。但是,由阅读材料 1.D 可以看到,从动力学的角度看,以质心 C 为基点,是最方便的。

二、刚体平面运动的动力学

由于刚体的平面运动可视为下述两种运动的叠加:① 随质心的平动;② 绕通过质心并垂直剖面的轴的转动,因此,求解刚体平面运动的动力学方程就是质心运动定律和对通过质心轴的转动定律[1]

$$\boxed{\boldsymbol{F} = m\boldsymbol{a}_C} \tag{2.36}$$

$$\boxed{M_C = J_C\beta} \tag{3.20}$$

式(3.20)中,M_C 为对通过质心并与剖面垂直的轴的外力矩之和,J_C 为刚体对通过质心并与剖面垂直的轴的转动惯量。

$\boldsymbol{F} = m\boldsymbol{a}_C$ 是矢量式,在剖面内有两个分量式,再加 $M_C = J_C\beta$,三个独立方程附带必要的初始条件,就可以完全确定刚体的平面运动。

三、刚体平面运动的动能

刚体作平面运动时,其动能等于随质心平动的动能 $\frac{1}{2}mv_C^2$ 与绕质心轴转动的动能 $\frac{1}{2}J_C\omega^2$ 之和,即[2]

---

① $M_C = J_C\beta$ 的证明见阅读材料 1.D。

② $E_k = \frac{1}{2}mv_C^2 + \frac{1}{2}J_C\omega^2$ 的证明见阅读材料 1.D。

$$E_k = \frac{1}{2}mv_C^2 + \frac{1}{2}J_C\omega^2 \qquad (3.21)$$

* 四、瞬时轴和绕瞬时轴的转动

由本节一、知,刚体作平面运动时,若以质心 C 为基点,刚体内任一质点 i 的速度为

$$\boldsymbol{v}_i = \boldsymbol{v}_C + \boldsymbol{\omega} \times \boldsymbol{r}_{iC}$$

由上式可见,若过 C 点引垂直 $\boldsymbol{v}_C$ 的直线,在此直线上总存在一点 P,$\boldsymbol{\omega} \times \boldsymbol{r}_{PC} = -\boldsymbol{v}_C$,即

$$\boldsymbol{v}_P = \boldsymbol{v}_C + \boldsymbol{\omega} \times \boldsymbol{r}_{PC} = 0$$

就是说,任一时刻,总存在一点 P,其瞬时速度为零。这个点 P 称为刚体的**瞬时转动中心**,例如,轮子作纯滚动时,与地面的接触点为瞬时转动中心,如图 3.18 所示。

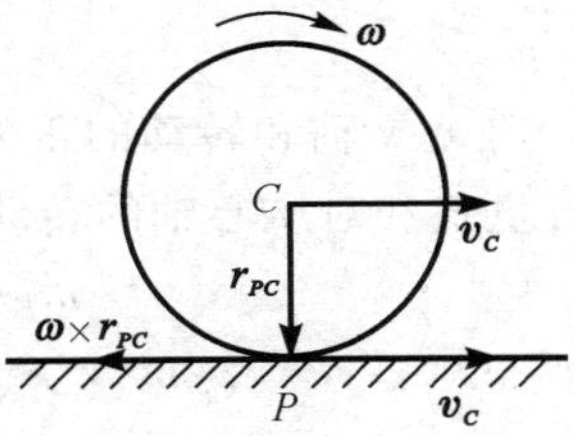

如果选瞬时转动中心 P 为基点,那么,因 $\boldsymbol{v}_P = 0$,所以刚体内任一质点 i 的速度为

$$\boldsymbol{v}_i = \boldsymbol{\omega} \times \boldsymbol{r}_{iP} \qquad (3.22)$$

刚体的平面运动可看作单纯**绕瞬时转动轴**

图 3.18 瞬时转动中心

(通过瞬时转动中心 P 并与剖面垂直的轴)**的转动**,求解刚体平面运动的动力学方程就是对瞬时转动轴的转动定律

$$M_P = J_P\beta \qquad (3.23)$$

刚体的总动能则就是绕瞬时转动轴的转动动能,即

$$E_k = \frac{1}{2}J_P\omega^2 \qquad (3.24)$$

若刚体作平面运动的过程中,瞬时转动轴的位置是固定不动的,则刚体的运动就是定轴转动,这也说明,刚体的定轴转动是刚体平面运动的特殊情况。

例 3.15 质量为 m、半径为 R 的均匀圆柱体,由静止开始,沿倾角为 θ 的斜面无滑动滚下。求:(1)圆柱体的质心加速度;(2)圆柱体的质心高度下降 h 时,圆柱体的动能;(3)要保证只滚不滑,作纯滚动,斜面与圆柱体之间的摩擦系数需满足什么条件?

解一 (1)圆柱体的滚动为刚体的平面运动,可分解为随质心

的平动和绕质心轴的转动,用质心运动定律 $\boldsymbol{F} = m\boldsymbol{a}_C$ 和对质心轴的转动定律 $M_C = J_C\beta$ 求解。

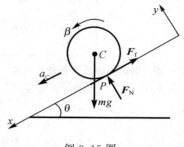

例 3.15 图

圆柱体所受外力有:重力 mg,竖直向下,作用在质心上;斜面的正压力 F_N,垂直斜面向上;静摩擦力 F_f,沿斜面向上。F_N 和 F_f 都作用在与斜面的接触点 P 上。根据受力分析,作出圆柱体的受力图,见例3.15图。

选 x、y 轴和转动的正方向如图所示,列出圆柱体的质心运动方程分量式和对质心轴的转动方程如下:

$$mg\sin\theta - F_f = ma_C \qquad ①$$

$$F_N - mg\cos\theta = 0 \qquad ②$$

$$F_f R = \frac{1}{2}mR^2\beta \qquad ③$$

纯滚动 $$a_C = \beta R^{①} \qquad ④$$

解 ① ～ ④ 式,得

角加速度 $$\beta = \frac{2g\sin\theta}{3R}$$

质心加速度 $$a_C = \frac{2}{3}g\sin\theta$$

---

① 设圆柱体与斜面的接触点为 P。圆柱体作平面运动时,P 点的速度 v_P 等于圆柱体的质心速度 v_C 与 P 点相对质心的速度 v_{PC} 之和。由例 3.15 图知,质心速度 v_C 的方向沿斜面向下,P 点相对质心的速度 v_{PC} 大小为 $v_P = \omega R$,方向沿斜面向上,故 $v_P = v_C - v_{PC} = v_C - \omega R$。

当圆柱体纯滚动时,P 点静止,$v_P = v_C - \omega R = 0$,即 $v_C = \omega R$,$a_C = \dfrac{\mathrm{d}v_C}{\mathrm{d}t} = \dfrac{\mathrm{d}\omega}{\mathrm{d}t}R = \beta R$,因此,纯滚动时,质心加速度与角加速度的关系为 $a_C = \beta R$。

静摩擦力 $$F_f = \frac{1}{3}mg\sin\theta$$

正压力 $$F_N = mg\cos\theta$$

（2）a_C 为常量，质心沿斜面向下作匀加速直线运动，质心下降 h，质心沿斜面向下运动 $\frac{h}{\sin\theta}$，设质心高度下降 h 时，质心速度为 v_C，角速度为 ω，动能为 E_k，则

$$v_C^2 = 2a_C\frac{h}{\sin\theta} = \frac{4gh}{3}$$

$$\omega^2 = \left(\frac{v_C}{R}\right)^2 = \frac{4gh}{3R^2}$$

$$E_k = \frac{1}{2}mv_C^2 + \frac{1}{2}J_C\omega^2$$

$$= \frac{1}{2}m\frac{4gh}{3} + \frac{1}{2}\left(\frac{1}{2}mR^2\right)\frac{4gh}{3R^2} = mgh$$

可见圆柱体无滑动滚下时，其重力势能一部分转变为随质心运动的平动动能，一部分转变为绕质心轴转动的转动动能。

（3）保证只滚不滑的充要条件是静摩擦力 F_f 小于、等于最大静摩擦力，即

$$F_f = \frac{1}{3}mg\sin\theta \leqslant \mu N = \mu mg\cos\theta$$

得

$$\mu \geqslant \frac{1}{3}\tan\theta$$

当 $0 < \mu < \frac{1}{3}\tan\theta$ 时，就会出现滑动，连滚带滑而下；当 $\mu = 0$ 时，就只有滑动，没有滚动，只滑不滚了。

解二 设圆柱体质心沿斜面运动 l 时，其角速度为 ω，质心速度为 v_C。因圆柱体向下纯滚动过程中，圆柱体上与斜面的接触点 P 无速度，所以静摩擦力不做功，只有重力做功，机械能守恒，有

$$\frac{1}{2}mv_C^2 + \frac{1}{2}J_C\omega^2 = mgl\sin\theta$$

圆柱体转动惯量 $\qquad\qquad J_C = \dfrac{1}{2}mR^2$

纯滚动 $\qquad\qquad\qquad v_C = \omega R$

解得 $\qquad\qquad\qquad v_C^2 = \dfrac{4}{3}gl\sin\theta$

上式两边对 t 求导,有

$$2v_C\,\frac{\mathrm{d}v_C}{\mathrm{d}t} = \frac{4}{3}g\sin\theta\,\frac{\mathrm{d}l}{\mathrm{d}t}$$

式中 $\dfrac{\mathrm{d}l}{\mathrm{d}t}$ 为质心速度 v_C,$\dfrac{\mathrm{d}v_C}{\mathrm{d}t}$ 为质心加速度 a_C,故得圆柱体的质心加速度为

$$a_C = \frac{2}{3}g\sin\theta$$

（2）根据机械能守恒定律,得圆柱体质心高度下降 h 时,圆柱体的动能 E_k 为

$$E_k = \frac{1}{2}mv_C^2 + \frac{1}{2}J_C\omega^2 = mgh$$

讨论 若斜面光滑,$F_f = 0$,则圆柱体不滚动,沿斜面滑下,质心加速度为 $a_C = g\sin\theta$,圆柱体质心下降 h 时,重力势能全部转变为平动动能 $\dfrac{1}{2}mv_C^2 = mgh$。

例 3.16 质量为 m、半径为 R 的均匀圆柱体上绕有细轻绳,绳的一端施一水平恒力 F,使圆柱体在水平面上由静止开始作纯滚动。求:(1)圆柱体的角加速度、质心加速度和所受的静摩擦力;(2)最初 t 时间内 F 对圆柱体所做的功和 t 时刻圆柱体的动能。

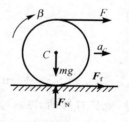

例 3.16 图

解 （1）圆柱体作平面运动,所受外力有:绳拉力 F、重力 mg、地面的正压力 F_N 和静摩擦力 F_f。作圆柱体的受力图,如例 3.16 图所示。

质心运动方程为

$$F + F_f = ma_C$$

绕质心轴的转动方程为

$$FR - F_f R = \frac{1}{2} mR^2 \beta$$

纯滚动关系式为

$$a_C = \beta R$$

解以上诸式,得

角加速度 $\qquad\qquad \beta = \dfrac{4F}{3mR}$

质心加速度 $\qquad\quad a_C = \dfrac{4F}{3m}$

静摩擦力 $\qquad F_f = \dfrac{F}{3}$ （方向与图示相同）

（2）圆柱体边缘最高点的加速度为

$$a = a_C + \beta R = \frac{8F}{3m}$$

故在 $\mathrm{d}t$ 时间内,F 对圆柱体所做的元功为

$$\mathrm{d}A_F = F\mathrm{d}x = Fv\mathrm{d}t = Fat\mathrm{d}t = \left(\frac{8F^2}{3m}\right)t\mathrm{d}t$$

在最初的 t 时间内,F 对圆柱体所做的功为

$$A_F = \int_0^t \left(\frac{8F^2}{3m}\right)t\mathrm{d}t = \frac{4F^2t^2}{3m}$$

按质点系动能定理

$$A_{外} + A_{内} = E_k - E_{k0}$$

因刚体内力做功为零,即 $A_{内} = 0$。外力中重力 mg 和正压力 F_N 与作用点位移方向垂直,不做功;静摩擦力 F_f 的作用点无位移也不做功;故 $A_{外} = A_F$。由题意知 $E_{k0} = 0$。因此,t 时刻圆柱体动能 E_k 为

$$E_k = A_F = \frac{4F^2t^2}{3m}$$

讨论 由于 F 为恒力,圆柱体的纯滚动可分解为随质心的匀加

速 直线运动和绕质心轴的匀角加速转动,因此,第(2)小题也可先求出 t 时刻的质心速度 v_C、角速度 ω 和动能 E_k:

$$v_C = a_C t = \frac{4Ft}{3m}$$

$$\omega = \beta t = \frac{4Ft}{3mR}$$

$$E_k = \frac{1}{2}mv_C^2 + \frac{1}{2}\left(\frac{1}{2}mR^2\right)\omega^2 = \frac{4F^2t^2}{3m}$$

再根据质点系动能定理求出最初 t 时间内 F 所做的功

$$A_F = E_k = \frac{4F^2t^2}{3m}$$

例 3.17 如图所示,质量为 m_1、半径为 r_1 的均匀圆柱体上绕有轻绳,绳的另一端跨过质量为 m_2、半径为 r_2 的均匀圆柱形定滑轮,挂一质量为 m 的物体。设滑轮与轴间光滑无摩擦,绳不可伸长,绳与滑轮间无相对滑动。求物体上升的加速度 a、绕绳圆柱体质心下落的加速度 a_C 和绳中张力。

解 分别作出绕绳圆柱体、定滑轮和物体的受力图。

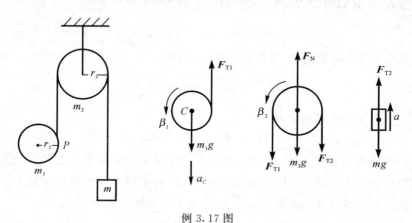

例 3.17 图

绕绳圆柱体作平面运动,质心运动方程为

$$m_1 g - F_{T1} = m_1 a_C$$

绕质心轴的转动方程为

$$F_{T1} r_1 = \frac{m_1 r_1^2}{2} \beta_1$$

定滑轮作定轴转动,转动方程为

$$F_{T1} r_2 - F_{T2} r_2 = \frac{m_2 r_2^2}{2} \beta_2$$

物体作平动,牛顿运动方程为

$$F_{T2} - mg = ma$$

绳与滑轮间不打滑,有关系式

$$a = \beta_2 r_2$$

$$◄ \quad a_C = a + \beta_1 r_1$$

解上述诸式,得

$$a = 2\left(\frac{m_1 - 3m}{2m_1 + 3m_2 + 6m} \right) g$$

$$a_C = 2\left(\frac{m_1 + m_2 + m}{2m_1 + 3m_2 + 6m} \right) g$$

$$F_{T1} = m_1 \left(\frac{m_2 + 4m}{2m_1 + 3m_2 + 6m} \right) g$$

$$F_{T2} = m \left(\frac{4m_1 + 3m_2}{2m_1 + 3m_2 + 6m} \right) g$$

讨论 (1)由解得结果可见:当 $m_1 > 3m$ 时,物体的加速度向上,绕绳圆柱体的质心加速度向下,$F_{T1} > F_{T2}$;当 $m_1 = 3m$ 时,物体的加速度为零,绕绳圆柱体的质心加速度向下,$F_{T1} = F_{T2}$;当 $m_1 < 3m$ 时,物体的加速度向下,绕绳圆柱体的质心加速度也向下,$F_{T1} < F_{T2}$。

*(2)对绕绳圆柱体,也可绕通过 P 点并垂直剖面的轴列转动方程,但因左边绳子有向下的加速度 a,需计入惯性力的力矩,即

$$M_P + M_P^i = J_P \beta_1$$

将 $M_P = m_1 g r_1$、$M_P^i = -m_1 a r_1$ 和 $J_P = \dfrac{m_1 r_1^2}{2} + m_1 r_1^2 = \dfrac{3m_1 r_1^2}{2}$ 代入上式,得

$$m_1 g r_1 - m_1 a r_1 = \frac{3m_1 r_1^2}{2}\beta_1$$

以此方程代替 $F_{T1}r_1 = \dfrac{m_1 r_1^2}{2}\beta_1$,然后与其他方程联合,也可解出相同结果。但是因为要计算惯性力的力矩,计算比较麻烦。由此可以看出,在求解刚体平面运动时,绕通过质心的轴列转动方程,具有很大的优越性。

§3.7　陀螺仪的定点运动

　　前面几节主要研究了刚体的定轴转动。定轴转动是刚体最简单的转动形式。刚体转动的一般形式是定点转动。刚体的定点转动通常是很复杂的,本节讨论**陀螺仪**的定点转动。所谓**陀螺仪**是具有轴对称性,而且绕此对称轴的转动惯量 J 很大的刚体,例如图 3.20 中的定向指示仪、图 3.23 中的杠杆回转仪和图 3.21 中的玩具陀螺,都是陀螺仪。当陀螺仪绕自身对称轴以角速度 ω 转动时,陀螺仪的角动量为

$$\boldsymbol{L} = J\boldsymbol{\omega}$$

$\boldsymbol{\omega}$ 的方向由右手螺旋规则确定,弯曲的四指沿陀螺仪的转动方向,伸直的大拇指即为 $\boldsymbol{\omega}$ 的方向,如图 3.19 所示。

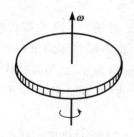

一、定向指示仪

　　由 §2.11 知,质点系角动量定理 $\boldsymbol{M} = \dfrac{\mathrm{d}\boldsymbol{L}}{\mathrm{d}t}$ 对任意质点系都是成立的,对陀螺仪当然也适用。根据这一定理,若陀螺仪所受合外力矩 $\boldsymbol{M} = 0$,则陀螺仪的

图 3.19　刚体的角速度矢量

角动量 $L = J\omega$ 大小方向都恒定不变。定向指示仪就是利用了这一原理。

图 3.20 中，飞轮可绕对称轴 AA' 转动，而且具有很大的转动惯量 J。AA' 轴装在内环上，内环可绕 BB' 轴转动。BB' 轴装在外环上，外环可绕 DD' 轴转动。三条轴线两两正交，三轴的交点与质心 C 重合。可见，飞轮的对称轴 AA' 可取空间任意方向，而质心 C 静止不动，因此，定向指示仪的运动为陀螺仪以质心为定点的定点转动。

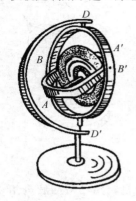

图 3.20　定向指示仪

因重力对质心的力矩为零，轴承的摩擦力矩很小可以忽略，定向指示仪所受的合外力矩为零，所以，当飞轮绕自身对称轴高速转动时，其角动量 $J\omega$ 守恒，因而对称轴 AA' 的方向保持不变。不管怎样转动框架，改变框架的位置，AA' 轴的空间取向始终恒定。

利用定向指示仪的这一特性，飞行员可确定飞机的空间取向，海员可确定海轮的航向。鱼雷、火箭中也装有定向指示仪，起到自动导航的作用。在鱼雷前进过程中，定向指示仪的轴线方向保持不变。当鱼雷因风浪等影响，前进方向改变时，鱼雷的纵轴与定向指示仪之间就出现了偏差，这时可启动有关器械改变舵的角度，使鱼雷回复到原来的前进方向。火箭中，则采用改变喷气方向的办法来校正飞行方向。

二、陀螺仪的回转效应

如图 3.21 所示，若把不转的陀螺放到定点 o 上，陀螺会因重力矩的作用而倾倒下来。若把绕自身对称轴高速转动（称为自转）的陀螺竖直放到定点 o 上，由于重力矩为零，陀螺的自转轴保持竖直方向不变。若把高速自转的陀螺放在 o 点上，并使自转轴与铅垂线之间有一倾角 φ，这时，陀螺在绕自转轴高速转动的同时，自转轴还绕竖直方向沿圆锥面缓慢转动。这一现象称为**旋进**（进动），也称**回转效应**。

陀螺的回转效应也是刚体的定点转动，同样可以用质点系角动量定理解释。陀螺一边自转，一边旋进时，陀螺对定点 o 的角动量应

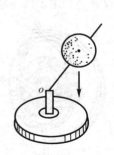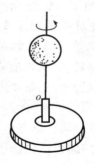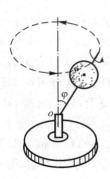

图 3.21　陀螺的定点运动

为自转角动量与旋进角动量之和,但因陀螺高速自转时,自转角动量远远大于旋进角动量,故可以认为陀螺的总角动量仍为

$$L = J\omega$$

陀螺所受的重力矩为

$$M = r \times mg$$

M 的方向始终在水平面内,与 L 垂直,沿图 3.22 中圆的切线方向。根据质点系角动量定理

$$\mathrm{d}L = M\mathrm{d}t$$

$\mathrm{d}L$ 的方向与 M 方向相同,也与 L 垂直,因此,L 只改变方向,不改变大小,自转轴绕竖直轴旋进。根据 $\mathrm{d}L$ 方向永远与 M 相同这一原理,可以判断陀螺旋进的方向。例如图 3.22 中,旋进方向为俯视逆时针。若自转方向与图 3.22 中相反,则旋进方向也反向。

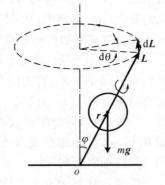

旋进的快慢用**旋进角速度** Ω 描述

$$\Omega = \frac{\mathrm{d}\theta}{\mathrm{d}t}$$

因为　　$\mathrm{d}L = L\sin\varphi\,\mathrm{d}\theta = M\mathrm{d}t$

$$M = mgr\sin\varphi$$

图 3.22　旋进角速度

$$L = J\omega$$

所以，旋进角速度大小为

$$\Omega = \frac{M}{L\sin\varphi} = \frac{mgr}{J\omega} \qquad (3.25)$$

式中 φ 为自转轴与竖直轴之间的夹角，J 为陀螺绕自转轴的转动惯量，ω 为自转角速度，r 为质心与定点 o 之间的距离。式（3.25）表明，陀螺的旋进角速度 Ω 与外力矩 M 成正比，与自转角动量成反比。需要指出，只有陀螺仪在 $\omega \gg \Omega$，即旋进角动量远小于自旋角动量时，式（3.25）才成立。

图 3.23 所示为杠杆陀螺仪。当飞轮高速自转时，若调整砝码位置使杠杆平衡，则杠杆的方向保持不变。若向外或向内移动砝码使杠杆偏离平衡，则杠杆就绕竖直轴旋进。

回转效应具有许多实际

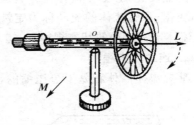

图 3.23　杠杆回转仪

应用。例如，在枪膛中刻制螺旋形来复线，使射出的子弹绕自身对称轴高速旋转，因此，空气阻力矩不会使子弹翻转，而是使子弹绕前进方向旋进，这样就使子弹不会与弹道产生很大的偏离，从而提高了子弹的命中率。

§3.8　流体力学简介

一、理想流体　定常流动

具有流动性的连续体称为**流体**。流体在外力作用下形状会发生变化，外力撤销后形状也不能恢复。液体和气体都属于流体。

实际流体的体积或多或少可以压缩。流体运动时，层与层之间还存在内摩擦力,即流体具有黏滞性。但有些情况下,流体的可压缩性和黏滞性的影响很小,因而抽象出一种理想模型 —— 理想流体。**理想流体**是绝对不可压缩、完全无黏滞性的流体。

液体的可压缩性很小,很多液体(如水、乙醇、汞等)的黏滞性很小,通常都可以近似看作理想流体。气体的可压缩性虽然较大,但气体的黏滞性非常小,流动性非常好,有些问题中,气体的可压缩性是影响运动的次要因素,流动性才是决定运动的主要因素,因此也可把气体近似视为理想流体。

一般情况下,流体流过管道时,流经管道内任一固定点的流速是随时间而变化的。如果流体流经管道内任一固定点的流速都不随时间而变化,那么流体的流动称为**定常流动**,也称**稳定流动**。本节研究理想流体定常流动的基本规律。

二、连续性方程

理想流体的体积是不可压缩的,故当流体定常流动时,在 dt 时

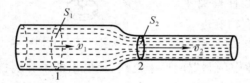

图 3.24　连续性方程

间内通过任一截面的体积相等(见图 3.24)。设截面 S_1 处的流速为 v_1,截面 S_2 处的流速为 v_2,则 dt 时间内通过截面 S_1 的体积为 $S_1 v_1 \mathrm{d}t$,通过截面 S_2 的体积为 $S_2 v_2 \mathrm{d}t$,两者相等

$$S_1 v_1 \mathrm{d}t = S_2 v_2 \mathrm{d}t$$

得

$$S_1 v_1 = S_2 v_2$$

因截面 S_1、S_2 是任意的,故上式可表示为

$$Sv = 常量 \tag{3.27}$$

式中 Sv 是单位时间内通过任一截面的流体体积,称为体积流量,用

符号 Q_V 表示。在国际单位制中，Q_V 的单位为 m^3/s。式(3.27)表明，理想流体定常流动时，流体的流速与管道截面积成反比，管道较粗处流速较小，管道较细处流速较大。

由于理想流体定常流动时，流体的密度 ρ 为常量，故式(3.27)可演化为

$$\boxed{\rho S v = 常量} \tag{3.28}$$

式中 $\rho S v$ 为单位时间内通过任一截面的流体质量，称为**质量流量**，用符号 Q_m 表示，在国际单位制中，Q_m 的单位为 kg/s。式(3.28)称为理想流体定常流动的连续性方程。它说明理想流体定常流动时，流过管道内任一截面的质量流量相等。

三、伯努利方程

伯努利方程是理想流体定常流动的基本规律。

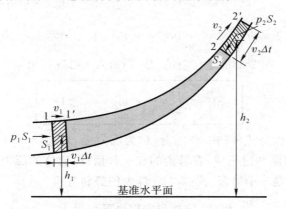

图 3.25　伯努利方程

设图(3.25)管道中是完全不可压缩和完全无黏滞性的理想流体，密度为 ρ。截面 S_1 处的高度为 h_1、压强为 p_1、流速为 v_1，截面 S_2 处的高度为 h_2、压强为 p_2、流速为 v_2。将阴影部分质量为 m 的流体作为系统，研究该系统从截面 S_1 处运动到截面 S_2 处的过程。该过程中对系统做功的外力为系统两边的压力。左侧压力 p_1S_1 对系统做功

$p_1 S_1 l_1$。右侧压力 $p_2 S_2$ 对系统做功 $(-p_2 S_2 l_2)$，因为是系统反抗外力 $p_2 S_2$ 做功，所以此功为负。由于理想流体的体积完全不可压缩，过程中系统的体积保持不变，即 $V = S_1 l_1 = S_2 l_2$，因此，该过程中外力对系统所做的总功为

$$A_外 = p_1 S_1 l_1 - p_2 S_2 l_2 = (p_1 - p_2)V$$

按功能原理，过程中外力和非保守内力对系统所的总功等于系统动能和势能的增量。因理想流体完全无黏滞性，非保守内力内摩擦力为零，非保守内力不做功，故

$$A_外 = \Delta E_k + \Delta E_p$$

即

$$(p_1 - p_2)V = \left(\frac{1}{2}mv_2^2 - \frac{1}{2}mv_1^2\right) + (mgh_2 - mgh_1)$$

移项，得

$$p_1 V + \frac{1}{2}mv_1^2 + mgh_1 = p_2 V + \frac{1}{2}mv_2^2 + mgh_2 \quad (3.29)$$

因 S_1 和 S_2 两个截面是任意的，故式 (3.29) 可改写为

$$\boxed{pV + \frac{1}{2}mv^2 + mgh = 常量} \quad (3.30)$$

式中 pV 也是流体的一种能量，称为**压力能**。故式 (3.30) 表明，**理想流体定常流动过程中，在管道的任一截面处，流体的压力能、动能和势能之和是一个常量**。式 (3.30) 称为**伯努利方程**。

由于 $\rho = \dfrac{m}{V}$，因此，伯努利方程也可表示为

$$\boxed{p + \frac{1}{2}\rho v^2 + \rho gh = 常量} \quad (3.31)$$

这是伯努利方程的另一表示形式。

四、压强与流速的关系

如果管道是水平的，$h = 常量$，式 (3.31) 变为

$$p + \frac{1}{2}\rho v^2 = 常量 \qquad (3.32)$$

式（3.32）表明，流速大处，压强较小。而由式（3.29）知，$Sv =$ 常量，截面积小处，流速较大，截面积大处流速较小，因此，**理想流体在水平管道内定常流动时，截面积小处流速较大、压强较小，截面积大处流速较小、压强较大。**

图 3.26　喷雾器

例如，喷雾器中盛了药水，当活塞用力向右推时，圆筒内的空气就以很大的速度从小孔中喷出，使该处的压强减小，于是药水在液面大气压的作用下，沿细管上升，被小孔喷出的高速气流带走，形成雾状，如图（3.26）所示。

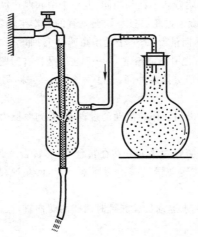

图 3.27　水流抽气机

水流抽气机也是利用这一原理。自来水流经管道的细窄部分时，水的流速增大,压强减小,瓶中的空气就被吸出,随水流带走,如图 3.27 所示。利用水流抽气机,可以把不太大容器内的压强抽到 $1.0 \times 10^3 \mathrm{Pa}$ 左右。

思考题

3.1 汽车在弯曲的道路上行驶,其运动是否平动?

3.2 匀角速转动的飞轮上两点,一点在轮边缘,另一点在转轴与边缘之间一半处,试比较这两点的角速度、角加速度、速度和加速度。

3.3 "若定轴转动的刚体所受合外力矩为零,则它所受的合外力必为零。"上述说法对吗?

3.4 (1)"若某时刻刚体所受合外力矩为零,则它的角速度和角加速度均为零。"

(2)"若某时刻刚体所受合外力矩不为零,则它的角速度和角加速度均不为零。"

上述说法是否正确?

3.5 两轮子的质量和半径都相同,但一个中间厚边缘薄,另一个中间薄边缘厚。已知两轮子均绕通过轮心且与轮面垂直的轴作定轴转动,转动动能相同。问那一个轮子的转动惯量大?那一个轮子角速度大?那一个轮子的角动量大?

3.6 "圆柱体沿光滑斜面滚下,……"这话是否有问题?为什么?

3.7 两个球的前进速度相同。其中一个是旋转球,另一个是不转的。问那个球的动能大?

3.8 圆柱体在沿斜面作纯滚动的过程中,受到摩擦力的作用,为什么机械能是守恒的。

3.9 某人手握哑铃两手分开站在转台上,与转台一起以一定的角速度转动。若把两手缩回,使转动惯量减小为原来一半,问角速度和转动动能怎样变化?

3.10 为什么跳水运动员在起跳时两腿两臂伸直,在空中时把两腿两臂收拢,入水前重又伸直?

3.1　半径 $R = 0.20$m 的飞轮由静止开始作 $\beta = 10$rad/s^2 的匀角加速转动。求 $t = 2$s 时飞轮的(1)角速度;(2)飞轮边缘一点的速度和加速度;(3)已转过的圈数。

3.2　已知地球半径 $R = 6.37 \times 10^6$m,求:(1)地球自转的角速度;(2)北纬 45° 处一点的速度和法向加速度。

3.3　A 轮半径为 0.10m,转速为 1450r/min,B 轮半径为 0.29m。两轮间利用皮带传动,皮带与轮间不打滑。(1)求 B 轮的转速;(2)若 A 轮的输出功率为 1kW,求皮带对 B 轮的力矩。

3.4　一飞轮作定轴转动,其角速度与时间的关系为 $\omega = [4 + (0.3t^2/\text{s}^2)]$rad/s。求:(1)$t = 10$s 时飞轮的角加速度;(2)在 $t = 0$ 到 $t = 10$s 这一段时间内,飞轮转过的角度。

3.5　如图所示,质量分别为 m、$2m$、$3m$ 和 $2m$ 的四个小球安装在半径为 R

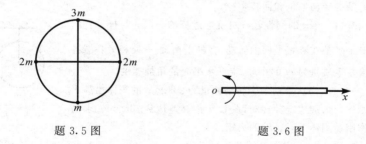

题 3.5 图　　　　　　　　　题 3.6 图

的圆形刚性轻架上。求此系统对下述两轴的转动惯量:(1)通过圆心并垂直纸面的轴;(2)通过此系统质心并垂直纸面的轴。

3.6　如图所示,细杆长为 l,质量线密度为 $\rho_1 = kx$,式中 k 为常量。求此杆对通过 o 点并与杆垂直的轴的转动惯量。

3.7　如图所示,质量为 m、半径为 R 的圆盘与质量为 m、长为 $2R$ 的均匀细杆一端装在一起,杆的延长线通过圆心。求此组

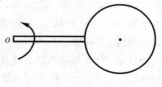

题 3.7 图

合刚体对通过杆的另一端并与纸面垂直的轴的转动惯量。

3.8 如图所示,质量为 m、半径为 R 的匀质圆盘,对称地挖去半径为 $\dfrac{R}{3}$ 的小圆孔。求它对通过圆盘中心并与圆盘垂直的轴的转动惯量。

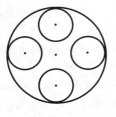

题 3.8 图

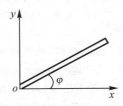

题 3.9 图

3.9 如图所示,质量为 m、长为 l 的均匀细杆在 xy 平面内,与 x 轴夹角为 φ,其一端在原点 o。求此细杆对 ox 轴、oy 轴和 oz 轴的转动惯量。

3.10 矩形薄板的质量为 m、长为 a、宽为 b,求它对通过其中心并与板面垂直的轴的转动惯量和回转半径。

3.11 长 l 的刚性轻杆可绕通过杆的一端并与杆垂直的光滑水平轴在竖直平面内转动,在杆上离轴 $\dfrac{l}{3}$ 处和另一端各连接一个质量为 m 的小球。求杆水平时的角加速度。

3.12 马达带动一个转动惯量为 20kg·m^2 的刚体由静止开始作匀角加速定轴转动,在 1.0s 内转速达到 30r/min。求马达作用在刚体上对转轴的力矩。

3.13 一个定滑轮的转动惯量为 $J = 0.20\text{kg·m}^2$、半径为 0.10m,力 $F = (4t/\text{s})\text{N}$ 沿切线方向作用在滑轮边缘上。设 $t = 0$ 时滑轮静止,求 $t = 5\text{s}$ 时滑轮的角速度。

题 3.14 图

3.14 如图所示,质量为 $M = 20kg$、半径为 $R = 0.20\text{m}$ 的均匀圆柱形轮子,可绕光滑的水平轴转动,轮子上绕有轻绳。若有恒力 $F = 9.8\text{N}$ 拉绳的一端,使轮子由静止开始转动。轮子与轴承间的摩擦可忽略。求:(1) 轮子的角加速度;(2) 绳子拉下 1m 时,轮子的角速度和动能。

3.15 上题中绳的一端挂一质量 $m = 0.10\text{kg}$ 的物体,求轮子的角加速度、物体的加速度和绳中的张力。

题 3.15 图

3.16 如图所示,轻绳两端各系质量为 m_1 和 m_2 的物体,m_2 放在光滑的水平桌面上,绳跨过一个半径为 r、转动惯量为 J 的定滑轮,m_1 铅垂悬挂。滑轮与轴承间摩擦可忽略。绳与滑轮间不打滑。求两物体的加速度和绳中张力。

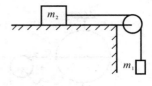

题 3.16 图

*3.17 上题中,若 m_2 与桌面间的摩擦系数为 μ,滑轮与轴承间的摩擦力矩为 M_f,求两物体的加速度和绳中张力。

3.18 半径为 R_1 和 R_2 的阶梯状滑轮上($R_1 > R_2$),反向绕两条轻绳,分别悬挂质量为 m_1 和 m_2 的物体。滑轮对转轴的转动惯量为 J。滑轮与轴间摩擦可忽略。求两物体的加速度和绳中的张力。若最初两物体静止,则什么条件下滑轮顺时针转动?什么条件下滑轮逆时针转动?什么条件下滑轮和两物体均静止?

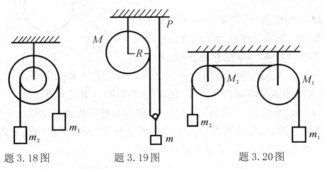

题 3.18 图　　　题 3.19 图　　　题 3.20图

3.19 如图所示,轻绳绕在质量为 $M = 0.60\text{kg}$、半径为 $R = 8.0\text{cm}$ 的圆柱形定滑轮上,绳的另一端穿过一个光滑的小环后固定于 P 点,小环下面悬挂一个质量为 $m = 0.30\text{kg}$ 的物体。设滑轮与轴间摩擦可忽略。求物体的加速度。

3.20 如图所示,轻绳跨过质量 M_1、半径 R_1 和质量 M_2、半径 R_2 的两个均匀圆柱形定滑轮,两端各悬挂质量为 m_1 和 m_2 的物体。设滑轮与轴间光滑无摩擦,绳与滑轮间不打滑。$m_1 > m_2$。求两物体的加速度和绳中张力。

3.21 如图所示,质量为 M、半径为 R 的均匀球体可绕通过球心的光滑竖直轴转动,球体赤道上绕有轻绳,绳的另一端跨过转动惯量为 J、半径为 r 的定滑轮,悬挂一个质量为 m 的物体。物体由静止开始向下运动,求向下移动 h 时物体的速度。

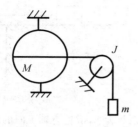

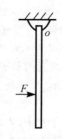

题 3.21 图   题 3.22 图

3.22 竖直悬挂的均匀细杆可绕通过上端的光滑水平轴转动,问:水平力打击在杆上离转轴多远处,杆对轴的水平作用力为零?

3.23 如图所示,质量 $m = 60\text{kg}$、半径 $R = 0.25\text{m}$ 的均匀圆柱形飞轮绕通过中心的水平轴以 900r/min 的转速转动。若在

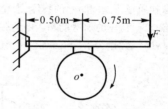

题 3.23 图

闸杆右端施一竖直方向的制动力 $F = 100\text{N}$,闸瓦与飞轮间的摩擦系数为 $\mu = 0.40$,问飞轮经多长时间停止转动?在这段时间内,飞轮已转了几圈?

3.24 如图所示,质量为 m、长为 l 的均匀细杆可绕通过下端的光滑水平轴在竖直平面内转动,若从竖直位置开始由静止释放,因受微扰而往下转动。求杆转到与铅垂线成 θ 角时的角加速度和角速度。

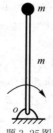

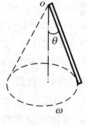

题 3.24 图   题 3.25 图   题 3.26图

3.25 如图所示,均匀细杆质量为 m、长为 l,上端连接一个质量为 m 的小球,可绕通过下端并与杆垂直的水平轴转动。设杆最初静止于竖直位置,受微小干扰而往下转动。求转到水平位置时,(1)杆的角速度;(2)杆的角加速度;(3)轴对杆的作用力。

*3.26** 如图所示,质量为 m、长为 l 的均匀细杆的上端 o 静止,其杆以角速度 ω 沿圆锥面转动,求稳定转动时杆与竖直轴之间的夹角 θ。

3.27 冲床飞轮的转动惯量为 $4.0 \times 10^3 \text{kg} \cdot \text{m}^2$,当它以 30r/min 作定轴转动时,其动能多大?若每冲一次,转速降为 10r/min,问:每冲一次飞轮对外做功多少?

3.28 质量为 M、半径为 R 的均匀圆盘可绕垂直盘面通过盘心的光滑水平轴转动,若质量为 m 的小胶块黏在与轴等高的圆盘边缘上,由静止释放。求 m 到达最低点时圆盘的角速度。

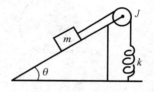

题 3.29 图

3.29 如图所示,劲度为 k 的轻弹簧下端固定在地面上,上端与轻绳相连,轻绳跨过转动惯量为 J、半径为 r 的定滑轮,另一端系一质量为 m 的物体,物体放在倾角为 θ 的光滑斜面上。滑轮与轴间无摩擦。设最初弹簧为原长,m 由静止释放。求:(1)物体能滑下的最大距离 l;(2)物体滑下 x 时的速度;(3)物体离释放处多远时速度最大?

3.30 质量为 m、长为 l 的均匀细杆可绕通过细杆一端并与杆垂直的光滑水平轴转动,将杆由水平静止释放,求转到竖直位置时细杆的(1)角速度 ω;(2)动能 E_k;(3)质心速度 v_C。

3.31 质量为 m、长为 l 的均匀细杆可绕通过一端并与杆垂直的光滑水平轴转动,要使铅垂静止的杆恰好能转到水平位置,必须给杆多大的初角速度?

3.32 光滑的水平面上,质量为 M、长为 l 的均匀细杆可绕通过杆质心的竖直光滑轴转动。最初杆静止,质量为 m 的小球以垂直于杆的水平速度 v_0 与杆的一端发生完全弹性碰撞。求碰后球的速度和杆的角速度。

题 3.32 图

3.33 质量 M、半径 R 的圆盘形转台可绕竖直的中心轴转动,摩擦不计。起初,质量为 m 的人在台上距轴 $\dfrac{R}{2}$ 处与台一起以角速度 ω_0 转动,求当人走到台的边缘后人与台一起转动的角速度。

3.34 上题中的转台,起初质量 m 的人在台的中心与台一起以角速度 ω_0 转动。若此人相对转台以恒定速度 v' 沿半径向外走,求:走了时间 t 后,台已转过的角度。

3.35 质量为 10kg、半径为 0.50m 的均匀球体绕通过球心的竖直光滑轴以角速度 2.0rad/s 转动,质量为 0.50kg 的小胶块以 0.40m/s 的水平速度飞来,顺球转动的切线方向与球的赤道边缘相碰并黏住,求:(1)碰撞后的角速度;(2)碰撞前后球和胶块所组成的系统机械能的变化。

题 3.35 图　　　　　图 3.36 图

3.36 如图所示,A、B 两轮同轴心,A 轮的转动惯量为 $J_1 = 10\text{kg} \cdot \text{m}^2$,$B$ 轮的转动惯量为 $J_2 = 20\text{kg} \cdot \text{m}^2$。起初 A 轮转速为 600r/min,B 轮静止。求:(1)两轮通过摩擦啮合器 C 啮合后的角速度 ω;(2)啮合过程中两轮各自所受的冲量矩;(3)啮合过程中损失的机械能。

3.37 质量为 M、半径为 R 的均匀圆柱形飞轮绕通过轮心垂直轮子的水平轴以角速度 ω_0 转动,某瞬时质量为 m 的小碎片从飞轮边缘飞出,碎片脱离飞轮时的速度恰好竖直向上。求:(1)碎片上升的高度;(2)飞轮余下部分的角速度、角动量和转动动能。

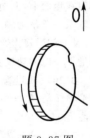

题 3.37 图

3.38 质量 $M = 1.0\text{kg}$、长 $l = 0.40\text{m}$ 的均匀细杆可绕通过杆一端的光滑水平轴在竖直平面内转动。起初杆自然下垂,质量 $m = 8.0\text{g}$ 的子弹以 $v = 200\text{m/s}$ 的水平速度射入离转轴 $\frac{3}{4}l$ 处的杆中,求:(1)杆开始转动时的角速度;(2)杆的最大偏转角。

3.39 质量为 M、长为 l 的均匀细杆可绕垂直于杆一端的水平轴无摩擦地转动。杆原来静止于平衡位置,现有质量为 m 的小球水平飞来,与杆的下端发生

完全弹性碰撞。碰撞后,杆的最大偏转角为 θ。求:
(1) 小球的初速度;(2) 碰撞过程中,杆所受的冲量矩。

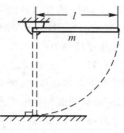

3.40 质量为 m、长为 l 的均匀细杆可绕通过杆一端的光滑水平轴在竖直平面内转动,使杆从水平位置由静止释放,杆摆到竖直位置时杆的下端恰好与光滑水平面上质量为 $\dfrac{m}{3}$ 的小物发生完全弹性碰撞。求碰撞后小物的速度。

题 3.40 图

*3.41 质量为 m 的人站在质量为 M、长为 l 的竹筏一端,起初,人和筏均处于静止状态。若人以速度 v(相对于河岸)向垂直于竹筏的方向跳出,求竹筏获得的角速度。假设竹筏的转动惯量可按均匀细杆公式计算,水的阻力可忽略。

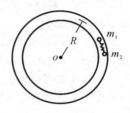

3.42 在光滑的水平面上,有一平均半径为 R 的光滑圆形沟槽,在槽内质量分别为 m_1 和 m_2 的

题 3.42 图

两个小球将劲度为 k 的轻弹簧压缩 λ(球与弹簧并不连接),然后由静止释放。问:(1) m_1 转过多大角度后与 m_2 相碰?(2) 释放后多长时间两球相碰?

*3.43 质量为 M、长为 l 的均匀细杆放在摩擦系数为 μ 的水平桌面上,可绕通过细杆一端的竖直光滑轴转动。最初细杆处于静止状态,质量为 m 的小滑块以垂直于杆的水平速度 v_0 与杆的另一端碰撞,碰后以速度 v 反向弹回。设碰撞时间很短,问碰撞后经过多少时间细杆停止转动?

3.44 质量 $m = 1.0 \times 10^4 \mathrm{kg}$,半径 $R = 0.50\mathrm{m}$ 的均匀圆柱形压路滚子,其轴上受到 $F = 1.5 \times 10^4 \mathrm{N}$ 的水平牵引力,使它在水平地面上作纯滚动。求:(1) 滚子的角加速度和质心加速度;(2) 地面对滚子的摩擦力。

3.45 绕线轮的质量为 $4.0\mathrm{kg}$,绕对称轴的转动惯量为 $J = 9.0 \times 10^{-2} \mathrm{kg \cdot m^2}$,大圆半径为 $R = 0.20\mathrm{m}$,小圆半径为 $r = 0.10\mathrm{m}$。用 $F = 25\mathrm{N}$ 的水平力拉线的一端,使绕线轮在水平地面上作纯滚动。求:(1) 绕线轮的角加速度和质心加速度;(2) 地面对绕线轮的摩擦力;(3) 摩擦系数至少多大才无相对滑动?

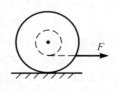

题 3.45 图

3.46 质量为 m、半径为 R 的均匀圆柱体上绕有轻线,线的一端固定于天花板上,求圆柱体的角加速度、质心加速度和绳中张力。

3.47 上题中线的一端不是固定在天花板上,而是用手提着以加速度 $3g$ 竖直向上运动,求圆柱体的角加速度、质心加速度和绳中张力。

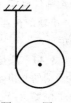

题 3.46 图

3.48 如图所示,半径为 r、质量可以不计的圆柱形细长杆的中间装一个质量为 m、半径为 R 的均匀短圆柱体,两条细绳绕在细长杆上,绳的另一端挂在天花板上。这一装置称为滚摆。求释放后,此滚摆的质心加速度和绳中张力。

3.49 半径 $r_1 = 0.04\text{m}$ 和 $r_2 = 0.10\text{m}$ 的两个短圆柱同心地装在一起,总质量为 $M = 8.0\text{kg}$,绕对称轴的转动惯量为 $J = 0.03\text{kg·m}^2$。小圆柱上绕有轻绳,绳的上端固定在天花板上。大圆柱上也绕有轻绳,绳的下端挂一质量为 $m = 6.0\text{kg}$ 的物体。求圆柱体的角加速度、质心加速度、物体的加速度和绳中张力。

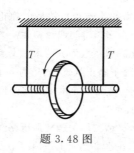

题 3.48 图

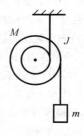

题 3.49 图

3.50 质量为 m、长为 l 的均匀细杆静止于光滑水平桌面上,垂直于杆的恒定水平力 F 作用在离质心 x 的杆上,作用时间 Δt 很短。可以认为在 Δt 内杆的位置不变。求:(1)F 作用时杆的角加速度和质心加速度;(2)F 作用结束后杆的角速度和质心速度;(3)t 时刻($t \gg \Delta t$)杆已转过的角度和质心已移动的距离。

3.51 均匀圆柱体放在倾角为 θ 的斜面上,圆柱上部边缘受平行于斜面向上的切向力 F 作用。要使圆柱体静止不动,圆柱体与斜面间的摩擦系数必须满足什么条件?

3.52 质量为 m、半径为 r 的均匀小球从高 h 的斜坡上向下作纯滚动,问 h 必须满足什么条件,小球才能翻过如图所示半径为 R 的圆形轨道顶部而不脱轨?(设 $r \ll R$)

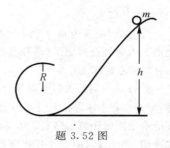

3.53 质量为 m 的均匀细杆的一端用细绳挂起,另一端从水平位置由静止释放。求释放瞬时,绳中的张力。

题 3.52 图

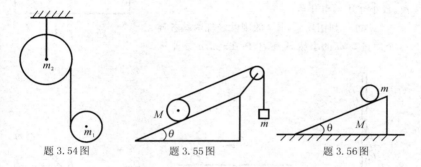

题 3.54图　　　　　题 3.55图　　　　　题 3.56图

*3.54 如图所示,轻绳一端绕在质量为 m_1、半径为 r_1 的均匀圆柱体上,另一端绕在质量为 m_2、半径为 r_2 的匀质圆柱形定滑轮上。求:(1)定滑轮的角加速度;(2)圆柱体的角加速度和质心加速度;(3)绳中张力。

3.55 质量为 $M = 4.0\text{kg}$,半径为 $R = 0.10\text{m}$ 的均匀圆柱体上绕有轻绳,圆柱体在倾角 $\theta = 37°$ 的斜面上作纯滚动,绳的另一端跨过一个不计质量和摩擦的定滑轮后,悬挂一个质量 $m = 1.0\text{kg}$ 的物体。求:(1)物体的加速度;(2)圆柱体的角加速度和质心加速度;(3)斜面对圆柱体的摩擦力。

*3.56 质量为 M、倾角为 θ 的斜面体放在光滑的水平面上,质量为 m、半径为 r 的均匀圆柱体由静止开始沿斜面向下纯滚动。求圆柱体的角加速度和斜面体的加速度。

*3.57 如图所示,在以加速度 $a_0 = 2.2\text{m/s}^2$ 竖直上升的升降机中,质量为 $M = 6.0\text{kg}$、半径为 $R = 0.10\text{m}$ 的均匀圆柱体上绕有轻绳,绳的另一端跨过质量为 $M = 6.0\text{kg}$、半径 $R = 0.10\text{m}$ 的均匀圆柱形定滑轮,悬挂一个质量为 $m = 1.0\text{kg}$ 的物体。求:(1)相对于升降机,物体的加速度和圆柱体的质心加速度;

(2) 绳中的张力。

*3.58 质量为 m、长为 l 的均匀细杆在光滑
桌面上由竖直自由倒下。求杆与铅垂线夹角为 θ
时杆的质心速度。

3.59 一辆很长的平板车上,有一个均匀小
球,原来车和小球均静止。若车突然开始以加速度
a_i 沿水平路面作匀加速直线运动,小球在车上作
纯滚动。求经过时间 t,小球相对地面已移动的距
离。设小球还未离开车。

*3.60 如图所示,长 l 的刚性轻杆两端各连
一个质量为 m 的小球 A 和 B,放在光滑的水平面

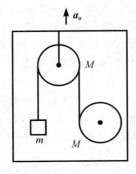

题 3.57 图

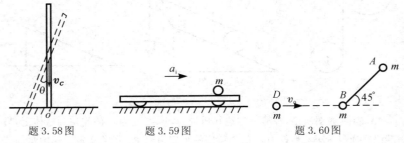

题 3.58 图   题 3.59 图   题 3.60 图

上。质量也为 m 的小球 D 以水平速度 v_0 与杆成 45° 角方向飞来,与轻杆一端的
小球 B 进行完全弹性碰撞,碰撞后小球 D 反方向弹回。求:(1)碰撞后杆的角速
度;(2)当 A、B 球和轻杆组成之刚体的质心移动距离 x 时,杆已转了几圈?(3)
当 A、B 球和轻杆组成之刚体的质心移动 x 时,其动能多大?

3.61 如图所示,质量为 m、回转半径为 R_G 的轮子装在长 l 的自转轴的中
部,轴为刚性轻杆,其一端用绳子挂起。使轴处于水平位置,轮子绕自转轴以角
速度 ω 高速转动,转动方向如图所示。求:(1)轮子的自转角动量;(2)旋进角速
度,并判断旋进方向。

3.62 如图所示,陀螺质量为 $m = 2\text{kg}$,绕自转轴的转动惯量为 $J = 0.02$
kg·m^2,陀螺绕自转轴以角速度 $\omega = 100\text{rad/s}$ 转动,陀螺下端被放在支点 o 上,
自转轴与竖直轴之间的夹角为 $\theta = 30°$,质心到支点的距离为 $r = 0.10\text{m}$。求:(1)
自转角动量;(2)陀螺所受对支点的外力矩;(3)旋进角速度,并判断旋进方向。

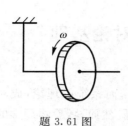

题 3.61 图

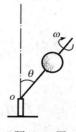

题 3.62 图

3.63 内径 12mm 的消防水管中水流流速为 10m/s,若枪口直径为 6mm。喷口流速多大?流量多大?

3.64 若在盛有水的 U 形管一管的顶端吹气,使空气以 15m/s 的速度流过管顶。求两管中水面的高度差。空气密度为 $1.3kg/m^3$。

第四章　狭义相对论基础

　　19 世纪末,经典力学已发展成为严密而系统的理论,成功地解释了许多物理现象,解决了许多实际问题。然而,随着物理学的进一步发展,逐渐深入到高速运动领域,经典力学与电磁场理论之间、与实验之间出现了尖锐的矛盾。当时,大多数物理学家深信经典力学为绝对真理。因无法解释这些矛盾,感到非常苦恼。而爱因斯坦(A. Einstein)[①]冲破了传统观念的束缚,创立了"相对论"。相对论圆满地解释了上述矛盾,并使物理学发生了一场深刻的革命,成为 20世纪物理学最伟大的成就之一。

　　相对论分为**狭义相对论**和**广义相对论**两部分。狭义相对论改变了绝对时间和绝对空间的旧观念,指出了时间和空间的相对性,建立了高速物体的动力学规律,揭示了质量与能量之间的内在联系。广义相对论提出了新的引力理论,阐述了引力场中的弯曲时空结构。目前,相对论已被大量实验所证实,并成为天体物理、高能物理和现代工程技术的理论基础。本章主要介绍狭义相对论基础。

----

　　① 爱因斯坦(A. Einstein,公元 1879—1955 年),犹太人。出生在德国,后因受希特勒迫害而移居美国。他是牛顿以来最伟大的科学家,在经典物理向近代物理转折的过程中,起到了划时代的作用。他的贡献主要在"相对论"和"量子论"两个方面。1905 年创立狭义相对论,提出了新的时空观,揭示了时空的统一性;发现了质能关系,为核能利用奠定了基础。1916 年创立广义相对论,揭示了物质、运动、时间、空间之间更加深刻的联系,揭示了非惯性系中时空的弯曲,揭示了引力场与加速场的等效性,为宇宙学研究提供了理论武器。1905 年用光量子概念解释了光电效应,因此获 1921 年诺贝尔物理学奖。1909 年提出受激辐射理论,成为激光技术的理论基础。1924 年他推荐了德布洛意提出的实物粒子"波粒二象性学说",促进了波动力学的发展。此外,他在量子统计方面也有重要贡献。爱因斯坦除科学探索之外,别无他求。他品德高尚,实事求是,追求真理,敢于创新。他说:"看一个人的价值,应看他贡献什么,而不是看他取得什么。"

§4.1 经典力学的困难

经典力学是建立在绝对时空观的基础之上的。牛顿认为时间和空间都与物质运动没有联系,存在脱离物质的绝对静止空间和永远流逝的绝对时间,空间距离和时间间隔与参照系无关,是绝对量。从这种绝对时空观出发,所得到的坐标变换关系,称为**伽利略变换**。

设有两个惯性系 $K(oxyz)$ 和 $K'(o'x'y'z')$,对应坐标轴互相平行,$t = t' = 0$ 时两个原点 o 和 o' 互相重合,K' 系相对 K 系以速度 u 沿 x 轴的正方向作匀速直

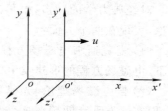

图 4.1   坐标变换

线运动。由 §1.6 知,若在 K 系中某一事件于 t 时刻发生在 (x, y, z) 处,则在 K' 系中观察,该事件发生的时刻和地点为:

$$x' = x - ut$$
$$y' = y$$
$$z' = z$$
$$t' = t$$

这就是**伽利略坐标变换**。相应的速度变换为

$$v'_x = v_x - u$$
$$v'_y = v_y$$
$$v'_z = v_z$$

加速度变换为

$$a'_x = a_x$$
$$a'_y = a_y$$
$$a'_z = a_z$$

即

$$a' = a$$

由于在经典力学中,质量和力也是与参照系无关的,是绝对量,于是,牛顿定律 $F = ma$ 和其他力学规律在伽利略变换下形式不变,这就是力学相对性原理。以上内容在 §2.3 中已作过详细介绍,这里不再赘述。

由于绝对时空观和伽利略变换与日常经验符合甚好,它的局限性没有暴露出来,因此,长期被视为绝对真理。

对经典力学的冲击,最早来自麦克斯韦(J.C.Maxwell)电磁场理论,表现在两个方面:

(1)麦克斯韦电磁场方程不满足力学相对性原理,在伽利略变换下,电磁场方程的形式发生变化;

(2)按电磁场理论,光是电磁波,并通过媒质以有限的速度传播,而实验发现光能够在真空中传播,那么传播光的媒质是什么呢?

为了在经典力学的框架内解释上述矛盾,物理学家们假设整个宇宙中充满了一种绝对静止的特殊物质"以太","以太"的密度极小,万物都能穿透。他们假设传播光的媒质就是"以太",并认为麦克斯韦电磁场方程只有在"以太"这个绝对静止参照系中才是成立的。这种假设对不对呢?最好的措施就是设法找到"以太"。

"以太"看不见,摸不着,为了寻找"以太"这个神秘的东西,物理学家们在肯定经典力学的前提下,设想在惯性系中测量光速,从而确定惯性系相对"以太"的运动。假设一飞船以速度 u 相对"以太"运动,如图4.2所示。飞船的中间发出一个闪光,光

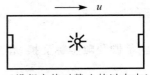

(设想在绝对静止的以太中)

图 4.2　测量相对以太的速度

相对"以太"的速度为真空中的光速 c,按伽利略变换,光相对船头观测者的速度为 $c - u$,相对船尾观测者的速度为 $c + u$。只要测出船头观测者和船尾观测者接收到光信号的时间,即可确定飞船相对"以太"的运动速度 u。也就是说,假如存在绝对静止的"以太",假如绝对

时空观和伽利略变换正确,那么应该可以测出惯性系相对"以太"的运动速度。

迈克耳孙(A. A. Michelson)和莫雷(E. W. Morley)等人按上面的思想,做了许多精密的实验,测定地球相对"以太"的运动,但是始终没有观察到,实验结果始终是否定的,也就是说实验结果是与伽利略变换和绝对时空观相矛盾的。这就使经典力学遇到了严重的困难,迫使人们必须抛弃一些旧观念,建立一种新理论。

§4.2 狭义相对论基本原理 洛仑兹变换

一、狭义相对论基本原理

爱因斯坦经过周密思考和大胆探索,摆脱了绝对时空观的束缚,意识到要深入地理解自然界,就必须抛弃旧观念,引入新观念。他指出,"以太"是根本不存在的,绝对时空观是不正确的。他认为自然界具有内在的统一性,因此相对性原理不但适用于力学定律,也应适用于一切物理定律。1905 年爱因斯坦提出了狭义相对论的两条基本原理:

(1)**狭义相对论的相对性原理**:物理定律的表达形式在所有惯性系中都相同;

(2)**光速不变原理**:在所有惯性系中,真空内的光速都相等。

狭义相对论的相对性原理说明,所有惯性系对描述物理定律都是等价的,因此,不论做什么实验都无法确定所在惯性系是静止的还是在作匀速直线运动。迈克耳逊 —— 莫雷实验的否定结果,正说明不能用光学实验确定地球的"绝对"运动。

光速不变原理说明,真空中的光速与光源或观测者的运动无关,是一个常量。迈克耳逊 —— 莫雷实验得到否定结果,也正说明光速在各个方向上都相同,与参照系无关。例如,在图 4.2 的飞船中,光向前、向后(或其他方向)的速度均为 c,与观察者的运动无关。现代精

密测量结果,真空中的光速为

$$c = 2.99792458 \times 10^8 \text{m/s}$$

一般计算,取

$$c = 3.0 \times 10^8 \text{m/s}$$

狭义相对论的两条基本原理彻底否定了绝对时空观。爱因斯坦由此出发,导出了狭义相对论中的坐标变换关系 —— 洛仑兹[①]变换。

二、洛仑兹变换

设有两个惯性系 K 和 K',对应坐标轴互相平行,K' 系相对 K 系以速度 u 沿 x 轴的正方向作匀速直线运动,并设 $t = t' = 0$ 时,两个原点 o 和 o' 恰好重合。若某事件在 K 系(例如地面)中是 t 时刻发生在 (x, y, z) 处,而同一事件在 K' 系(例如列车)中是 t' 时刻发生在 (x', y', z') 处,则根据狭义相对论基本原理可以证明,同一事件的时空坐标 (x, y, z, t) 与 (x', y', z', t') 之间的变换关系为

$$x' = \frac{x - ut}{\sqrt{1 - u^2/c^2}} \qquad (4.1.a)$$

$$y' = y \qquad (4.1.b)$$

$$z' = z \qquad (4.1.c)$$

$$t' = \frac{t - ux/c^2}{\sqrt{1 - u^2/c^2}} \qquad (4.1.d)$$

若设想 K 系相对 K' 系以 $(-u)$ 运动,即得其逆变换

---

① 洛仑兹(H. A. Lorentz 公元 1853—1928 年),荷兰人,19 世纪末著名的理论物理学家。1892 年他提出经典金属电子论,导出了磁场作用在运动电荷上的力,即洛仑兹力。1896 年,他用电子论解释了塞曼效应,因而获得 1902 年诺贝尔物理学奖。1904 年,为了解决麦克斯韦电磁理论遇到的困难,使麦克斯韦方程组满足相对性原理,他在承认以太的基础上,首先提出了著名的洛仑兹变换式。但由于洛仑兹是经典力学的坚定信奉者,在他的理论中保留了绝对静止以太的观点,因此不能对洛仑兹变换式作出正确的物理解释。所以说,洛仑兹已经走到了相对论的边缘,但是科学的真理却从他的身边溜走了。

$$x = \frac{x' + ut'}{\sqrt{1 - u^2/c^2}} \qquad (4.2.\text{a})$$

$$y = y' \qquad (4.2.\text{b})$$

$$z = z' \qquad (4.2.\text{c})$$

$$t = \frac{t' + ux'/c^2}{\sqrt{1 - u^2/c^2}} \qquad (4.2.\text{d})$$

式(4.1)和式(4.2)称为**洛仑兹变换**。在洛仑兹变换中,空间坐标变换式中包含时间坐标,时间坐标变换式中包含空间坐标,说明时间与空间是密切相关的,时空坐标需要统一地进行变换。

从式(4.1)和式(4.2)还可以看出,当 $u \ll c$ 时,洛仑兹变换变成伽利略变换,因此,伽利略变换是在 $u \ll c$ 时洛仑兹变换的近似式,也只有当物体的运动速度远小于光速时,伽利略变换才是成立的。

＊洛仑兹变换的推导

推导洛仑兹变换的根据是狭义相对论的两条基本原理。

如图 4.1 所示,K' 系与 K 系之间,y、z 方向无相对运动,故 $y' = y$,$z' = z$。关键是推导 x、t 与 x'、t' 之间的变换式。

先对 o' 点进行分析。在 K' 系中,o' 点的坐标恒为 $x' = 0$。而在 K 系中,t 时刻 o' 点的坐标为 $x = ut$,即 $x - ut = 0$。这表明同一点的 x' 和 $x - ut$ 是同时变为零的,因此,任意时刻,两者成比例,即 $x' \propto (x - ut)$,设比例系数为 k(待定),可写成

$$x' = k(x - ut) \qquad ①$$

同样方法对 o 点进行分析,必得 $x \propto (x' + ut')$。根据狭义相对论的相对性原理。所有惯性系都是等价的,因此,其比例系数必定也是 k,即

$$x = k(x' + ut') \qquad ②$$

设 $t = t' = 0$ 时,从 o 和 o' 的重合点沿 x 方向发出一个光信号。在 K 系中,t 时刻光信号到达 P 点,P 点的坐标为

$$x = ct \qquad ③$$

式中 c 为光速。在 K' 系中,t' 时刻光信号到达同一点 P。根据光速不变原理,所有惯性系中光速相同,均为 c,故在 K' 系中,P 点的坐标为

$$x' = ct' \qquad ④$$

①、② 两式相乘,再将 ③、④ 两式代入,有

$$c^2 t\, t' = k^2 t\, t' (c^2 - u^2)$$

得
$$k = \frac{1}{\sqrt{1 - u^2/c^2}}$$
⑤

将 ⑤ 式代回 ① 式和 ② 式,即得

$$x' = \frac{x - ut}{\sqrt{1 - u^2/c^2}}$$

$$x = \frac{x' + ut'}{\sqrt{1 - u^2/c^2}}$$

从上述两式中消去 x' 或 x,即得

$$t' = \frac{t - ux/c^2}{\sqrt{1 - u^2/c^2}}$$

$$t = \frac{t' + ux'/c^2}{\sqrt{1 - u^2/c^2}}$$

三、爱因斯坦速度变换

根据速度定义,物体的速度分量在 K 系中的定义式为

$$v_x = \frac{\mathrm{d}x}{\mathrm{d}t} \qquad v_y = \frac{\mathrm{d}y}{\mathrm{d}t} \qquad v_z = \frac{\mathrm{d}z}{\mathrm{d}t}$$

在 K' 系中的定义式为

$$v_x{}' = \frac{\mathrm{d}x'}{\mathrm{d}t'} \qquad v_y{}' = \frac{\mathrm{d}y'}{\mathrm{d}t'} \qquad v_z{}' = \frac{\mathrm{d}z'}{\mathrm{d}t'}$$

先对洛仑兹变换式(4.1)两边求微分,有

$$\mathrm{d}x' = \frac{\mathrm{d}x - u\mathrm{d}t}{\sqrt{1 - u^2/c^2}}$$

$$\mathrm{d}y' = \mathrm{d}y$$

$$\mathrm{d}z' = \mathrm{d}z$$

$$\mathrm{d}t' = \frac{\mathrm{d}t - u\mathrm{d}x/c^2}{\sqrt{1 - u^2/c^2}}$$

再用上面的第四式除其余三式,并代入速度分量定义式,即得

$$v'_x = \frac{v_x - u}{1 - uv_x/c^2} \quad\quad (4.3.a)$$

$$v'_y = \frac{v_y \sqrt{1 - u^2/c^2}}{1 - uv_x/c^2} \quad\quad (4.3.b)$$

$$v'_z = \frac{v_z \sqrt{1 - u^2/c^2}}{1 - uv_x/c^2} \quad\quad (4.3.c)$$

同理可得上式的逆变换如下

$$v_x = \frac{v'_x + u}{1 + uv'_x/c^2} \quad\quad (4.4.a)$$

$$v_y = \frac{v'_y \sqrt{1 - u^2/c^2}}{1 + uv'_x/c^2} \quad\quad (4.4.b)$$

$$v_z = \frac{v'_z \sqrt{1 - u^2/c^2}}{1 + uv'_x/c^2} \quad\quad (4.4.c)$$

式(4.3)和式(4.4)是狭义相对论的速度变换关系,称为**爱因斯坦速度变换**。它是同一物体的速度在两个惯性系之间的变换关系。

由式(4.3)和式(4.4)可以看出,当 $u \ll c$ 时,爱因斯坦速度变换变成伽利略速度变换,因此,伽利略速度变换是在 $u \ll c$ 时爱因斯坦速度变换的近似式。也只有在 $u \ll c$ 的条件下,伽利略速度变换才成立。当 u 与 c 接近时,伽利略速度变换不再适用,而必须应用爱因斯坦速度变换。

例 4.1 设有两个惯性系 K 和 K',对应坐标轴互相平行,K' 系相对 K 系以速度 $u = 0.80c$ 沿 x 轴正方向运动,$t = t' = 0$ 时,两个原点 o 和 o' 互相重合。若在 K' 系中 $t' = 1.0 \times 10^{-6}$s 时,在 $x' = 30$m、$y' = 20$m、$z' = 10$m 处发出一个闪光,问:在 K 系中观测,此闪光何时发生于何处?(1)按伽利略变换求解;(2)按洛仑兹变换求解。哪种解法是正确的?哪种解法是错误的?

解 (1) 按伽利略变换,在 K 系中,此闪光发生时间和地点为

$t = t' = 1.0 \times 10^{-6}\text{s}$

$x = x' + ut'$

$\quad = (30 + 0.80 \times 3.0 \times 10^8 \times 1.0 \times 10^{-6})\text{m} = 270\text{m}$

$y = y' = 20\text{m}$

$z = z' = 10\text{m}$

(2) 按洛仑兹变换,由式(4.2)知,在 K 系中,此闪光发生时刻为

$$t = \frac{t' + ux'/c^2}{\sqrt{1 - u^2/c^2}}$$

$$\quad = \left(\frac{1.0 \times 10^{-6} + 0.80 \times 30/3.0 \times 10^8}{\sqrt{1 - 0.80^2}} \right)\text{s}$$

$$\quad = 1.8 \times 10^{-6}\text{s}$$

此闪光发生地点为

$$x = \frac{x' + ut'}{\sqrt{1 - u^2/c^2}}$$

$$\quad = \left(\frac{30 + 0.80 \times 3.0 \times 10^8 \times 1.0 \times 10^{-6}}{\sqrt{1 - 0.80^2}} \right)\text{m} = 450\text{m}$$

$$y = y' = 20\text{m}$$

$$z = z' = 10\text{m}$$

因为 $u = 0.80c$,已接近光速,所以,按洛仑兹变换求解是正确的,按伽利略变换求解是错误的。当 $u \ll c$ 时,按洛仑兹变换求解当然仍旧是正确的,但为计算方便,可用伽利略变换近似求解。

例 4.2 (1) 在地面参照系中,粒子 A 以 $0.80c$,粒子 B 以 $0.60c$ 沿相反方向飞行,求:(1) 在与粒子 A 相对静止的参照系中,粒子 B 的速度。(2) 第(1)小题中"粒子 B 以 $0.60c$"改为"光子 B 以

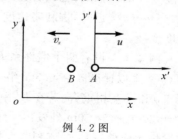

例 4.2 图

c",重新求解。

解 （1）以地面参照系为 K 系,与粒子 A 相对静止的参照系为 K' 系,并使 x 和 x' 轴的正方向与粒子 A 的飞行方向相同,则 $u = 0.80c$,粒子 B 在 K 系中的速度为 $v_x = -0.60c$。如例 4.2 图所示。按爱因斯坦速度变换,粒子 B 在 K' 系中的速度为

$$
\begin{aligned}
v'_x &= \frac{v_x - u}{1 - uv_x/c^2} \\
&= \frac{(-0.60c) - 0.80c}{1 - 0.80c(-0.60c)/c^2} = -0.95c
\end{aligned}
$$

即在与粒子 A 相对静止的参照系中,粒子 B 的速度大小为 $0.95c$,方向沿 x' 轴的负方向。

若按经典的伽利略速度变换计算,在 K' 系中,粒子 B 的速度为

$$
v'_x = v_x - u = (-0.60c) - 0.80c = -1.40c
$$

粒子的速度超过光速,这显然是荒谬的。当粒子的速度接近光速时,必须应用爱因斯坦速度变换。只有当粒子的速度远小于光速时,才可以用经典的速度变换近似计算。

（2）其他均与（1）相同,但光子 B 在 K 系中的速度为 $v_x = -c$,故光子 B 在 K' 系中的速度为

$$
v'_x = \frac{v_x - u}{1 - uv_x/c^2} = \frac{(-c) - 0.80c}{1 - (-c)(0.80c)/c^2} = -c
$$

讨论 （1）爱因斯坦速度变换表明,两个小于光速 c 的速度合成,必定仍然小于 c,因此,物体的极限速度是光速 c;

（2）在 K 系中光子速度为 $(-c)$,变换到 K' 系中仍旧为 $(-c)$,这正是光速不变原理的反映,说明真空中的光速与参照系无关。

§4.3　狭义相对论时空观

经典力学的基础是绝对时空观。狭义相对论提出了一种崭新的时空观,它像一盏光彩夺目的明灯,照亮了人类探索自然奥秘的征

途。相对论认为时空的量度是相对的,而不是绝对的。

一、"同时"的相对性

按照经典力学的观点,在某一惯性系中同时发生的两个事件,在其他所有惯性系中都是同时发生的,即"同时"与参照系无关,是绝对的。而狭义相对论指出,一个惯性系中的两个同时事件,在另一个惯

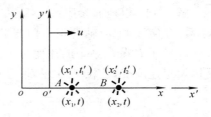

图 4.3　同时的相对性

性系中不一定是同时的,即"同时"与参照系有关,"同时"是相对的。下面来说明这一点。

设有两个惯性系 K 和 K',K' 系(例如列车)相对 K 系(例如地面)以速度 u 沿 x 轴的正方向作匀速直线运动。若在 K 系的 x 轴上,x 坐标为 x_1 的 A 处和 x 坐标为 x_2 的 B 处,t 时刻"同时"发生两个事件(例如,地面上 A 处灯与 B 处灯在 t 时刻同时闪亮),如图 4.3 所示。按洛仑兹变换式(4.1.d),在 K' 系中,这两个事件发生的时刻分别为

$$t'_1 = \frac{t - ux_1/c^2}{\sqrt{1 - u^2/c^2}}$$

$$t'_2 = \frac{t - ux_2/c^2}{\sqrt{1 - u^2/c^2}}$$

由上述两式可见:

(1)当 $x_2 \neq x_1$ 时,$t'_2 \neq t'_1$。只有当 $x_2 = x_1$ 时,才有 $t'_2 = t'_1$。这说明 K 系中不同地点发生的两个"同时"事件,在 K' 系中是"不同时"的。事件的同时性随所选惯性系不同而异,这就是"同时"的相对性。只有惯性系 K 中同一地点发生的同时事件,在其他惯性系中才也是同时的。

(2)如果在图 4.3 所示地面参照系中不同地点的 A、B 灯同时闪亮,那么,在从 A 向 B 开行的列车参照系($u > 0$)中,$t'_2 < t'_1$,B 灯先亮;在从 B 向 A 开行的列车参照系($u < 0$)中,$t'_2 > t'_1$,A 灯先亮。

（3）无论 $x_2 = x_1$，还是 $x_2 \neq x_1$，若 $u \ll c$，则 $t_2' \approx t_1'$。说明 $u \ll c$ 时，"同时"的相对性非常微小，K 系中不同地点发生的同时事件在 K' 系中几乎也是同时的。这就回到了经典力学的情形。

二、长度的相对性

杆的长度就是杆的两个端点之间的空间间隔。按经典力学观点，一根杆的长度在所有惯性参照系中测量，都是相同的，即长度是绝对的。而狭义相对论认为，同一根杆在不同的惯性系中测量，其长度是不同的，即长度是相对的。

设 K 系中沿 x 轴有一静止的杆，两个端点的空间坐标分别为 x_1 和 x_2，则杆在 K 系中的长度为

$$l_0 = x_2 - x_1$$

由于杆在 K 系中是静止的，空间坐标 x_1 和 x_2 不随时间变化，因此，是否同时记下 x_1 和 x_2，是无所谓的。通常，杆在与杆相对静止的参照系中的长度，称为**固有长度**或者**静长**，用符号 l_0 表示。

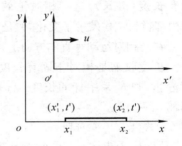

图 4.4　长度的相对性

因为杆相对 K' 系在运动，在 K' 系中，杆两端的空间坐标 x_1' 和 x_2' 随时间而变化，所以，在 K' 系中测量此杆的长度，必须于 K' 系中的同一时刻 t'，记下杆两端的空间坐标 x_1' 和 x_2'，K' 系中杆的长度 l' 为

$$l' = x_2' - x_1'$$

按洛仑兹变换式（4.2.a），有

$$x_1 = \frac{x_1' + ut'}{\sqrt{1 - u^2/c^2}} \qquad x_2 = \frac{x_2' + ut'}{\sqrt{1 - u^2/c^2}}$$

故

$$l' = x_2' - x_1' = (x_2 - x_1)\sqrt{1 - u^2/c^2}$$

因杆在 K 系中是静止的，杆在 K 系中的长度为杆的固有长度 l_0，即 x_2

$- x_1 = l_0$，故此杆在 K' 系中的长度 l' 为

$$l' = l_0 \sqrt{1 - u^2/c^2}$$ (4.5.a)

反之，如果杆在 K' 系中是沿 x' 轴静止的，那么杆在 K 系中是运动的。这时，杆在 K' 系中的长度为固有长度 l_0，可以证明，杆在 K 系中的长度 l 为

$$l = l_0 \sqrt{1 - u^2/c^2}$$ (4.5.b)

式 (4.5) 表明，**在相对杆静止的惯性系中，杆的长度最大，等于杆的固有长度 l_0。在相对杆运动的惯性系中，杆沿运动方向的长度必小于固有长度（静长）。**这一相对论效应，称为**长度收缩**。长度收缩并非杆的内部材料结构发生了变化，而是空间间隔的测量具有相对性的反映。

在与相对运动垂直的方向上，因无相对运动，故不发生长度收缩。

长度收缩是相对于固有长度 l_0 而言的。若杆在 K 系和 K' 系中都不静止，则 K 系中杆的长度 l 与 K' 系中杆的长度 l' 之间是不满足式 (4.5) 的。

* **式 (4.5.b) 的证明**

杆在 K' 系中沿 x' 轴静止，故杆的固有长度 $l_0 = x_2' - x_1'$。在 K 系中的同一时刻 t 记下杆两端的坐标 x_2 和 x_1，则在 K 系中杆长

$$l = x_2 - x_1$$

按洛伦兹变换式 (4.1.a)

$$x_1' = \frac{x_1 - ut}{\sqrt{1 - u^2/c^2}} \qquad x_2' = \frac{x_2 - ut}{\sqrt{1 - u^2/c^2}}$$

故

$$l = x_2 - x_1 = (x_2' - x_1') \sqrt{1 - u^2/c^2} = l_0 \sqrt{1 - u^2/c^2}$$

证毕。

三、时间的相对性

按经典力学观点，两个事件之间的时间间隔或一个过程的持续时间（可看作过程的"开始"和"结束"两个事件之间的时间间隔）在

任何惯性系中都相同,时间间隔是绝对的。而狭义相对论认为,两个事件的时间间隔在不同的惯性系中是不同的,时间间隔是相对的。

设在 K 系中的同一地点先后发生两个事件,其时空坐标分别为 (x,t_1) 和 (x,t_2)。在 K 系中,这两个事件之间的时间间隔为

$$\Delta t_0 = t_2 - t_1$$

通常,发生于惯性系中同一地点的两个事件之间的时间间隔,称为**固有时间**或者**原时**,用符号 Δt_0 表示。

由于 K' 系与 K 系间有相对运动,因此在 K' 系中这两个事件发生在不同地点。按洛仑兹变换式(4.1.d),在 K' 系中,这两个事件发生的时刻为

$$t_1' = \frac{t_1 - ux/c^2}{\sqrt{1 - u^2/c^2}}$$

$$t_2' = \frac{t_2 - ux/c^2}{\sqrt{1 - u^2/c^2}}$$

在 K' 系中,这两个事件的时间间隔 $\Delta t'$ 为

$$\Delta t' = t_2' - t_1' = \frac{t_2 - t_1}{\sqrt{1 - u^2/c^2}}$$

由于这两个事件在 K 系中发生在同一地点,这两个事件在 K 系中的时间间隔 $t_2 - t_1$ 为固有时间 Δt_0,即 $t_2 - t_1 = \Delta t_0$,因此

$$\Delta t' = \frac{\Delta t_0}{\sqrt{1 - u^2/c^2}} \qquad (4.6.a)$$

反之,如果在 K' 系中的同一地点发生两个事件,那么在 K' 系中测得这两个事件之间的时间间隔为固有时间 Δt_0,在 K 系中这两个事件之间的时间间隔 Δt 为

$$\Delta t = \frac{\Delta t_0}{\sqrt{1 - u^2/c^2}} \qquad (4.6.b)$$

式 (4.6) 表明,**若在某惯性系中,两个事件发生在同一地点,则在这**

个惯性系中测得这两个事件的时间间隔最短,为固有时间 Δt_0。在其他惯性系中,这两个事件发生在不同地点,测得这两个事件的时间间隔大于固有时间。这一相对论效应,称为**时间膨胀**。时间膨胀效应已经在研究介子寿命的实验中得到证实。

如果在 K' 系中的同一地点发生一个过程,那么在 K 系中的观测者看来,K' 系中经历固有时间 Δt_0,在 K 系中已经历了时间 $\Delta t = \dfrac{\Delta t_0}{\sqrt{1 - u^2/c^2}}$,时间在 K' 系中比 K 系中流逝得慢。

由式(4.6)可见,当 $u \ll c$ 时,$\Delta t \approx \Delta t_0$。这又一次反映了经典力学是相对论在低速条件下的近似理论。

时间膨胀是相对固有时间 Δt_0 而言的。若在 K 系和 K' 系中,两个事件都发生在不同地点,则两事件之间的时间间隔不满足式(4.6)式,一般需用洛仑兹变换求解。

＊孪生子佯谬

设甲和乙是一对孪生兄弟,甲留在地球上,乙乘宇宙飞船出去旅行一次回来。由刚才的讨论知:在甲看来,时间在飞船上比地球上流逝得慢,故乘飞船旅行回来的乙比甲自己年轻;而在乙看来,时间在地球上比飞船上流逝得慢,故留在地球上的甲比乙自己年轻。那么究竟谁年轻呢?这就是历史上曾使人困惑的"孪生子佯谬"问题。

广义相对论已经证明,乘飞船回来的乙比留在地球上的甲年轻。原因是:飞船与地球这两个参照系是不同的。地球是惯性系,飞船虽然在相对地球匀速飞行时也是惯性系,但是在起飞、转弯、调头、降落等过程中,已不再是惯性系,而是非惯性系了。广义相对论告诉我们,在非惯性系中时间流逝得较慢,一切自然过程,包括人的生命过程,都进行得较慢,因此,太空旅行回来的乙比留在地球上的甲年轻。1971 年实验证实了这一点。两只相同的铯原子钟,一只静止于地面上,另一只放在飞机上沿赤道向东环绕地球一周,回到原地后,飞机上的钟比地面上的钟慢 59ns。按这一道理,若人相对地面多作变速运动,生命过程将进行得缓慢一些,衰老得慢一些。

从以上讨论可以看出,"同时"是相对的,长度是相对的,时间是相对的,以后还将看到,质量也是相对的,相对论的名称正是由此而来。但是，相对论中并非所有一切都是相对的，例如，物理定律的形式是绝对的，真空中的光速是绝对的，此外，两事件的"时空间隔"是绝对的，因果事件的时序也是绝对的。

*四、"时空间隔"的绝对性

若 A，B 两个事件在 K 系中的时空坐标分别为 (x_1,y_1,z_1,t_1) 和 (x_2,y_2,z_2,t_2)，在 K' 系中的时空坐标分别为 (x_1',y_1',z_1',t_1') 和 (x_2',y_2',z_2',t_2')，则定义这两个事件在 K 系中的**时空间隔**为

$$S = \sqrt{(x_2-x_1)^2+(y_2-y_1)^2+(z_2-z_1)^2-c^2(t_2-t_1)^2} \quad (4.7a)$$

这两个事件在 K' 系中的时空间隔为

$$S' = \sqrt{(x_2'-x_1')^2+(y_2'-y_1')^2+(z_2'-z_1')^2-c^2(t_2'-t_1')^2} \quad (4.7b)$$

将洛仑兹变换式(4.2)代入式(4.7a)，得

$$S = \Bigg[\left(\frac{x_2'+ut_2'}{\sqrt{1-u^2/c^2}}-\frac{x_1'+ut_1'}{\sqrt{1-u^2/c^2}}\right)^2+(y_2'-y_1')^2+(z_2'-z_1')^2$$

$$-c^2\left(\frac{t_2'+ux_2'/c^2}{\sqrt{1-u^2/c^2}}-\frac{t_1'+ux_1'/c^2}{\sqrt{1-u^2/c^2}}\right)^2\Bigg]^{1/2}$$

$$=\sqrt{(x_2'-x_1')^2+(y_2'-y_1')^2+(z_2'-z_1')^2-c^2(t_2'-t_1')^2}=S'$$

即

$$S = S' \qquad\qquad (4.8)$$

式(4.8)说明，两个事件之间的时空间隔在洛仑兹变换下不变，即**两个事件之间的时空间隔 S 在所有惯性系中都相同**，因此，**时空间隔是绝对的**，这是时空统一性的鲜明体现。

但是，时间与空间也不是完全等同的，由于空间运动可以忽左忽右，忽上忽下，而时间则一去而不复返，因此，在时空间隔的表示式中，时间坐标项与空间坐标项前面的符号相反。

*五、因果事件时序的绝对性

由本节一、知，假定在地面上观测 A 灯和 B 灯同时亮，那么，在从 A 向 B 开行的列车中观测，B 灯先亮；而在从 B 向 A 开行的列车中观测，A 灯先亮。由此看来，事件发生的先后或者说时序，在一定条件下可以颠倒。这就产生一个问题，如果两个事件存在因果关系，那么是否在某一参照系中，"果"会先于"因"呢？例如，"开枪"、"中靶"这两个因果事件是否在某个参照系中会"中靶"先于"开枪"呢？答案是否定的。因为因果事件之间的联系必须通过物质间的相互作用才

能实现,例如"开枪"与"中靶"是通过子弹携带动量和能量飞行而实现的,子弹的速度不可能大于光速,因此,可以证明"因""果"时序不会颠倒,"因""果"时序是绝对的。

若在 K' 系中,B 事件是由 A 事件引起的,A 是因,B 是果。例如,在 K' 系中,A 事件是 t_1' 时刻在 x_1' 处开枪,B 事件是 t_2' 时刻在 x_2' 处子弹中靶。按洛仑兹变换式(4.2.d),在 K 系中 A、B 两事件的发生时刻分别为

$$t_1 = \frac{t_1' + ux_1'/c^2}{\sqrt{1 - u^2/c^2}} \qquad t_2 = \frac{t_2' + ux_2'/c^2}{\sqrt{1 - u^2/c^2}}$$

故在 K 系中,中靶事件与开枪事件之间的时间间隔为

$$t_2 - t_1 = \frac{(t_2' - t_1')}{\sqrt{1 - u^2/c^2}}\left(1 + \frac{u}{c^2}\frac{x_2' - x_1'}{t_2' - t_1'}\right)$$

因为在上式中,$\dfrac{x_2' - x_1'}{t_2' - t_1'}$ 是子弹在 K' 系中的飞行速度 v_x',v_x' 和 u 的绝对值都必小于极限速度 c,又因在 K' 系中开枪在前,中靶在后,$t_2' - t_1' > 0$,所以由上式可见,不论 $x_2' - x_1'$ 如何,恒有 $t_2 > t_1$。就是说,在 K 系中也一定是因在前,果在后。因果事件的时序不会颠倒。不可能找到一个参照系,在这个参照系中,先中靶,后开枪。

读者若对时空顺序问题的进一步讨论感兴趣,可参考阅读材料1.E。

例4.3 一飞船以 $0.80c$ 相对地球作匀速直线运动,宇航员观测飞船长度为 30m。从船尾发射一粒子,击中船头靶子,宇航员测得经历时间 2.0×10^{-7}s。问:地球观察者测量,下述各量多大?(1)飞船的长度;(2)粒子从发射到中靶所需的时间;(3)粒子的速度。

解 (1)飞船固有长度为 $l_0 = 30$m。以地球为 K 系,飞船为 K' 系,在 K 系中,飞船长度为

$$l = l_0\sqrt{1 - u^2/c^2} = (30\sqrt{1 - 0.80^2})\text{m} = 18\text{m}$$

(2)在 K' 系中,"发射"和"中靶"是两个不同地、不同时的因果事件,设时空坐标分别为 (x_1', t_1') 和 (x_2', t_2'),已知 $x_2' - x_1' = l_0 = 30$m,$t_2' - t_1' = 2.0 \times 10^{-7}$s。按洛仑兹变换式(4.2),"发射"和"中靶"两事件在 K 系中的时空坐标分别为

$$x_1 = \frac{x_1' + ut_1'}{\sqrt{1 - u^2/c^2}} \qquad t_1 = \frac{t_1' + ux_1'/c^2}{\sqrt{1 - u^2/c^2}}$$

$$x_2 = \frac{x_2' + ut_2'}{\sqrt{1 - u^2/c^2}} \qquad t_2 = \frac{t_2' + ux_2'/c^2}{\sqrt{1 - u^2/c^2}}$$

故在 K 系中粒子飞行距离为

$$x_2 - x_1 = \frac{(x_2' - x_1') + u(t_2' - t_1')}{\sqrt{1 - u^2/c^2}}$$

$$= \left(\frac{30 + 0.80 \times 3.0 \times 10^8 \times 2.0 \times 10^{-7}}{\sqrt{1 - 0.80^2}} \right) \text{m}$$

$$= 130 \text{m}$$

从发射到中靶所需时间为

$$t_2 - t_1 = \frac{(t_2' - t_1') + u(x_2' - x_1')/c^2}{\sqrt{1 - u^2/c^2}}$$

$$= \left(\frac{2.0 \times 10^{-7} + 0.80 \times 30/3 \times 10^8}{\sqrt{1 - 0.80^2}} \right) \text{s}$$

$$= 4.67 \times 10^{-7} \text{s}$$

请思考为什么 $t_2 - t_1 \neq \dfrac{t_2' - t_1'}{\sqrt{1 - u^2/c^2}}$?

(3) 在 K 系中粒子的速度为

$$v_x = \frac{x_2 - x_1}{t_2 - t_1} = \left(\frac{130}{4.67 \times 10^{-7}} \right) \text{m/s} = 2.79 \times 10^8 \text{m/s}$$

或者因粒子在 K' 系中的速度为

$$v_x' = \frac{x_2' - x_1'}{t_2' - t_1'} = \left(\frac{30}{2.0 \times 10^{-7}} \right) \text{m/s}$$

$$= 1.5 \times 10^8 \text{m/s} = 0.50c$$

由爱因斯坦速度变换,得粒子在 K 系中的速度

$$v_x = \frac{v_x' + u}{1 + uv_x'/c^2} = \left(\frac{1.5 \times 10^8 + 0.80 \times 3.0 \times 10^8}{1 + 0.50 \times 0.80} \right) \text{m/s}$$

$$= 2.79 \times 10^8 \text{m/s}$$

例 4.4 π 介子是一个不稳定系统,会自发衰变为 μ 介子和中微子。已知静止的 π 介子平均寿命为 2.6×10^{-8} s。若从加速器中射出一个 π 介子,相对实验室的速度为 $0.80c$。问:在实验室中,此 π 介子的寿命多大?能飞行多少距离?

解 已知 π 介子寿命的固有时间为 $\Delta t_0 = 2.6 \times 10^{-8}$s。以实验室为 K 系,与此 π 介子相对静止的参照系为 K' 系,则 $u = 0.80c, v_x = 0.80c, v'_x = 0$,故在实验室中此 π 介子的寿命为

$$\Delta t = \frac{\Delta t_0}{\sqrt{1 - u^2/c^2}} = \left(\frac{2.6 \times 10^{-8}}{\sqrt{1 - 0.80^2}} \right) s = 4.33 \times 10^{-8}s$$

在实验室中飞行的距离 Δx 等于在实验室中 π 介子的速度 v_x 乘以在实验室中 π 介子的寿命 Δt,得

$$\Delta x = v_x \Delta t = (0.80 \times 3.0 \times 10^8 \times 4.33 \times 10^{-8}) m = 10.4 m$$

§4.4　狭义相对论动力学方程

一、质量与速度的关系

由第二章知,牛顿第二定律的一般形式为

$$\boldsymbol{F} = \frac{\mathrm{d}\boldsymbol{p}}{\mathrm{d}t} = \frac{\mathrm{d}}{\mathrm{d}t}(m\boldsymbol{v})$$

由于经典力学认为物体的质量为恒量,因此上式可改写为

$$\boldsymbol{F} = m\frac{\mathrm{d}\boldsymbol{v}}{\mathrm{d}t} = m\boldsymbol{a}$$

那么 $\boldsymbol{F} = m\boldsymbol{a}$ 是不是狭义相对论的动力学方程呢?在狭义相对论中 $\boldsymbol{F} = m\boldsymbol{a}$ 还成立吗?回答是:不。其原因为:(1) $\boldsymbol{F} = m\boldsymbol{a}$ 在伽利略变换下不变,而在洛仑兹变换下是改变的;(2)假定 $\boldsymbol{F} = m\boldsymbol{a}$ 成立的话,对物体施一有限的恒力,就有有限的加速度,只要施力的时间足够长,物体的速度就可以超过光速,这与相对论是矛盾的。

那么问题出在什么地方呢?问题就在于经典力学错误地把质量看成是绝对的。狭义相对论证明,物体的质量与自身的速度有关,质量与速度的关系为

$$m = \frac{m_0}{\sqrt{1 - v^2/c^2}} \tag{4.9}$$

式中 m_0 是物体静止时的质量,称为**静止质量**。m 是物体以速度 v 运动时的质量。式(4.9)称为**质速关系**,它揭示了物质与运动的不可分割性。

考夫曼(W. Kaufmann)用加速器加速电子,观测不同速度的电子在磁场中的偏转,从而测定电子的质量,验证了质速关系的正确性。

图 4.5 是质速关系曲线。由图可见,当 $v \ll c$ 时,$m \approx m_0$。当 v 接近光速时,m 急剧增大,趋向无限大。质量无限大的物体在有限力的作用下,其加速度趋向于零,这就是为什

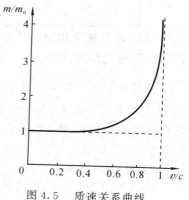

图 4.5　质速关系曲线

么任何物体的速度不会超过极限速度 c 的原因。

某些粒子(如光子、中微子)的速度等于光速,由质速关系可见,它们的静止质量 m_0 必等于零,否则质量将成为无限大。

二、狭义相对论动力学方程

因为相对性原理是狭义相对论的基本原理,光速 c 是极限速度,此外,大量事实证明在 $v \ll c$ 时 $\boldsymbol{F} = m\boldsymbol{a}$ 是正确的,所以狭义相对论动力学方程应满足以下三个要求:

(1)符合狭义相对论相对性原理,在洛仑兹变换下形式不变;

(2)在有限力作用下,物体的速度不会超过光速 c;

(3)当 $v \ll c$ 时,其近似式为 $\boldsymbol{F} = m\boldsymbol{a}$。

爱因斯坦经研究发现,只要肯定质量是相对量,按质速关系变化,并把物体的动量定义为

$$\boldsymbol{p} = m\boldsymbol{v} = \frac{m_0 \boldsymbol{v}}{\sqrt{1 - v^2/c^2}} \tag{4.10}$$

那么,下列方程完全满足上述三个要求

$$F = \frac{\mathrm{d}\boldsymbol{p}}{\mathrm{d}t} = \frac{\mathrm{d}}{\mathrm{d}t}(m\,\boldsymbol{v}) = \frac{\mathrm{d}}{\mathrm{d}t}\left(\frac{m_0\,\boldsymbol{v}}{\sqrt{1 - v^2/c^2}}\right) \qquad (4.11)$$

式(4.11)就是**狭义相对论的动力学方程**。它在形式上与牛顿第二定律的一般形式相似,但质量 m 是按质速关系变化的。

显然,当 $v \ll c$ 时,式(4.11)变成 $F \approx m_0 \dfrac{\mathrm{d}\boldsymbol{v}}{\mathrm{d}t} = m_0\boldsymbol{a}$,即式(4.11)满足上述第三个要求。本节一、中已说明它也满足第二个要求。运用洛仑兹变换可以证明,式(4.11)也满足第一个要求,但数学推导比较复杂,本书从略。

* 质速关系的推导

图 4.6 中,A 和 B 是两个完全相同的小球,静止时的质量均为 m_0,设以速度 v 运动时质量均为 m。惯性系 K 和 K' 的对应坐标轴互相平行,K' 系相对 K 系以速度 v 沿 x 轴正方向运动。若在 K 系中,A 球沿 x 轴正方向运动,速度为 $\boldsymbol{v}$,B 球静止。某时刻 A 与 B 发生完全非弹性正碰撞,碰撞后成为一个整体一起运动,设速度为 $\boldsymbol{V}$,质量为 M。显然,在 K' 系中,碰撞前 A 球静止,B 球沿 x' 轴负方向运动,速度为 $(-\boldsymbol{v})$,碰撞后,设整体也沿 x' 轴负方向运动,整体运动的速度为 $(-\boldsymbol{V}')$,质量为 M'。

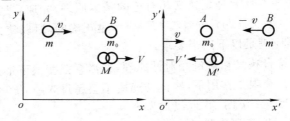

图 4.6　质速关系的推导

质量守恒定律和动量守恒定律是自然界普遍适用的,碰撞前后,两球系统的质量相等,动量也相等,因此,在 K 系中,应有

$$M = m + m_0$$

$$MV = mv$$

在 K' 系中,应有

$$M' = m_0 + m$$

$$M'(-V') = m(-v)$$

而由爱因斯坦速度变换知

$$(-V') = \frac{V - v}{1 - vV/c^2}$$

由上述诸式消去 M、M'、V 和 V',整理化简后,即得质速关系

$$m = \frac{m_0}{\sqrt{1 - v^2/c^2}}$$

§4.5 质量与能量的关系

一、相对论中的动能

在经典力学中,由动能定理和牛顿第二定律证明,物体的动能表达式为

$$E_k = \frac{1}{2}mv^2$$

而狭义相对论中,动力学方程不再是 $\boldsymbol{F} = m\boldsymbol{a}$,而是

$$\boldsymbol{F} = \frac{\mathrm{d}}{\mathrm{d}t}(m\boldsymbol{v}) = \frac{\mathrm{d}}{\mathrm{d}t}\left(\frac{m_0\boldsymbol{v}}{\sqrt{1 - v^2/c^2}}\right)$$

因此,动能表达式自然不会再是 $E_k = \frac{1}{2}mv^2$ 了。可以证明,狭义相对论中动能的表达式为

$$E_k = mc^2 - m_0c^2 = m_0c^2\left(\frac{1}{\sqrt{1 - v^2/c^2}} - 1\right)$$

(4.12)

式中 m_0 为物体的静止质量,m 为物体以速度 v 运动时的质量,c 为真空中的光速。式(4.12)表明,**物体的动能等于因运动而增加的质量**

$\Delta m = m - m_0$ **与光速二次方的乘积。**

当 $v \ll c$ 时，将式（4.12）按泰勒级数展开，有

$$E_k = m_0 c^2 \left(\frac{1}{\sqrt{1 - v^2/c^2}} - 1 \right) = m_0 c^2 \left(\frac{v^2}{2c^2} + \frac{3v^4}{8c^4} + \cdots\cdots \right)$$

忽略高次小项，即得经典力学中的动能公式 $E_k = \dfrac{1}{2} m_0 v^2$，故经典动能公式是相对论动能公式在低速下的近似式。

    * **相对论动能公式的推导**

按动能定理，外力对物体所做的功等于物体动能的增量

$$\mathrm{d}E_k = \boldsymbol{F} \cdot \mathrm{d}\boldsymbol{r}$$

将相对论动力学方程 $\boldsymbol{F} = \dfrac{\mathrm{d}}{\mathrm{d}t}(m\boldsymbol{v})$ 和 $\mathrm{d}\boldsymbol{r} = \boldsymbol{v}\mathrm{d}t$ 代入，有

$$\mathrm{d}E_k = \frac{\mathrm{d}}{\mathrm{d}t}(m\boldsymbol{v}) \cdot \boldsymbol{v} \mathrm{d}t = \mathrm{d}m\, \boldsymbol{v} \cdot \boldsymbol{v} + m\, \mathrm{d}\boldsymbol{v} \cdot \boldsymbol{v}$$

因 $\boldsymbol{v} \cdot \boldsymbol{v} = v^2$，$\mathrm{d}\boldsymbol{v} \cdot \boldsymbol{v} = v\mathrm{d}v$，$m = \dfrac{m_0}{\sqrt{1 - v^2/c^2}}$，$\mathrm{d}m = \dfrac{m_0 v \mathrm{d}v}{c^2 (1 - v^2/c^2)^{3/2}}$，故

$$\mathrm{d}E_k = c^2 \mathrm{d}m$$

代入边值条件 $v = 0$ 时，$m = m_0$、$E_k = 0$，积分

$$\int_0^{E_k} \mathrm{d}E_k = \int_{m_0}^{m} c^2 \mathrm{d}m$$

即得物体以速度 v 运动时的动能

$$E_k = mc^2 - m_0 c^2$$

二、质能关系

相对论动能公式表明，物体的动能等于 mc^2 与 $m_0 c^2$ 之差，爱因斯坦从中得到启示，经过思考，提出了一个卓越的见解：$m_0 c^2$ 是物体静止时所具有的能量，称为物体的**静止能量**，用符号 E_0 表示。mc^2 是物体运动时所具有的能量，用符号 E 表示。即

$$\boxed{E_0 = m_0 c^2 \qquad E = mc^2} \tag{4.13}$$

式（4.13）称为**质能关系**。静止能量是物体内部运动的体现。由式（4.12）知，运动物体的能量等于静止能量和动能之和。

质能关系揭示了质量与能量之间的深刻联系。经典力学认为一个系统可以质量守恒而能量不守恒。质能关系告诉我们,质量与能量是统一的,是同时消长,同时守恒的,能量守恒就意味着质量守恒。但是,这里所说守恒的质量不是静止质量,而是总质量。

质能关系还告诉我们,物体内部蕴藏的静止能量是十分巨大的。例如,1kg 物体内的静止能量为 9×10^{16}J,相当于 300 万吨煤燃烧所放 出的动能。核反应中,会出现质量亏损(静止质量减少),能使大量的 静止能量转化为动能释放出来供人们利用,这就是核能(或原子能)。因此,质能关系是核能利用的理论基础。

例 4.5 已知一粒子以 $v_1 = 0.60c$ 的速度运动时,其质量为 $m_1 = 2.09 \times 10^{-27}$kg,问:该粒子的静止质量为多少?当它以 $v_2 = 0.98c$ 的速度运动时,其质量又为多少?

解 按质速关系

$$m_1 = \frac{m_0}{\sqrt{1 - v_1^2/c^2}}$$

故该粒子的静止质量为

$$m_0 = m_1 \sqrt{1 - v_1^2/c^2}$$

$$= (2.09 \times 10^{-27} \sqrt{1 - 0.60^2})\text{kg} = 1.67 \times 10^{-27}\text{kg}$$

当它以 $v_2 = 0.98c$ 运动时,其质量为

$$m_2 = \frac{m_0}{\sqrt{1 - v_2^2/c^2}} = \left(\frac{1.67 \times 10^{-27}}{\sqrt{1 - 0.98^2}} \right)\text{kg} = 8.41 \times 10^{-27}\text{kg}$$

例 4.6 (1)已知电子的静止质量为 9.11×10^{-31}kg,求电子的静止能量;

(2)一电子以 $v = 0.99c$ 的速度运动,求此电子的能量和动能。

解 (1)按质能关系,电子的静止能量为

$E_0 = m_0c^2 = 9.11 \times 10^{-31} \times (3.0 \times 10^8)^2\text{J} = 8.19 \times 10^{-14}\text{J}$

(2)按质能关系,以 $v = 0.99c$ 运动的电子,其能量为

$$E = \dot{m}c^2 = \frac{m_0 c^2}{\sqrt{1 - v^2/c^2}} = \frac{E_0}{\sqrt{1 - v^2/c^2}}$$

$$= \left(\frac{8.19 \times 10^{-14}}{\sqrt{1 - 0.99^2}} \right) \text{J} = 5.81 \times 10^{-13} \text{J}$$

由相对论动能公式知,此电子的动能为

$$E_k = mc^2 - m_0 c^2$$

$$= (5.8 \times 10^{-13} - 8.19 \times 10^{-14}) \text{J} = 4.99 \times 10^{-13} \text{J}$$

因该电子的速度接近光速,故其动能不能用经典力学动能公式计算。

例 4.7 氢弹爆炸时,其中一个聚合反应为一个 $_1^2$H 与一个 $_1^3$H 聚合生成一个 $_2^4$He,并放出一个 $_0^1$n:

$$_1^2\text{H}(氘) + _1^3\text{H}(氚) \rightarrow _2^4\text{He}(氦) + _0^1\text{n}(中子)$$

求 此核反应所放出的动能。已知氘、氚、氦和中子的静止质量分别为 $m_D = 2.01355 \text{u}, m_T = 3.01545 \text{u}, m_{He} = 4.00151 \text{u}, m_n = 1.00867 \text{u}$。u 为原子质量单位,$1\text{u} = 1.66054 \times 10^{-27} \text{kg}$。

解 反应前后总能量守恒,即

$$m_D c^2 + m_T c^2 = m_{He} c^2 + m_n c^2 + E_k$$

故此核反应放出的动能为

$$E_k = \Delta m_0 c^2 = [(m_D + m_T) - (m_{He} + m_n)]c^2$$

$$= \{[(2.01355 + 3.01545) - (4.00151 + 1.00867)]$$

$$\times 1.66054 \times 10^{-27} \times (3.0 \times 10^8)^2\} \text{J}$$

$$= 2.81 \times 10^{-12} \text{J} = 17.6 \text{MeV}$$

即此热核聚合反应中有 17.6MeV 的静止能量转化为动能释放出来。而一个碳原子燃烧生成一个二氧化碳分子的化学反应只放出 1eV 的能量。相比之下,核能是多么巨大!上式中的 Δm_0 是反应前后静止质量之差,即反应中静止质量减少的量,称为**质量亏损**,因此,反应前后静止质量是不守恒的,但是,根据质能关系,放出的动能 E_k 对应质量 $\Delta m_0 = E_k/c^2$,把这部分质量也计在内,总质量是守恒的:

$$m_D + m_T = m_{He} + m_n + \Delta m_0$$

§4.6　能量与动量的关系

按质能关系和质速关系,有

$$E = mc^2 = \frac{m_0 c^2}{\sqrt{1 - v^2/c^2}}$$

将上式两边平方,并注意到 $p = mv$,于是

$$E^2 = \frac{m_0^2 c^4}{1 - p^2 c^2/E^2}$$

由上式解得

$$\boxed{E^2 = p^2 c^2 + m_0^2 c^4} \tag{4.14}$$

式(4.14)即为狭义相对论中能量与动量之间的
关系,简称**能动关系**。由这一公式知,E、pc 和 $m_0 c^2$
三者之间的关系可用一个直角三角形表示,如图
4.7 所示。

因光子的速度为 c,静止质量为零,能量为

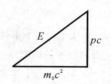

图 4.7　能动关系

$$E = h\nu = h \frac{c}{\lambda}$$

式中 ν 和 λ 分别为光的频率和波长,h 为普朗克常量,故由质能关系和
能动关系知,光子的质量和动量分别为

$$m = \frac{E}{c^2} = \frac{h\nu}{c^2}$$

$$p = \frac{E}{c} = \frac{h}{\lambda}$$

狭义相对论带来了时空观念的一次深刻变革,揭示了时间和空
间的统一性、物质和运动的统一性。相对论和稍后创立的量子论是近
代物理学的两大支柱。由狭义相对论导出的质能关系,是核能利用的

理论基础。从狭义相对论角度考察经典引力理论,导致了广义相对论①的诞生,从而推动了天体物理、粒子物理研究的发展。狭义相对论与量子力学结合,产生了相对论量子力学,它预言了反粒子的存在,使高能物理的研究产生了质的飞跃。狭义相对论的思想已渗透到近代物理的各个部分。狭义相对论不愧为物理学史上一件罕有的珍品。

然而,狭义相对论不是终极真理,也是相对真理。人类对自然界的认识永远是不断前进的,永远不会停留在一个水平上,将来必定会有更新的理论问世。但是,相对论永远不会失去它的光辉,新理论必定包含着相对论。那时,人们将发现相对论是新理论在某一极限条件下的近似理论,就好像今天我们看到经典力学是狭义相对论在 $v \ll c$ 条件下的近似理论一样。

思考题

4.1 两个事件在一个惯性系中同时,在另一个惯性系中是否可能同时?是否可能不同时?

4.2 两个事件在一个惯性系中同地同时,在另一个惯性系中是否同地同时?是否可能不同地不同时?

4.3 相对论中运动物体长度的收缩与物体热胀冷缩而引起的长度变化是否一回事?

4.4 一飞船相对地球高速飞行,在地球上观测,飞船上的物体长度收缩,时间流逝变慢。有人说,在飞船上观测,地球上物体的长度变长,时间流逝变快,这种说法对吗?

4.5 什么是静长?什么是原时?

4.6 什么是极限速度?物体的运动速度是否能大于真空中的光速?

4.7 一个光子在一个惯性系中的速度为 c,在另一个以速度 u 相对上述惯性系运动的惯性系中,这个光子的速度是多少?能否找到一个惯性系,光子是静止的?

---

① 见阅读材料 $1.G$。

4.8　什么是静止质量?一个物体的质量在两个相互作匀速直线运动的惯性系中是否相同?为什么?在哪一个惯性系中这个物体的质量最小?

4.9　在狭义相对论中,动量是如何定义的?数值上动量与速度成正比吗?它与经典力学中定义的动量有何区别和联系?

4.10　$F = ma$ 对高速或低速情况是否都普遍适用?狭义相对论中的动力学方程是怎样的?它与 $F = ma$ 的关系如何?

4.11　什么是静止能量?什么是总能量?静止能量、总能量、动能三者之间的关系如何?

4.12　相对论动能公式是怎样的?它与经典力学的动能公式有何区别和联系?

4.13　孤立系统内部发生一个核反应过程,系统的静止能量和静止质量守恒吗?总能量和总质量守恒吗?

4.14　光子的静止质量多大?光子的能量、动量、质量之间的关系如何?

习　题

4.1　惯性系 K 和 K' 的坐标轴互相平行,K' 相对 K 以速度 $u = 0.60c$ 沿 x 轴正方向运动,$t = t' = 0$ 时,两坐标原点恰好重合。若 K 系中 $t = 2.0 \times 10^{-8}$s 时在 $x = 3.0$m、$y = 2.0$m,$z = 1.0$m 处发生一个事件,求该事件在 K' 系中的时空坐标。

4.2　相对于地球,飞船 A 的速度为 2.4×10^8m/s,飞船 B 的速度为 1.5×10^8m/s,沿同一方向飞行。求:(1)A 相对 B 的速度;(2)B 相对 A 的速度。

4.3　一原子核以 $0.50c$ 的速度离开观察者,并以 $0.80c$ 的速度(相对原子核)向前发射一个电子,又向后发射一个光子。求:(1)电子相对观察者的速度;(2)光子相对观察者的速度。

4.4　相对于地球,飞船 A 以 $0.80c$ 向正北飞行,飞船 B 以 $0.60c$ 向正西飞行。求飞船 A 相对飞船 B 的速度。

4.5　飞船以 $0.8c$ 的速度相对地面作匀速直线运动,固定在飞船上(沿飞行方向)的一根杆,飞船观察者测量此杆的长度 2m。求:(1)地面观察者测量此杆的长度;(2)杆的固有长度。

4.6　观察者与米尺之间沿尺长方向有相对运动,现观察者测得米尺的长度为 0.60m,求此米尺相对观察者的运动速度。

4.7　固有长度 2.5m 的汽车以 30m/s 的速度作匀速直线运动,按狭义相对论,地面观察者测得的汽车长度比固有长度短多少?

4.8 与铁道平行有一块长 2.0m、高 1.2m 的竖直广告牌,若在以 0.80c 的速度沿铁道运动的高速列车上测量,此广告牌长多少?高多少?

4.9 惯性系 K 和 K' 的坐标轴互相平行。一根米尺在 K' 系中静止,与 ox' 轴成 30° 角,而在 K 系中该米尺与 ox 轴成 45° 角,求:(1)K' 系相对于 K 系的运动速度;(2) 在 K 系中,该米尺长多少?

4.10 一天体正以 0.80c 的速度离开地球,地球上测得该天体闪光的周期为 120h,在与此天体相对静止的参照系中测量,该天体的闪光周期为多少?天体闪光周期的固有时间为多少?

4.11 在实验室中,一粒子以 0.80c 的速度飞行 3.0m 后衰变掉。求:(1) 在实验室参照系中,此粒子的寿命;(2) 在与此粒子相对静止的参照系中,此粒子的寿命;(3) 粒子寿命的固有时间。

4.12 μ 子平均寿命的固有时间为 2.2×10^{-6}s。由于宇宙射线与大气作用,在 1.00×10^4m 的高空产生了速度(相对地面)为 0.998c 的 μ 子,问在地面参照系中,这些 μ 子的寿命多长?这些 μ 子是否可能到达地面?

*4.13 地球上某地先后受到两个雷击,时间间隔1s。在相对地球沿两雷击连线方向作匀速直线运动的飞船中测量,这两个雷击相隔 2s。求这两个雷击在飞船参照系中的空间间隔。是否存在一个惯性系,这两个雷击的时间间隔是 0.9s?

4.14 在实验室中,速度为 0.99c 的 π 介子在衰变前前进了 55m,求 π 介子在相对静止的参照系中的寿命。

*4.15 地面上,一运动员以 10m/s 的速度沿 100m 直线跑道从起点跑到终点。求在相对地面以 0.80c 的速度沿跑道方向飞行的飞船上测量,运动员跑了多长距离,用了多少时间?

*4.16 惯性系 K 与 K' 的坐标轴互相平行,K' 系相对 K 系沿 x 轴正向作匀速直线运动。在 K 系中的 x 轴上发生两个同时事件,空间间隔1.0m。在 K' 系中,这两个事件的空间间隔为 2.0m。求在 K' 系中,这两个事件的时间间隔。

*4.17 一列静长为 120m 的列车以 30m/s 的速度在地面上作匀速直线运动。列车上的观察者测得两个雷同时击中车头和车尾。求地面观察者测得这两个雷击的时间间隔,车头先击中还是车尾先击中?

*4.18 固有长度100m的飞船以 1.8×10^8m/s 的速度相对地面作匀速直线运动。宇航员测得一粒子从船尾发射后,经过 4.0×10^{-7}s 击中船头靶子。求:

(1) 粒子相对飞船的速度;(2) 粒子相对地面的速度;(3) 在地面参照系中,粒子从发射到中靶所经过的空间距离;(4) 在地面参照系中,粒子从发射到中靶所经过的时间。

4.19 在地面上观测,飞船和彗星分别以 $0.60c$ 和 $0.80c$ 的速度相向而行,再经 5s 两者将相撞,求:(1) 彗星相对飞船的速度;(2) 在飞船上观测,再经多少时间相撞?

4.20 当粒子的速度多大时,它的质量等于静止质量的 3 倍?

4.21 固有长度为 l_0、静止质量为 m_0 的细杆相对地面以速度 v 运动,求在地面参照系中此杆的质量线密度。细杆运动方向分别为:(1) 沿杆长方向;(2) 沿垂直杆长的方向。

4.22 已知电子的静止质量为 9.1×10^{-31} kg。(1) 求电子的静止能量;(2) 求电子静止时的能量、动能和动量;(3) 求电子速度为 1.8×10^8 m/s 时的能量、动能和动量。

4.23 若使粒子的速度由原来的 $0.40c$ 增大为原来的 2 倍,则粒子的动量增大为原来的几倍?

4.24 一个粒子的动量是按经典动量公式计算所得数值的 2 倍,此粒子的速度多大?

4.25 把电子的速度由静止加速到 $v_1 = 0.60c$,外界需对它做功多少?把电子速度由 $v_1 = 0.60c$ 加速到 $v_2 = 0.80c$,外界需对它做功多少?

4.26 2g 氢与 16g 氧燃烧生成水,在这个化学反应过程中放出热量 2.5×10^5 J。问反应前后静止质量减少了多少?

4.27 太阳因辐射能量,静止质量每秒钟减少 4.0×10^9 kg,求太阳的辐射功率。

4.28 两个小球的静止质量均为 m_0。若其中一个以 $0.60c$ 的速度与另一个静止的发生完全非弹性正碰撞。求碰后黏合体的运动速度和静止质量。

4.29 两个氘核结合成氦核。求氦的结合能。已知氘核和氦核的静止质量分别为 $m_D = 2.01355u$,$m_{He} = 4.00151u$。

4.30 动能多大的 α 粒子($_2^4$H)轰击 $_7^{14}$N,可实现下列核反应:

$$_7^{14}\mathrm{N} + {}_2^4\mathrm{H} \rightarrow {}_8^{17}\mathrm{O} + {}_1^1\mathrm{H}$$

已知 $_7^{14}$N、$_2^4$H、$_8^{17}$O 和 $_1^1$H 的静止质量分别为 $m_1 = 13.99922u$、$m_2 = 4.00151u$、$m_3 = 16.99476u$ 和 $m_4 = 1.00728u$。

*4.31 静止的 π^+ 介子衰变为 μ^+ 子和 ν 子(中微子),三者静止质量分别为

m_π、m_μ 和 0。求 μ^+ 子和 ν 子的动能。

*4.32 实验室中,能量为 E 的 γ 光子射向静止的质子。求:(1)在实验室参照系中,γ 光子的动量;(2)在实验室参照系中,系统的质心速度。

4.33 在实验室中,质子 A 以 $0.60c$ 的速度向东运动,质子 B 以 $0.50c$ 的速度向西运动,求:(1)在实验室参照系中,质子 A 的动能和动量的大小;(2)在与质子 B 相对静止的参照系中,质子 A 的动能和动量的大小。

阅读材料 1. A

宇宙膨胀和大爆炸理论

一、宇宙是怎么样的?

山外有山,天外有天,太空浩瀚,宇宙究竟有多大?结构如何?日出日落,昼夜复始,冬去春来,宇宙究竟是如何形成的?有多大年纪?从古至今,人们一直在探索和寻找着这些问题的答案。

我国古代认为"天圆如张盖,地方如横局","浑天如鸡子,地如鸡中黄"。在西方,公元前 2—3 世纪,亚里士多德(Aristotle)和托勒密(C. Ptolemy)先后提出"地球中心说",认为地球静止地居于宇宙中心,太阳、月亮、行星、恒星都围绕地球运动。由于"地心说"符合"宇宙由上帝创造,以满足人类需要"的宗教教义,因此得到教会的支持,统治天文学长达几千年。

直到 1514 年,波兰天文学家哥白尼(N. Copernicus)提出"日心说",才纠正了"地心说"的错误。哥白尼认为太阳是不动的中心,地球和行星围绕太阳运动。由于"日心说"动摇了上帝创世的神话,"日心说"的支持者布鲁诺被教会烧死,伽利略也受到残酷迫害。

1609 年伽利略发明了望远镜,用来观察星空。他发现人们原先看到的白茫茫的银河,竟是由亿万颗星球组成的庞大星系 —— 银河星系。1687 年,牛顿提出万有引力定律,解释了行星和卫星的运动。

20 世纪初,现代天文学观察发现,宇宙比人们原来想像的要大得多,在银河系外,非常遥远的太空,存在着许多像银河系那样的星系(约 10^{11} 个)。宇宙就是由众多的星系组成的。星系与星系之间的距离在 10^6 光年以上(1 光年 $= 9.460530 \times 10^{15}$m)。从大尺度上来看($3 \times 10^8$ 光年),星系的分布是均匀的。每个星系由许多恒星($10^6 \sim 10^{13}$ 个)和其他天体聚集而成。恒星发热发光。星系的尺度约 10^5 光年。星系的形状有球状的、椭球状的、涡旋状的、棒旋状的或不规则的。

银河系是一个涡旋状星系,从侧面看像一个铁饼,中间厚(约1.6×10^4 光年),边缘薄,直径约 10^5 光年,包含约 10^{11} 颗恒星。太阳是银河系中靠边缘的一颗中等恒星,九大行星绕太阳运动。地球只是太阳系中不大的一个行星,它有一个卫星 —— 月亮。地球离太阳的距离只有 10^{-5} 光年。在地球上,人眼所能观察到的只有离地球不太远的大约 2000 颗星星。因为地球上只能从侧面观察银河系中的星星,又无法仔细分辨,所以看上去银河系好像一条银色的亮河。

二、宇宙膨胀和大爆炸理论

1868 年,英国天文学家哈金斯(Hawkins)测出了天狼星光谱线的微小红移,根据多普勒效应,谱线红移意味着天狼星正离开我们而去。1929 年,美国天文学家哈勃(E. P. Hubble)发现,**几乎所有星系都在远离地球而去**,其退行速度 v 与该星系与地球之间的距离 r 成正比,即

$$v = Hr$$

这就是著名的**哈勃定律**。式中的 H 称为**哈勃常量**,它的倒数与时间同量纲。根据大量的观测和研究,得知 H 的近似值约为

$$H = 1.6 \times 10^{-18} \text{s}^{-1}$$

既然几乎所有星系都在远离我们而去,这就是说,宇宙正在膨胀。

宇宙为什么会膨胀呢?"大爆炸理论"作了较好的解释。这一理论是 20 世纪 20 年代由比利时天文学家勒梅特提出,1948 年由美国天体物理学家伽莫夫(G. Gamov)发展而成的。"大爆炸理论"认为,在早期的宇宙中所有的天体是全部结合在一起的,体积极小,密度极

大,温度极高,勒梅特把它称为"宇宙蛋"。大约 200 亿年前,宇宙蛋猝然大爆炸。大爆炸后,物质向四面八方飞散,宇宙间充满了光子、电子、中微子等基本粒子。由于宇宙不断膨胀,温度很快下降,当温度降到 10×10^8 ℃ 左右时,中子衰变为质子和电子,或与质子结合生成氘和氦,化学元素开始生成。当温度下降至数千 ℃ 时,气态物质慢慢聚集,此后进一步收缩演变,逐渐成为各种星系。

假设从大爆炸至今,已经经历了 T 年,作为近似估算,星系飞行的距离约为 $r = vT$,而根据哈勃定律 $v = Hr$,故

$$T = \frac{r}{v} = \frac{1}{H} = \left(\frac{1}{1.6 \times 10^{-18}} \right) s \approx 2 \times 10^{10} \text{ 年} = 200 \text{ 亿年}$$

因此,现在能观察到的宇宙半径 R 约为光速 c 乘上宇宙年龄 T

$$R = cT = 200 \text{ 亿光年}$$

这些数值与天文观察和放射性元素测定结果大体一致。

按大爆炸理论,宇宙早期密度极大,温度极高,极易生成氦。伽莫夫进行了推算,推算结果为:(1) 宇宙质量的 $\frac{1}{3}$ 左右应该为氦;(2) 今天的宇宙中应存在大爆炸产生的辐射残留物,温度约为 3K,因此,应该存在相当于 3K 左右的各向同性的微波背景辐射。这两点已由实验和观察所证实,它对大爆炸理论提供了极大的支持。

大爆炸之前宇宙是什么样的?以后又将怎样变化呢?20 世纪 70 年代,美国天文学家桑德奇(A. R. Sandage)提出了一个"振荡宇宙模型"。他认为在每一次振荡开始的时候,宇宙的全部物质都以基本粒子的形式集中在一起,体积极小,密度极大,温度极高,发生一次大爆炸,物质向四外飞散,宇宙膨胀,持续数十亿年。以后,在引力作用下膨胀逐渐变得缓慢,物质开始凝聚成星系。大爆炸 600 亿年后,膨胀完全停止,宇宙在引力作用下开始收缩。又经过 600 亿年,宇宙重新缩成一个体积极小,密度极大,温度极高的"宇宙蛋",接着又一次大爆炸开始了。如此,循环复始,不断振荡。

近年来,前苏联学者林德又提出了一个"娃娃宇宙模型"来解释宇宙的来龙去脉。他认为宇宙是由许多小宇宙组成的,无数小宇宙不

断地像"泡泡"一样在冒出来,小宇宙的生成过程是永无终结的。我们现在生活的小宇宙只不过是无穷长流中一个正在胀大的"泡泡"而已。所有小宇宙的总和 —— 大宇宙永远有"泡泡"正在问世,因此,大宇宙是永恒的。

"大爆炸理论"及其与此相关的模型,使我们对宇宙的认识大大前进了一步。人类对宇宙的探索是永无止境的,随着天文学技术和理论的发展,宇宙神秘的面纱终将被渐渐揭开。

(陈治中　编)

阅读材料 1.B

一般非惯性系中的质点动力学　柯里奥利力

设坐标系 $o'x'y'$(简称 K' 系)相对惯性系 oxy(简称 K 系),既以速度 u 平动,又以角速度 ω 转动,今有一质点 P,相对 K' 系运动,如图 1.B.1 所示。

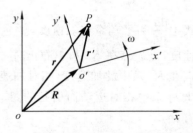

图 1.B.1　一般非惯性系中的质点动力学

在 K 系中,质点的位矢为

$$r = R + r'$$

在 K 系中求 r 对 t 的导数,即得质点在 K 系中的速度

$$v = \frac{\mathrm{d}r}{\mathrm{d}t} = \frac{\mathrm{d}R}{\mathrm{d}t} + \frac{\mathrm{d}r'}{\mathrm{d}t}$$

式中的 $\frac{\mathrm{d}R}{\mathrm{d}t}$ 显然是平动牵连速度 u。而 $\frac{\mathrm{d}r'}{\mathrm{d}t}$ 并不是质点的相对速度,因

$$r' = x'i' + y'j'$$

在 K 系中，i' 和 j' 的方向在不断变化，故在 K 系中 r' 对 t 求导，应为

$$\frac{\mathrm{d}r'}{\mathrm{d}t} = \frac{\mathrm{d}x'}{\mathrm{d}t}i' + \frac{\mathrm{d}y'}{\mathrm{d}t}j' + x'\frac{\mathrm{d}i'}{\mathrm{d}t} + y'\frac{\mathrm{d}j'}{\mathrm{d}t}$$

等号右边前两项，才是质点在 K' 系中的速度（相对速度）

$$v' = \frac{\mathrm{d}x'}{\mathrm{d}t}i' + \frac{\mathrm{d}y'}{\mathrm{d}t}j'$$

参阅 §1.5 中一、并注意到 $\dfrac{\mathrm{d}\theta}{\mathrm{d}t} = \omega$，有

$$x'\frac{\mathrm{d}i'}{\mathrm{d}t} + y'\frac{\mathrm{d}j'}{\mathrm{d}t} = x'\frac{\mathrm{d}\theta}{\mathrm{d}t}j' + y'\left(-\frac{\mathrm{d}\theta}{\mathrm{d}t}i'\right)$$
$$= \omega(-y'i' + x'j') = \boldsymbol{\omega} \times \boldsymbol{r'}^{①}$$

$\boldsymbol{\omega} \times \boldsymbol{r'}$ 是由于 K' 系转动而产生的转动牵连速度。所以

$$\boldsymbol{v} = \boldsymbol{u} + \boldsymbol{\omega} \times \boldsymbol{r'} + \boldsymbol{v'}$$

将上式在 K 系中对 t 求导，即得质点在 K 系中的加速度

$$\boldsymbol{a} = \frac{\mathrm{d}\boldsymbol{v}}{\mathrm{d}t} = \frac{\mathrm{d}}{\mathrm{d}t}(\boldsymbol{u} + \boldsymbol{\omega} \times \boldsymbol{r'} + \boldsymbol{v'})$$
$$= \frac{\mathrm{d}\boldsymbol{u}}{\mathrm{d}t} + [\boldsymbol{\beta} \times \boldsymbol{r'} + \boldsymbol{\omega} \times (\boldsymbol{\omega} \times \boldsymbol{r'})] + (2\boldsymbol{\omega} \times \boldsymbol{v'}) + \boldsymbol{a'}^{②}$$

式中 $\dfrac{\mathrm{d}\boldsymbol{u}}{\mathrm{d}t}$ 为平动牵连加速度，$[\boldsymbol{\beta} \times \boldsymbol{r'} + \boldsymbol{\omega} \times (\boldsymbol{\omega} \times \boldsymbol{r'})]$ 为转动牵连加速度，是质点在 K' 系中静止时，由于 K' 系的运动而引起的。$\boldsymbol{a'}$ 是质点在 K' 系中的加速度（相对加速度）。$(2\boldsymbol{\omega} \times \boldsymbol{v'})$ 是由于质点在转动坐标系中相对运动而引起的，称为**科里奥利加速度**，它与 $\boldsymbol{\omega}$ 和 $\boldsymbol{v'}$ 垂直。

如果 K' 系只有平动，没有转动，即 $\boldsymbol{\omega} = 0$，那么，$\boldsymbol{a} = \dfrac{\mathrm{d}\boldsymbol{u}}{\mathrm{d}t} + \boldsymbol{a'}$，就是 §2.3 中二、1. 讨论过的特殊情形。如果 K' 系没有平动，仅作匀角速转动，而且质点在 K' 系中静止，即 $\boldsymbol{u} = 0, \boldsymbol{v'} = 0, \boldsymbol{\beta} = 0$，则 $\boldsymbol{a} = \boldsymbol{\omega} \times (\boldsymbol{\omega} \times \boldsymbol{r'}) = \omega^2 r'\boldsymbol{n}$，这就是 §2.3 中二、2. 所讲的特殊情形了。

---

① $\boldsymbol{\omega} \times \boldsymbol{r'} = \omega\boldsymbol{k'} \times (x'i' + y'j') = \omega(x'j' - y'i')$，式中 $\boldsymbol{k'} \times \boldsymbol{i'} = \boldsymbol{j'}, \boldsymbol{k'} \times \boldsymbol{j'} = -\boldsymbol{i'}$
② $\boldsymbol{\omega}, \boldsymbol{r'}$ 和 $\boldsymbol{v'}$ 均用直角坐标表示，然后求导，可得本式。

综上所述，一般情况下，K' 系相对惯性系 K 既有平动，又有转动，而且质点与 K' 系有相对运动，此时质点在 K 系中的加速度 $\boldsymbol{a}$ 可表示为

$$\boldsymbol{a} = \boldsymbol{a}_{\mathrm{i}} + \boldsymbol{a}_{\mathrm{co}} + \boldsymbol{a}'$$

式中，$\boldsymbol{a}_{\mathrm{i}} = \dfrac{\mathrm{d}\boldsymbol{u}}{\mathrm{d}t} + \boldsymbol{\beta} \times \boldsymbol{r}' + \boldsymbol{\omega} \times (\boldsymbol{\omega} \times \boldsymbol{r}')$ 为牵连加速度；$\boldsymbol{a}_{\mathrm{co}} = 2\boldsymbol{\omega} \times \boldsymbol{v}'$ 为柯里奥利加速度，$\boldsymbol{a}'$ 为相对加速度。按牛顿第二定律，在惯性系中，质点所受的合外力等于其质量与加速度的乘积

$$\boldsymbol{F} = m\boldsymbol{a} = m(\boldsymbol{a}_{\mathrm{i}} + \boldsymbol{a}_{\mathrm{co}} + \boldsymbol{a}')$$

移项，得

$$\boldsymbol{F} + (-m\boldsymbol{a}_{\mathrm{i}}) + (-m\boldsymbol{a}_{\mathrm{co}}) = m\boldsymbol{a}'$$

这就是一般情况下，非惯性系中质点动力学的基本方程。式中 $\boldsymbol{F}$ 为质点所受的相互作用力；$\boldsymbol{F}_{\mathrm{i}} = -m\boldsymbol{a}_{\mathrm{i}}$ 为**牵连惯性力**，方向与牵连加速度相反；$\boldsymbol{F}_{\mathrm{co}} = -m\boldsymbol{a}_{\mathrm{co}}$ 为**柯里奥利力**，由质点与转动非惯性系的相对运动而引起，其方向与柯里奥利加速度相反。牵连惯性力还可分为三部分，$-m\dfrac{\mathrm{d}\boldsymbol{u}}{\mathrm{d}t}$ 为非惯性系平动引起的惯性力，$-m\boldsymbol{\beta} \times \boldsymbol{r}'$ 为非惯性系变速转动引起的切向惯性力，$-m\boldsymbol{\omega} \times (\boldsymbol{\omega} \times \boldsymbol{r}')$ 为非惯系转动引起的惯性离心力。

前面我们曾经指出，由于地球平动加速度和自转角速度很小，因此，地球可以作为一个近似的惯性系。如果考虑地球自转，地球就是一个转动的非惯性系，凡与地球有相对运动的物体，都受到柯里奥利力的作用。按 $\boldsymbol{F}_{\mathrm{co}} = -m\boldsymbol{a}_{\mathrm{co}} = -2m\boldsymbol{\omega} \times \boldsymbol{v}'$，在北半球，运动物体所受的柯里奥利力均指向运动方向的右侧，故火车前进方向右侧的铁轨受磨损较严重，河水流动方向右侧的河岸受河水冲刷较厉害。在南半球，正好相反，运动物体所受的柯里奥利力指向运动方向的左侧。地面上流动的大气形成旋风，从高空落下的重物略向东偏移的现象，也都是柯里奥利力作用的结果。

例 1.B.1 一光滑水平细杆绕通过一端的竖直轴以角速度 ω 匀角速转动，杆上套有一个小环。若 $t = 0$ 时，小环在距离转轴 b 处，与

细杆相对静止。求 t 时刻小环与转轴之间的
距离和细杆对小环的作用力。

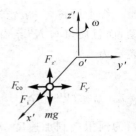

例 $1.B.1$ 图

解　以细杆为参照系,这是相对惯性
系匀角速转动的非惯性系。在这个非惯性
系中,小环沿 x' 轴运动,小环受的力有:重
力 $m\boldsymbol{g}$,细杆对它的作用力 $\boldsymbol{F}$,惯性离心力
$\boldsymbol{F}_i = m\omega^2 x'\boldsymbol{i}'$ 和柯里奥利力 $\boldsymbol{F}_{co} = -2m\boldsymbol{\omega}\times\boldsymbol{v}' = -2m\omega\dfrac{\mathrm{d}x'}{\mathrm{d}t}\boldsymbol{j}$,小环的运动
方程为

$$m\omega^2 x' = ma'_{x'} = m\frac{\mathrm{d}^2 x'}{\mathrm{d}t^2} \qquad ①$$

$$F_{y'} - 2m\omega\frac{\mathrm{d}x'}{\mathrm{d}t} = ma'_{y'} = 0 \qquad ②$$

$$F_{z'} - mg = 0 \qquad ③$$

解①、②、③式,并代入初始条件,可得 t 时刻小环与转轴之间的距离
x' 和细杆对小环的作用力 $\boldsymbol{F}$

$$x' = \frac{b}{2}(\mathrm{e}^{\omega t} + \mathrm{e}^{-\omega t})$$

$$F_{y'} = mb\omega^2(\mathrm{e}^{\omega t} - \mathrm{e}^{-\omega t})$$

$$F_{z'} = mg$$

本题需要解二阶微分方程,具体求解过程从略。

（陈治中　编）

阅读材料 1.C

对称性和守恒定律

在 §2.4 和 §2.9 中,阐述了动量守恒定律和能量守恒定律,它们已由大量的观察和实验所验证。可是,守恒定律的由来,是否有超乎经验的原理呢?现在我们知道,守恒定律来源于对称性。

一、什么是对称性

自然界到处存在着对称性,例如,星球、建筑、雪花、天然晶体、花卉、鱼、虫、鸟、兽和人体,都具有对称性。

物理学中所说的对称性,意义更广泛,更普遍。如果一事物或一规律在某种数学变换下,其形式保持不变,那么,就称这种变换为**对称操作**,或者说,这一事物或规律对该操作是对称的。所以,对称性也叫作变换不变性。由于变换后事物或规律完全复原,因此,变换前后是不可区分的,也无法用观测加以区别。

例如,矩形绕通过中心的垂直轴转动 180° 后,完全复原。我们说,矩形对这一操作是对称的。变换前后完全相同,所以无法区分。

二、物理定律的对称性

大量的观察和实验发现,物理定律也具有对称性。

1. 空间平移不变性

在不同的地点,在相同的条件下做同一实验,所得规律完全相同。换句话说,物理定律的形式在空间任意位置都相同。这叫作物理定律的空间平移不变性,或空间的均匀性。

2. 空间转动不变性

沿空间不同的方向,在相同条件下做同一实验,所得规律完全相同。即物理定律的形式在空间所有方向上都相同。这叫作物理定律的空间转动不变性,或空间各向同性。

3. 时间平移不变性

无论什么时间,在相同条件下做同一实验,所得规律完全相同。换言之,物理定律的形式在任何时刻都相同。这叫作物理定律的时间平移不变性,或时间的均匀性。

时空的对称性是为大量实验所证明了的基本事实。

4. 惯性系变换不变性

从一个惯性系变到另一个惯性系中,物理定律的形式保持不变,这称为**物理定律的惯性系变换不变性**。就是说,对物理定律而言,相互作匀速直线运动的惯性系是完全等价的。

由于时空的均匀性和空间的各向同性,无法用实验确定所处的绝对位置、绝对方向和绝对时间。由于物理定律的惯性系变换不变性,无法用实验确定所在惯性系的绝对速度。这是时空对称性和物理定律对称性的否定表述形式。

三、对称性与守恒定律

物理定律的对称性使系统内部的运动受到某种约束,导致系统在运动过程中某一物理量保持不变,从而得到某一个守恒定律。所以,物理定律的一种对称性,必然导致对应的守恒定律。例如,空间平移不变性导致动量守恒定律,时间平移不变性导致能量守恒定律,空间转动不变性导致角动量守恒定律。惯性系变换不变性,则导致相对论的动量守恒和能量守恒定律。

下面,作为例子,从物理定律的空间平移不变性具体推导出动量守恒定律。设两个相互作用的粒子限制在 x 轴上运动,其他物体对它们无作用,见图 1.C.1。当粒子的坐标分别为 x_1 和 x_2 时,两粒子间的距离为 $\xi = x_2 - x_1$,系

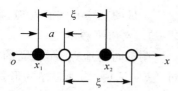

图 1.C.1 空间平移不变
性与动量守恒

统的势能为 $E_p(x_1, x_2)$。当系统沿 x 轴正方向平移 a 时,两粒子的坐标变为 $x_1 + a$ 和 $x_2 + a$,两粒子间的距离仍为 $\xi = (x_2 + a) - (x_1$

$+ a) = x_2 - x_1$，势能为 $E_p(x_1 + a, x_2 + a)$。由空间平移不变性知，平移不改变势能的值，故

$$E_p(x_1 + a, x_2 + a) = E_p(x_1, x_2)$$

显然，只有势能 E_p 仅为两粒子间距离 ξ 的函数 $E_p(\xi)$ 时，上式才会成立，即

$$E_p = E_p(\xi) = E_p(x_2 - x_1)$$

粒子 1 受力为

$$F_1 = -\frac{\partial E_p}{\partial x_1} = -\frac{\partial E_p}{\partial \xi}\frac{\partial \xi}{\partial x_1} = \frac{\partial E_p}{\partial \xi}$$

粒子 2 受力为

$$F_2 = -\frac{\partial E_p}{\partial x_2} = -\frac{\partial E_p}{\partial \xi}\frac{\partial \xi}{\partial x_2} = -\frac{\partial E_p}{\partial \xi}$$

故

$$F_1 + F_2 = 0$$

又因

$$F_1 = \frac{\mathrm{d}p_1}{\mathrm{d}t} \qquad F_2 = \frac{\mathrm{d}p_2}{\mathrm{d}t}$$

所以

$$\frac{\mathrm{d}p_1}{\mathrm{d}t} + \frac{\mathrm{d}p_2}{\mathrm{d}t} = \frac{\mathrm{d}}{\mathrm{d}t}(p_1 + p_2) = 0$$

即系统的总动量守恒

$$p_1 + p_2 = 常量$$

这就是动量守恒定律。

发现某物理量在自然过程中的不变性，并应用相应的守恒定律揭示自然界运动的普遍特征，这是物理学一个重要的研究方向。在近代物理中，对称性原理与数学中的群论相结合，成为一种有力的研究方法。运用对称性和守恒定律的分析，可以去探索未知的领域，去寻求物质更深层次的结构。

（陈治中　　编）

阅读材料 1.D

刚体平面运动的动能
对质心轴的转动定律

一、刚体平面运动的动能

由柯尼希定理知,质点系的动能等于随质心运动的动能 $\frac{1}{2}mv_C^2$ 与质点系内各质点相对质心运动的动能 $\sum \frac{1}{2}m_i v_i'^2$ 之和,即

$$E_k = \frac{1}{2}mv_C^2 + \sum \frac{1}{2}m_i v_i'^2$$

刚体作平面运动时,相对质心运动的动能为

$$\sum \frac{1}{2}m_i v_i'^2 = \sum \frac{1}{2}m_i (r_i'\omega)^2 = \frac{1}{2}(\sum m_i r_i'^2)\omega^2$$

上式中 r_i' 为质点 i 离质心 C 的距离,$\sum m_i r_i'^2$ 为刚体对通过质心并垂直剖面的轴的转动惯量 J_C,故

$$\sum \frac{1}{2}m_i v_i'^2 = \frac{1}{2}J_C\omega^2$$

将上式代入柯尼希定理,即得

$$E_k = \frac{1}{2}mv_C^2 + \frac{1}{2}J_C\omega^2$$

二、对通过质心并垂直剖面的轴的转动定律

转动定律只适用于惯性系中的固定轴。对于非惯性系中的固定轴,必须计入惯性力的力矩后,转动定律才成立。但可证明,对于通过质心的轴,不必计算惯性力的力矩,转动定律总是成立的,即

$$M_C = J_C\beta$$

因此,从动力学角度看,以质心为基点描述刚体的平面运动最为方便。

$M_C = J_C\beta$ 的证明如下:设刚体的质心加速度为 $\boldsymbol{a}_C$,取质心坐标系 $Cx'y'z'$,它是一个平动非惯性系,对通过质心的轴 Cz',应计入惯性力的力矩 M_C^i 后,转动定律才成立,即

$$M_C + M_C^i = J_C\beta$$

现在来计算 M_C^i。刚体中任一质点 i 所受的惯性力为 $(-m_i\boldsymbol{a}_C)$,它在 x' 方向和 y' 方向的分量分别为 $(-m_i a_{Cx'})$ 和 $(-m_i a_{Cy'})$,对通过质心的 Cz' 轴产生力矩 $(-m_i a_{Cy'})x_i' - (-m_i a_{Cx'})y_i'$(见图 1. D. 1)。各个质点所受的惯性力对 Cz' 轴的力矩之和为

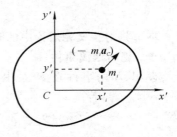

图 1.D.1　惯性力的力矩

$$M_C^i = \sum\left[(-m_i a_{Cy'})x_i' - (-m_i a_{Cx'})y_i'\right]$$

$$= a_{Cx'}\left(\sum m_i y_i'\right) - a_{Cy'}\left(\sum m_i x_i'\right)$$

由于在质心系中,质心 C 的坐标恒为零,即

$$x_C' = \frac{\sum m_i x_i'}{m} = 0$$

$$y_C' = \frac{\sum m_i y_i'}{m} = 0$$

因此

$$M_C^i = 0$$

故得

$$M_C = J_C\beta$$

(陈治中　编)

阅读材料 1. E

狭义相对论中的时空顺序问题

本节将对狭义相对论中的时空顺序问题作进一步的论述。

一、绝对远离事件

设 A、B 两事件在 K 系中的时空坐标分别为 (x_1, y_1, z_1, t_1) 和 (x_2, y_2, z_2, t_2)，若

$$S^2 = (x_2 - x_1)^2 + (y_2 - y_1)^2 + (z_2 - z_1)^2 - c^2(t_2 - t_1)^2 > 0$$

$$(1. E. 1. a)$$

则称 A 与 B 是**绝对远离事件**。

为简明起见，进一步假定 $x_2 > x_1$，$y_2 = y_1$，$z_2 = z_1$，$t_2 > t_1$，即两事件的发生地点沿 x 方向排列，而且 B 在 A 的右边，B 比 A 迟发生（由于坐标轴可任意取向，因此，作此假定并不失掉普遍性）。于是式（1. E. 1a）简化为

$$x_2 - x_1 > c(t_2 - t_1) \qquad (1. E. 1. b)$$

由洛仑兹变换式（4.1）知，在 K' 系中（若不作特别说明，惯性系 K 和 K' 均与 §4.2 中相同），有

$$x_2' - x_1' = \frac{(x_2 - x_1) - u(t_2 - t_1)}{\sqrt{1 - u^2/c^2}} \qquad (1. E. 2)$$

$$t_2' - t_1' = \frac{(t_2 - t_1) - u(x_2 - x_1)/c^2}{\sqrt{1 - u^2/c^2}} \qquad (1. E. 3)$$

由式（1. E. 2）、（1. E. 3）和式（1. E. 1. b）可得以下结论：

（1）不可能找到这样一个惯性系，在这个惯性系中，A 和 B 是同地发生的，或者 B 发生在 A 的左边。因为由式（1. E. 2）和式（1. E. 1. b）可知，$x_2' = x_1'$，或者 $x_2' < x_1'$，都要求 K' 系相对 K 系运动

的速度 u 满足下式：

$$u \geqslant \frac{x_2 - x_1}{t_2 - t_1} > c$$

而 $u \geqslant c$ 是不可能的。正是这个缘故，当式（1.E.1）成立时，把 A、B 两事件称为绝对远离事件。绝对远离事件的空间顺序不可能颠倒。

（2）总可以找到一个惯性系，在这个参照系中，A 与 B 是同时发生的。因为由式（1.E.3）知，只要使 K' 系相对 K 系的运动速度为

$$u = \frac{c^2}{\left(\dfrac{x_2 - x_1}{t_2 - t_1} \right)}$$

就有 $t'_2 = t'_1$。由式（1.E.1.b）知，上式中的分母大于 c，故 u 并不超出极限速度 c。

（3）由式（1.E.3）以及 c 为物体运动的极限速度可知，当 u 满足下式时

$$c > u > \frac{c^2}{\left(\dfrac{x_2 - x_1}{t_2 - t_1} \right)}$$

就有 $t'_2 < t'_1$。就是说，只要 K' 系相对 K 系的运动速度满足上式，那么在 K' 系中 B 比 A 先发生，两个绝对远离事件的时序颠倒。

综观上述，绝对远离事件的时间顺序可以颠倒，但空间顺序不会颠倒。

二、绝对过去事件和绝对将来事件

设 A、B 两事件在 K 系中的时空坐标分别为 (x_1, y_1, z_1, t_1) 和 (x_2, y_2, z_2, t_2)，若

$$\begin{cases} S^2 = (x_2 - x_1)^2 + (y_2 - y_1)^2 + (z_2 - z_1)^2 - c^2(t_2 - t_1)^2 < 0 \\ t_2 > t_1 \end{cases}$$

$$(1.E.4.a)$$

则称 A 为 B 的**绝对过去事件**，B 为 A 的**绝对将来事件**。存在因果关系的两个事件，就是这种情形。

为简单起见，假定 $x_2 > x_1, y_2 = y_1, z_2 = z_1, t_2 > t_1$，即 A 和 B 的

发生地点沿 x 方向排列，B 在 A 的右方，而且 B 比 A 迟发生。于是式(1. E. 4. a)简化为

$$\begin{cases} x_2 - x_1 < c(t_2 - t_1) \\ t_2 > t_1 \end{cases} \qquad (1. E. 4. b)$$

按洛仑兹变换式(4. 1)，在 K' 系中，有

$$x_2' - x_1' = \frac{(x_2 - x_1) - u(t_2 - t_1)}{\sqrt{1 - u^2/c^2}} \qquad (1. E. 5)$$

$$t_2' - t_1' = \frac{(t_2 - t_1) - u(x_2 - x_1)/c^2}{\sqrt{1 - u^2/c^2}} \qquad (1. E. 6)$$

由式(1. E. 5)、(1. E. 6)和式(1. E. 4. b)可得以下结论

(1) 不可能找到一个惯性系，在这个参照系中，A、B 两事件同时发生，或者 B 比 A 先发生。因为由式(1. E. 6)和式(1. E. 4. b)可以看出，$t_2' = t_1'$ 或者 $t_2' < t_1'$，都要求 K' 系相对 K 系的运动速度 u 满足下式

$$u \geqslant \frac{c^2}{\left(\dfrac{x_2 - x_1}{t_2 - t_1}\right)} > c$$

而超过极限速度 c 是不可能的。就是说，在所有惯性系中，B 事件都比 A 事件迟发生，因此，A 是 B 的绝对过去事件，B 是 A 的绝对将来事件。

(2) 若

$$u = \frac{x_2 - x_1}{t_2 - t_1}$$

则 $x_2' = x_1'$，即 A、B 两事件在 K' 系中发生在同一地点。

(3) 若

$$c > u > \frac{x_2 - x_1}{t_2 - t_1}$$

则 $x_2' < x_1'$，即在 K' 系中，B 在 A 的左方，绝对过去事件与绝对将来事件的空间顺序颠倒。例如，若地面系中，"中靶"事件发生在"开枪"事件的右方，而列车沿子弹前进方向开行，速度大于子弹的飞行速度（当然不可能大于光速）时，则在列车系中，子弹是向左运动的，所以中靶发生在开枪的左方。

综观上述,绝对过去事件与绝对将来事件的空间顺序可以颠倒,但时间顺序不会颠倒。

(陈治中　编)

阅读材料 1.F

狭义相对论中的时空图

一、时空图　世界点

在狭义相对论中,时空是四维的。但是,若所有事件都发生在 x 轴上,则就只剩下两维了。以 x 为横坐标,以 ct 为纵坐标作图,就得一张 K 系中简单的**时空图**。它也可以看作是一般四维时空图在 $x-ct$ 平面上的投影。

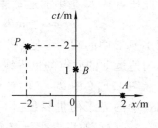

图 1.F.1　时空图

时空图上的一个点 (x, ct) 称为一个**世界点**,代表 t 时刻发生在 x 处的一个事件。例如图 1.F.1 中的世界点 P 是 $t = \dfrac{2\mathrm{m}}{c}$ 时刻发生在 $x = -2\mathrm{m}$ 处的一个事件。

时空图中原点 o 对应的事件称为**原点事件**,它是 $t = 0$ 时刻发生在 $x = 0$ 处的事件。

x 轴包含了 K 系中所有与原点事件同时 $(t = 0)$ 发生的事件。例如,图 1.F.1 中的世界点 A 是 $t = 0$ 时刻发生在 $x = 2\mathrm{m}$ 处的事件。

ct 轴包含了所有与原点事件发生在同一地点 $(x = 0)$ 的事件。例如图 1.F.1 中的世界点 B 是 $t = \dfrac{1\mathrm{m}}{c}$ 时刻发生在 $x = 0$ 处的事件。

二、世界线

一个质点在时空中的经历是由一系列连续相继发生的事件组成的，因此，在时空图中，是由一系列连续的世界点组成的曲线（或直线），称为**世界线**。例如，ct 轴是一个静止于 $x = 0$ 处的质点的世界线。

图 1.F.2 中，直线 OE 是一个沿 x 轴正方向作匀速运动的质点的世界线。$t = 0$ 时刻质点通过 $x = 0$ 处。由于 OE 上各点均满足

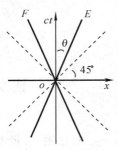

$$\tan\theta = \frac{x}{ct} = \frac{v_x t}{ct} = \frac{v_x}{c}$$

故此质点在 K 系中的运动速度为

$$v_x = c\tan\theta$$

图 1.F.2 世界线

图 1.F.2 中的 OF 线是一个沿 x 轴负方向作匀速运动的质点的世界线。

图 1.F.2 中 $\theta = 45°$ 的两条虚线分别代表沿 x 轴正方向和负方向运动的光子的世界线。因为质点的速度不能超过极限速度 c，所以，一切质点的世界线与 ct 轴的夹角 θ 不能大于 45°。

光子的世界线把时空图划分成四个区域。在左、右两个区域里，任一事件与原点事件之间时空间隔的平方大于零，即

$$S^2 = x^2 - c^2 t^2 > 0$$

由阅读材料 1.E 知，这两个区域内的事件都是原点事件的绝对远离事件，与原点事件之间的空间顺序不会颠倒。

在上、下两个区域内，任一事件与原点事件之间的时空间隔平方小于零，即

$$S^2 = x^2 - c^2 t^2 < 0$$

下面四分之一区域内的事件，$t < 0$，故都是原点事件的绝对过去事件。上面四分之一区域内的事件，$t > 0$，故都是原点事件的绝对将来事件。

三、孪生子佯谬的时空图

作为例子，图 1.F.3 画出了孪生子佯谬的时空图。图中符号 l·y 为长度单位光年，是一个非 SI 单位，在特殊领域可以使用。设孪生子甲留在地球上，孪生子乙乘宇宙飞船以 0.8c 匀速飞向离地球 4 光年的天体，然后调头以 0.8c 匀速飞回地球。假定地球参照系的 x 轴指向该天体，并以飞船起飞时作为时间起点（$t = 0$），那么在地球参照系的时空图中，甲的世界线为 oB 线，乙从地球飞向天体的世界线为 oA，从天体飞回地球的世界线为 AB[①]。

（陈治中　编）

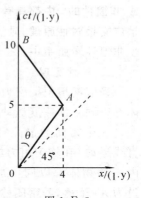

图 1.F.3
孪生子佯谬时空图

阅读材料 1.G

广义相对论简介

在狭义相对论创立之后，爱因斯坦又经过了 11 年的探索，进一步提出了广义相对性原理和等效原理，并在这两条原理的基础上，于 1916 年创立了广义相对论。

一、广义相对性原理　等效原理

1. 广义相对性原理

爱因斯坦认为大自然的规律是统一、和谐、简洁的，惯性参照系

---

① 图 1.F.3 是按狭义相对论所作的孪生子佯谬时空图，即按狭义相对论，甲、乙在时空中的经历情况。它没有涉及广义相对论，故此图并不能说明乙比甲年轻的问题。

不应该具有特殊的优越性。**一切物理定律在所有参照系（无论惯性的或 非惯性的）中都具有相同的形式，所有的参照系都是等价的。**这就是**广义相对性原理。**显然，广义相对性原理将狭义相对性原理推广到了非惯性参照系中。

2. 等效原理

爱因斯坦根据引力质量与惯性质量相等和均匀引力场中一切物体都以同一加速度运动这两个实验事实，设计了一个理想实验：

一个密闭舱静止（或作匀速直线运动）在均匀引力场中时，舱内一切物体都以同一加速度（假设为 g）下落；若密闭舱在无引力场的空间以加速度 g 匀加速上升时，则舱内一切物体也以同一加速度 g 下落，如图1.G.1所示。舱内的人不论做什么实验，都无法判断自己是在均匀引力场中的静

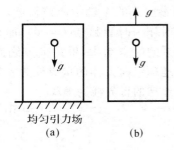

图 1.G.1　等效原理

止舱内，还是在无引力场空间匀加速上升的舱内。理想实验说明，**加速度与引力场的作用是等效的。**这一结论称为**等效原理。**

按照这一原理，如果使密闭舱在引力场中自由下落，那么加速度将引力场抵消，此密闭舱就与静止在无引力场空间时毫无两样。

二、广义相对性效应及其实验验证

爱因斯坦将广义相对性原理和等效原理与狭义相对论结合，并借助黎曼几何和张量分析，发现引力场中的时空不是平直的，而是弯曲的，并建立了引力理论，导出了广义协变的引力方程和物体运动方程，从而完成了广义相对论的创立工作。

广义相对论预言了光线在引力场中的偏转、光谱线的引力红移、水星轨道的旋进（进动）等效应和黑洞的存在，这些预言已先后被实验证实。由于严格的讨论需要高深的数学工具，因此本书只作通俗的介绍。

1. 光线在引力场中的偏转

设密闭舱静止在无引力场的空间,若从舱的左壁上水平地发出一束光线,则光线水平地射到舱的右壁上,如图 1.G.2(a) 所示。如果密闭舱在无引力场的空间匀加速上升,那么从舱的左壁水平发出的光线将向下偏转,如图 1.G.2(b) 所示。

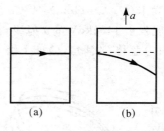

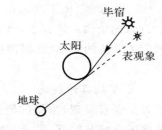

图 1.G.2　光线的偏转　　　　图 1.G.3　　光线在太阳引力场中的偏转

根据等效原理,加速度与引力场等效,故光线在引力场中必定也要发生偏转。按爱因斯坦计算,星光从太阳旁边经过时,要偏转 $1.75''$。1919 年 5 月 29 日天文学家观测当天日全食时太阳背后的毕宿星光,观测结果证实了爱因斯坦的预言。

2. 引力红移

广义相对论还预言,光在引力场中传播时,随着引力势的增大,光的频率要减小。这一现象,称为**引力红移**。

设有一个质量 M 与半径 R 之比很大的星球,从其表面(此处引力势很低,$U = -G\dfrac{M}{R}$)发出一束频率为 ν_0 的光线,在星球表面光子的质量为 $m = \dfrac{h\nu_0}{c^2}$,势能为 $-G\dfrac{Mm}{R} = -G\dfrac{Mh\nu_0}{Rc^2}$,总能量为

$$E = h\nu_0 + \left(-G\frac{Mh\nu_0}{Rc^2}\right)$$

假设该光线传到远离星球的自由空间(此处引力势大,$U = -G\dfrac{M}{\infty} = 0$)时其频率为 ν,根据能量守恒定律

$$h\nu = h\nu_0 + \left(- G \frac{Mh\nu_0}{Rc^2} \right)$$

即

$$\nu = \nu_0 \left(1 - G \frac{M}{Rc^2} \right) < \nu_0$$

上式表明光线从引力势较低的区域传到引力势较高的区域时,其频率减小,即出现引力红移现象。

1959 年庞德(R. V. Pound)和莱勃卡(G. A. Rebka)把^{57}Co 放在高 22.6m 的哈佛塔塔顶上,^{57}Co 向塔底发射 14.4keV 的 γ 射线,在塔底测量 γ 射线的频率(他们做的是"引力蓝移"实验),验证了引力红移的预言。

3. 水星轨道的旋进

天文观察发现,水星的椭圆轨道并不严格闭合而有旋进(进动)现象,如图 1.G.4 所示。按经典力学计算,除掉岁差和其他行星摄动等影响之后,还有每世纪约 43″ 的差异无法解释。

图 1.G.4　水星轨道的旋进

爱因斯坦按广义相对论推算,发现水星沿椭圆轨道运动,周期性地进入引力势较大(远离太阳)和引力势较小(靠近太阳)的区域时,水星的轨道会发生旋进,每世纪旋进 43.03″。这一计算值与观察结果十分吻合,使广义相对论得到了验证。

4. 雷达回波的延迟

从地球上用雷达向金星发射电磁波,再接收反射回波,可以测出电磁波来回一次所需的时间。设想分两种情况进行试验,第一种情况使电磁波路径远离太阳,第二种情况使电磁波路径从太阳旁经过。按广义相对论,因引力场的影响,电磁波从太阳旁经过时,其路径会发生偏转,因此,第二种情况电磁波来回一次所需的时间应比第一种情况长一些。这一现象称为**雷达回波的延迟**。

1971 年夏皮罗(I. I. Shapiro)测量了金星的雷达回波延迟。爱因斯坦的理论计算值与夏皮罗的实验值偏离不到 2%,这又一次使广义相对论得到了验证。

五、黑洞

若有一个天体的密度极其巨大，引力也就极其强烈，能够吸收附近 的所有物质，甚至连光和电磁波也无法逃脱，则此天体被称为"黑洞"，因为它把所有东西都吸引住了，内部一切物质和信息都不能发射出来，所以也就看不到它，把它称为"黑洞"，是最为形象确切的了。

设一星球的质量为 M、半径为 R。若星球表面有一质量为 m 的粒子，该粒子在星球表面的势能为 $\left(-G\dfrac{Mm}{R}\right)$，根据能量守恒定律，要使粒子无法逃离，必须满足下式

$$\frac{1}{2}mv^2 + \left(-G\frac{Mm}{R}\right) < 0$$

即

$$v < \sqrt{\frac{2GM}{R}}$$

若这星球是黑洞，连光也无法逃脱，则应以 c 代替上式中的 v，并得到黑洞的半径与质量之间的关系[①]

$$R < \frac{2GM}{c^2}$$

$R_S = \dfrac{2GM}{c^2}$ 称为史瓦西(Schwarzschild)半径。按照上式，要使地球成为黑洞，必须把它的质量压缩到半径小于 0.89cm 的球体内。要使太阳变成黑洞，必须把太阳的质量压缩到半径小于 3km 的球体内。

恒星晚期核燃料烧尽时，在内部强大引力的作用下，会坍缩而成为 黑洞。因黑洞看不见，无法直接观察。但若黑洞与一个正常星形成双星，则可通过观察正常星发出的光所受黑洞的影响，而推断黑洞的存在。1996 年 4 月 4 日，美国约翰·霍普金斯大学的天文学家报告，他们 在与地球相距 1 亿光年的室女星座内发现了一个黑洞，它的半径不大，而其质量是太阳质量的 12 亿倍。据新华社华盛顿 1997 年 1 月

---

① 这里推导时运用了牛顿力学，而在黑洞附近牛顿力学是不适用的，所以这不是严格的理论推导。但是，用严格的广义相对论导出的结果恰好与此相同。

15 日电，美国天文学家宣布，他们利用设在夏威夷的地面望远镜和太空轨道上的"哈勃"望远镜，在附近星系中发现了三个黑洞，观察到了黑洞的边界，而且找到了大部分星系中央存在黑洞、黑洞的大小与它所在星系的大小成正比的证据。

（陈治中　　编）

第二篇　机械振动和机械波

　　振动与波涉及到物理学的各个领域,是一种重要而常见的物质运动形式。在力学中有机械振动和机械波,在电学中有电磁振荡和电磁波。人们赖以进行信息传递的声与光,就分别属于机械波和电磁波。此外,在近代物理中更是处处离不开振动与波。一切微观粒子如电子、质子和原子等都具有波的特征。迄今,微观粒子的波性也正一步步被大家所熟悉与利用。

　　振动的传播过程称为波动。两者有着密切的联系,因此,将振动与波放在同一篇中。虽自然界中有各种各样的振动和波动的现象,本篇 仅局限讨论较直观的机械振动和机械波。但这种研究也有其普遍意义。因所有的振动与波都具有一些共同特征,所以这里所学到的许多概念和规律,也将为以后研究各种振动和波动打下基础。

第五章 机械振动

在我们周围,有许多物体作来回往复、周期性的运动,这种运动称为**振动**。例如,钟摆的摆动、各种乐器中弦线或簧片的振动,以及机器运转时伴随着的振动等等。振动寓于物理学的各个领域之中,除上述物体在一定位置附近作来回往复的机械振动外,在自然界中还有各种各样的其他振动。在交流电路和收音机的天线上,电荷作往复的流动;在微波炉炉腔内,电场与磁场在来回振荡;在微观尺度上同样存在着振动,例如,石英表中,石英晶体内原子的振动;核磁共振仪中,试样质子的振动,等等。在宇观的尺度内,有些宇宙学家猜测,或许整个宇宙也以百亿年的时间间隔进行胀与缩的振动。本章我们将讨论机械振动。除介绍机械振动的规律外,还通过类比,让读者了解其他振动,如电磁振动的规律等。

§5.1 简谐振动的描述

一、简谐振动的解析表示 振幅、相位和频率

简谐振动是一种最基本、最简单的振动形式。以后将看到,复杂的振动可认为由许多不同频率的简谐振动所组成。简谐振动可用悬挂在铅直弹簧下的物体的运动来演示(见图 5.1)。当空气阻力可忽略时,将处于静止的物体稍许托起(或拉下),然后释放。它将作上下运动,这种运动便是**简谐振动**,简称**谐振动**。谐振动的特点是,这个物体的位置随时间作简谐(正弦或余弦函数)变化。物体保持静止时的位置称作平衡位置。设 x 表示该物体离平衡位置的位移,并设铅直向上的位移为正,则当物体作谐振动时,有关系式

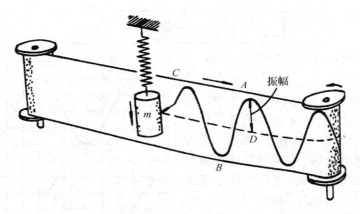

图 5.1　振动曲线图

$$x = A\cos(\omega t + \varphi) \qquad (5.1)$$

式中，A 称为**振幅**，表示物体的最大位移。φ 称为**初相**，余弦宗量 $(\omega t + \varphi)$ 称为**相位**。由式 (5.1) 可知，它们分别决定初始时刻和任一时刻 t 物体的位移。我们即将看到，它们也能决定初始时刻和任一时刻物体的速度与加速度。ω 称为**角频率**，单位以弧度 / 秒表示（记作 rad/s）；频率表示物体每秒钟所作完整振动的次数，用 ν 表示，单位为赫兹 (Hz)。物体作一次完整振动，式 (5.1) 中的余弦宗量 $(\omega t + \varphi)$ 将增加 2π，在 Δt 时间内，物体将作 $\nu\Delta t$ 次振动，则有关系式

$$\Delta(\omega t + \varphi) = 2\pi\nu\Delta t$$

因 ω、φ 不随时间变化，则得

$$\omega = 2\pi\nu$$

物体作一次完整振动所需的时间称为**周期**，记作 T，则

$$T = \frac{1}{\nu} = \frac{2\pi}{\omega}$$

由式 (5.1) 对时间求导，便得振动物体的速度和加速度

$$v = \frac{\mathrm{d}x}{\mathrm{d}t} = -\omega A\sin(\omega t + \varphi) \qquad (5.2)$$

$$a = \frac{\mathrm{d}^2 x}{\mathrm{d}t^2} = -\omega^2 A\cos(\omega t + \varphi)$$ (5.3)

比较式(5.1)与式(5.3),可得

$$a = -\omega^2 x \qquad (5.4)$$

由式(5.4)可知,如果一个物体作谐振动,它的加速度始终与位移成正比,但方向相反。图 5.2 是谐振动的位移、速度和加速度随时间变化的曲线。这些曲线是根据式(5.1)、(5.2) 和(5.3) 画出的,但能更形象地表明这些量随时间变化的关系。

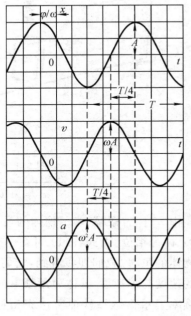

图 5.2 谐振动的位移、速度和加速度随时间变化的曲线

二、谐振动的振幅矢量图示法

这一方法是基于谐振动与匀速圆周运动间的密切联系。研究两者相互关系,有助于了解每种运动形式。在这里,我们讨论如何利用匀速圆周运动来描述谐振动。

如图 5.3(a) 所示,参考点 Q 以原点 o 为圆心,A 为半径作逆时针匀速圆周运动,角速度为 ω。如果初始时刻($t = 0$) 位置矢量 $o\boldsymbol{Q}$ 与 x 轴的夹角为 φ,则任一时刻 t,$o\boldsymbol{Q}$ 与 x 轴的夹角为($\omega t + \varphi$),此时 Q 点在 x 轴的投影相当于以式(5.1)表示的谐振动

$$x = A\cos(\omega t + \varphi)$$

这里,矢量 $o\boldsymbol{Q}$ 的长度等于振幅,它以 ω 旋转,故称**振幅矢量**,又称**旋转矢量**;Q 点所作的圆称为**参考圆**。这种方法的优点,特别在处理振动叠加时,要比前述的函数表达式和曲线图示方便得多。在图 5.3(b) 中,$\boldsymbol{v}_m$ 表示作匀速圆周运动的 Q 点的速度,其方向是过 Q 点的

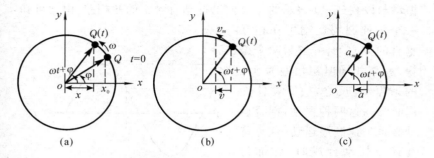

图 5.3　振幅矢量图示法

圆弧的切线方向，大小为 $v_m = \omega A$。很易证明，它的 x 分量相当于式（5.2）表示的谐振动的速度

$$v = -\omega A\sin(\omega t + \varphi)$$

在图 5.3(c) 中，a_m 表示 Q 点的向心加速度，其大小为 $\omega^2 A$，因此，它在 x 方向的分量可用来表示谐振动的加速度

$$a = -\omega^2 A\cos(\omega t + \varphi)$$

由图 5.3 可见，相位 $(\omega t + \varphi)$ 是指 t 时刻振幅矢量与 x 轴的夹角，对任一特定的谐振动来说，相位决定任一时刻 t 物体的位移和速度，也即决定物体的运动状态。所以相位在描写物体谐振动时常常用到，是振动和波动中一个重要的概念。$t = 0$ 的相位，称为**初相**，用来决定初始时刻物体的运动状态。在比较两个（或多个）同频率谐振动时，振动的初相 φ 显得非常重要，因这时初相差便等于相位差。如两个谐振动的初相相同，则两者的相位差始终为零，这两个振动将同时从位移正最大回到零，再同时到达负最大，等等。我们称它们是**同步的**。这现象在以后讨论振动的合成时还将看到。

简谐振动也可用正弦函数来表示，即

$$y = A\sin(\omega t + \varphi) \tag{5.5}$$

显而易见，图 5.3(a) 中旋转矢量在 y 轴上的投影，显然也是谐振动，可用式（5.5）或用余弦函数 $A\cos(\omega t + \varphi - \dfrac{\pi}{2})$ 描述。可见，y 方向谐振动与以式(5.1)表示的 x 方向谐振动有 $\pi/2$ 的初相差。由此可知，一个匀速圆周运动可在相互垂直的方向上，分解为两个振幅、频率相同但初相差为 $\pi/2$ 的谐振动。反之，一个物体如同时参与这两种振动，则合运动必是匀速圆周运动。这点将在述及振动合成时，详加讨论。

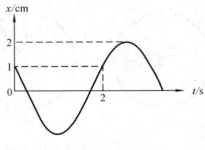

例 5.1 图

例 5.1 质点作谐振动的 x-t 曲线如图所示。试写出该质点的振动表达式。

解 因 $x = A\cos(\omega t + \varphi)$，从图中得 $A = 2$cm。ω 和 φ 的计算如下。

按图当 $t = 0$ 时，初始位移 $x_0 = 1$cm，则

$$1 = 2\cos\varphi, \quad \cos\varphi = \frac{1}{2}, \quad \varphi = \pm\frac{\pi}{3}$$

由图判知，初始速度 $v_0 < 0$，或由式(5.2)，得

$$v_0 = -A\omega\sin(\omega t + \varphi)_{t=0} = -A\omega\sin\varphi < 0$$

则 φ 只能取 $\frac{\pi}{3}$。又由图可知，当 $t = 2$s，相应的 $x = 1$cm，$v > 0$，由

$$1 = 2\cos(2\omega + \frac{\pi}{3}) \quad \text{和} \quad v = -A\omega\sin(2\omega + \frac{\pi}{3}) > 0$$

则有

$$2\omega + \frac{\pi}{3} = \frac{5}{3}\pi$$

所以

$$\omega = \frac{2}{3}\pi \quad \text{rad/s}$$

于是求得质点的振动表达式为

$$x = 0.02\cos(\frac{2}{3}\pi t + \frac{\pi}{3}) \quad \text{m}$$

§5.2 谐振动的动力学表述

一、弹簧振子的运动微分方程及其解

上一节讨论如何描写谐振动。本节讨论谐振动是如何形成的。我们以图 5.4 所示的弹簧振子系统为例进行讨论。弹簧振子是由轻质弹簧和在其一端系着的物体所组成，弹簧的另一端固定。当弹簧是原长时，物体不受弹性力，静止在平衡位置 o 点。设以 o 点为原点，通过 o 点的水平线为 x 轴，并设 x 轴的正向向

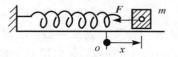

图 5.4　弹簧振子系统

右。当物体相对 o 点的位移为 x 时，如弹性力服从胡克定律，则物体所受的弹性力为

$$F = -kx \tag{5.6}$$

式中，k 称为弹簧的劲度系数，负号表示力的方向与位移的方向相反。如物体所受的摩擦阻力可忽略不计，由式(5.6)与牛顿第二定律，我们得到

$$F = -kx = ma = m\frac{\mathrm{d}^2 x}{\mathrm{d}t^2}$$

或

$$\frac{\mathrm{d}^2 x}{\mathrm{d}t^2} = -\left(\frac{k}{m}\right)x \tag{5.7}$$

上式表示物体的加速度与位移成正比，但方向相反。式(5.7)是一个二阶微分方程，对其求解，可得位移 $x(t)$ 的关系式。在这里，我们不讨论微分方程的正规求解方法，只根据这运动一些特点，来猜测这方程的解。$x(t)$ 是周期函数，且这函数的时间二阶导数与它本身成正比，但两者符号相反。我们知道，正弦或余弦函数能满足这要求。这时，角度 θ 是时间 t 的函数，设记作 ωt。ω 以弧度 / 秒表示。因此，我们采用式(5.1)的通解形式

$$x(t) = A\cos(\omega t + \varphi) \tag{5.1}$$

将上式对时间二次求导,得式(5.4),然后与式(5.7)进行比较,只要设

$$\omega = \sqrt{\frac{k}{m}} \tag{5.8}$$

式(5.1)便满足式(5.7)的微分方程。因此,式(5.1)确是式(5.7)的解。

由式(5.8)可知,角频率 ω 由振动系统的特性,即振动物体的质量 m 与弹簧的劲度系数 k 决定。故也称振动系统的**固有频率**。对于分子内原子的振动, ω 由原子的质量与电性力提供的劲度系数决定。因此,各种分子有它们固有的振动频率。例如,HCl 分子的振动频率为 9.49×10^{13}Hz。其他分子的振动频率大致也在红外的范围。测定这些频率,可用来研究分子的结构。式(5.8)也用来测量飞船内宇航员的质量。当宇航员坐在特制的振动装置中(见照片),根据所测出的振动系统的周期,及给定的该装置的弹簧劲度系数,便能求出宇航员的质量。显然,在宇航员失重的情况下,利用天平秤等常规称衡方法是无能为力的。

式(5.1)的振幅 A、初相 φ 由初始条件,即 $t = 0$ 时的位移 x_0 与速度 v_0 决定。由式(5.1)和式(5.2)可知

$$x_0 = A\cos\varphi, \quad v_0 = -\omega A\sin\varphi$$

由此可求得

$$A = \sqrt{x_0{}^2 + \left(\frac{v_0}{\omega}\right)^2} \tag{5.9}$$

$$\varphi = \arctan\frac{-v_0}{\omega x_0} \tag{5.10}$$

值得注意的是,由式(5.10)可得到两个 φ 值,故须根据 x_0 与 v_0 的正负,判断 φ 是在哪个象限。若借助参考圆方法,能较方便地决定初相 φ。

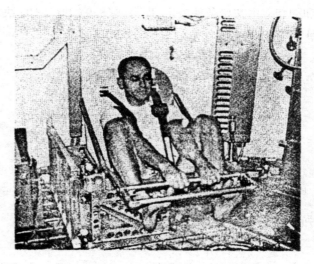

图 5.5 在飞船上称衡宇航员质量的装置

顺便提及,复数解 $x(t) = Ae^{j\omega t}$ $+ Be^{-j\omega t}$ 同样也满足式(5.7)。的确,对谐振动的描写,除第一节讨论的三种方式外,也可用复数来表述。这在进一步研究与振动有关的后继课程中将会遇到。

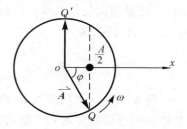

例 5.2 图

例 5.2 一个弹簧振子沿光滑水平桌面作谐振动。已知弹簧的劲度系数 $k = 28.8 \text{N/m}$,物体质量 $m = 0.2 \text{kg}$,在 $t = 0$ 时物体离平衡位置向右位移 $x_0 = 2 \text{cm}$,此时速度也向右,$v_0 = 41.6 \text{cm/s}$。写出物体振动的表达式,并求出物体从初始位置回到平衡位置的最短时间。

解 物体振动的表达式如式(5.1)所示,$x = A\cos(\omega t + \varphi)$,式中 A、ω 和 φ 可根据本题条件求得。由式(5.8),得

$$\omega = \sqrt{\frac{k}{m}} = \sqrt{\frac{28.8}{0.2}} \text{rad/s} = 12 \text{ rad/s}$$

振幅 A 和初相 φ 由初始条件决定,即由式(5.9)和(5.10)决定。设 x 轴的正向向右,可得

$$A = \sqrt{x_0{}^2 + \left(\frac{v_0}{\omega}\right)^2} = \sqrt{(0.02)^2 + \left(\frac{0.416}{12}\right)^2}\,\mathrm{m}$$

$$= 0.04\ \mathrm{m}$$

$$\varphi = \arctan\left(-\frac{v_0}{\omega x_0}\right) = \arctan\left(-\frac{0.416}{12 \times 0.02}\right)$$

$$-\frac{\pi}{3}\quad 或\quad +\frac{2\pi}{3}$$

因 x_0、v_0 均是正值,可见 $\varphi = -\dfrac{\pi}{3}$ 才是正确解(利用参考圆可方便直观地决定 φ。见图),于是得物体振动的表达式为

$$x = 0.04\cos\left(12t - \frac{\pi}{3}\right)\quad \mathrm{m}$$

利用参考圆还可便捷地求出物体从 $t = 0$ 到平衡位置的最短时间,这就是振幅矢量的端点从 Q 转到 Q' 所需的时间,即

$$t = \frac{\dfrac{\pi}{3} + \dfrac{\pi}{2}}{\omega} = 0.218\quad \mathrm{s}$$

例 5.3 一个质量为 m 的物体悬挂在铅直轻质弹簧的下端,弹簧的上端固定。弹簧的劲度系数为 k。试证明该物体作谐振动,并求振动的频率。

解 设弹簧的自然长度为 l。由于物体的重量 mg,弹簧伸长 Δl 后达到平衡,

$$k\Delta l = mg$$

取这时弹簧的下端为原点 o,向下为 x 正方向。如物体再向下移动 x 时,

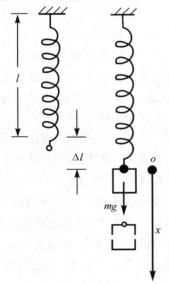

例 5.3 图

则作用其上的合力为

$$F = - k(\Delta l + x) + mg = - kx$$

与式(5.6)比较,这时物体是以 o 点为平衡位置而作谐振动。根据牛顿方程, $- kx = m\dfrac{\mathrm{d}^2 x}{\mathrm{d}t^2}$,其振动的频率仍为 $\omega = \sqrt{\dfrac{k}{m}}$。所以,与水平放置的同样弹簧振子作比较,物体的重量只是使平衡位置向下移动一个距离。

二、谐振动的能量

我们还可从能量的观点来研究谐振动。对于图 5.4 的弹簧振子系统,设物体的位移为 x,速度为 v 时,系统的弹性势能与动能分别为

$$E_p = \frac{1}{2} kx^2 = \frac{1}{2} kA^2 \cos^2(\omega t + \varphi) \tag{5.11}$$

$$E_k = \frac{1}{2} mv^2 = \frac{1}{2} m\omega^2 A^2 \sin^2(\omega t + \varphi)$$

$$= \frac{1}{2} kA^2 \sin^2(\omega t + \varphi) \tag{5.12}$$

在式(5.12)的最后表达式中,我们已利用 $\omega^2 = \dfrac{k}{m}$ 这关系式。因此,这系统的总机械能为

$$E = \frac{1}{2} kx^2 + \frac{1}{2} mv^2 = \frac{1}{2} kA^2 \tag{5.13}$$

上式指出谐振动的一个重要的性质,即**系统的势能和动能的总量守恒**,而**且总能量与振幅平方成正比**。图 5.6 表示弹簧振子的势能曲线,它显然是一条抛物线。x 轴上方的水平直线是表示振动系统的总能量 E。它与抛物线的交点,决定振动体的振动范围,即振幅。当物体离平衡位置 o 点为 x 时,如图所示,这时系统的势能为

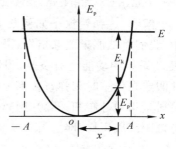

图 5.6　弹簧振子的势能曲线

E_p，动能 E_k 是指势能曲线上位移为 x 这一点与总能量为 E 的水平直线间的距离。如物体在最大位移时，系统的势能最大，等于总能量 E，动能为零。在物体向平衡位置运动的过程中，势能 E_p 逐渐减小，同时，动能 E_k 逐渐增加。当物体到达平衡位置时，势能为零，动能达到最大，等于总能量 E，因此，速度也是最大。当物体通过平衡位置后，动能开始减小，势能增加，直到物体有最大的反向位移，此时，势能最大，物体静止，动能为零。然后，物体将往回运动，再达最大位移。所以，在振动过程中，系统的势能与动能在不断地进行交换，但其总量保持不变。这决定此振动系统周而复始不停地作等幅运动。

此外，由式（5.13）得

$$\frac{1}{2}mv^2 = \frac{1}{2}kA^2 - \frac{1}{2}kx^2$$

即
$$v = \frac{\mathrm{d}x}{\mathrm{d}t} = \pm\sqrt{\frac{k}{m}(A^2 - x^2)} \tag{5.14}$$

因此，从能量关系出发，只经一次积分，便可求得谐振动的表达式（5.1）。如直接用式（5.7）的运动方程，就需要对时间作两次积分。

例 5.4　设一个水平放置的弹簧振子，所系物体的质量为 m，这弹簧的劲度系数为 k，质量为 m_s，沿长度均匀分布。

试证：在没有摩擦阻力情况下，这物体作谐振动。设 $m = 1\mathrm{kg}$，$m_s = 0.09\mathrm{kg}$，$k = 66\mathrm{N/m}$。求振动的频率。

解　这弹簧振子如例 5.4 图所示，设 o 点为平衡位置。在本题中，我们将从能量关系出发，进行求解。由于弹簧自身有质量，所以对振动系统的动能也有贡献。设物体的速度，即弹簧右端的速度为 v，并假定在任一时刻弹簧各部分的速度方向相同，并均匀伸缩（这与弹簧质量均匀分布一致）。则离弹簧左端 ξ 处某质量元 $\mathrm{d}m_s$ 的速度 v_s 与该距离成正比，即

$$v_s = \frac{v}{l}\xi$$

其中，l 是弹簧的原长。设这质量元的长度为 $\mathrm{d}\xi$，则其质量 $\mathrm{d}m_s =$

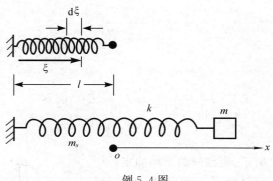

例 5.4 图

$\dfrac{m_s}{l}\mathrm{d}\xi$。它具有的动能为

$$\mathrm{d}E_{ks} = \frac{1}{2}\mathrm{d}m_s v_s^{\,2} = \frac{1}{2}\left(\frac{m_s}{l}\mathrm{d}\xi\right)\left(\frac{v}{l}\xi\right)^2$$

弹簧自身的动能为

$$E_{ks} = \int \mathrm{d}E_{ks} = \frac{1}{2}\frac{m_s v^2}{l^3}\int_0^l \xi^2\mathrm{d}\xi = \frac{1}{2}\left(\frac{m_s}{3}\right)v^2$$

整个振动系统的总动能为

$$E_{k} = \frac{1}{2}mv^2 + E_{ks} = \frac{1}{2}\left(m + \frac{m_s}{3}\right)v^2$$

这相当于一个等效质量为 $\left(m + \dfrac{m_s}{3}\right)$ 的物体在轻弹簧作用下以速度 v 运动的动能。当物体离平衡位置的位移为 x 时,弹性势能仍为 $\dfrac{1}{2}kx^2$。此时总振动能量为

$$E = \frac{1}{2}kx^2 + \frac{1}{2}\left(m + \frac{m_s}{3}\right)v^2$$

将此式与式(5.13)进行对照后证实,本例中的振动系统与由质量为 $\left(m + \dfrac{m_s}{3}\right)$ 的物体和劲度系数为 k 的轻质弹簧组成的振动系统相当。于是立刻可得振动角频率为

$$\omega = \sqrt{\frac{k}{m + \dfrac{m_s}{3}}}$$

代入数据,得

$$\omega = \sqrt{\frac{66}{1 + \dfrac{0.09}{3}}}\,\text{rad/s} = 8.0\ \text{rad/s}$$

三、扭摆

如图 5.7 所示,当细丝的上端固定,下端悬挂物体,这便构成一个扭摆。机械钟表里的摆轮装置就是一种扭摆的例子。它能作来回的摆动。如果这细丝遵守胡克定律,即当细丝被扭转,细丝所产生的弹性恢复力矩与扭转角成正比,则可证明,该扭摆的运动也是谐振动。在图 5.7 中,设被吊起的物体随细丝一起,相对平衡位置转过了角度 θ,则恢复力矩为

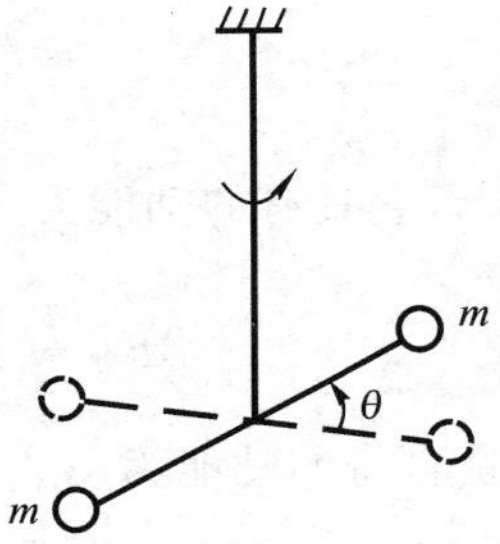

$$\tau = -k\theta \tag{5.15}$$

图 5.7   扭摆(虚线表示物体的平衡位置)

式中,负号表示力矩的方向与角位移的方向相反。k 称为扭转常量。设这物体绕以细丝为轴的转动惯量为 J,因此,转动定律可写为

$$\tau = -k\theta = J\frac{\mathrm{d}^2\theta}{\mathrm{d}t^2}$$

即

$$\frac{\mathrm{d}^2\theta}{\mathrm{d}t^2} = -\frac{k}{J}\theta \tag{5.16}$$

比较上式与式(5.7),发现,角位移 θ 与线位移 x 满足形式相同(除常系数外)的微分方程。证明这扭摆作简谐的角振动。

更进一步说,θ 可被理解为任一广义的变量。如这变量满足式(5.16)那样的微分方程,则也作谐振动。在电磁学中我们将看到,LC 电路中的电流和电量都满足这种形式的微分方程,所以,电流和电量随时间也作余弦或正弦的变化。

§5.3 稳定平衡位置附近的运动

在我们周围还有各种各样的振动,如小球在碗底附近的往复运动、钟摆的摆动、小磁针在稳定指向的左右摆动、分子内部各原子的相对振动等。可以证明,在没有摩擦阻力的情况下,物体在稳定平衡位置附近的**小振动**均可近似看作简谐振动。

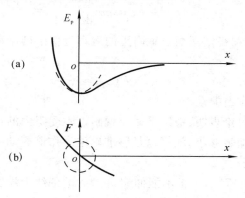

(a) 虚线表示在 $x = 0$ 处与势能曲线相接近的抛物线

(b) $F \sim x$ 曲线在小虚线圆内的线段可近似看作直线

图 5.8

图 5.8(a) 是在一维情况下物体的势能曲线。因 $x = 0$ 处是势能的极小值,即稳定平衡位置,所以有关系式

$$\left(\frac{\mathrm{d}E_\mathrm{p}}{\mathrm{d}x} \right)_0 = 0, \quad \left(\frac{\mathrm{d}^2 E_\mathrm{p}}{\mathrm{d}x^2} \right)_0 > 0 \tag{5.17}$$

式中,括号外的下标"0"表示该函数在 $x = 0$ 处的值。与这势能相应的作用力为 $F(x) = -\dfrac{\mathrm{d}E_\mathrm{p}}{\mathrm{d}x}$,所以在 $x = 0$ 处附近,$F(x)$-x 曲线如图 5.8(b) 所示。在原点附近对 $F(x)$ 作泰勒级数展开,得

$$F(x) = F(0) + \left(\frac{\mathrm{d}F}{\mathrm{d}x}\right)_0 x + \frac{1}{2}\left(\frac{\mathrm{d}^2F}{\mathrm{d}x^2}\right)_0 x^2 + \cdots \quad (5.18)$$

由式(5.17)可知，$F(0) = 0$，$\left(\dfrac{\mathrm{d}F}{\mathrm{d}x}\right)_0 = -\left(\dfrac{\mathrm{d}^2E_p}{\mathrm{d}x^2}\right)_0 < 0$，令$\left(\dfrac{\mathrm{d}^2E_p}{\mathrm{d}x^2}\right)_0 = k$，这里$k$是正的常量。在平衡位置附近运动时，可以略去位移$x$的二阶和更高价小量，于是式(5.18)写为

$$F(x) \approx -kx$$

根据牛顿定律，$F = ma$，则

$$-kx \approx m\frac{\mathrm{d}^2x}{\mathrm{d}t^2}$$

即知，该物体在稳定平衡位置附近的运动近似于谐振动。在极限情况下，

$$x \to 0, \quad F(x) = -kx$$

物体严格地作谐振动。

　　以上的讨论表明，稳定平衡位置附近不受阻力的自由振动，只要位移变化范围足够小，就可以足够准确地当作谐振动。

一、单摆

　　如图5.9所示，一根不能伸缩，长为l的细线上端固定，下端系上一个质量为m的小球，便构成一个单摆。在这类问题中，将小球看作一个质点，不计及其大小和形状。因此，单摆也称为**数学摆**。容易证明，当细线在摆角$\theta = 0$的铅直位置时，小球处于稳定平衡。小球在该点，即图中o点附近的微小振动近似为谐振动。设小球在o点的重力势能为零，当它偏离平衡位置，使摆线与铅直位置成θ角时，重力势能为

$$E_p = mgl(1 - \cos\theta) \quad (5.19)$$

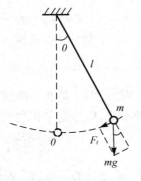

图 5.9　单摆

将小球在o点附近沿弧线的微小位移记作$\mathrm{d}x$。求式(5.19)对x的一

阶及二阶导数,考虑到 $\mathrm{d}x = l\mathrm{d}\theta$,得

$$\frac{\mathrm{d}E_\mathrm{p}}{\mathrm{d}x} = \frac{1}{l}\frac{\mathrm{d}E_\mathrm{p}}{\mathrm{d}\theta} = mg\sin\theta \qquad (5.20)$$

及

$$\frac{\mathrm{d}^2 E_\mathrm{p}}{\mathrm{d}x^2} = \frac{mg}{l}\cos\theta \qquad (5.21)$$

由以上两式得知,当 $\theta = 0$,$\dfrac{\mathrm{d}E_\mathrm{p}}{\mathrm{d}x} = 0$,$\dfrac{\mathrm{d}^2 E_\mathrm{p}}{\mathrm{d}x^2} > 0$,可见,$o$ 点确是稳定平衡位置。在平衡位置 o 点附近,由式(5.20),得

$$F_t = -\frac{\mathrm{d}E_\mathrm{p}}{\mathrm{d}x} = -mg\sin\theta \qquad (5.22)$$

式中,F_t 表示小球受到的沿圆弧的切向分力。负号表示力的方向与相应的线位移的指向相反。如按式(5.18)的展开处理,因为 $(F_t)_{\theta=0} = 0$,$\dfrac{\mathrm{d}F_t}{\mathrm{d}x}\big|_{\theta=0} = -\dfrac{mg}{l}$,在平衡位置附近微小振动的条件下,略去二阶及高阶小量,则有近似关系式

$$F_t = -\frac{mg}{l}x$$

力 F_t 与位移 x 成正比,但反向,这力在形式上与弹性力类似,称为准弹性力。如用角变量 θ 表示,考虑到 $x = l\theta$,有牛顿方程

$$m\frac{\mathrm{d}^2 x}{\mathrm{d}t^2} = m\frac{\mathrm{d}^2 (l\theta)}{\mathrm{d}t^2} = -\frac{mg}{l}(l\theta)$$

即

$$\frac{\mathrm{d}^2\theta}{\mathrm{d}t^2} = -\frac{g}{l}\theta \qquad (5.23)$$

这与式(5.7)的形式相同。因此得结论,**当 θ 角很小时,单摆的运动可看作谐振动**。由上式可求得振动的角频率 ω,

$$\omega = \sqrt{\frac{g}{l}}$$

及其周期

$$T = \frac{2\pi}{\omega} = 2\pi\sqrt{\frac{l}{g}} \qquad (5.24)$$

式(5.24)说明单摆的周期与摆幅无关。若 θ 不能看成非常小时,我们

应当对微分方程 $\dfrac{\mathrm{d}^2\theta}{\mathrm{d}t^2} = -\dfrac{g}{l}\sin\theta$ 求解。可以解得周期 T 与摆幅 θ_0 有关:

$$T(\theta_0) = 2\pi\sqrt{\dfrac{l}{g}}\,(1 + \dfrac{1}{2^2}\sin^2\dfrac{\theta_0}{2} + \dfrac{1}{2^2}\Big(\dfrac{3}{4}\Big)^2\sin^4\dfrac{\theta_0}{2} + \cdots)$$

当 θ_0 不大时,对 $2\pi\sqrt{\dfrac{l}{g}}$ 进行修正的这一级数的值是很小的。例如 θ_0

$= 5°, T(5°) = 2\pi\sqrt{\dfrac{l}{g}}(1 + 0.0005)$,真实的周期比谐振动的周期只

增加千分之 0.5。当 $\theta_0 = 10°$,其增加量也不超过千分之 2。

二、复摆

上述单摆的小球被看作一个质点,而复摆是一个可绕水平固定轴摆动的刚体。这时,我们必须考虑它的几何形状、大小和质量的分布。**复摆**又称**物理摆**。

如图 5.10 所示,设重心在 C 点(一般情况,这也是质心),与经过
o 点的水平转轴的距离为 l。在图 5.10(a) 的平衡位置时,重心正好在悬点的下方。与单摆的情况相似,这是稳定平衡位置。所以围绕这一位置的小角度摆动也近似于简谐振动。当刚体摆过某一角度 θ 时,见图 5.10(b),作用其上的重力矩为

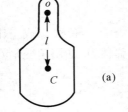

(a)

$$\tau = -mgl\sin\theta$$

应用转动定律,有

$$\tau = -mgl\sin\theta = J\dfrac{\mathrm{d}^2\theta}{\mathrm{d}t^2}$$

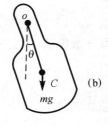

(b)

这里 J 为刚体对于 o 点的转动惯量。当角度很小时,$\sin\theta \approx \theta$,上式可近似地写为

$$\dfrac{\mathrm{d}^2\theta}{\mathrm{d}t^2} = -\dfrac{mgl}{J}\theta \qquad (5.25)$$

图 5.10 复摆

将上式与式 (5.23) 作比较,这两式属同样的微分方程。因此,复摆的振动也是角谐振动。θ 的一般表达式为

$$\theta = \theta_0 \cos(\omega t + \varphi)$$

这里,振动的角频率为 $\omega = \sqrt{\dfrac{mgl}{J}}$,而周期为

$$T = 2\pi \sqrt{\frac{J}{mgl}} \qquad (5.26)$$

其实,单摆可认为是复摆的特例。因对于单摆来说,$J = ml^2$。代入式 (5.25) 后,便变为式 (5.23)。

例 5.5   一长为 1.2m、质量为 25kg 的均质细杆,上端与水平轴连接,使细杆可在铅直平面摆动。试求:(1) 小角度摆动的周期;(2) 与这周期相同的单摆的摆长。

解   (1) 当摆幅很小时,物理摆的周期由式 (5.26) 决定:$T = 2\pi\sqrt{\dfrac{J}{mgl}}$。这里,$J = \dfrac{1}{3}mL^2$,$m$ 为细杆质量,L 为杆长,而 $l = L/2$。得

$$T = 2\pi \sqrt{\frac{\dfrac{1}{3}mL^2}{mg\dfrac{L}{2}}} = 2\pi\sqrt{\frac{2L}{3g}}$$

将已知数据代入,得 $T = 2\pi\sqrt{\dfrac{2 \times 1.2}{3 \times 9.8}}\,\text{s} = 1.8\,\text{s}$

(2) 由式 (5.24) 知,长为 L' 的单摆的周期为 $T = 2\pi\sqrt{\dfrac{L'}{g}}$。与上式比较,得等周期的单摆摆长为

$$L' = \frac{2L}{3} = 0.8\,\text{m}$$

例 5.6   已知两分子间的相互作用势能为

$$E_{\text{p}} = -E_{\text{p}_0}\left[2\left(\frac{r_0}{r}\right)^6 - \left(\frac{r_0}{r}\right)^{12}\right]$$

这里 r 表示分子的间距,E_{p_0} 和 r_0 是正值常量。试求:(1) 在平衡位置时这两分子的距离;(2) 在平衡位置附近小振动的频率近似值。

解 (1) $F = -\dfrac{dE_p}{dr} = -E_{p0}\left[12\dfrac{r_0^6}{r^7} - 12\dfrac{r_0^{12}}{r_{13}}\right]$

在平衡位置，$F = 0$，由此可得在平衡位置时，两分子的距离为 $r = r_0$。

(2) 令 $r = r_0$，我们得

$$\left(\frac{d^2E_p}{dr^2}\right)_{r_0} = E_{p0}\left(-84\frac{r_0^6}{r^8} + 156\frac{r_0^{12}}{r^{14}}\right)_{r_0} = 72\frac{E_{p0}}{r_0^2} > 0$$

因此，$r = r_0$ 这点是稳定平衡位置。在这点附近的小振动可近似看作简谐振动。令 $\left(\dfrac{d^2E_p}{dr^2}\right)_{r_0} = k$，则

$$\omega = \sqrt{\frac{k}{m}} = \sqrt{\frac{72E_{p0}}{mr_0^2}}$$

这里，m 应理解为两个分子的折合质量。因为我们是讨论两个分子的相对运动。所以，如它们是同种分子，可以证明，m 仅是每个分子质量的一半。如为异种分子，质量分别是 m_1 与 m_2，则 $m = \dfrac{m_1 m_2}{m_1 + m_2}$。其实，当研究一端固定的弹簧振子的振动时，也可认为弹簧一端系在小球，另一端系在地球上。因地球的质量远大于小球，则这时的折合质量便是小球的质量。

§5.4 阻尼振动

前面讨论的各种振动系统只是理想的模型。物体除受弹性力（或准弹性力）外，不考虑其他的力，如阻力的作用。这样的振动又称**无阻尼自由振动**。实际上，阻力总是存在的。单摆在摆动过程中，空气的阻力做负功而消耗振动能量，因此摆幅将渐渐减小，最后停止摆动。一个振动着的音叉，它将激起周围空气的振动，并以声波形式向外传播能量。于是，音叉本身的振动能量以及振幅将逐渐减弱。这相当于受到一种阻力，我们称之为**辐射阻尼**。

一、运动方程及其解

下面我们将讨论比较常见的,物体在流体(气体或液体)中受到摩擦阻力时的振动。如果速度不太大,这类阻力和运动的速度成正比。因此我们有

$$F_\gamma = -bv = -b\frac{\mathrm{d}x}{\mathrm{d}t} \tag{5.27}$$

式中 b 是比例常数,与流体的黏滞性有关。式中负号表示阻力的方向总是与速度反向,阻滞物体的运动。

现在,振动系统受到弹性力(或准弹性力)和阻力两个力的作用。以弹簧振子为例,在这两个力的作用下,应用牛顿方程,得

$$m\frac{\mathrm{d}^2x}{\mathrm{d}t^2} = -kx - b\frac{\mathrm{d}x}{\mathrm{d}t}$$

或

$$\frac{\mathrm{d}^2x}{\mathrm{d}t^2} = -\left(\frac{b}{m}\right)\frac{\mathrm{d}x}{\mathrm{d}t} - \left(\frac{k}{m}\right)x \tag{5.28}$$

经验告诉我们;当阻力不大时,这一物体仍作振动。不过,振幅将逐渐减弱,直到最后停止振动。因此,以式(5.28)所表示的阻尼振动的微分方程,在弱阻尼时的解一定要反映上述运动的特点。下面我们仅给出在弱阻尼情况下式(5.28)的解。然后讨论其涵义。这解为

$$x = Ae^{-\gamma t}\cos(\omega t + \varphi) \tag{5.29}$$

式中,γ 称为阻尼系数,ω 为阻尼振动的角频率,且

$$\gamma = \frac{b}{2m} \tag{5.30}$$

$$\omega = \sqrt{\omega_0{}^2 - \left(\frac{b}{2m}\right)^2} \tag{5.31}$$

式中:$\omega_0^2 = k/m$。如将式(5.29)及其一阶与二阶导数代入式(5.28),很易验证,只要两个常量 γ、ω 满足式(5.30)与(5.31)时,式(5.29)确是微分方程式(5.28)的解。请读者作为练习。

图5.11表示物体在离平衡位置为 x_0 处由静止释放,此后它的位移随时间变化的振动图线。图中虚线表示阻尼振动的振幅随时间作指数衰减的规律。即

$$A = A_0 e^{-\gamma t} \qquad (5.32)$$

因此,阻尼振动虽然包含随时间作谐振动的因子(这里是 $\cos(\omega t + \varphi)$),但其振幅始终在减小。所以,严格地说,它不是周期运动。因振动能量 E 与 A^2 成正比,所以,由式(5.32),有关系式

$$E = E_0 e^{-2\gamma t} \qquad (5.33)$$

可见,振动的能量也随时间作指数衰减。为了表征能量衰减的快

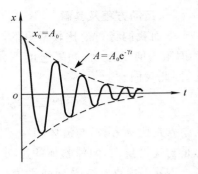

图 5.11　阻尼振动

慢,我们引入一个量,称作时间常数 τ,它等于振动能量减为原来的 $1/e$ 所需的时间。由式(5.33)得

$$\tau = \frac{1}{2\gamma} = \frac{m}{b} \qquad (5.34)$$

b 越小,振动能量衰减越慢,也就是说,在振动能量明显衰减之前,系统所能振动的次数越多。

由式(5.31)可知,阻尼的另一效果是使振动的频率,比无阻尼自由振动的频率 ω_0 要小。当阻尼增加到 $\frac{b}{2m}$ 等于或大于 ω_0 时,ω 减为零,或变为虚数。这时,将不能发生来回振动。若求解微分方程(5.28),便能自然地得到这一结果。运动物体在完成一次振动以前,已把振动能量消耗殆尽。所以它只能是一步步移近平衡位置,并最后停在这位置上,如图5.12所示。图中临界阻尼是相

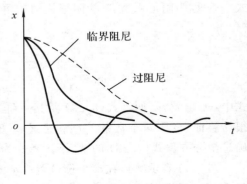

图 5.12　不同阻尼下的非周期运动

应 $\dfrac{b}{2m}$ 等于 ω_0 的情形,而过阻尼则是 $\dfrac{b}{2m}$ 大于 ω_0 的情形。可见,在临界阻尼条件下,运动物体既可避免来回振动,又能很快地回到平衡位置,所以这现象在仪表设计等方面有许多实际的应用。

* 二、品质因数

为了描述弱阻尼振动系统所受阻尼的大小,常常引入另一量,称为**品质因数**(或 Q 值)。在交流电路中,这一概念的应用尤其广泛。它定义为

$$Q = 2\pi \frac{E}{\Delta E} \tag{5.35}$$

式中,E 是振动系统某一时刻储存的能量,ΔE 是此时一个周期内损失的能量(正值)。因此,品质因数 Q 可定量地表示振动系统能量损耗的快慢。Q 值越高,表示每个周期振动能量的相对损耗越小。

考虑到 $\Delta E = \left| \dfrac{\mathrm{d}E}{\mathrm{d}t} \right| T$,$T$ 是振动周期,由式(5.33)可得

$$\Delta E = 2\gamma ET$$

再代入式(5.35),则有

$$Q = 2\pi \frac{1}{2\gamma T} = \frac{\omega}{2\gamma} \tag{5.36}$$

上式 Q 值是用阻尼系数 γ 来表示。Q 值也可用时间常数 τ 来表示。利用式(5.34),则

$$Q = 2\pi \frac{\tau}{T} = \omega\tau \tag{5.37}$$

$\dfrac{\tau}{T}$ 表示阻尼振动在明显衰减(即衰减到 $1/e$)以前所能振动的次数。所以,Q 值就等于这么多次振动所对应的相位的变化。下面列举几种典型振动系统 Q 值的范围:通常的机械振动系统,例如扬声器,从几个到 100 左右;一般电子线路,其典型值从几十到几百;石英晶体振荡器,$10^4 \sim 10^5$;对于某些激光器系统,甚至高达 10^{14} 的量级。

例 5.7 一摆长为 1.5m 的单摆,初始摆幅为 $8°$,经 4 分钟后,由于阻力使摆幅减为 $4°$,求这单摆的 Q 值。

解 根据 Q 值的表达式之一,式(5.36),则

$$Q = \frac{\omega}{2\gamma}$$

其中阻尼系数 γ 满足式(5.32),即

$$A = A_0 \mathrm{e}^{-\gamma t}$$

得 $$\gamma = \frac{\ln \frac{A_0}{A}}{t} = \frac{\ln \frac{8}{4}}{4 \times 60} 1/s = 2.89 \times 10^{-3}/s$$

又 $$\omega = \sqrt{\frac{g}{l}} = \sqrt{\frac{9.8}{1.5}} rad/s = 2.56 \ rad/s$$

将 γ 与 ω 的数据代入,得 $Q = 443$。

§5.5 受迫振动   共振

在实际问题中,受迫振动是很重要的。如前面所述,物体作振动时,由于阻力,如任其自然,则振动定将慢慢停止。若对这物体施以周期性的驱动力,它就能维持等幅振动。这时物体的振动称为**受迫振动**。大家童年时代便熟悉的荡秋千,即是其实例之一。

我们仍以弹簧振子为例来进行分析。为了数学处理简便起见,设驱动力按余弦规律变化,即

$$F = F_0 \cos\omega t \tag{5.38}$$

现在,物体受到三种力的作用,即弹性力 $- kx$;阻力 $- b\dfrac{\mathrm{d}x}{\mathrm{d}t}$ 和驱动力 $F_0\cos\omega t$。列牛顿运动方程,则有

$$m\frac{\mathrm{d}^2 x}{\mathrm{d}t^2} = -kx - b\frac{\mathrm{d}x}{\mathrm{d}t} + F_0\cos\omega t \tag{5.39}$$

上式各项除以 m,并令 $\omega_0^2 = k/m, 2\gamma = b/m$,便有

$$\frac{\mathrm{d}^2 x}{\mathrm{d}t^2} + 2\gamma\frac{\mathrm{d}x}{\mathrm{d}t} + \omega_0^2 x = \frac{F_0}{m}\cos\omega t \tag{5.40}$$

这是受迫振动的微分方程。该方程的一般解包括两个部分,即满足阻尼自由振动式(5.28)的瞬态解和以驱动力频率 ω 振动的稳态解。

图 5.13(b) 表示弱阻尼条件下的受迫振动的曲线。其中瞬态阻尼运动这部分(虚线表示)是与物体的初始位移、速度,以及刚开始作用在物体上的驱动力的相位有关。这一瞬态运动随时间作指数衰减。时间稍长,便自行消失。剩下的只是稳态的等幅受迫振动。从能量

角度看,这时,驱动力在每次振动中所供给的能量正好等于因阻尼而损耗的能量。

下面,我们只讨论最后存在的稳态等幅受迫振动。其解为

$$x = A\cos(\omega t + \varphi)$$
$$(5.41)$$

与瞬态解不同,式中振幅 A 和初相 φ 与初始条件无关。将式(5.41),及其对时间的一阶与二阶导数代入式(5.40),便可验证式(5.41)确是式(5.40)的一个解,并得

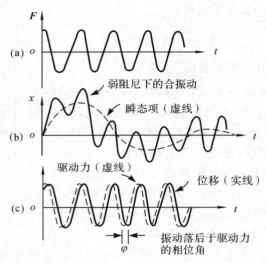

弱阻尼下的合振动

瞬态项(虚线)

驱动力(虚线)　　　　位移(实线)

φ　　振动落后于驱动力的相位角

(a) 驱动力的 $F \sim t$ 曲线

(b) 受迫振动的曲线

(c) 进入稳态时,受迫振动与驱动力的关系

图 5.13　受迫振动

$$A = \cfrac{\cfrac{F_0}{m}}{\sqrt{(\omega_0{}^2 - \omega^2)^2 + 4\gamma^2\omega^2}} \qquad (5.42)$$

$$\varphi = \arctan\cfrac{-2\gamma\omega}{\omega_0{}^2 - \omega^2} \qquad (5.43)$$

值得注意的是,这里振幅 A 和初相 φ 与驱动力的频率 ω 有关。图 5.14 表示振幅 A 随驱动力频率 ω 变化的曲线(也称振幅的频率响应曲线)。由图可知,当 ω 为某一适当值时,振幅 A 将出现峰值。这一现象称为**共振**,这时的 ω 称为**共振频率**。在阻尼为零(即 $\gamma = 0$)的理想情况,ω 等于这振动系统的固有频率 ω_0 时,发生共振。此时,$A \to \infty$。在有阻尼的实际情况下,共振频率不等于 ω_0。这从对振幅 A 求极值的运算中可看出。将式(5.42)对 ω 求导,并令 $\dfrac{\mathrm{d}A}{\mathrm{d}\omega} = 0$,这时,共振频率 ω

必需满足关系式

$$\omega_{共振} = \sqrt{\omega_0{}^2 - 2\gamma^2}$$

在弱阻尼情况下,即 $Q = \dfrac{\omega}{\gamma} \gg 1$ 时,

$\omega_{共振} \approx \omega_0$。因为在遇到的许多实际问
题中,阻尼都很小,所以通常说,驱动
力频率等于系统固有频率时,便发生
共振。但随着阻尼的增加,图 5.14 中
的振幅共振峰值变低,整个曲线变
宽,相应的共振频率更向左移动。图
中也给出过阻尼时的响应曲线。请注
意,这时已无共振峰值。

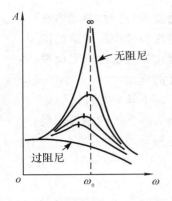

图 5.14 受迫振动曲线。3 根垂直
短线指出阻尼时的共振频率

　　现在讨论受迫振动速度与驱动力频率 ω 的关系。对式(5.41)求
导,得

$$v = -\omega A\sin(\omega t + \varphi) = \omega A\cos\left(\omega t + \varphi + \frac{\pi}{2}\right)$$

速度的振幅为

$$v_0 = \omega A = \frac{\omega \dfrac{F_0}{m}}{\sqrt{(\omega^2 - \omega_0{}^2)^2 + 4\gamma^2\omega^2}}$$

或

$$v_0 = \frac{\dfrac{F_0}{m}}{\sqrt{\left(\dfrac{\omega^2 - \omega_0{}^2}{\omega}\right)^2 + 4\gamma^2}} \tag{5.44}$$

可见,v_0 也随 ω 而变化。当 $\omega = \omega_0$ 时,由上式知,速度的振幅 v_0 达最大
值。同时,这振动系统的动能幅值也达最大值。这就是说,当驱动力频
率 ω 等于系统固有频率 ω_0 时,将发生速度共振,这也是能量共振。由
式(5.43)可得,这时,$\varphi = -\dfrac{\pi}{2}$,因此速度 v 与驱动力 F 同相。因为驱
动力的功率为 $\boldsymbol{F} \cdot \boldsymbol{v}$,现在,就等于 Fv。所以在能量共振时,由驱动力

传递给受迫振动系统的能量最大。

共振是很普遍的现象,在许多实际问题中,起着重要的作用。许多乐器的共鸣箱,例如提琴的琴箱,是利用共振来提高音响效果的;收音机的 LCR 接收电路,则是利用电磁共振来选择所需要的信号频率;激光器的谐振腔也是利用共振的原理;微观粒子的受迫振动和共振现象同样有各种用途,例如,微波炉的工作频率($\nu = 2450\text{MHz}$)就是设置在水分子的共振区。这样以达最大程度地将电磁辐射能转变为分子的振动能,然后由于阻尼损耗而产生热效应;核磁共振是根据氢核在不同基团和环境中有各自特征的共振频率,因此对电磁波有相应不同的选择吸收特性。利用这个现象,现已制成核磁共振成像装置,在临床得到应用,以检查人体某些器管有无异常组织。

共振现象也具有有害的一方面。一切转动的机械,如果对轴的质量分布不是均匀对称时,在转动过程中,机器设备会受到一周期性外力而作受迫振动。若受迫振动的频率与该机器的固有频率接近时,将发生强烈的共振,使噪声大大增加,甚至引起机器的损坏。为避免这类事故的发生,转动机器常固定在基座上,连成一体。由于质量大增,使 $\omega_0 = \sqrt{\dfrac{k}{m}}$ 远比机器正常转动的频率为小,并且机器启动到正常运转的时间间隔极短,以避免共振造成损害。美国华盛顿州的一座大跨度吊桥的事故,是一个很典型的例子。该桥刚落成不久,在 1940 年 7 月就因刮风激起桥身的振动。风力虽不大,但其频率与桥的固有频率接近,结果是,经数小时的剧烈振动后,桥身终于断裂落入水中。

§5.6　振动的合成

本节将讨论振动的合成。这是下章研究几个波叠加的基础。如一个振动系统在某一周期力 $F_1(t)$ 作用下作谐振动,以 $x_1(t)$ 表示。在另一周期力 $F_2(t)$ 作用下,作另一谐振动,以 $x_2(t)$ 表示。当这两个周期力同时参与时,实际的运动 $x(t)$ 往往是这两个谐振动的叠加,即

$$x(t) = x_1(t) + x_2(t) \tag{5.45}$$

这是由于振动系统所满足的运动方程式(5.40)是**线性**的结果。即单独在周期力 $F_1(t)$ 作用下,根据式(5.40),x_1 应满足

$$\frac{\mathrm{d}^2 x_1}{\mathrm{d}t^2} + 2\gamma \frac{\mathrm{d}x_1}{\mathrm{d}t} + \omega_0{}^2 x_1 = \frac{F_1(t)}{m} \tag{5.46}$$

单独在 $F_2(t)$ 作用下,x_2 应满足

$$\frac{\mathrm{d}^2 x_2}{\mathrm{d}t^2} + 2\gamma \frac{\mathrm{d}x_2}{\mathrm{d}t} + \omega_0{}^2 x_2 = \frac{F_2(t)}{m} \tag{5.47}$$

当这两个力同时作用时,如式(5.40)仍成立,则有

$$\frac{\mathrm{d}^2 x}{\mathrm{d}t^2} + 2\gamma \frac{\mathrm{d}x}{\mathrm{d}t} + \omega_0{}^2 x = \frac{F_1(t) + F_2(t)}{m} \tag{5.48}$$

将式(5.46)与(5.47)相加,并与式(5.48)相比较,可知,合振动 x 满足式(5.45)的叠加关系。

下面讨论振动合成的三种重要情形。

一、同方向同频率谐振动的合成

设物体沿 x 轴同时参与两个独立振动,分别以 x_1 与 x_2 表示其位移,设

$$x_1 = A_1 \cos(\omega t + \varphi_1) \ , \ x_2 = A_2 \cos(\omega t + \varphi_2)$$

则合振动为

$$x = x_1 + x_2 = A_1 \cos(\omega t + \varphi_1) + A_2 \cos(\omega t + \varphi_2) \tag{5.49}$$

其结果可用三角函数公式求得。但为了得到更直观的物理图像,现在我们采用旋转矢量法,以证明其合振动仍然是谐振动,并求出描写这合振动的表达式。

图 5.15 给出 $t = 0$ 时刻谐振动 x_1 与 x_2 的振幅矢量 A_1 和 A_2 的位置。图中 A 是 A_1 与 A_2 的合矢量。由图可推知,合矢量 A 的长度

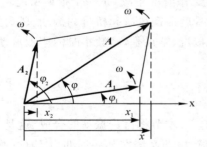

图 5.15　两个相同方向谐振动合成的矢量图

保持不变,并以同一角速度 ω 匀速旋转。按平行四边形法则可得,A 在 x 轴上的分量等于 A_1、A_2 在 x 轴上分量之和:$x_1 + x_2$。所以,式 (5.49) 表示的合振动仍然是谐振动。即

$$x = A\cos(\omega t + \varphi) \tag{5.50}$$

其中合振幅与初相很易从图中的几何关系求得,为

$$A = \sqrt{A_1{}^2 + A_2{}^2 + 2A_1A_2\cos(\varphi_2 - \varphi_1)} \tag{5.51}$$

$$\varphi = \arctan\frac{A_1\sin\varphi_1 + A_2\sin\varphi_2}{A_1\cos\varphi_1 + A_2\cos\varphi_2} \tag{5.52}$$

在讨论同方向、同频率的振动合成时,我们着重考虑合振幅 A 的大小。由式(5.51)可知,A 的大小除与 A_1、A_2 有关外,还决定于相位差$(\varphi_2 - \varphi_1)$。我们介绍以下两种重要情况:

(1) x_1 与 x_2 同相,即 $\varphi_2 - \varphi_1 = 2m\pi$　$(m = 0, \pm 1, \pm 2, \cdots)$
因 $\cos(\varphi_2 - \varphi_1) = 1$,由式(5.51),则得

$$A = A_1 + A_2 \tag{5.53}$$

合振幅是分振动振幅之和。这时,合振幅最大,两个振动相互加强。特别是当 $A_1 = A_2$ 时,合振幅是分振幅的两倍;因振动能量与振幅平方成正比,所以合振动的能量是每个分振动的 4 倍。

(2) x_1 与 x_2 反相,即 $\varphi_2 - \varphi_1 = (2m + 1)\pi$,　$(m = 0, \pm 1, \pm 2, \cdots)$。

在式(5.51)中,$\cos(\varphi_2 - \varphi_1) = -1$,则

$$A = |A_1 - A_2| \tag{5.54}$$

其时,合振幅为最小,两个振动相互减弱,相应的合振动能量也最小。在 $A_1 = A_2$ 的特殊情况,合振动为零。

在一般情况下,x_1 与 x_2 既不同相,也不反相,这时,合振幅 A 介于上述二值 $|A_1 - A_2|$ 与 $A_1 + A_2$ 之间。

上述两个谐振动的合成也可推广到多个同方向、同频率谐振动的合成。例如

$$x_1 = A_1\cos\omega t$$

$$x_2 = A_2\cos(\omega t + \delta)$$

$$x_3 = A_3\cos(\omega t + 2\delta)$$

则合振动 $x = x_1 + x_2 + x_3$,同样可用旋转矢量法进行叠加。图 5.16 给出按矢量合成法则求得的振幅矢量 A。此时,合振动 $x = A\cos(\omega t + \varphi)$。其中振幅 A 与初相 φ 可从图中求得。

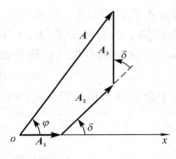

图 5.16　多个同方向同频率谐振动合成的矢量图

例 5.8　某质点同时参与如下的振动:

$$x_1 = 3\cos\left(\omega t + \frac{\pi}{3}\right) \text{ cm}$$

和

$$x_2 = 8\sin\left(\omega t + \frac{\pi}{6}\right) \text{ cm}$$

求合振动的表达式。

解　x_2 的表达式可改写为 $x_2 = 8\cos\left(\omega t - \frac{\pi}{3}\right)$。根据上面的讨论,合运动仍是谐振动。由式(5.51)及(5.52),合振动的振幅 A 及初相 φ 为

$$A = \sqrt{A_1^2 + A_2^2 + 2A_1A_2\cos(\varphi_2 - \varphi_1)}$$

$$\varphi = \arctan\frac{A_1\sin\varphi_1 + A_2\sin\varphi_2}{A_1\cos\varphi_1 + A_2\cos\varphi_2}$$

将 $A_1 = 3\text{cm}$, $A_2 = 8\text{cm}$, $\varphi_1 = \frac{\pi}{3}$, $\varphi_2 = -\frac{\pi}{3}$ 代入,得

$$A = \sqrt{3^2 + 8^2 + 2 \times 3 \times 8\cos(-120°)}\text{cm} = 7 \text{ cm}$$

$$\varphi = \arctan\frac{3 \times 0.866 + 8 \times (-0.866)}{3 \times 0.5 + 8 \times 0.5}$$

$$= -38.2° = -0.67 \text{ rad}$$

所以,合振动的表达式为

$$x_3 = 7\cos(\omega t - 0.67) \text{ cm}$$

二、同方向、不同频率的谐振动的合成　拍

当两个谐振动的频率不同时，其合振动仍可用旋转矢量法求得。为简便起见，设这两个分振动的初相均为零，则

$$x_1 = A_1\cos\omega_1 t, \quad x_2 = A_2\cos\omega_2 t$$

在任一时刻 t，与合振动 $x = x_1 + x_2$ 相应的振幅矢量 OP 如图 5.17 所示。请注意，现在合振幅 A 的大小不是定值，而是

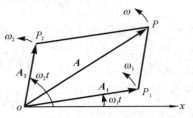

图 5.17　同方向、不同频率的谐振动合成的矢量图

$$A = \sqrt{A_1{}^2 + A_2{}^2 + 2A_1A_2\cos(\omega_2 - \omega_1)t} \tag{5.55}$$

随时间作周期性变化。因此，合振动不是谐振动。在 $A_1 = A_2$ 的特定情况下，由式(5.55) 得

$$A = 2A_1\cos\frac{\omega_2 - \omega_1}{2}t \tag{5.56}$$

在 t 时刻，合振幅矢量 $\boldsymbol{A}$ 与 x 轴的夹角，可由图上的几何关系求得

$$\omega_1 t + \frac{\omega_2 - \omega_1}{2}t = \frac{\omega_2 + \omega_1}{2}t$$

由此可知，该时刻 OP 在 x 轴的投影，即合振动在 x 轴的位移为

$$x = 2A_1\cos\left(\frac{\omega_2 - \omega_1}{2}\right)t \cos\left(\frac{\omega_2 + \omega_1}{2}\right)t \tag{5.57}$$

在 $\omega_2 - \omega_1 \ll \omega_1 + \omega_2$ 的条件下，式(5.57)的 $x\text{-}t$ 曲线如图5.18所示。因振幅随时间作周期性变化，我们称振幅被调制。这种合振动强弱交替变化的现象，称为**拍**。单位时间内振动忽强（或忽弱）的次数，称为**拍频**。这里，振动忽强，相当于式(5.56)中，$\cos\left(\dfrac{\omega_2 - \omega_1}{2}\right)t = \pm 1$。即在一个周期内出现两次。所以拍频将是 $\cos\left(\dfrac{\omega_2 - \omega_1}{2}\right)t$ 的振动频率的两倍，即拍频为

$$\nu_{拍} = \frac{\omega_2}{2\pi} - \frac{\omega_1}{2\pi} = \nu_2 - \nu_1 \qquad (5.58)$$

可见,拍频等于两个分振动频率之差。

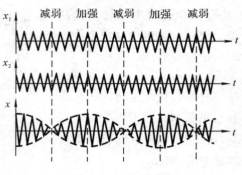

图 5.18 拍的形成

拍的现象,用两只频率相近(例如,相差几个赫兹)的音叉很易演示。当它们同时发声时,我们就会听到强弱交替变化的声音。在实际中,常常利用拍频,由一已知频率来测定另一未知频率,例如以此来校正乐器的音调。

三、相互垂直的谐振动的合成

当物体同时参与相互垂直的两个谐振动时,物体的合振动是两个分振动的矢量和。设两个分振动分别在 x 轴与 y 轴上。首先讨论它们的频率相同的情况,这时有

$$x = A_1\cos(\omega t + \varphi_1)$$
$$y = A_2\cos(\omega t + \varphi_2)$$

1. 如果这两个振动的初相相同即 $\varphi_1 = \varphi_2$,则

$$y = \frac{A_2}{A_1}x \qquad (5.59)$$

这是图 5.19 中直线 PQ 的方程。物体就沿通过原点 o 的这条直线作往复运动。在任一时刻 t,物体相对原点的位移为

$$r = \sqrt{x^2 + y^2}$$

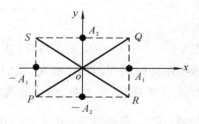

图 5.19 同频率垂直振动的合成
(相差为零或 $\pm\pi$)

$$= \sqrt{A_1{}^2 + A_2{}^2} \cos\omega t$$

可见,这物体以振幅 $\sqrt{A_1{}^2 + A_2{}^2}$ 作谐振动,其频率与分振动的相同。

如果这两个振动恰好反相,即 $\varphi_2 - \varphi_1 = \pm\pi$,则

$$y = -\frac{A_2}{A_1}x \tag{5.60}$$

物体将沿图 5.19 的 RS 直线作谐振动,振幅和频率仍然为 $\sqrt{A_1{}^2 + A_2{}^2}$ 和 ω。

2. 当两振动的相差为 $\dfrac{\pi}{2}$ 或 $\dfrac{3\pi}{2}$

例如

$$x = A_1\cos\omega t$$
$$y = A_2\cos\left(\omega t + \frac{\pi}{2}\right) = -A_2\sin\omega t \tag{5.61}$$

由以上两式,可得

$$\left(\frac{x}{A_1}\right)^2 + \left(\frac{y}{A_2}\right)^2 = 1 \tag{5.62}$$

这是椭圆方程。因此物体将沿这椭圆轨迹运动(见图 5.20)。在 y 方向的振动相位超前 $\dfrac{\pi}{2}$ 的情况下,物体将按顺时针方向作椭圆运动。这是容易判断的。例如,只要观察 t 为 0 及 $\dfrac{T}{4}$ 这两时刻物体位置的变化即可。由式(5.61),当 $t = 0$,物体在 $x = A_1, y = 0$;$t = \dfrac{T}{4}$,则 $x = 0, y = -A_2$。因此,物体按图

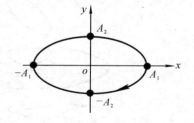

图 5.20　同频率垂直振动的合成
(相差为 $\dfrac{\pi}{2}$ 或 $\dfrac{3\pi}{2}$)

中箭头的指向绕行,即顺时针向。如 y 振动超前 $\dfrac{3\pi}{2}$(或落后 $\dfrac{\pi}{2}$),则物体将按逆时针方向作椭圆运动。请读者自证。

在 $A_1 = A_2$ 的特殊情况下,式(5.62)退化为

$$x^2 + y^2 = A_1{}^2$$

物体作圆运动。

3.当两分振动的相位差为任意值

此时,物体作一般的椭圆运动。图 5.21 给出 10 种相位差所对应的合振动的轨迹。

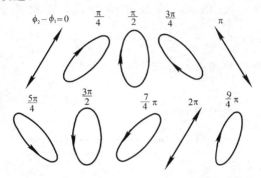

图 5.21　相差为不同值时的同频率垂直振动合成

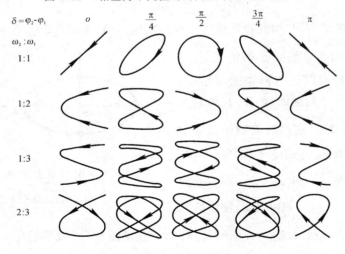

图 5.22　李萨如图形

如果两垂直分振动的频率不同,合振动的轨迹是所谓李萨如(Lissajous)图形。除振幅外,李萨如图的形状还与 x 和 y 方向分振动频率之比 ω_1/ω_2 及相位差 δ 有关。图 5.22 给出几种简单频率比和相位差的图形。因此,在两个分振动的合成运动中,如其中一个分振动频率已知,由李萨如图的形状,则可判断另一个分振动的频率。这是测量交流电压的频率的一种方法。

* §5.7　振动的分解　　频谱

谐振动是最简单的振动方式。在实际问题中,我们常常遇到较复杂的振动,它是多种不同频率的谐振动叠加的结果。例如,图 5.23(a) 的周期振动是图 5.23(b) 的三种不同谐振动的叠加。即

$$x(t) = A_1\sin\omega t + A_2\sin 3\omega t + A_3\sin 5\omega t$$

反之,这一合成的非简谐振动也可分解为上述三种谐振动的成分。图 5.24 表示这一合成周期振动所包含的各种谐振成分的振幅与其频率的关系。图中横坐标表示 ω,纵坐标表示振幅。自横坐标向上画出一组垂直线段,每一线段在横坐标的位置,表示一种谐振成分的角频率;这线段在纵坐标上的高度,表示相应的振幅。例如,由图可知,基频 ω 这一分振动的振幅为 A_1,相应 3ω 的为 A_2,…… 这种表示振幅与其角频率关系的图,称为**频谱**。

将任意非谐的周期振动分解为一系列简谐成分的方法,称作**谐振分析**。在数学上可证明(称为傅里叶分析),一个周期为 T(角频率 $\omega = \dfrac{2\pi}{T}$)的非谐振动 $x(t)$ 可以表示为一系列角频率为 ω、2ω、3ω、… 的简谐振动之和(称为傅里叶级数),即

$$x(t) = \frac{a_0}{2} + a_1\cos\omega t + a_2\cos 2\omega t + a_3\cos 3\omega t + \cdots + a_k\cos k\omega t + \cdots + b_1\sin\omega t$$
$$+ b_2\sin 2\omega t + b_3\sin 3\omega t + \cdots + b_k\sin k\omega t + \cdots \tag{5.63}$$

这里,常值项的系数 a_0 和各分振动项的振幅 a_k 和 b_k 可根据 $x(t)$ 的表达式求出。即

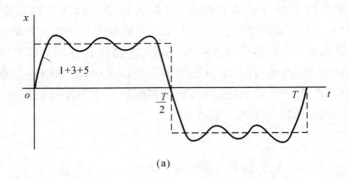

(a)

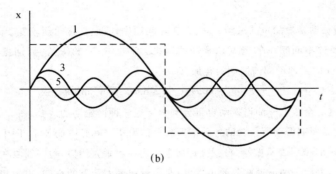

(b)

图 5.23 （a）中以实线表示的振动曲线是（b）中三个谐振动成分的叠加

$$a_0 = \frac{2}{T} \int_0^T x(t)\mathrm{d}t$$

$$a_k = \frac{2}{T} \int_0^T x(t)\cos(k\omega t)\mathrm{d}t \quad (5.64)$$

$$b_k = \frac{2}{T} \int_0^T x(t)\sin(k\omega t)\mathrm{d}t$$

频率为 $k\omega$ 的分振动的振幅为

$$A_k = \sqrt{a_k{}^2 + b_k{}^2}$$

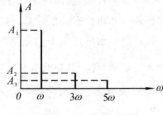

图 5.24　振幅频谱

作为例子，我们讨论电子技术中常见的矩形振动（通常称作矩形波）。如图 5.23 的虚线所示，其数学表达式为

$$x(t) = \begin{cases} A & 0 < t < \dfrac{T}{2} \\ -A & \dfrac{T}{2} < t < T \end{cases}$$

将 $x(t)$ 的表达式代入式(5.64),可求得式(5.63)中各项的系数。因此,得到如下的无穷级数

$$x(t) = \frac{4A}{\pi}\left[\sin\omega t + \frac{1}{3}\sin3\omega t + \frac{1}{5}\sin5\omega t + \frac{1}{7}\sin7\omega t + \cdots\right] \tag{5.65}$$

实际上,在图 5.23 中,再叠加式(5.65)中频率为 7ω 及更高倍频的谐振动成分时,则合振动的图线更接近矩形的振动图线。相应的矩形波的频谱如图 5.25 所示。

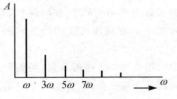

图 5.25　振幅频谱

再举例,$x(t)$ 是以 T 为周期的锯齿函数,设

$$x(t) = -\frac{1}{2} + \frac{t}{T} \qquad 0 < x < T$$

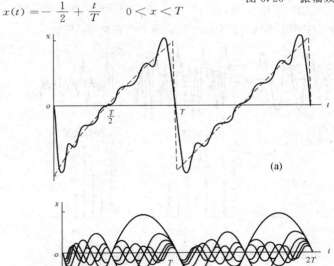

(a)

(b)

图 5.26　锯齿函数形式的振动及其 6 个主要的振动成分

其振动曲线如图 5.26(a) 的虚线所示。按上述傅里叶分析,可得

$$x(t) = -\frac{1}{\pi}\sin\omega t - \frac{1}{2\pi}\sin2\omega t - \frac{1}{3\pi}\sin3\omega t \cdots \tag{5.66}$$

其中基频 $\omega = \dfrac{2\pi}{T}$。

图 5.26(b) 给出式(5.66)中频率最低的 6 个分振动成分。图 5.26(a) 的实线是以上 6 个成分的叠加,它已相当接近于锯齿状的曲线。相应的频谱,见图 5.27。值得注意的是,因级数各项的系数为负,所以,表示振幅相对大小的直线段画在横坐标轴的下方。

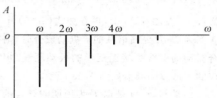

图 5.28(a) 给出音叉、单簧管和短号的振动曲线。虽然它们具有相同的基频 440Hz,属于同一音调,但频谱不同(见图5.28(b))。所以,

图 5.27　以锯齿函数振动的频谱

它们的振动图线不同,音质就有明显的差异,使人们完全可以辨别。

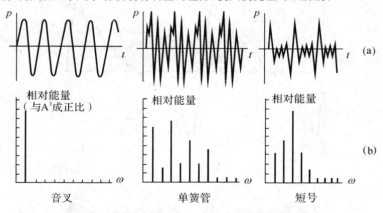

图 5.28　三种声源的振动曲线及其相应的能量频谱

在实际生活中,大量的振动是非周期性的,如图 5.29(a) 所示的单脉冲,或图 5.29(b) 所示的短暂振动。这些统称为**非周期性扰动**。这种扰动不能用由基频与基频整数倍的谐振动所组成的傅里叶级数来表示。但非周期性扰动 $x(t)$ 可以表示为频率连续分布的无限多个谐振动之和。也就是说,要用积分(称傅里叶

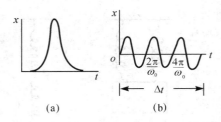

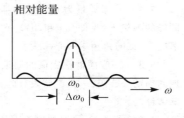

图 5.29　非周期性扰动　　　　图 5.30　频谱曲线

积分)来替代傅里叶级数。由数学上可推知,图 5.29(b)振动曲线的频谱如图 5.30 所示。其中纵轴表示各振动成分的能量的相对值。由图可知,大部分能量集中在这短暂振动的频率 ω_0 附近。如粗略地用图中 $\Delta\omega$ 表示这扰动所包含的频率范围。$\Delta\omega$ 与短暂振动的持续时间 Δt 成反比。当 $\Delta t \rightarrow \infty$,$\Delta\omega \rightarrow 0$ 这一振动变成持续不停的谐振动,相应的只有单一的频率 ω_0。反之,如扰动持续的时间很短促,即 Δt 很小,则这扰动所包含的频率范围 $\Delta\omega$ 就很宽。

思考题

5.1　试列举 4 个振动系统的例子。哪些是谐振子?哪些不是谐振子,为什么?

5.2　分析下列几种运动是否是谐振动?(1) 拍球时球的运动;(2) 一小球在半径很大的光滑凹球面上的运动,假设它所经过的弧线很短;(3) 质点作非匀速圆周运动,它在直径上的投影点的运动;(4) 若作用于质点上的力 $F = kx$ 或 $F = -kx^2$,那么质点所作的运动是否仍是谐振动,是否是周期性运动呢?

5.3　谐振动的一般表达式为

$$x = A\cos(\omega t + \varphi)$$

此式可以改写成下面的形式

$$x = B\cos\omega t + C\sin\omega t$$

试用振幅 A 和初相 φ 表示振幅 B 和 C,并用旋转矢量图说明此表示形式的意义。

5.4　当谐振子的振幅加倍时,问下列这些量将如何变化?

角频率 ω,频度 γ,周期 T,最大速率、最大加速度及振动的能量。

5.5　两个谐振动的能量相同,振幅也相同,则最大速率是否也一定相同?

5.6　某宇航员要在宇宙飞船上工作数月,试设计一种方案来跟踪测量宇航员的质量。

5.7 如果质量为 m 的物体挂在两个同样的弹簧下(见图(a)和(b))。在这两种情况下,试问角频率 ω 是多大?

5.8 一座摆钟在赤道的周期与在极地的周期一样吗?一只机械表有此差异吗?试解释之。

5.9 任一实际的弹簧都具有质量。如果考虑这个质量,试定性地说明一质点—弹簧系统的振动周期表示式应该如何改变。

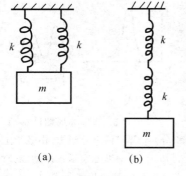

思考题 5.7 图

5.10 试问能否有一振子,即使振幅很小,也不是简谐的?这就是说,在即使以任意小振幅振动的振子中可否具有非线性回复力?

5.11 如果将扭摆放到月球上去,它的振动频率是否改变?单摆呢?弹簧振子呢?复摆呢?

5.12 通过空心球上一小孔用水充满空心球,再用一根长线把这球悬挂起来,然后让水从球的底部小孔慢慢流出来。这时会发现振动周期先增大而后减小。试说明之。

5.13 保持两个谐振动的相位差永远不随时间变化,应满足什么条件?

5.14 若将弹簧振子放在与水平线成 θ 角的光滑斜面上,它在斜面上平衡位置附近的振动是否仍是谐振动?其角频率与水平放置的弹簧振子有否差异?

5.15 如图所示,设质量为 m_1 的质点离光滑的半径为 r 的圆弧形碗底的距离为 s_1,质量为 m_2 的质点离这碗底的距离为 s_2。设 $s_2 = 3s_1$,但两者都远小于 r。如这两质点同时由静止释放,问它们在何处相遇?试解释之。

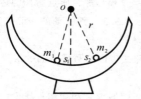

思考题 5.15 图

5.16 弹簧振子的无阻尼自由振动是简谐振动,同一弹簧振子在简谐驱动力作用下的稳态受迫振动也是简谐振动,这两种简谐振动有什么不同?

5.17 "Q 值大的阻尼振子振动的持续时间就长"这种说法对吗?

5.18 为什么常常要在机器和仪表上使用阻尼装置?试举一例。

5.19 为什么一列士兵不能以整齐的步伐过桥?

5.20 切断电源后,在洗衣机的脱水装置的转速逐渐减小直到最后停止的过程中,发现机身在短暂的一段时间内振动得很厉害,为什么?

5.21 在垂直悬挂的弹簧振子中,$\frac{1}{2}kx^2$ 表示的是什么势能?(x 为物体离开平衡位置的位移)

5.22 两简谐振动怎么组合才能得到逞 8 字形图的合成运动?

5.23 本题的图表示一个锥摆,摆锤在水平面

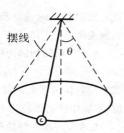

思考题 5.23 图

(例,xy 平面)内作圆运动。试问:x 方向运动的周期、振幅与 y 方向运动的周期、振幅的关系?

习　题

5.1 一个小球和轻弹簧组成的系统,按

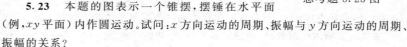

的规律振动。求:(1)振动的角频率、周期、振幅、初相、最大速率及最大加速度;

(2)$t = 1s, 2s, 10s$ 等时刻的

相;(3)分别画出位移、速度,加速度与时间的关系曲线。本题中所有单位均采用国际单位制。

5.2 已知一个谐振子的振动曲线如题 5.2 图所示,试由图线求:(1)和 a、b、c、d、e 各状态相应的相;(2)振动表达式;(3)画出旋转矢量图。

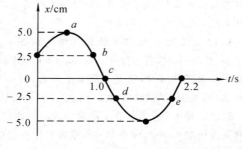

题 5.2 图

5.3 物体作简谐振动,其振动表达式

$$x = 6.0\cos(3\pi t + \frac{\pi}{3})$$

试求这物体在 $t = 2.0s$ 时的位移、速度、加速度、和相位;并求这物体的振动周期。本题中所有单位均采用国际单位制。

5.4 一物体作谐振动。已知 $a_{\max} = 13 \text{ m/s}^2, T = 0.94s$ 及初相 $\varphi = \frac{\pi}{2}$。(1)

试写出位移 x、速度 v 和加速度 a 的表达式；(2) 求当 $t = 0.54\text{s}$ 时的位移、速度和加速度。

5.5 已知物体的振动表达式是

$$x = 0.20\cos(3.0t)$$

试求当物体离平衡位置 5cm 时的速度和加速度；当 $x = 0$ 时，再求解速度和加速度。本题中所有单位均采用国际单位制。

5.6 一水平弹簧振子，振幅 $A = 2.0 \times 10^{-2}\,\text{m}$，周期 $T = 0.50\text{s}$。当 $t = 0$ 时，(1) 物体过 $x = 1.0 \times 10^{-2}\text{m}$ 处，向负方向运动；(2) 物体过 $x = -1.0 \times 10^{-2}\text{m}$ 处，向正方向运动，试分别写出以上两种情况下振动的表达式。

5.7 某物体作谐振动，周期 $T = 1.8\text{s}$。在初始时刻，$x_0 = 0$，$v_0 = 0.35\text{m/s}$。(1) 试写出这物体位移、速度和加速度的表达式；(2) 画出在 $t = 0$ 到 $t = 3.0\text{s}$ 的间隔内的 $x\text{-}t$、$v\text{-}t$ 和 $a\text{-}t$ 图。

5.8 系在弹簧上的质点的振动频率为 3Hz。在 $t = 0$，这质点的位移为 0.20m，速度为 4.0m/s。(1) 试写出这质点振动的表达式；(2) 何时这质点第一次到达转向点？此时的加速度有多大？

5.9 某机器内的活塞按正弦方式上下振动，振幅为 10cm。设有一个垫圈偶尔遗落在活塞上。假定机器运转速率不断增大，问活塞振动频率达何值时，垫圈就不再平稳地留在活塞上面？

5.10 已知 0.0200kg 的螺栓作简谐振动，其振幅为 0.240m，周期为 1.500s。当 $t = 0$ 时，它的位移 $x_0 = 0.240\text{m}$。试求：(1) $t = 0.500\text{s}$ 时的位移；(2) $t = 0.500\text{s}$ 时作用在螺栓上力的大小和方向；(3) 它从初始位移运动到 $x = -0.180\text{m}$ 处所需的最短时间；(4) 在 $x = -0.180\text{m}$ 处的速率。

5.11 设 4 个乘客的总质量为 250kg。当他们进入车内时，可使车身底板下的弹簧再压缩 4.0cm。设将车身与乘客看作能在这弹簧上作简谐振动。已知此时的振动周期为 1.08s。试问空车时的振动周期为多大？

5.12 设实验室中的骑码在气垫导轨上作振幅为 A_1 的简谐振动。如果使振幅减半，试问：(1) 它的周期、总能量、最大速率以及 (2) 当 $x = A_1/4$ 时的速率、动能与势能将如何变化？

5.13 将一物块挂在质量可忽略的弹簧的下端，并让它缓缓下垂、直到平衡位置时，已知弹簧伸长了 L。试证明：该铅直弹簧系统的简谐振动的周期与摆长为 L 的单摆的周期相同。

5.14 如图所示，质量为 M 的物块放在光滑的桌面上，并与劲度系数为 k

的轻弹簧的一端相连,弹簧的另一端固定在墙上。另一质量为 m 的物块放在原先物块上,两者之间的静摩擦系数为 μ_s。为使两物块间不产生相对滑动,试问简谐振动振幅的范围。

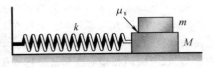

题 5.14 图

5.15 已知 40.0N 的拉力能使垂直弹簧伸长 0.250m。试问:(1)在弹簧下端挂多大质量的物体时,才能使其振动周期为 1.00s?(2)如周期为 1.00s,振幅为 0.050m。当 $t = 0$ 时,这物体通过平衡位置、并向上运动。试问:$t = 0.35s$ 时刻它的位移及运动方向怎样?(3)设该物体在平衡位置下方 0.030m 处。此时弹簧对它的作用力的大小和方向?

5.16 一个弹簧振子系统,物体的质量为 0.2kg,弹簧劲度系数为 10.0N/m。(1)试画出物体位移 x 在 $-0.30m$ 到 $+0.30m$ 之间时,弹簧振子的势能曲线。设图中垂直轴的 1cm 代表 0.05J,水平轴的 1cm 代表 0.05m。

设初始时刻,该振动体的势能为 0.14J,动能为 0.06J。试从势能曲线图中找出(2)此时的振幅;(3)当位移是振幅的 1/2 时,势能有多大?(4)位移为何值时,动能与势能相同?(5)根据上述初始时刻的能量,并设初始速度为正值、初始位移为负值时,试算出初相 ϕ 的大小。

5.17 将 5kg 的重锤通过质量可忽略的弹簧悬挂在大树下面,然后将锤拉至平衡位置以下 0.10m 处并释放。此后的振动周期为 4.20s。试求:(1)它通过平衡位置时的速率;(2)在平衡位置上方 0.05m 处时的加速度;(3)在向上运动的过程中,从平衡位置下方 0.05m 处到达平衡位置上方 0.05m 处所需的时间;(4)在重锤停止运动后,再将它卸下,这时弹簧要缩短多少。

5.18 有一只铅直悬挂的弹簧秤,其弹簧质量可忽略,劲度系数 $k = 400N/m$,秤下端托盘的质量为 0.200kg。在秤上方 0.40m 处,一块 2.2kg 的牛排落下,与盘发生完全非弹性碰撞后,一起作简谐振动。试求:(1)刚与秤盘撞后的速率;(2)此后的振动振幅与周期。

5.19 一竖直悬挂的弹簧,当挂上质量为 8 克物体后,其伸长量为 39.2mm;现将该物体由平衡位置向下拉 1.0cm,并给予向上的初速度 50cm/s;试求振动的表达式(设坐标向下为正方向)。

5.20 质量为 0.01kg 的物体沿 x 轴作谐振动,振幅 $A = 10cm$,周期 $T = 4.0s$。$t = 0$ 时位移 $x_0 = -5.0cm$,且物体朝 x 负向运动。求:(1)$t = 1.0s$ 时物体的位移和物体受的力;(2)$t = 0$ 之后何时物体第一次到达 $x = 5.0cm$ 处?(3)第

二次和第一次经过 $x = 5.0$cm 处的时间间隔。

5.21 将一质量可忽略的弹簧挂在天花板上,下端系一物体。使这物体从弹簧未被拉伸的位置释放,它便上下振动。其最低位置在初始释放位置下方 10cm 处。试求"(1)振动的频率;(2)物体在初始位置下方 8.0cm 处的速率。当一个 0.3kg 的砝码系于这物体下面,系统的振动频率就变成原来的一半,试问:(3)第一个物体质量有多大?(4)两个物体系于弹簧后,其新的平衡位置在何处?

5.22 一根轻质弹簧,一端固定,另一端系一物体,其振动频率为 γ。如这根弹簧两端固定,中间剪断后,将同一物体嵌入并系在一起,试问这时的振动频率。

5.23 将一质量为 2.0kg 的物体挂在弹簧上,待静止后再施以 2N 的拉力,则弹簧再伸长 4cm,如这拉力突然移去,该物体将作谐振动。试求:(1)这物体的最大动能;(2)振动的频率。

5.24 如图所示,在水平面上有一弹簧振子(物体质量为 M),其谐振动的表达式为

$$x = A\sin\omega t$$

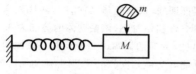

题 5.24 图

在 $t = t_1$ 时刻,一块质量为 m 的黏土自由下落到物体上,并马上黏住。试问:
(1)振动周期变为多少?(2)振幅变为多大?

*5.25** 如图所示,一质量为 m 的物体从弹簧秤盘上方高 h 处自静止自由下落,在接触秤盘后,两者一起运动。设弹簧及秤盘的质量忽略不计,弹簧的劲度系数为 k。已知 $m = 0.5$kg、$h = 1.5$cm、$k = 490$N/m,试写出这物体作谐振动的表达式(以平衡位置为原点,向上为正方向)。

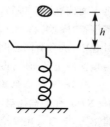

题 5.25 图

5.26 假想通过地心沿任一直径打一条隧道,并假设地球是一个密度相同,已知为 ρ 的球体。当物体从地表隧道一侧掉入,试证:这物体作简谐振动,并求出它的振动周期。

[提示:根据对称性,均匀球壳对壳内任何物体的万有引力为零。]

5.27 一个水平放置的轻弹簧系在实心圆柱体的轴上,使圆柱体可在水平面上作无滑动地滚动(见图)。试证:该柱体的质心作谐振动,并求振

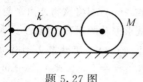

题 5.27 图

动的周期。已知弹簧的劲度系数为 k、圆柱体
的质量为 M。

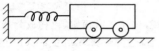

题 5.28 图

5.28 如图所示,一辆小车由车身和装
在无摩擦的轴上的 4 个车轮所组成。设车身的
质量为 m,每个轮子可看作半径为 R、质量为 M 的均匀圆
盘。这小车在所系弹簧作用下在水平路面上作来回无滑动
的滚动。设弹簧的劲度系数为 k,求这小车的振动频率。

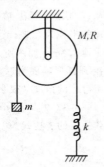

5.29 一根劲度系数 k 的弹簧的下端固定,上端系一
轻绳。轻绳绕过定滑轮和质量为 m 的物体连接,如图所示。
这定滑轮可看作是半径为 R、质量为 M 的圆盘,它可绕无
摩擦的水平轴转动。试求这装置的振动周期。

5.30 如图所示,一根质量为 M 的均匀细杆可绕通过
它的中点并垂直图面的光滑轴转动。劲度系数为 k,水平放
置的弹簧的一端与杆的下端相连,弹簧的另一端固定在墙
上。设细杆不受弹力作用时,刚好处在铅直位置。现使杆相
对铅直位置有一个足够小的角位移 θ,然后释放。试求
这杆摆动的周期。

题 5.29 图

提示:当角 θ 很小,则有近似关系式,$\sin\theta = \theta$,
$\cos\theta = 1$。

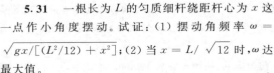

题 5.30 图

5.31 一根长为 L 的匀质细杆绕距杆心为 x 这
一点作小角度摆动。试证:(1)摆动角频率 $\omega =$
$\sqrt{gx/[(L^2/12) + x^2]}$;(2)当 $x = L/\sqrt{12}$ 时,ω 达
最大值。

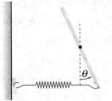

5.32 在图所示的 3 个振动系统中,物块的
质量均为 m,每个弹簧的劲度系数均已标出。试分
别求出它们的振动频率。

5.33 把一根米尺悬挂起来作为一个复摆。
设支点在 75cm 刻度处,试求小摆幅下的角频率。

5.34 一半径为 R 的均质细环悬挂在支点 P
处(见图)。当这细环在铅直面内作小幅度摆动,求
其摆动周期。

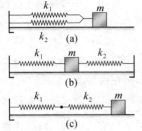

题 5.32 图

5.35 半径为 R 的实心球悬在一根轻绳的下端,绳子上端固定,以构成物理摆。已知绳子上端到球心的距离为 L。试证:(1)该摆的周期 $T = T_0$ $\sqrt{1 + 2R^2/5L^2}$,这里 T_0 是摆长为 L 的单摆的周期;(2)欲使 T 比 T_0 大 0.1%,问 L 为多长?(3)如球的半径为 2.54cm,则 L 应为何值?

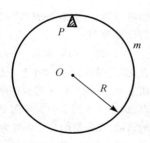

题 5.34 图

5.36 如图所示,一个半径为 r 的实心小球在圆弧形碗底附近来回纯滚动。如小球来回运动所对应的角度 θ 很小,求周期。

5.37 质量为 m 的质点处于一维的势场中,其势能的表达式为

$$U(x) = \frac{a}{x^2} - \frac{b}{x}$$

式中 a 与 b 是常量。试求该物体作小振动的周期。

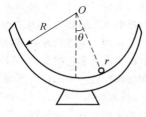

题 5.36 图

5.38 某摆钟在地球上走得很准。如果这只摆钟被放在月球上,在那里,物体的重量只有地球上的 $1/6$,试问在实际时间为 1 分钟内,该摆钟将滴答出多少秒?

5.39 质量 $m = 0.5$kg 的物体挂在弹簧上,并沿竖直方向上下振动。在无阻尼的情况下,其振动周期为 $T_0 = 0.4\pi$ s;在阻力与物体运动速度成正比的某一媒质中,其振动周期为 $T = 0.5\pi$ s。求物体在该阻尼媒质中振动速度为 10cm/s 时所受阻力。

5.40 一弹簧振子作阻尼振动。初始振幅为 120mm,经 2.4min 后,振幅减至 60mm。(1)问在何时,振幅将减至 30mm;(2)试计算阻尼系数 γ。

*5.41 质量为 2.5kg 的物体系在劲度系数为 1250N/m 的弹簧上而构成一个弹簧振子。在 $t = 0$,这物体从离平衡位置 2.8cm 处由静止开始释放,然后作弱阻尼的振动。已知式(5.27)的比例系数 $b = 50$kg/s。试求:(1)阻尼振动的角频率 ω;(2)阻尼振动表达式,即式(5.29)中的初始振幅 A 和初相 φ[提示:$\varphi = 0$];(3)在 $t = \frac{\pi}{10}$s 时的位移和速度。

5.42 在上题中,如作用于这物体的驱动力为 $F = 12\cos 25t$(SI 制),试求:(1)达稳态后的受迫振动的振幅、初相;(2)在共振时的振幅。

5.43 某小孩在荡秋千时,发现 8 个周期内其摆幅降到初值的 $1/e$,求这系统的 Q 值。

5.44 试证:在速度共振($\omega = \omega_0$)时,阻尼弹簧振子的受迫振动的振幅和最大速率分别为

$$A_{\max} = F_0/b\omega$$
$$v_{\max} = F_0/b$$

5.45 某受迫振动系统的共振曲线如图所示。当驱动力频率为 ω_1 和 ω_2 时,相应 $A = A_{\max}/\sqrt{2}$。可以证明,驱动力的平均功率 P 与振幅平方成正比。所以在 ω 轴上这两点,即 $\omega = \omega_1$ 和 $\omega = \omega_2$,相应的功率 $P = P_{\max}/2$,故这两点称为半功率点。试证:两半功率点之间的宽度,即 $\Delta\omega = (\omega_2 - \omega_1)$ 与 Q 值有如下近似关系:$\Delta\omega = \omega_0/Q$。这说明 Q 值越大,共振峰越尖锐。

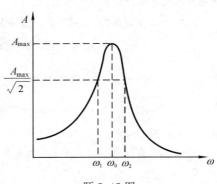

题 5.45 图

5.46 同方向两谐振动

$$x_1 = 4\cos(4\pi t + \frac{\pi}{6}) \text{ m}$$
$$x_2 = 2\cos(4\pi t + \frac{5\pi}{6}) \text{ m}$$

写出这两谐振动合成的谐振动表达式

5.47 两个同方向同频率的谐振动 $x_1 = 0.4\cos(2\pi t + \frac{\pi}{6})\text{m}$,$x_2 = 0.2\cos(2\pi t + \varphi_2)\text{m}$,试问:(1)$\varphi_2$ 为何值时合振动的振幅最大?并求出此振幅值;(2)φ_2 为何值时合振动的振幅最小?并求出此振幅值。

5.48 若日光灯电路中灯管两端电压和镇流器两端的电压分别为

$$u_1 = 90\sqrt{2}\cos 100\pi t \quad \text{V}$$
$$u_2 = 200\sqrt{2}\cos(100\pi t + \frac{\pi}{2}) \quad \text{V}$$

试求日光灯电路两端的总电压 $U = u_1 + u_2$ 的表达式。

5.49 两个同方向的谐振动、周期相同,振幅为 $A_1 = 0.05\text{m}$,$A_2 = 0.07\text{m}$,

组成一个振幅为 $A = 0.09$m 的谐振动。求两个分振动的相位差。

5.50 设 3 个谐振动的表达式分别为

$$x_1 = A\cos\omega t$$

$$x_2 = A\cos(\omega t + \delta)$$

$$x_3 = A\cos(\omega t + 2\delta)$$

试用旋转矢量法分别求出 $\delta = \dfrac{\pi}{2}, \dfrac{2}{3}\pi, 2\pi$ 时的合振动振幅。

5.51 三个同方向、同频率的谐振动为

$$x_1 = 0.04\cos(120\pi t + \frac{\pi}{6})\ \text{m}$$

$$x_2 = 0.04\cos(120\pi t + \frac{\pi}{2})\ \text{m}$$

$$x_3 = 0.04\cos(120\pi t + \frac{5\pi}{6})\ \text{m}$$

试求合振动的表达式。

5.52 质点分别参与下列三组相互垂直的谐振动（位移单位为厘米）

(1)
$$\begin{cases} x = 2\cos(8\pi t + \dfrac{\pi}{6}) \\ y = 2\cos(8\pi t - \dfrac{\pi}{6}) \end{cases}$$

(2)
$$\begin{cases} x = 2\cos(8\pi t + \dfrac{\pi}{6}) \\ y = 2\cos(8\pi t - \dfrac{5\pi}{6}) \end{cases}$$

(3)
$$\begin{cases} x = 2\cos(8\pi t + \dfrac{\pi}{6}) \\ y = 2\cos(8\pi t + \dfrac{2\pi}{3}) \end{cases}$$

试判断质点运动的轨迹，并画出其草图。如是圆运动，并指出是顺时针或逆时针运动。

5.53 已知某质点参与如下相互垂直的谐振动：$x = A\cos(\omega t - \dfrac{\pi}{2})$ 和 $y = 2A\cos\omega t$。试在 xy 平面上画出这质点运动轨迹的草图。并指出是逆时针还是顺时针绕向。

5.54 某质点参与相互垂直的谐振动。设 $x = A_x\cos\omega_x t$ 和 $y = A_y\cos(\omega_y t + \varphi_y)$。其合运动的轨迹如图所示。试求：(1)$A_x/A_y$；(2)$\omega_x/\omega_y$ 和 (3)φ_y 之值。

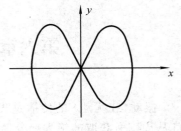

题 5.54

第六章　机械波

　　振动(或扰动)的传播过程称为**波动**。波动是很常见的现象,我们从周围所获取的绝大部分信息,是通过光波、声波传递的。波动也寓于物理学的几乎所有领域之中。水波、声波、绳上的波以及地震波等是依赖机械振动在弹性媒质中进行传播,称为**机械波**。光波与无线电波等是交变的电场与磁场在空间的传播,称为**电磁波**。而且迄今我们知道,原子、电子等一切微观粒子都具有波动的性质。

　　本章我们讨论机械波,并着重以绳上的波为例进行分析。这是因为机械波所基于的牛顿力学,我们已经学过。绳上的波更加直观。而且,由本章得到的许多有关波的特征和规律,是一切波所共有的。由于各类波的物理和数学表述的相似性,学习本章也将为以后学习波动光学等打下基础。为了简单起见,我们着重讨论**简谐机械波**(用正弦或余弦函数表示)。而复杂的波形可认为是由这些简谐波所组成。

§6.1　机械波的形成和传播

一、机械波的形成

　　机械波是机械振动在媒质中的传播。因此它的形成首先要有做机械振动的物体作为波源;其次还要有能够传播这种振动的弹性媒质。在弹性媒质中,相邻质点间有相对位移时,都要受到弹性恢复力的作用。当一列波到达媒质中某点时,要使该质点离开平衡位置、并开始运动。因此,邻近质点将对它施予一个弹性恢复力,使其回到平衡位置。但由于惯性,它不能停留在平衡位置上,而是在平衡位置附近作振动。与此同时,这质点也将对邻近质点施以弹性力,迫使邻近质点也在自己的平衡位置附近振动。而这邻近质点的振动同样也会带动它的另一邻近质点的振动。这样依次带动,当弹性媒质的一部分产生振动时,这振动将不会局限在这一部分,而将由近及远地以一定速度在媒质中传播出去,形成机械波。

二、横波与纵波

由此可见,当机械波在媒质中进行传播时,媒质中各质点只在平衡位置附近作振动,并不随波前进。按照质点振动方向与波的传播方向的关系,可将波分为两类。质点振动方向与波的传播方向垂直的波称为**横波**。振动方向与波的传播方向一致的波称为**纵波**。图 6.1(a)

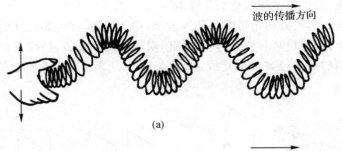

(a)

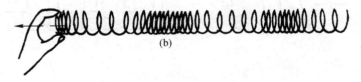

(b)

图 6.1 横波与纵波

与(b)分别表示在弹簧中所形成的横波与纵波。以后将会看到,在空气(或其他媒质)中传播的声波是纵波。电磁波则是横波,它由与波的传播方向相垂直的振荡电场与磁场所组成。

三、波面和波线

为了形象地描述波在空间的传播情况,常用几何图形来表示。大家熟知,当一小石子扔进宁静的池塘中,以石子落水点为圆心,将激起一个个向外扩展的同心圆环状的水波。沿任一圆环,各点的运动状态是相同的(即振动相位相同)。对于三维的情况,例如,点状声源发出的声波在各向均匀的空气中的传播。可以想像,在同一时刻,声波中空气分子振动相位相同的各点将构成以声源为球心的同心球面。这些面称为**波面**(也称同相面)。可见,如波源是在一条直线上(即线波源),则波面变成以线波源为轴的同心圆柱面。而上述水波的二维情况,波面退化为一个个同心圆。在任一时刻,波所达到的最前方的波面,又称作**波前**。波前是球面的波称为**球面波**。波前是柱面的称为**柱面波**。波前是平面的称为**平面波**。

波的传播方向用带箭头的线表示,称为**波线**。在各向同性的均匀媒质中,波线总是与波面垂直。因此,对于球面波来说,波线是由点波源发出的沿半径方向的直线,如图 6.2(a) 所示。但当球面波离波源

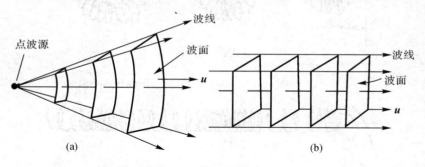

图 6.2 球面波与平面波

很远时,其波面的曲率将变得很小。在空间其一小区域内,各相邻波面可近似看作是相互平行的平面,即可近似看作平面波。因此,相应的波线也互相平行,如图 6.2(b) 所示。例如,太阳距离地球很远,在地面上接收到的一小部分太阳光波可视为是平面波。

§6.2 平面简谐波的描述

一、一维波的一般表达式

为了形象起见,讨论沿绳子传播的横波。并假设在传播过程中,波形保持不变。设绳子是在 x 轴上,由波引起的位移用 y 表示。所以要描述这波的行为,就是要确定在绳子上任一点 P(坐标为 x)在任一时刻 t 的位移 y。它应是坐标 x 和时间 t 的函数,以 $y(x,t)$ 表示。下面将讨论这函数的一般特征。

图 6.3(a) 表示 $t = 0$ 时刻的波形。这也可被看作一根绷紧的绳

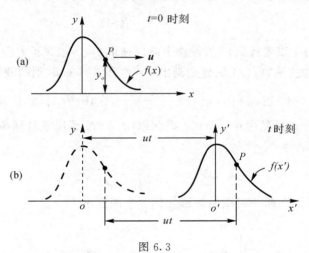

图 6.3

子、在其一端抖动产生的一个沿绳子传播的隆起部分(叫作波脉冲)。设这波形可表示为

$$y(x,0) = f(x)$$

这里,函数 f 是描述波的形状。因为我们假定波形不随波的传播而发生变化,即在任一时刻 t,这波形仍然用同一函数 f 表示,仅仅是这波

形以速度 u 沿正 x 方向传播,它由位于 o 点附近向右平移 ut,到达 o' 点附近。这里 $oo' = ut$。因此,相对于以 o' 为原点,与波脉冲一起以速度 u 沿 x 轴正方向运动的参照系来说,这波形将冻结不动,并始终以 $f(x')$ 来表示。因以 o 为原点的静参照系与以 o' 为原点的动参照系有关系式 $x' = x - ut$,因此在任一 t 时刻,这波脉冲可表示为

$$y(x,t) = f(x') = f(x - ut) \tag{6.1}$$

对于不同的波,函数 f 有不同的表达式。因此,式(6.1)代表以速度 u 沿 x 正方向传播的一维波的一般表达式。式(6.1)也称为一维波的波函数。如果这个波脉冲以同样速度 u 向 x 负方向传播,则

$$y(x,t) = f(x + ut) \tag{6.2}$$

例 6.1 在 $t = 0$ 时刻,绳子上的波脉冲以下列函数表示

$$y = \frac{9 \times 10^{-2}}{9 + x^2} (\text{SI})$$

式中 y 与 x 以米计。(1)假设这个波以速度 2m/s 沿 x 正方向传播。试写出它的波函数;(2)试分别画出 $t = 0$ 和 $t = 3$s 时刻的波形。

解 (1)当 $t = 0, f(x) = \frac{9 \times 10^{-2}}{9 + x^2}$。在任一 t 时刻,将有 $y(x,t) = f(x - ut)$。其中 $u = 2$m/s,因此以 $(x - 2t)$ 替代零时刻函数 $f(x)$ 中的 x,便得

$$y(x,t) = \frac{9 \times 10^{-2}}{9 + (x - 2t)^2} (\text{SI})$$

(2)以上两个时刻的波形如例 6.1 图所示

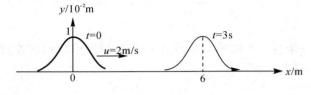

例 6.1 图

二、平面简谐波的波函数

如在绷紧的绳子一端作上、下谐振动,这谐振动会沿绳子向另一

端传播而形成波。这一列波（称作波列）形状可用余弦或正弦函数描述。且在波所到之处，绳上各质点均作谐振动。这样的波称为**简谐波**（也称余弦波或正弦波）。正像复杂的振动可认为由许多谐振动叠加而成一样，任何复杂的波也可由许多简谐波所组成。因此，简谐波是一种最基本、最重要的波。研究简谐波的规律是很重要的。

如果简谐波的波面为平面，则这样的简谐波称为**平面简谐波**。按平面波的定义，在垂直于波线的平面上，媒质各点的振动相位相同。在本章中，我们假定媒质均匀、不吸收波的能量。因此，在平面简谐波所到之处，媒质各点振动的振幅相同。在垂直波线（例如，在 x 方向）的平面上，媒质各点的振动状态完全一样，所以，描述平面简谐波的波函数、与沿无能量损耗的绳子传播的一维简谐波的波函数相同。它们的特点之一是，在任一给定时刻，其波形可用余弦或正弦曲线表示。如选定合适的计时零点，在 $t = 0$ 时刻，这波形可表示为

$$y(x,0) = f(x) = A\cos kx \qquad (6.3)$$

式中 A 是振幅，k 是常量，其意义将在本节后面部分予以说明。另一特点是，波线上各点都在作谐振动，但各点的初相不同，如选合适的坐标原点，在 $x = 0$ 处，质点的振动可表示为

$$y(0,t) = A\cos\omega t \qquad (6.4)$$

式中 ω 为该质点，也是波源振动的角频率。为了描述在波线上坐标为 x 的任一点在任一时刻 t 的位移，即 $y(x,t)$，只要将 $t = 0$ 时刻这波形的具体表达式，即式(6.3)应用于式(6.1)，便能得到它的波函数。

下面我们从式(6.4)出发，推导平面简谐波的波函数。波是振动的传播。因波是以有限速度进行传播，这里以速度 u 沿正 x 方向传播，所以，坐标为 x 的某质点的振动的相位要比 $x = 0$ 处质点的相位落后。波从 $x = 0$ 传到 x 处所需的时间为 $\Delta t = x/u$，因此，在时刻 t，x 处质点的位移是仿效 $x = 0$ 处质点在 $(t - \frac{x}{u})$ 时刻的位移。根据式(6.4)，便得

$$y(x,t) = A\cos\omega(t - \frac{x}{u}) \qquad (6.5)$$

式(6.5)是平面简谐波的波函数,它给出任一时刻在波线上任一质点作谐振动的位移。

为了进一步说明平面简谐波的物理意义,我们分三种情况讨论。

(1) 当 $t = t_0$ 给定

由式(6.5)给出

$$y(x, t_0) = A\cos\omega(t_0 - \frac{x}{u}) \tag{6.6}$$

式中位移 y 仅是 x 的函数。这表示 t_0 时刻的波形。形象地说,就是 t_0 时

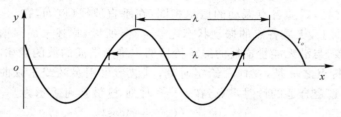

图 6.4 t_0 时刻的波形

刻这波的一张快照。如图 6.4 所示。图中 λ 表示波长,是相位差为 2π 的两个质点之间的距离。由图可知,波长反映了波的空间周期性。由式(6.6),波长应满足

$$\omega\frac{\lambda}{u} = 2\pi \tag{6.7}$$

波的周期是定义为波前进一个波长的距离所需的时间,记作 T。则

$$T = \frac{\lambda}{u} = \frac{2\pi}{\omega} \tag{6.8}$$

这里,第二个等式是式(6.7)的结果。$\frac{2\pi}{\omega}$ 也是波源的振动周期。这表明波的周期与波源的振动周期相同。同样,如波的频率定义为单位时间内沿波线所推进的完整波的数目,记作 ν。则

$$\nu = \frac{u}{\lambda} = \frac{\omega}{2\pi} \tag{6.9}$$

这表明波的频率与波源的振动频率相同。

（2）当 $x = x_0$ 给定

由式（6.5）给出

$$y(x_0, t) = A\cos\omega(t - \frac{x_0}{u})\qquad(6.10)$$

则位移 y 仅是 t 的函数。这是 x_0 处质点的谐振动表达式。式中 $\omega x_0/u$ 反映该质点谐振动的相位比坐标原点 o 的相位落后的数值。因选定 o 点的初相为零，所以 $(- \omega x_0/u)$ 便是 x_0 处质点的初相。

（3）如果 x 和 t 均在变化。波函数表示波线上任意 x 处质点在任意时刻 t 的位移。图 6.5 是根据式（6.5）给出的 t_1 时刻和 $t_1 + \Delta t$ 两时刻的波形。比较这两波形，将看出波不断向前推进。这种波通常称为**行波**。由图可知，位于 x_1 处 P 点在 t_1 时刻的振动状态与 $x_1 + \Delta x$ 处 Q 点在 $t_1 + \Delta t$ 时刻的振动状态相同。这说明在 Δt 时间内振动状态（或一定的相）向前传播了 Δx 的距离。因此，$\dfrac{\Delta x}{\Delta t}$ 表示相位传播的速度，简称**相速**。根据 P 点在 t_1 时刻的相位与 Q 点在 $t_1 + \Delta t$ 时刻的相位相等，即

$$\omega(t_1 - \frac{x_1}{u}) = \omega(t_1 + \Delta t - \frac{x_1 + \Delta x}{u})$$

便得 $\dfrac{\Delta x}{\Delta t} = u$。可见，在上述情况下，波速 u 即是**相速度**。波线上各质点作谐振动，位于 x 处质点的振动速度为 $v = \left(\dfrac{\partial y}{\partial t}\right)_x$，将式（6.5）代入，得

$$\boxed{v = - A\omega\sin\omega(t - \frac{x}{u})}\qquad(6.11)$$

因此，相速度 u 与振动速度 v 是不同的。

根据波长、频率与相速度等相互关系，平面简谐波的波函数有多种的表示式。考虑到式（6.7），式（6.5）可改为

$$\boxed{y(x, t) = A\cos(\omega t - \frac{2\pi}{\lambda}x)}\qquad(6.12)$$

式中 $\dfrac{2\pi}{\lambda}$ 的数值等于单位长度所包含"完整波"的个数乘以 2π,也就是沿波线单位长度上相位的改变,以 k 表示,称为**角波数**。则上式可改写为

$$y(x,t) = A\cos(\omega t - kx) \tag{6.13}$$

波函数也可用频率 ν 或周期 T 来表示,则式(6.12)也可写成

$$y(x,t) = A\cos 2\pi\left(\nu t - \frac{x}{\lambda}\right) \tag{6.14}$$

或

$$y(x,t) = A\cos 2\pi\left(\frac{t}{T} - \frac{x}{\lambda}\right) \tag{6.15}$$

而且,由式(6.15)容易看出,波在空间、时间上都呈现周期性。波长 λ 反映波的空间周期性,而周期 T 反映波的时间周期性。

如果平面简谐波沿图6.5的 x 轴负向传播,则沿 x 轴正向各质点

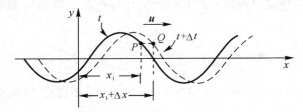

图 6.5 两相继时刻的波形

振动的相位比 o 点的超前。这时,式(6.5)及(6.10)～(6.15)诸式中的负号需改为正号。例如,用 ω 和 u 表示时,沿 x 轴负向传播的平面简谐波的波函数应为

$$y(x,t) = A\cos\omega\left(t + \frac{x}{u}\right) \tag{6.16}$$

值得提醒的是,本节讨论的波函数同样可用来描述纵波。这时,$y(x,t)$ 表示 x 处质点在 t 时刻相对于平衡位置在波的传播方向上的位移。

例 6.2   已知一平面简谐波的波函数为

$$y = 0.02\cos\pi(20t - 0.5x) \quad \text{m}$$

求：(1)波的振幅、波长、波速、频率及周期；(2)质点振动的最大速度。

解   (1)解法之一，是将题中的波函数与正文中某一波函数式相比较，从而求得这些物理量。例如，要与式(6.5)，$y(x,t) = A\cos\omega(t - \dfrac{x}{u})$相比较，题中的波函数应改写为

$$y = 0.02\cos 20\pi(t - \frac{x}{40})$$

则得 $A = 0.02\text{m}$，$u = 40\text{m/s}$。又 $\omega = 20\pi$，从而很易求得 $\nu = 10\text{Hz}$，$T = \dfrac{1}{\nu} = 0.1\text{s}$，及 $\lambda = \dfrac{u}{\nu} = 4\text{m}$。频率、周期及波长三个量也可通过与式(6·14)、(6.15)比较，直接求得。

另一解法是，上述这些量可根据其定义求之。

振幅 A：表示位移的最大值。显然，$A = 0.02\text{m}$。

波长 λ：波线上相位差为 2π 的两点间的距离。因此，在本题的波函数的宗量中，如 $0.5\pi\Delta x = 2\pi$，则

$$\lambda = \Delta x = \frac{2\pi}{0.5\pi}\text{m} = 4 \text{ m}$$

波速 u：单位时间内相位传过的距离。因此，如 t_1 时刻、x_1 处的相位，在 t_2 时刻传到 x_2 处，即

$$\pi(20t_1 - 0.5x_1) = \pi(20t_2 - 0.5x_2)$$

则

$$u = \frac{x_2 - x_1}{t_2 - t_1} = 40 \text{ m/s}$$

周期 T 和频率 ν：周期是波前进一个波长的距离所需的时间。$T = \dfrac{\lambda}{u} = \dfrac{4}{40} = 0.1\text{s}$，则 $\nu = \dfrac{1}{T} = 10\text{Hz}$。

(2)质点的振动速度为

$$v = \frac{\partial y}{\partial t} = -0.02 \times 20\pi\sin\pi(20t - 0.5x)$$

其最大值为 $v_{max} = 0.02 \times 20\pi \text{m/s} = 1.26 \text{m/s}$。

例 6.3 一列平面简谐波以波速 10m/s 沿 x 轴正向传播。已知在 $x = 2.5 \text{cm}$ 处质点的振动表达式为

$$y = 0.05\cos 314t \quad \text{(SI)}$$

(1)试写出该平面简谐波的波函数;(2)在同一张坐标图上画出 $t = 0.1 \text{s}$ 与 0.125s 时的波形图;(3)$t = 0.1 \text{s}$、$x = 0.05 \text{m}$ 处质点的振动速度。

解 (1)由于波沿 x 轴正向传播,坐标原点处质点振动的初相 ϕ 应比 $x = 2.5 \text{cm}$ 处质点超前 $\omega \dfrac{x}{u}$,即 $\varphi = 314 \times \dfrac{0.025}{10} = \dfrac{\pi}{4}$。所以,$x = 0$ 处的谐振动为

$$y = 0.05\cos\left(314t + \frac{\pi}{4}\right)$$

按波函数式(6.5)的推导,得该平面简谐波的波函数

$$y = 0.05\cos\left[314\left(t - \frac{x}{10}\right) + \frac{\pi}{4}\right] \quad (6.17)$$

(2)当 $t = 0.1 \text{s}$,代入上式,得

$$y = 0.05\cos\left(10\pi - 31.4x + \frac{\pi}{4}\right) = 0.05\cos\left(-31.4x + \frac{\pi}{4}\right)$$

同理,$t = 0.125 \text{s}$ 时

$$y = 0.05\cos\left(12.5\pi - 31.4x + \frac{\pi}{4}\right) = 0.05\cos\left(-31.4x + \frac{3\pi}{4}\right)$$

两时刻的波形曲线如下图所示。

(3)振动速度 $v = \left(\dfrac{\partial y}{\partial t}\right)$,由式(6.17),得

$$v = -0.05 \times 314\sin\left[314\left(t - \frac{x}{10}\right) + \frac{\pi}{4}\right]$$

将 $t = 0.1 \text{s}$、$x = 0.05 \text{m}$ 代入上式,得 $v = 11.1 \text{m/s}$。

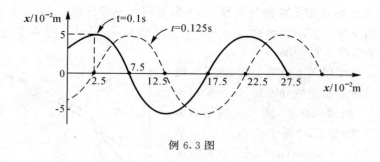

例 6.3 图

§6.3 一维波的波动微分方程

在本节中，我们将讨论一维波（或平面波）所满足的微分方程。回顾谐振动满足的微分方程，$\dfrac{\mathrm{d}^2 x}{\mathrm{d}t^2} = -\omega^2 x$。因谐振动的位移 x 只是 t 的函数，方程中只出现 x 对 t 的二阶导数。但波引起的位移 y 是 x、t 两个变量的函数。首先让我们考虑 y 的两个偏导数、$\dfrac{\partial^2 y}{\partial x^2}$ 与 $\dfrac{\partial^2 y}{\partial t^2}$ 有什么关系。从而引出波动微分方程。然后，以绳子上的横波为例，基于牛顿第二定律，严格推导出波动微分方程。

为了形象起见，先讨论平面简谐波所满足的微分方程。令 $y(x, t) = A\cos\omega(t - \dfrac{x}{u})$。求 y 对 x 的两阶偏导数，得

$$\frac{\partial^2 y}{\partial x^2} = -\left(\frac{\omega}{u}\right)^2 A\cos\omega\left(t - \frac{x}{u}\right)$$

再求 y 对 t 的两阶偏导数，得

$$\frac{\partial^2 y}{\partial t^2} = -\omega^2 A\cos\omega\left(t - \frac{x}{u}\right)$$

比较 $\dfrac{\partial^2 y}{\partial x^2}$ 与 $\dfrac{\partial^2 y}{\partial t^2}$，得

$$\boxed{\frac{\partial^2 y}{\partial x^2} = \frac{1}{u^2}\frac{\partial^2 y}{\partial t^2}} \tag{6.18}$$

这是**一维波的波动微分方程**。它不但适用于一维简谐波,不难看出,任何一维行波的波函数,$y = f(x - ut)$ 和 $y = f(x + ut)$ 都是这种波动微分方程的解。

下面以绳上横波为例,推导一维行波所遵循的微分方程。设一根粗细均匀、绷紧的绳子,绳子上的张力为 F,平衡位置时绳子各质点在 x 轴上。图 6.6 表示绳子上某小段在波作用下偏离平衡位置,位移在 y 方向的情况。设波沿绳子引起的扰动很小,由扰动引起的绳子的附加伸长与绳子张力所引起的原有伸长相比,可忽略不计。故张力可视不变。在图中,即 $|F_1| = |F_2| = F$。因此,作用

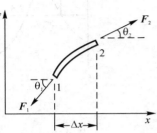

图 6.6　一小段绳子在扰动中的受力

在这小段绳子上的合力在 y 方向的分量为

$$\sum F_y = F(\sin\theta_2 - \sin\theta_1)$$

对于微小的扰动,θ_1 和 θ_2 都很小,因此 $\sin\theta_1 \approx \tan\theta_1$ 和 $\sin\theta_2 \approx \tan\theta_2$。因为绳子任一处与 x 轴夹角的正切等于该处绳子的斜率,即 $\tan\theta = \dfrac{\partial y}{\partial x}$。所以 $\sin\theta \approx \dfrac{\partial y}{\partial x}$。近似有

$$\sum F_y = F\left[\left(\frac{\partial y}{\partial x}\right)_2 - \left(\frac{\partial y}{\partial x}\right)_1\right]$$

而 $\left[\left(\dfrac{\partial y}{\partial x}\right)_2 - \left(\dfrac{\partial y}{\partial x}\right)_1\right]$ 是该小段两端斜率之差。按泰勒级数展开,并采取一级近似,则有

$$\left(\frac{\partial y}{\partial x}\right)_2 - \left(\frac{\partial y}{\partial x}\right)_1 \approx \frac{\partial^2 y}{\partial x^2}\Delta x$$

当这小段的长度趋于零时,上式两边严格相等,便得

$$\sum F_y = F\frac{\partial^2 y}{\partial x^2}\Delta x$$

设绳子的线密度为 μ,这小段绳子的质量为 $m = \mu\Delta x$。根据牛顿

第二定律，$\sum F_y = ma_y$，考虑到 $a_y = \dfrac{\partial^2 y}{\partial t^2}$，则有

$$\sum F_y = F\frac{\partial^2 y}{\partial x^2}\Delta x = \mu\Delta x\frac{\partial^2 y}{\partial t^2}$$

经整理，得

$$\frac{\partial^2 y}{\partial x^2} = \frac{\mu}{F}\frac{\partial^2 y}{\partial t^2} \tag{6.19}$$

这便是在很小位移的条件下，绳子上的横波所满足的线性微分方程。在推导过程中，我们对波函数 $y(x,t)$ 的形状没作任何限制。所以，式(6.19)对任何一维波函数 $f(x - ut)$ 和 $f(x + ut)$ 都适用。

将式(6.19)与式(6.18)相比较，还可以给出绳上横波的传播速度为

$$\boxed{u = \sqrt{\frac{F}{\mu}}} \tag{6.20}$$

这式表明波速 u 与媒质的性质有关。F 反映了媒质的弹性，而 μ 反映了媒质的惯性。对于沿棒传播的纵波，也可利用牛顿定律，导出与式(6.19)形式相仿的微分方程。并由此得出棒中纵波的传播速度

$$\boxed{u = \sqrt{\frac{Y}{\rho}}} \tag{6.21}$$

式中 Y 称为杨氏模量，反映棒的弹性。它定义为

$$Y = \frac{\left(\dfrac{F}{s}\right)}{\dfrac{\Delta l}{l_0}}$$

这里，$\dfrac{F}{s}$ 表示棒上单位横截面积的拉(或压)力，称为应力，$\dfrac{\Delta l}{l_0}$ 表示在这应力作用下棒的相对长度变化，称为**应变**。ρ 为棒的密度，反映棒的惯性。同样，波速 u 由媒质的弹性和惯性两方面因素决定。

除机械波外，在以后学习电磁学理论时将看到，电磁波也满足式(6.18)的微分方程。这时，y 代表电场与磁场。反过来，如果某一物理

量满足式(6.18)。这一物理量就以波的形式,以速度 u 进行传播。

例 6.4   设一列沿绳子传播的简谐波是由在其一端作振幅为 1.20cm 的谐振动而产生的。已知谐振动的频率为 140Hz。求:(1)如绳子的线密度 $\mu = 0.25\text{kg/m}$,绳子的张力 $F = 96\text{N}$。求波速;(2)设该行波沿 x 正方向传播。在 $t = 0$ 时刻,$x = 0$ 的质元自平衡位置向下运动。试写出该简谐波的波函数。

解   (1)根据式(6.20)

$$u = \sqrt{\frac{F}{\mu}} = \sqrt{\frac{96}{0.25}}\text{m/s} = 19.6\text{ m/s}$$

(2)当简谐波沿 x 正方向传播,其波函数的一般表达式为

$$y = A\cos\left[2\pi(\nu t - \frac{x}{\lambda}) + \varphi\right]$$

根据题给条件,$x = 0$ 质点的初始振动状态为 $y = 0$,$\frac{\partial y}{\partial t} < 0$。由旋转矢量法可求得 $\varphi = \pi/2$。又 $\nu = 140\text{Hz}$,则 $\lambda = u/\nu = 19.6/140 = 0.14(\text{m})$。将上述各值代入,则求得波函数

$$y = 0.012\cos\left[2\pi(140t - \frac{x}{0.14}) + \frac{\pi}{2}\right] \text{ m}$$

§6.4　波的能量　能流密度

一、波的能量、能量密度

波是振动的传播。在波到达之处,媒质各点相继进行振动,具有动能和弹性势能。因此,随着波的传播就有振动能量的传播。

我们以沿绳子上传播的横波为例,导出波动的能量表达式。图 6.7 表示绳子上某一小段,在平衡位置时长为 Δx。设绳子线密度为 μ,这线元的质量 $\Delta m = \mu\Delta x$。在波作用下,线元在 y 方向的振动速度为 $v = \frac{\partial y}{\partial t}$,所以其动能为

$$\Delta E_k = \frac{1}{2}\Delta mv^2 = \frac{1}{2}\mu\Delta x\left(\frac{\partial y}{\partial t}\right)^2$$

$$(6.22)$$

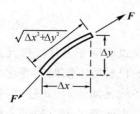

图 6.7 波引起的一小段绳子的偏离和形变

由于线元两端点位移不同,这段绳子将从 Δx 拉伸至 $\sqrt{\Delta x^2 + \Delta y^2}$。伸长量为

$$\delta l = \sqrt{\Delta x^2 + \Delta y^2} - \Delta x$$

在线元伸长过程中,张力所做的功就等于该线元的势能,即

$$\Delta E_p = F\,\delta l$$

在小位移下,$\dfrac{\Delta y}{\Delta x}$ 很小,可采用如下的近似

$$\delta l \approx \Delta x\left[1 + \frac{1}{2}\left(\frac{\Delta y}{\Delta x}\right)^2\right] - \Delta x = \frac{1}{2}\left(\frac{\Delta y}{\Delta x}\right)^2\Delta x$$

得

$$\Delta E_p = F\,\delta l = F\cdot\frac{1}{2}\left(\frac{\partial y}{\partial x}\right)^2\Delta x \qquad (6.23)$$

线元总机械能应等于线元动能与势能之和。由式(6.22)与(6.23),得

$$\Delta E = \Delta E_k + \Delta E_p = \frac{1}{2}\mu\left(\frac{\partial y}{\partial t}\right)^2\Delta x + \frac{1}{2}F\left(\frac{\partial y}{\partial x}\right)^2\Delta x \quad (6.24)$$

假设沿绳子传播的是一列简谐波,波函数为

$$y = A\cos\omega\left(t - \frac{x}{u}\right)$$

将 y 对 t 和 x 分别求一阶偏导,

$$\frac{\partial y}{\partial t} = -A\omega\sin\omega\left(t - \frac{x}{u}\right)$$

及

$$\frac{\partial y}{\partial x} = -\frac{A\omega}{u}\sin\omega\left(t - \frac{x}{u}\right)$$

代入式(6.24),并考虑式(6.20),$F = \mu u^2$,得

$$\Delta E = \mu A^2 \omega^2 \sin^2 \omega \left(t - \frac{x}{u}\right) \Delta x \qquad (6.25)$$

这说明绳子上任一线元的总机械能都随时间变化。与此对照,谐振子的机械能不随时间变化。这说明在波的传播过程中,能量也不断地在各线元间传递。此外,能量表达式(6.25)也是$(x - ut)$的函数,这直接表明能量也以速度u伴随波一起传播。

能量的传递也可从做功的角度予以阐明。在图 6.8 中,设波沿绳子向右传播。图中给出任意两相继时刻,t 和 $t + \Delta t$ 的部分波形。由图可知,任取的这一线元(图中 1、2 两端之间)左端的张力 F_1 对该线元

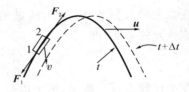

图 6.8　两相继时刻的部分波形

做正功,右端的 F_2 做负功。而且很易证明,在其他时刻,这线元左端的张力 F_1 总是对该线元做正功,而右端的 F_2 总是做负功。可见,能量不断地从左向右传播。如进一步计算这功的大小,可同样地导出式(6.25)。

绳子上单位长度具有的能量,称为线能量密度。由式(6.25),得线能量密度为

$$\frac{\Delta E}{\Delta x} = \mu A^2 \omega^2 \left[\sin \omega \left(t - \frac{x}{u}\right)\right]^2 \qquad (6.26)$$

线能量密度也随时间作周期性变化。其平均值为

$$\overline{\left(\frac{\Delta E}{\Delta x}\right)} = \mu A^2 \omega^2 \overline{\left[\sin \omega \left(t - \frac{x}{u}\right)\right]^2}$$

因$\overline{\sin^2 \omega \left(t - \frac{x}{u}\right)} = 1/2$,得平均线能量密度

$$\overline{\left(\frac{\Delta E}{\Delta x}\right)} = \frac{1}{2} \mu A^2 \omega^2 \qquad (6.27)$$

如果简谐波在三维空间进行传播,由式(6.25)出发,引入**体能量密度**(通常称为**能量密度**)。设绳子的截面积为Δs,体密度为ρ,则线元的质量 $\Delta m = \mu \Delta x = \rho \Delta s \Delta x$。式(6.25)可写成

$$\Delta E = \rho A^2 \omega^2 \left[\sin\omega(t - \frac{x}{u}) \right]^2 \Delta s \Delta x$$

这里，$\Delta s \Delta x$ 为线元的体积，记作 ΔV。能量密度定义为单位体积具有的能量，即 $\Delta E/\Delta V$，记作 w。便得

$$w = \frac{\Delta E}{\Delta V} = \rho A^2 \omega^2 \left[\sin\omega(t - \frac{x}{u}) \right]^2$$

平均能量密度为

$$\overline{w} = \frac{1}{2} \rho A^2 \omega^2 \qquad (6.28)$$

以上波的能量、能量密度的表达式，虽然是由绳子上的简谐波导出，但这些公式对于在弹性媒质上传播的各种简谐波均适用。因此，波的能量、能量密度与波的振幅的平方 A^2 及角频率的平方 ω^2 成正比，这一结论是有普遍意义的。以后还将用到这一结果。

二、能流密度

下面我们讨论一维简谐波沿绳子所传递的功率。由式（6.25）可知，长为 Δx 的线元的能量为

$$\Delta E = \mu A^2 \omega^2 \left[\sin\omega(t - \frac{x}{u}) \right]^2 \Delta x$$

这部分能量通过绳子上任一点所需的时间为

$$\Delta t = \frac{\Delta x}{u}$$

因此，由以上两式，得简谐波所传递的瞬时功率为

$$P = \frac{\Delta E}{\Delta t} = u\mu A^2 \omega^2 \left[\sin\omega(t - \frac{x}{u}) \right]^2 \qquad (6.29)$$

可见，到达绳上任一点的功率在最大值 $u\mu A^2 \omega^2$ 与零之间变化。其平均值为

$$\overline{P} = u\mu A^2 \omega^2 \overline{\left[\sin\omega(t - \frac{x}{u}) \right]^2}$$

即

$$\overline{P} = \frac{1}{2} u\mu A^2 \omega^2 \qquad (6.30)$$

利用平均线能量密度的表达式(6.27),式(6.30)可写为

$$\overline{P} = \overline{\left(\frac{\Delta E}{\Delta x}\right)} u$$

平均功率是平均线能量密度与波速的乘积。

下面我们用能流密度来描述三维简谐波的能量传播。通过垂直于波的传播方向单位面积的平均功率,定义为**波的平均能流密度**,或叫作**波的强度**,用 I 表示。如图 6.9 所示,设 Δs 是媒质中与波速相垂直的面积元。则 Δt 时间内通过 Δs 的波的能量就等于该面积左方体积 $u\Delta t\Delta s$ 内的能量。因而波的能流密度

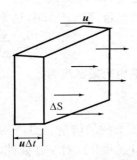

图 6.9　Δt 时间内通过面积 ΔS 的能量

$$I = \frac{\overline{w u \Delta t \Delta s}}{\Delta t \Delta s} = \overline{w} u$$

所以,平均能流密度等于平均能量密度与波速的乘积。将平均能量密度的表达式(6.28)代入,则

$$I = \frac{1}{2}\rho A^2 \omega^2 u \tag{6.31}$$

对于球面波,如在均匀、不吸收能量的媒质中传播。设点波源的输出功率为 P_0,则离波源 r 处(见图 6.10(a))的波的强度为

$$I = \frac{P_0}{4\pi r^2}$$

则波的强度 I 与离波源的距离 r 的平方成反比。

设 I_1 与 I_2 是离波源的距离为 r_1 与 r_2 的球面上的波的强度,则应有 $\dfrac{I_1}{I_2} = \dfrac{r_2^2}{r_1^2}$。由式(6.31)知,$I$ 与 A^2 成正比。设 A_1 与 A_2 是以上两球面上波的振幅,因此

$$\frac{A_1}{A_2} = \frac{r_2}{r_1}$$

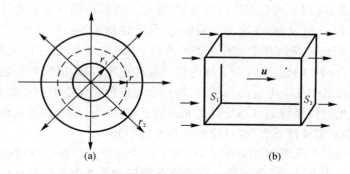

图 6.10   球面波与平面波的能流

如 取离波源为单位距离处的振幅为 A_0,则离波源任一距离 r 处的振幅为 $A = \dfrac{A_0}{r}$。故球面简谐波的波函数可表示为

$$y(r,t) = \frac{A_0}{r}\cos\omega(t - \frac{r}{u}) \qquad (6.32)$$

式中 $-\omega r/u$ 同样表示沿波的传播方向振动相位的落后。

当球面波离波源很远时,在空间某小范围内,球面波可看作平面波(图 6.10(b))。因此,通过相同的面积有相同的功率,即波的强度不变,振幅也保持不变。这就是在 §6.2 表示平面简谐波的波函数的诸式中、振幅 A 被认为是常值的理由。

§6.5   叠加原理   波的干涉

一、叠加原理

通过对大量实际现象的观察,我们发现,当几列波同时在同一媒质中传播时,每一列波不受同时存在的其他波的影响,即各自保持原有特性(频率、波长、振幅及振动方向等)继续沿原来的传播方向前进,好像这几列波从未相遇一样。这一事实称为**波传播的独立性**。例如,当两颗小石子同时落入池中,每颗石子将激起一个向外扩展的圆形水波。这两水波相遇后可以互相"穿越"，继续按原有方式向外扩展而互不干扰。又如，在演奏交响乐时，尽管各种乐器的声音相互交叠，但我们仍能辨认其中每种乐器发出的旋律。对于无线电波、光波，我们也有同样的感受。许多无线电波一起在空中传播，但我们仍能满意地接收其中任一电台的广播。在舞台上几束色光在空中交叉相遇后，每束光的传播情况将不受其他光束的干扰。作为比较，如两束粒子相遇，会互相碰撞，产生偏离原来前进方向的散射。

至于在几列波相遇的区域，由于各个波要按单独存在时的情形引起各自的振动。因而任一点处质点的振动是各个波单独在该点产生的振动的合成。这称为**波的叠加原理**。

波的传播的独立性与叠加原理是反映波的同一传播规律的两个侧面。波的这一规律是由于描述波的微分方程为线性的结果。对于一维波，其波动方程由式(6.18)给出，

$$\frac{\partial^2 y}{\partial x^2} = \frac{1}{u^2} \frac{\partial^2 y}{\partial t^2} \qquad\qquad (6.18)$$

如 $y_1(x, t)$ 是式(6.18)的解，用来描述某列波在媒质中传播的情况；$y_2(x, t)$ 也是它的解，描述另一列波在同一媒质中传播的情况。因此，$y_1(x, t)$ 与 $y_2(x, t)$ 分别满足：

$$\frac{\partial^2 y_1}{\partial x^2} = \frac{1}{u^2} \frac{\partial^2 y_1}{\partial t^2} \quad \text{和} \quad \frac{\partial^2 y_2}{\partial x^2} = \frac{1}{u^2} \frac{\partial^2 y_2}{\partial t^2}$$

则 $(y_1 + y_2)$ 显然也满足波动方程式(6.18)：

$$\frac{\partial^2 (y_1 + y_2)}{\partial x^2} = \frac{1}{u^2} \frac{\partial^2 (y_1 + y_2)}{\partial t^2}$$

如果波的振幅很大，绳上横波的微分方程即式(6.19)的推导中，张力 F 是常值的假定已不再成立，这时 F 将随 x、t 而变。因此这波所满足的方程将是非线性的，波的传播独立性和叠加原理就不成立。例如，当一列水波与滚滚而来的大浪潮交叉相遇后，这列水波就不能"穿越"大浪潮而继续保持原样向前传播。但是，这种情况是罕见的，在大多数情况下，波的叠加原理成立。

二、波的干涉

如果两列或多列波叠加,结果合成波的强度在空间一些地方始终加强,在另一些地方始终减弱,这种现象称为**波的干涉**。为了产生干涉,对参与叠加的几列波有一定的要求,即它们必须满足频率相同、相位差恒定及振动方向相同。满足这些条件的波称为**相干波**,相应的波源称为**相干波源**。

为简单起见,现以两列相干波为例,讨论波的干涉。设图 6.11 的 s_1、s_2 为两个相干波源。它们的振动可分别表示为

$$y_{01} = A_{10}\cos(\omega t + \varphi_1)$$

$$y_{02} = A_{20}\cos(\omega t + \varphi_2)$$

图 6.11 两列波在 P 点的叠加

设点 P 是两列波相遇区域内的任一点,与两波源的距离分别为 r_1 和 r_2。一般来说,这两列波不是平面波,所以,振幅不是常值。设两列波到达 P 点时振动的振幅分别为 A_1 和 A_2,则在 P 点引起的分振动为

$$y_1 = A_1\cos\left(\omega t - \frac{2\pi}{\lambda}r_1 + \varphi_1\right)$$

$$y_2 = A_2\cos\left(\omega t - \frac{2\pi}{\lambda}r_2 + \varphi_2\right)$$

由于这两个振动的振动方向相同,根据同方向同频率振动的合成,合振动仍然是谐振动,即

$$y = y_1 + y_2 = A\cos(\omega t + \varphi) \tag{6.33}$$

式中合振动的振幅 A 由下式决定

$$A = \sqrt{A_1{}^2 + A_2{}^2 + 2A_1A_2\cos\Delta\varphi} \tag{6.34}$$

其中 $\Delta\varphi$ 为两分振动的相位差,则

$$\Delta\varphi = (\varphi_2 - \varphi_1) - \frac{2\pi}{\lambda}(r_2 - r_1) \tag{6.35}$$

式中 $(\varphi_2 - \varphi_1)$ 是两个波源的初相差,恒定不变。$\frac{2\pi}{\lambda}(r_2 - r_1)$ 是由**波的**

传播路程（简称波程）不同而产生的相位差。其值随空间点的不同取不同值。但在空间每一确定的点则是定值。因此，由式(6.34)可知，对于空间不同的点，合振动的振幅 A 是不同的，但不随时间而变。也就是说，合振幅 A 在空间形成一种稳定的分布。由于波的强度与振幅平方成正比，因而合强度 I 在空间也形成稳定的分布。即在某些点处 A 和 I 最大，振动始终加强；而在另外一些点处 A 和 I 最小，振动始终减弱。这便是上述的**干涉现象**。

在式(6.35)中，设在某些点相位差满足

$$\Delta\varphi = (\varphi_2 - \varphi_1) - \frac{2\pi}{\lambda}(r_2 - r_1) = \pm 2k\pi, \quad k = 0,1,2,\cdots$$
$$(6.36)$$

代入式(6.34)，得

$$A = A_{\max} = A_1 + A_2$$

由于 I 正比于 A^2，相应的波强度也最大。并有 $I = I_{\max} = I_1 + I_2 + 2\sqrt{I_1 I_2}$，因此这些地方振动始终加强，称为**干涉相长**。

设在另外一些点处，相位差满足

$$\Delta\varphi = (\varphi_2 - \varphi_1) - \frac{2\pi}{\lambda}(r_2 - r_1) = \pm(2k+1)\pi, \quad k = 0,1,2,\cdots$$
$$(6.37)$$

则

$$A = A_{\min} = |A_1 - A_2|$$

因此强度也最小，$I = I_{\min} = I_1 + I_2 - 2\sqrt{I_1 I_2}$。这些地方振动始终减弱，称为**干涉相消**。

如果 $\varphi_1 = \varphi_2$，即两波源初相相同，由式(6.35)知，$\Delta\varphi$ 完全由波程差 $(r_2 - r_1)$ 决定。将波程差记作 δ，则式(6.36)和(6.37)可简化为

$$\delta = r_2 - r_1 = \pm k\lambda \qquad k = 0,1,2,\cdots \quad (\text{干涉相长}) \quad (6.38)$$

$$\delta = r_2 - r_1 = \pm(2k+1)\frac{\lambda}{2} \quad k = 0,1,2,\cdots \quad (\text{干涉相消}) \quad (6.39)$$

以上两式表明，当两个初相相同的相干波源发出的波产生干涉时，波程差等于零或波长整数倍的各点，干涉相长；波程差等于半波长奇数

倍的各点,干涉相消。

波的干涉现象可用水波演示。两个相干波是由固定在同一振动体(例如音叉)上的两根探针,在上下振动时不断拍打水面而产生的水波。图 6.12(a)是水波干涉现象的照片。图中 s_1 和 s_2 是两个相干波

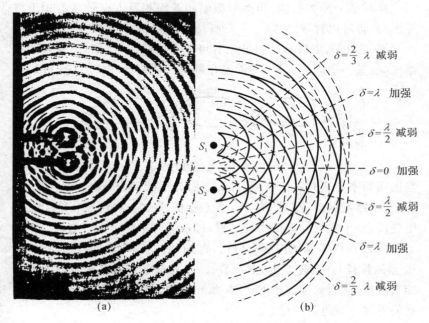

(a)   (b)

图 6.12   波的干涉

源的位置。波场内明暗相间(表示水面在振动)的地方合振动较强。明暗均匀(表示水面平静)的地方振动较弱。图 6.12(b)是干涉图样的示意图。图中以弧形实线和虚线表示某一时刻由 s_1 和 s_2 发出的水面波的波峰及波谷的位置。所以波峰与波峰(或波谷与波谷)相遇处,合振动加强;波峰与波谷相遇处,合振动减弱。根据式(6.38)和(6.39),这些合振动加强(或减弱)的各点所构成的轨迹(称为干涉条纹)是一组双曲线,如图所示。

§6.6 驻 波

驻波是干涉的特例。当两列振幅相等沿相反方向传播的相干波叠加时,将形成**驻波**。实际上,一列行波被局限在有限区域内,由于存在 波的反射,入射波和反射波也有可能形成驻波。例如,一根绷紧的橡皮绳,其一端固定,另一端固定在频率可调的振动体上(图 6.13)。

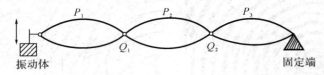

图 6.13　绳上驻波的演示

当振动频率合适时,可观察到橡皮绳将分段振动。在橡皮绳上 Q_1,Q_2 各点,始终不振动;而 P_1、P_2、P_3 各点振幅 最大。这样,就在绳子上产生驻波。至于驻波的详细物理过程,将在下面作进一步讨论。

驻波在许多领域内都有应用。例如,它涉及建筑物、桥梁和各种乐器的设计;在物理学上,有声驻波、电磁驻波以及与微观粒子波性相关的驻波,因此涉及诸如声学、激光物理、原子物理等许多学科。故我们另辟一节进行讨论。

一、驻波的表达式

设有两列振幅相同的相干波,分别沿 x 轴的正、负方向传播。它们的波函数分别为

$$y_1 = A\cos(\omega t - \frac{2\pi}{\lambda}x)$$

$$y_2 = A\cos(\omega t + \frac{2\pi}{\lambda}x)$$

按叠加原理,其合成波为

$$y = y_1 + y_2 = A\left[\cos(\omega t - \frac{2\pi}{\lambda}x) + \cos(\omega t + \frac{2\pi}{\lambda}x)\right]$$

利用三角函数公式,上式变为

$$y = 2A\cos\frac{2\pi}{\lambda}x\cos\omega t \qquad\qquad (6.40)$$

式(6.40)就是驻波的表达式。式中因子 $\cos\omega t$ 表示谐振动。而 $\left|2A\cos 2\pi\dfrac{x}{\lambda}\right|$ 就是这谐振动的振幅。这说明媒质上各点以相同的频率,但以不同的振幅作谐振动。由式(6.40)可知,当 x 值满足

$$2\pi\frac{x}{\lambda} = k\pi$$

或

$$x = k\frac{\lambda}{2} \quad (\text{式中 } k = 0, \pm 1, \pm 2, \cdots)$$

合振幅最大,等于 $2A$。这些点称为**波腹**。由上式可见,相邻两波腹的距离应为

$$\Delta x = \Delta k\frac{\lambda}{2} = \frac{\lambda}{2}$$

即相邻波腹的距离为半波长。

又当 x 值满足

$$2\pi\frac{x}{\lambda} = (2k+1)\frac{\pi}{2}$$

或

$$x = (2k+1)\frac{\lambda}{4} \quad (\text{式中 } k = 0, \pm 1, \pm 2, \cdots)$$

合振幅为零。这些点称为**波节**。由上式可得相邻两波节间的距离也为半波长。而波节与相邻波腹的距离为 $\dfrac{\lambda}{4}$。

我们再从波形图上看驻波是如何形成的。图 6.14 的细实线表示向右传播的波,虚线表示向左传播的波,粗实线表示合成波形。从上到下的 5 幅图依次表示 $t = 0$、$\dfrac{T}{8}$、$\dfrac{2T}{8}$、$\dfrac{3T}{8}$ 及 $\dfrac{4T}{8}$ 时刻的波形。可见,合成波中 N_1、N_2、$\cdots$ 各点位移始终为零,是波节的位置。A_1、A_2、$\cdots$ 各点的合振动振幅最大,是波腹的位置。相邻两波节之间的各质点,它们

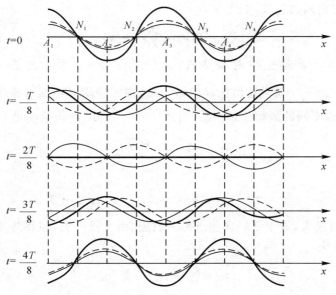

图 6.14　驻波的形成

各自的位移虽然不同,但同时到达正最大位移,又同时回到平衡位置等等,即相邻两波节之间这一段上各点的振动相位相同。而对于任一波节两侧的各点,其相位恰好相反,即相位差为 π。因此,驻波的特点之一,是分段振动。每一段各点可看作同一振动体系。在驻波中,没有振动相位或振动状态的传播。所以不是行波,才称为驻波。

　　从能量传播角度看,驻波与行波也不同。对于行波,随着波的传播,也伴随着能量的不断传播。驻波是两列振幅相同反向传播的相干波的叠加。所以在驻波中,两列波的平均能流密度大小相等、方向相反,波的总能流为零,没有能量的传播。只是在两波节之间的区域中,能量来回交换。以绳上驻波为例,由动能和势能的表达式,式(6.22)和(6.23)可知, $\Delta E_k \propto \left(\dfrac{\partial y}{\partial t}\right)^2$、$\Delta E_p \propto \left(\dfrac{\partial y}{\partial x}\right)^2$。在图 6.14 $t=0$ 时刻,动能为零,能量全部为势能,主要集中在波节附近,因那里 $\left(\dfrac{\partial y}{\partial x}\right)$ 最大。

在 $t = \dfrac{2T}{8}$ 时刻,势能为零,能量全部为动能,主要集中在波腹附近,因那里 $\left(\dfrac{\partial y}{\partial t}\right)$ 最大。可见,在绳子相邻两波节之间,动能与势能不断进行变换。如读者有兴趣,将驻波表达式(6.40)代入式(6.22)和(6.23),还可进一步证明,在相邻两波节之间,动能与势能的总和保持不变,为 $\dfrac{1}{2}\mu A^2\omega^2\lambda$。

二、绳子两端固定的驻波

如前所述,图 6.13 的装置可用来演示驻波。由于沿橡皮绳传播的波,在固定端会产生反射。这里固定端是橡皮绳与另一种媒质(例如,系住橡皮绳的金属杆)的边界,也就是说,波在两种媒质的边界处要产生反射。因固定端不可能有位移。所以做功为零,即不能通过这类边界使能量传入另一种媒质。则波的能量全部反射回来,所以反射波的振幅等于入射波的振幅。由于在固定端入射波与反射波叠加而产生的合振动为零,说明反射波与入射波的相位在反射点恰好相反,也就是说,入射波在反射时有相位 π 的突变。如以波程衡量,这相当于 $\dfrac{\lambda}{2}$ 的波程差,通常称为**半波损失**。这一现象不仅对于机械波,以后讨论光的反射(其实,适用于一切电磁波)时还会遇到。

当绳子两端固定时,我们发现,只有某些特定频率的驻波可以存在。设绳子两固定端在 $x = 0$ 和 $x = L$ 处,这要求(通常称为边界条件)$y(0,t) = 0$ 和 $y(L,t) = 0$,所以,描写驻波的表达式(6.40)应改为

$$y = 2A\sin 2\pi\,\dfrac{x}{\lambda}\cos\omega t \qquad (6.41)$$

其实,这式与式(6.40)无原则的差异,仅仅是坐标原点发生平移而已。根据式(6.41),$y(0,t) = 0$ 自然满足。要使 $y(L,t) = 0$,驻波的波长必须满足 $\sin 2\pi\dfrac{L}{\lambda} = 0$,则

$$2\pi\,\dfrac{L}{\lambda} = n\pi \quad (\text{式中 } n = 1,2,3,\cdots)$$

如以 λ_n 表示与某一 n 值对应的波长,则有

$$\lambda_n = \frac{2L}{n} \quad (6.42)$$

(式中 $n = 1, 2, 3, \cdots$)根据 $\nu = \dfrac{u}{\lambda}$,相应的频率为

$$\nu_n = n\frac{u}{2L} \quad (6.43)$$

(式中 $n = 1, 2, \cdots$)

图 6.15 给出波长最长的 4 种模式的驻波。$n = 1, \lambda_1 = 2L,$

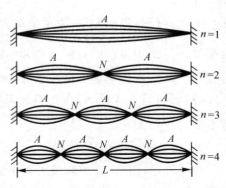

图 6.15 在两端固定的绳子上波长最长的 4 种模式的驻波

波长最长;相应的 $\nu_1 = \dfrac{u}{2L}$,频率最低,叫作基频。$n = 2, \lambda_2 = \dfrac{\lambda_1}{2}, \nu_2 = 2\nu_1$,叫作二次谐频,$n = 3, \nu_3 = 3\nu_1$,叫作三次谐频等等。总之,当波被约束在有限区域,例如两端固定的有限长绳子之间时,不是任何频率的驻波都能存在的。所有能够存在的各种驻波的频率都是基频的整数倍,即具有 $\nu_n = n\nu_1$ 的分立值。这一结论对量子理论的建立也起了重要的作用。

因为绳上的波速 $u = \sqrt{\dfrac{F}{\mu}}$,则式(6.43)可改成

$$\nu_n = \frac{n}{2L}\sqrt{\frac{F}{\mu}} \quad (式中 n = 1, 2, 3, \cdots) \quad (6.44)$$

对于基频,$\nu_1 = \dfrac{1}{2L}\sqrt{\dfrac{F}{\mu}}$。在乐器中,音调主要由该乐器的基频确定。对于弦乐器,可通过调节弦的张力 F,弦的长度 L 和选择线密度 μ 来改变音调。

另一类边界是绳子的端点可自由运动。例如绳的终端系一细环,它套在光滑的细杆上,因此可以无摩擦地滑动(见图 6.16(a))。波从自由端反射的特点是:① 反射波振幅也等于入射波的振幅。因为自

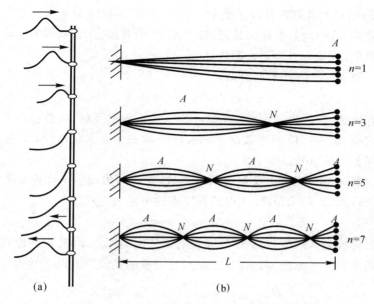

图 6.16 一端固定、一端自由运动的绳子上波长最长的 4 种模式的驻波

由端上没有相互作用力，所以绳的终端虽有位移，但没有做功。因此也没有能量通过自由端与外界进行交换，波的能量完全反射回去；②自由端是波腹。在反射处，入射波与反射波的相位相同，无半波损失。所以，长为 L 的绳子，如一端固定一端为自由端，其形成的驻波模式如图 6.16(b) 所示。其波长应满足

$$L = n\frac{\lambda_n}{4} \quad (\text{式中 } n = 1,3,5,\cdots)$$

或

$$\nu_n = n\frac{u}{4L} \quad (\text{式中 } n = 1,3,5,\cdots) \tag{6.45}$$

基频 $\nu_1 = \frac{u}{4L}$，谐频是基频的奇数倍。

如上所述，一个驻波系统有一系列特定的固有频率，例如由式 (6.43) 或 (6.45) 决定。这与弹簧振子只有一个固有频率不同。当施

加 的驱动力含有这驻波系统某一固有频率时,就能激起这一频率的强驻波。这种现象也称为**共振**。在图 6.13 的驻波演示中,调节振动体的频率,就是为了达到共振的目的。

例 6.5 有一平面简谐波

$$y_1 = A\cos(\omega t - kx)$$

向右传播,在距坐标原点 o 为 $x_0 = 4\lambda$ 处被墙壁反射,反射面可看作固定端。试求:(1)反射波的波函数;(2)驻波的波函数;(3) o 与 x_0 处之间各个波节和波腹的位置。

解 (1)要写出反射波的波函数,先要写出反射波在原点的振动表达式。由题给条件,入射波在原点的振动表达式为

$$y_{10} = A\cos\omega t$$

而反射波是入射波传到 x_0 处经反射再传回到原点 o 的。再考虑在固定端反射的半波损失,所以,在原点反射波的相位较入射波共落后

$$2kx_0 + \pi = 2\,\frac{2\pi}{\lambda}\,4\lambda + \pi = 17\pi$$

由此得反射波在原点的振动表达式为

$$y_{20} = A\cos(\omega t - 17\pi)$$

因此,反射波的波函数为

$$y_2 = A\cos(\omega t + kx - \pi))$$

(2)驻波的波函数为

$$y = y_1 + y_2 = 2A\cos(kx - \frac{\pi}{2})\cos(\omega t - \frac{\pi}{2})$$

$$= 2A\sin kx \sin\omega t$$

(3)波节的位置 x 应满足

$$\sin kx = 0 \quad 或 \quad kx = n\pi$$

得

$$x = \frac{n\pi}{k} = \frac{n\lambda}{2} \quad (n = 0,1,2,\cdots,8)$$

即

$$x = 0, \frac{\lambda}{2}, \lambda, \cdots, \frac{7}{2}\lambda, 4\lambda$$

波腹的位置应满足 $kx = (2n + 1)\frac{\pi}{2}$,得

$$x = (2n + 1)\frac{\lambda}{4} \qquad (n = 0, 1, 2, \cdots, 7)$$

即 $\qquad x = \frac{\lambda}{4}, \frac{3\lambda}{4}, \cdots, \frac{13\lambda}{4}, \frac{15}{4}\lambda$。

例 6.6 在例 6.6 图中,绳子的左端固定在音叉的一个臂上,其右端绕过一滑轮挂着一个重

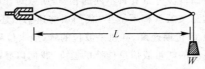

物,以提供绳子的张力。设音叉的频率为 120Hz,绳长 $L = 1.2$m,线密度 $\mu = 1.6 \times 10^{-3}$kg/m,所产生的驻波如图

例 6.6 图

所示。试求:(1)驻波的波长;(2)绳子的张力。

解 (1)根据式(6.42),$\lambda_n = \frac{2L}{n}$。$n = 4$,得

$$\lambda = \frac{2 \times 1.2}{4}\text{m} = 0.6 \text{ m}$$

(2)因为 $\nu = \frac{u}{\lambda}$ 以及 $u = \sqrt{\frac{F}{\mu}}$,得

$$\nu = \frac{1}{\lambda}\sqrt{\frac{F}{\mu}}$$

则

$$F = \nu^2\lambda^2\mu = 120^2 \times 0.6^2 \times 1.6 \times 10^{-3}\text{N} = 8.3 \text{ N}$$

* §6.7 色散 相速与群速

前面我们讨论波的传播时,几乎都是指理想的简谐波。对简谐波而言,波速是指相位传播的速度 —— 相速度。这也等于简谐波的波形移动速度,或能量传播速度。在实际中,理想的简谐波不能传递信息。我们必须依赖非简谐波,如调

幅波、甚至非周期的波脉冲来传递信息。回想起任何复杂的振动，用傅里叶分析这一数学工具，可分解为一系列不同频率的谐振动。同样，复杂的波也可认为是不同频率的简谐波的叠加。如果这些简谐分量具有相同的相速，因此在传播过程中，波形始终不变。波形传递的速度就是相速。这就是§6.2节开头波脉冲的情况。在某些媒质中，如相速与波的频率无关，这类媒质称为非色散①媒质。例如，对声源来说，空气是非色散媒质。否则，声波在通过空气的传播过程中要发生畸变，使彼此交谈发生困难，当然，更难以欣赏交响乐的演奏了。

大多数媒质是具有色散的，即波在这类媒质中的相速与频率和波长有关。各简谐波分量具有不同的相速，所以对非简谐波、例如有限长波列来说，"波速"的意义就含糊不清了。我们用群速来描述局限在空间有限范围的波列 —— **波包 的传播速度**。群速是波包的峰（最大位移）的传播速度，记作 u_g。所以，群速也是波的能量或信息传播的速度。我们以频率相当靠近的两列波为例进行讨论。

设
$$y_1 = A\cos(\omega_1 t - k_1 x)$$
$$y_2 = A\cos(\omega_2 t - k_2 x)$$

合成波 $y = y_1 + y_2$，将上两式代入，并利用三角公式得到

$$y = 2A\cos(\frac{\omega_1 - \omega_2}{2}t - \frac{k_1 - k_2}{2}x)\cos(\frac{\omega_1 + \omega_2}{2}t - \frac{k_1 + k_2}{2}x)$$

令 $\bar{\omega} = \frac{\omega_1 + \omega_2}{2}, \bar{k} = \frac{k_1 + k_2}{2}, \Delta\omega = \frac{\omega_1 - \omega_2}{2}, \Delta k = \frac{k_1 - k_2}{2}$，则有

$$y = 2A\cos(\Delta\omega t - \Delta k x)\cos(\bar{\omega}t - \bar{k}x) \tag{6.46}$$

当 $\omega_1 \approx \omega_2$ 时，则 $\bar{\omega} \gg \Delta\omega, \bar{k} \gg \Delta k$。所以，在不太长时间和不太大的空间范围内，合成波的振幅几乎不变。合成波可看作振幅为 $A_m = 2A\cos(\Delta\omega t - \Delta k x)$，相位为

图 6.17　两列简谐波组成的波包

$(\bar{\omega}t - \bar{k}x)$ 的"简谐波"，如图 6.17 所示。按定义相速是相位传播的速度。若跟踪

---

① 色散这词是从光波中来的。在媒质例如水中光速与波长有关，因而折射率与波长有关，这形成我们所熟悉的彩虹 —— 光的色散现象。

这一相位，$(\overline{\omega}t - \overline{k}x)$ 必须保持恒值。微分得 $\overline{\omega}dt - \overline{k}dx = 0$，则

$$u = \frac{\overline{\omega}}{\overline{k}}$$

与原成分的相速度基本相同。而这里，群速是指最大振幅这一振动状态移动的速度。由式(6.46)，最大的振幅与 $(\Delta\omega t - \Delta kx)$ 等于某恒值设为 2π 对应。所以在 dt 时间内，最大振幅的状态移动 dx 应满足

$$\Delta\omega dt - \Delta k dx = 0$$

于是最大振幅的状态在空间移动的速度，即群速

$$u_g = \frac{\Delta\omega}{\Delta k} \tag{6.47}$$

为了直观起见，我们给出一组数据，以说明相速与群速确是不同的。设 $\omega_1 = 100\pi$ rad/s，$\omega_2 = 102\pi$ rad/s $\approx \omega_1$，$\lambda_1 = 1.0$m，$\lambda_2 = 0.98$m $\approx \lambda_1$。则

$$u_1 = \nu_1\lambda_1 = 50\text{m/s}, \quad u_2 = \nu_2\lambda_2 = 49.98\text{m/s}$$

即
$$\omega_1 < \omega_2, \ \lambda_1 > \lambda_2, \ u_1 > u_2, \ \frac{du}{d\lambda} \neq 0$$

所以，媒质有色散，得相速 $u = \frac{\overline{\omega}}{\overline{k}} = 49.9$m/s，而群速 $u_g = \frac{\Delta\omega}{\Delta k} = 49$m/s $< u$。

*§6.8　声　波

声波是机械纵波，可在固体、液体和气体中进行传播。当其频率约在 20Hz 到 20000Hz 的范围时，能引起人的听觉，称为**可闻声波**。即通常所说的**声波**。频率高于 20000Hz 时，称为**超声波**。当今获得的超声频率可高达 10^9Hz 以上，而各种媒质的声速在 $10^2 \sim 10^3$m/s 的量级，因此，超声波的波长可小到 1μm 左右，与可见光相比拟。因此像光波一样，超声波也能成像与定位。前者用作医学诊断、金属铸件的探伤和超声显微术等；后者在潜艇上用来确定水下的目标。其实在自然界中，蝙蝠、海豚就是利用超声作为在黑暗中导航的工具。频率低于 20Hz 的，称为**次声波**。地震、海啸等自然活动中，都有次声产生。所以次声已成为研究这些自然现象的有力工具。

声波具有机械波的一般特性，在这里不再重复。本节我们主要介绍声波特有的问题。

一、声压

以声波在充满空气的直长管中的传播为例进行讨论。设管子左端装有扬声器。在图 6.18 中以作谐振动的活塞来代表。活塞静止时,空气处于平衡状态,沿管子密度和静压强处处相同。当活塞前后振动时,将迫使其右边附近的空气层也沿管来回振动。因此将使附近的空气层交替地被压缩和稀疏。压缩区域的压强高于原来的静压强,稀疏区域的压强小于原来的静压强。所以,声波所到之处的压强与静压强有一压差。这压差称为**声压**。这一空气层又迫使右侧邻近空气的振动。就这样由近及远,空气分子振动的状态沿管子传播出去,疏、密交替区域及相应的声压交替变化也沿管内空气柱传播出去。

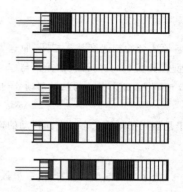

图 6.18 空气柱内声波形成的过程。管内的垂直线将空气柱按等质量分层

由此,声波可用空气质元离平衡位置的位移 y 来表示,也可用声压 Δp 来表示。设波沿 x 正方向传播,对于平面简谐波,则

$$y(x,t) = A\cos\omega(t - \frac{x}{u}) \tag{6.5}$$

这里,x 是该质元在平衡位置时的坐标。值得提醒的是,位移 y 其实也在 x 方向上。为了便于应用本章前面的公式,这里的位移仍用 y 表示。图 6.19 表示位移与

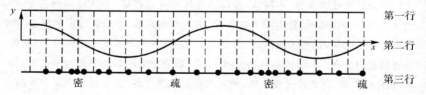

图 6.19 位移与声压的关系

声压的关系。图中第一行表示各质元等间距地分布在各自平衡位置上。第二行是某一时刻的 $y \sim x$ 曲线。第三行是由此而得到的在该时刻各质元的实际位置。由图可见,声压最大值的位置(密或疏区)发生在位移为零的地方。因此,与式(6.5)相呼应,声压的表达式为

$$\Delta p = \Delta p_m \sin\omega(t - \frac{x}{u}) \tag{6.48}$$

这里 Δp_m 是声压的幅值。这式可严格地推导出。

弹性媒质发生体积形变的公式为

$$\Delta p = -B \frac{\Delta V}{V}$$

这里 Δp 表示压强的增量；$\frac{\Delta V}{V}$ 是体积的相对变化量；B 为常量，称为媒质的体变弹性模量。当声波在这媒质中传播时，Δp 便是声压。负号表示体积膨胀时，声压是负的。因为传声的空气柱的截面不变，故 $\frac{\Delta V}{V}$ 也等于 $\frac{\Delta y}{\Delta x}$。当 $\Delta x \rightarrow 0$，则

$$\Delta p = -B \frac{\partial y}{\partial x}$$

式(6.5)对 x 求偏导，并代入上式，得

$$\Delta p = B \frac{\omega}{u} A \sin\omega(t - \frac{x}{u})$$

如令 $\Delta p_m = B \frac{\omega}{u} A$，便得式(6.48)。因为在液体和气体中纵波的速度为 $u = \sqrt{\frac{B}{\rho}}$，则

$$\Delta p_m = \rho u \omega A \tag{6.49}$$

因此，声波可用式(6.5)的位移表示，也可用式(6.48)的声压表示。两者的相差是 $90°$，即位移为正或负最大的地方，声压为零。反过来，当位移为零处，声压为正最大或负最大。

二、声强和声强级

声强就是声波的平均能流密度。根据式(6.31)及(6.49)，声强为

$$I = \frac{1}{2}\rho A^2 \omega^2 u = \frac{\Delta p_m^2}{2\rho u} \tag{6.50}$$

可知，声强与振幅的平方以及频率的平方成正比。超声波的频率高，因此它的声强大。如声强用声压来表示，则式(6.50)也指出声强与声压的平方成正比。

引起人的听觉的声波不仅有一定的频率范围，还有一定的声强范围。一般来说，可闻的最弱声波约为 10^{-12}W/m^2，但当声强大到 1W/m^2 时，声强太大，将引起痛觉。这一声强变化范围大到 12 个数量级，通常用声强级来描述声波的强弱。它定义为

$$L = \log \frac{I}{I_0} \qquad (6.51)$$

这里,声强级用 L 表示,选取 $I_0 = 10^{-12} \mathrm{W/m^2}$ 作为参考声强,它的声强级为零。声强级 L 的单位为贝尔(Bel)。贝尔这单位太大,通常用分贝(dB)为单位。1Bel = 10dB。以分贝为单位,式(6.51)可改写为

$$L = 10\log \frac{I}{I_0} \quad (\mathrm{dB}) \qquad (6.52)$$

因为人对声音响度的主观感觉接近于与声强级成正比,这也是引入声强级这一量的意义。表6.1给出了常遇到的一些声音的声强和声强级。图6.20给出听觉与声频以及声强级的关系。

表 6.1   几种声音的声强、声强级

声源	声强($\mathrm{W/m^2}$)	声强级(dB)
听觉阈(例如正常的呼吸声)	1×10^{-12}	0
树叶沙沙声	1×10^{-11}	10
耳语	1×10^{-10}	20
室内收音机轻轻放音	1×10^{-8}	40
通常谈话	1×10^{-6}	60
闹市车声	1×10^{-5}	70
车间机器声(一般程度)	1×10^{-4}	80
汽锤声(1m 距离)	1×10^{-3}	90
痛觉阈(例如离喷气机起飞60m 远)	1	120

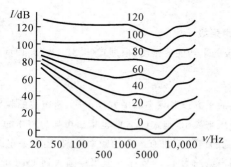

图 6.20   听觉阈、痛觉阈及等响度曲线

图中每条曲线表示同一响度(人的平均感觉)下声强与声频的关系

例 6.7 设一点状声源发射各向均匀的球面波,频率为 10^3Hz,发射功率为 4W。求:(1)距离声源 10m 处的声强、声强级;(2)该处声压和位移的振幅。已知 0℃ 时空气中声速为 331m/s,密度 $\rho = 1.29$kg/m^3。

解 (1)离声源 r 处的声强为

$$I = \frac{P}{4\pi r^2}$$

已知 $P = 4$W,$r = 10$m,得

$$I = \frac{4}{4\pi \times 10^2}\text{W/m}^2 = 3.18 \times 10^{-3}\ \text{W/m}^2$$

及

$$L = 10\log\frac{I}{I_0} = 10\log\frac{3.18 \times 10^{-3}}{10^{-12}}\text{dB} = 95\ \text{dB}$$

(2)根据式(6.50),$I = \dfrac{\Delta p_m^2}{2\rho u}$,得

$$\Delta p_m = \sqrt{2\rho u I} = (2 \times 1.29 \times 331 \times 3.18 \times 10^{-3})^{1/2}\text{N/m}^2$$
$$= 1.65\text{N/m}^2$$

由式(6.49),$\Delta p_m = \rho u \omega A$,得

$$A = \frac{\Delta p_m}{\rho u \omega} = \frac{1.65}{1.29 \times 331 \times 6280}\text{m} = 6.15 \times 10^{-7}\ \text{m}$$

§6.9 多普勒效应 * 激波

一、多普勒效应

在 §6.2 讨论中得知,观察者接收到的频率就是波的频率,也等于波源振动的频率。这是在波源和观察者相对于媒质是静止的条件下得到的。如果波源或观察者相对于媒质运动,或两者均相对于媒质运动,则波的频率或接收到的频率要发生变化或两者均变。这种现象称为**多普勒效应**。我们先以声波为例,当疾驶的火车鸣笛而来时,我们听到汽笛的声调变高。然后当它鸣笛而去,我们听到的声调变低。这一频率的变化是由于声源的运动,使传到观察者耳朵每秒振动的次数改变。多普勒效应不限于声波。多普勒本人当初还获知,由于这

效应,相互绕行的双星体系中某一星体所发的光的频率发生改变。多普勒效应是一切波所共有的现象。图 6.21 演示水波的多普勒效应。当波源在水中向右运动时,在波源运动的前方波面被挤紧,波长变短;而在波源运动的后方,波面相互远离,波长变长。相对于水,水波在各个方向传播的速度相同。根据 $\nu = \dfrac{u}{\lambda}$,在波源前方各点,波的频率大于波源后方各点波的频率。设波源的频率为 ν_s,媒质中波的传播速度为 u。下面分三种情况讨论多普勒效应。

图 6.21　水波的多普勒效应

1. 波源 S 相对于媒质静止,观察者相对于媒质以速度 v_R 向着波源运动

因波源相对于媒质不动,如图 6.22 所示,形成的波面是以该波源为球心的一系列同心球面。这些球面以波速 u 一起向外扩展。在波所到之处,每秒有 $\dfrac{u}{\lambda}$ 个完整波通过媒质中的固定点,所以该点接收到的波的频

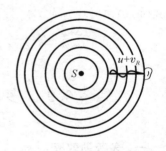

图 6.22　相对观察者来说,波以速度 $u + v_R$ 迎面而来

率也是 $\dfrac{u}{\lambda} = \nu_s$。但当观察者以 v_R 向着波源运动时,对他来说,波以速度 $u + v_R$ 迎面而来,故每秒能拦截 $\left(\dfrac{u + v_R}{\lambda}\right)$ 个波。观察者接收到的频率为

$$\nu_R = \frac{u + v_R}{\lambda} = \left(\frac{u + v_R}{u}\right)\nu_s \qquad (6.53)$$

如果观察者以 v_R 远离波源,接收到的频率将减少。只要认为 v_R 为负值,则式(6.53)仍然适用。

2. 观察者相对于媒质静止,波源相对于媒质以 v_s 向着观察者运动

波源相对媒质的运动,将引起波长改变的效应。我们知道,波速与波源运动无关,仅由媒质性质决定。也就是说,一旦波由波源发出,它就独立于波源,以特定速度向外传播。在一个振动周期 T_s 内,一个完整波由波源发出。这个波形的最前端在 S 处(见图 6.23),它是波源在 S_0 处发出的,故 s_0 与 s 相距 uT_s。但由于波源向右运动,这波形的末端是波源在 S' 处发出,因此波长被压缩了。实际波形在图中用实线表示,所以在运动波源的前方,实际波长为

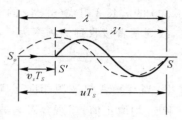

图 6.23 波长被压缩

$$\lambda' = \lambda - v_s T_s = (u - v_s)T_s \tag{6.54}$$

现在波的频率为

$$\nu = \frac{u}{\lambda'} = \frac{u}{(u - v_s)T_s} = \frac{u}{u - v_s}\nu_s$$

由于观察者静止,所以接收到的频率就是波的频率,即

$$\nu_R = \frac{u}{u - v_s}\nu_s \tag{6.55}$$

如果波源以 v_s 远离观察者,实际波长将变长。接收到的频率将减少。只要取 v_s 为负值,则式(6.54)和(6.55)仍然适用。

波源运动对波长的影响,也可用图 6.24 说明。当点波源向右运动时,相继各波面(二维波为圆圈)的分布,如图所示。每一标号的波面是波源在同一标号的位置上发出的。这些波面相继间隔一个周期 T_s 发出。在此间,波源已向右移动 $v_s T_s$,即圆圈的圆心依次向右移动 $v_s T_s$。所以,在波源运动的前方,这些圆圈被挤紧。在波源运动的后

方,这些圆圈相互远离,由此同样可推得式(6.54)和(6.55)。

3. 波源和观察者在同一直线上同时运动

设想在图 6.24 中,观察者相对媒质又以速度 v_R 运动。这时,式(6.53)的波长 λ 用式(6.54)的 λ' 代之,故观察者接收到的频率为

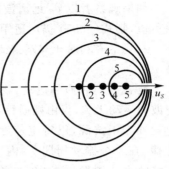

$$\nu_R = \frac{u + v_R}{u - v_s}\nu_s \qquad (6.56)$$

图 6.24 由于波源运动而引起的多普勒效应

这里,当观察者与波源相向运动时,v_R 和 v_s 均取正值;当观察者与波源彼此远离时,v_R 和 v_s 均取负值。

如果两者运动不在连线上,只要把速度在连线上的分量算作 v_R 和 v_s,代入上式即可。

例 6.8 (1)路旁观察者见一辆疾驶的车正鸣笛而过。已知声源的频率为 1000Hz,车速是 30m/s,空气中声速为 340m/s。求该观察者听到的鸣声的频率;(2)如果该车停着鸣笛。试问:当观察者以 30m/s 远离这声源时,他所听到的鸣声的频率。设其他条件不变。

解 (1)根据式(6.55),$\nu_R = \dfrac{u}{u - v_s}\nu_s$。当声源远离观察者而运动,取 $v_s = -30\text{m/s}$,代入式中,得听到的鸣声的频率为

$$\nu_R = \frac{340}{340 + 30} \times 10^3 \text{Hz} = 919\ \text{Hz}$$

(2)根据式(6.53),$\nu_R = \dfrac{u + v_R}{u}\nu_s$,当观察者远离声源,取 $v_R = -30\text{m/s}$,代入式中,得听到的鸣声的频率为

$$\nu_R = \frac{340 - 30}{340} \times 10^3 \text{Hz} = 912\ \text{Hz}$$

值得注意的是,在这两小题中,声源与观察者之间的相对速度是一样的,但频移却不同。这是由于传播声波必须要有媒质。相对媒质来说,

在这两小题中,声源和观察者的运动情况是不同的。

如前所述,光波也有多普勒效应。但和机械波不同的是,一切电磁波(包括光波)的传播不需要媒质,因此没有光源相对媒质和接收器相对媒质运动之分。只有光源和接收器的相对运动速度 u 影响接收到的频率。因此必须有另外的公式来描述光(及一切电磁波)的多普勒效应。由相对论可推出,当光源与接收器在同一直线上运动时,接收到的频率为

$$\nu_R = \sqrt{\frac{c+u}{c-u}}\,\nu_s \qquad (6.57)$$

式中如两者相互接近,u 取正值。如彼此远离,u 取负值,因此,接收到的频率减小,波长变大。

天文学家发现,所有来自遥远银河系的光的波长都变长 —— 所谓**红移**(意即移向光谱中红色的一端)。也就是说,我们接收到的光的频率变小,由此可知,这些银河系都正在远离我们而去。由测得的频移,利用式(6.57)还能求出银河系的速度。这一观察是大爆炸宇宙论的一个重要证据。

多普勒效应还有许多应用。例如,在研究光谱线的增宽时,必须考虑分子、原子等由于热运动产生的多普勒效应。雷达系统已广泛地应用多普勒效应来监测车辆、人造卫星等运动目标的速度。当雷达发送器发出的电磁波到达正在行驶的车辆时,这车既是运动着的接收器,又作为运动的波源。因它使雷达波反射、重新返回到雷达的接收器。所以必须同时考虑由式(6.53)和(6.55)表示的频移。在医学上,利用超声波的多普勒效应来测量人体血管内血液的流速等。

*二、激波

当波源的速度 v_s 等于波速 u 时,由图 6.24 可推知,在波源运动的方向上,所有波面都挤在一起,并与波源一起运动。当 $v_s > u$ 时,这时波源比波跑得更快,在波源前方不存在它发射的波。在波源后方,后一时刻发出的球面波反而越过早先发出的球面波,如图 6.25 所示。图中 s 点是零时刻波源的位置。在 t 时刻,从 s 处发出的波传播距离 ut,而波源前进距离 $v_s t$,到达 s' 处。这些球面波的包迹,即

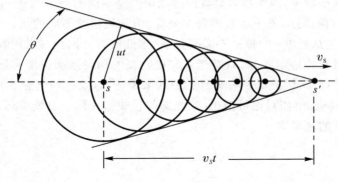

图 6.25 激波

在 t 时间内波源发出的波到达的前沿,便是 t 时刻的波前。它是一个圆锥面。这锥形的顶角 θ 由下式决定

$$\sin\theta = \frac{ut}{v_s t} = \frac{u}{v_s} \tag{6.58}$$

随着时间的递增,这圆锥面将保持同样的顶角向外扩大。因运动物体会给媒质一种扰动(如压强突变)。这种扰动以波的形式传播。所以运动物体起着波源的作用。当其运动速度超过声速时,将激起圆锥形波前、并向外扩展和向前推进。所到之处将听到隆隆巨响,称为声暴。这种波称为**激波**,又叫作冲击波。当飞机、子弹等以超声速飞行时,就会产生这种圆锥形的激波。

激波现象不是声波所特有的。类似的现象在水波中容易看到。在快艇后面激起以它为顶端的弓形波,便是快艇速度大于水波速度的结果。另一类似现象发生在电磁波中。当带电粒子在媒质中以大于媒质中光波的速度运动时,会辐射锥形的电磁波。这种辐射称为**切伦柯夫辐射**。

思考题

6.1 在月球表面两个宇航员要相互传递信息,他们能通过对话进行吗?

6.2 试指出下列哪些函数是描述行波的:

(1) $y = y_0[(x + ut)/x_0]^{1/2}$;

(2) $y = y_0[(x^2 - 2ut + u^2t^2)/x_0^2]$;

(3) $y = y_0[(x^2 - u^2t^2)/x_0^2]$;

(4)$y = y_0 \ln x/ut$;

(5)$y = y_0 (2.0)^{-[(x-ut)/x_0]^4}$.

6.3 波的表达式中坐标原点是否一定要设在波源处?

6.4 钢琴的低音弦线绕有铜丝以增加其质量,为何?

6.5 水面波的振幅与强度怎样随波源到观察点的距离而改变?试说明之。

6.6 试列举 5 种机械波,并指出传播这些波的媒质。

6.7 两个反向传播的波脉冲相遇时,它们像两只台球那样作对心碰撞、并被弹回,抑或相遇后两列波能相互贯穿呢?

6.8 为什么我们观察不到由两个手电筒发出的光束之间的干涉效应,也听不到两把小提琴发出的声波之间的干涉效应?

6.9 在演示弦线驻波的正文图 6.13 中,弦线左端是否是真正的波节,为什么?(提示:考虑阻尼影响)

6.10 如果在某一时刻,观察到 P 点的合振动的合振幅是两个波的振幅之和、或之差,我们能否判断这两个波是相干波?

6.11 我们假设所有各种不同波长的声波的速率都相同。试问这个假设有什么实验证据?

6.12 要改变提琴的声调,可采取哪三种措施?试叙述每种措施所基于的物理原理。

6.13 路旁一行人观察到,一辆鸣笛的警车由远及近,然后从他身旁而过。试问:路旁这人听到这警笛的声调如何变化(包括是否连续变化)。试解释之。

6.14 在某一参照系中,声源与观察者都是静止的,但传播声波的媒质相对于参照系是运动的。试问接收到的声波的频率或波长是否改变?

6.15 两个相同的音叉发出频率相同的律音。试说明怎样才能听到这两个律音所产生的拍。

习 题

6.1 某一维周期波以波速 $10.0\,\mathrm{m/s}$ 向 x 轴正向传播,在 $t = 0$ 时刻的波形如图所示。求:(1)这周期波的波长、周期和频率;(2)画出相应 $x = 0$ 处质点振动的位移 — 时间曲线;(3)如这波向 x 轴负向传播,其他条件不变,再画出 $x = 0$ 处质点的 y-t 图线。

6.2 一平面简谐波的波函数为

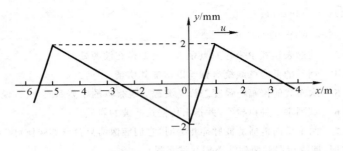

题 6.1 图

$$y = 6 \times 10^{-3}\cos(20x + 4t + \frac{\pi}{3})$$

求：(1) 波的振幅、波长、角频率、频率、周期、波速、波的传播方向；(2) $x = 0$ 处波的位移达到最大值的时刻 t。本题中所有单位均采用国际单位制。

6.3 在一弦线上传播的横波的波函数为

$$y = 0.20\sin(2.0x - 600t)$$

式中 y 和 x 的单位是厘米，t 的单位是秒。试求：(1) 这波的振幅、频率、速度与波长；(2) 弦线上质点的最大振动速率。

6.4 一简谐波的振幅为 2.0cm，波长为 1.2m，沿 x 轴正向传播，波速为 6m/s，在 $t = 0$ 时 $x = 0$ 处是波峰。求：(1) 波的周期、频率、角频率；(2) 波函数。

6.5 一沿 x 轴负向传播、波速为 1m/s 的平面简谐波在 $t = 2$s 时的波形图如图所示。则 (1) 写出 o 点的振动方程；(2) 写出这列行波的波函数。

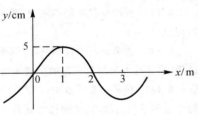

题 6.5 图

6.6 有一简谐波沿弦线在 x 方向传播。在 $x = 0$ 与 $x = 0.0900$m 两点的位移 y 随时间 t 的函数关系已由图中给出。求：(1) 波的振幅；(2) 波的周期；(3) 如已知 $x = 0$ 与 $x = 0.0900$m 两点的距离小于一个波长，且波向 $+x$ 方向传播，求波速与波长，并给出这简谐波的函数表达式；(4) 如代之，波向 $-x$ 方向传播，再求波长与波速；(5) 如没有限定上述两点的距离小于一个波长，能否确切求出波长？为什么？

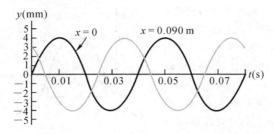

题 6.6 图

6.7 沿细绳向右传播的简谐横波,其振幅为 2.50mm、波长为 1.80m、波速为 36.0m/s。令绳子左端为原点,向右为 x 正方向。$t=0$ 时绳子左端正从平衡位置向上运动。(1)求波的频率、角频率及角波数;(2)写出波函数 $y(x,t)$;(3)绳子左端的质点的振动表达式 $y(t)$;(4)在 $x=1.35$m 处质点的振动表达式 $y(t)$;(5)绳上各点的最大振动速率;(6)$x=1.35$m 处的质点,$t=0.0625$s 时的位移和振动速度。

6.8 已知一平面简谐波以波速 $u=10$m/s 沿 x 负向传播。若波线上 A 点的振动方程为 $y_A=2\cos(2\pi t+\frac{\pi}{3})$,波线上另一点 B 和 A 相距 2.5m(见图)。试分别以 A 及 B 为坐标原点,写出该波的波函数。

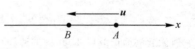

题 6.8 图

6.9 一沿着很长弦线行进的横波的方程由

$$y=6.0\sin(0.020\pi x+4.0\pi t)$$

给出,其中 x 与 y 的单位为厘米,t 的单位为秒。试求:振幅、波长、频率、波速、波传播的方向,以及弦线质点的最大横向速率。

6.10 一声波的压强由下式给出:

$$p=1.5\sin\pi(x-330t)$$

式中 x 的单位为米,t 的单位为秒,p 的单位为牛顿/米^2。试求该波的(1)压强振幅 (2)频率 (3)波长与(4)波速。

6.11 一波脉冲的表达式为

$$y(x,t)=y_0\mathrm{e}^{-[(x-ut)/x_0]^2}$$

式中 $y_0 = 4\text{mm}$、$x_0 = 1.2\text{m}$,波速 u 为 7.2m/s。试在同一张图(即 xy 平面上)画出 $t = 0$ 和 $t = 0.5\text{s}$ 的波形草图。为了使波形显见,令 y 坐标放大 10^3 倍。

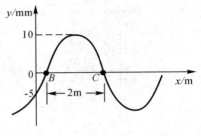

题 6.12 图

6.12 一列频率为 0.5Hz 的平面余弦波沿 x 正方向传播。在 $t = 1/3\text{s}$ 的波形如图所示。试求:(1)$x = 0$ 处质点的谐振动表达式;(2)波函数;(3)C 点的谐振动表达式以及 C 点离原点 o 的距离。

6.13 (1)将一振源系于一螺旋弹簧上,使这振源沿着螺旋弹簧激起一连续的余弦式纵波。振源的频率为 25Hz,而弹簧中相邻的两个稀疏区域之间的距离为 24cm。试求这纵波的速率;(2)如果弹簧的质点的最大纵向位移为 0.3cm,而这波沿负 x 方向行进。试写出其波函数。设振源放在 $x = 0$ 处,在 $t = 0$ 该处质点恰好通过平衡位置并正向运动。

6.14 波源的振动表达式为

$$y = 6.0 \times 10^{-2}\cos\frac{\pi}{5}t \quad \text{m}$$

它所激起的简谐波以 2.0m/s 的速度在一直线上传播,求距波源 6.0m 处一点的振动表达式。

6.15 已知一平面简谐波沿 x 轴正向传播,周期 $T = 0.5\text{s}$,振幅 $A = 0.1\text{m}$。当 $t = 0$ 时,波源处质点的位移为 0.05m,并负向运动。若波源处取作坐标原点。求:(1)沿波传播方向、距离波源为 $\lambda/4$ 处质点的振动表达式;(2)当 $t = \frac{T}{2}$ 时,$x = \frac{3\lambda}{4}$ 处质点的振动速度。

6.16 在 $t = 0$ 时刻,一列平面简谐波的波形为

$$y = 0.04\sin 0.02\pi x \quad \text{m}$$

这波以 300m/s 在负 x 方向传播。试求在 $t_0 = \frac{1}{4}\text{s}$ 时刻,该波引起的 $x_0 = 25\text{m}$ 处质点的运动速度。

6.17 一根长为 2.0m 和质量为 0.060kg 的绳子,所受张力为 300N,试问这绳上的横波的速度为多大?

6.18 一只蚂蚁停在水平放置的细绳上,绳子的张力为 F,线密度为 μ。如

有人在绳上激起波长为 λ 的简谐横波,使绳子在铅直平面上运动。为要使蚂蚁有短暂失重的感觉,间波的振幅至少要多大?

6.19 频率为 220Hz 的纵波沿半径为 8.00mm 的铜棒进行传播。已知波的平均功率为 6.50×10^{-6}W。试计算:(1)波长;(2)波的振幅;(3)铜棒中各质点的最大纵向振动速率。由物理手册中可查得铜的密度 $\rho = 8.9 \times 10^3 \text{kg/m}^3$,杨氏模量 $Y = 11 \times 10^{10}$Pa。

6.20 一振动弦线的线密度为 1.3×10^{-4}kg/m。有一由波函数 $y = 0.021 \sin(30t + x)$ 所描述的横波在这弦线上传播,式中采用 SI 单位。试问这弦线上的张力有多大?

6.21 某简谐横波沿弦线向左传播,在 $t = 0$ 时刻的波形如图所示。已知弦线张力为 3.6N 而线密度为 0.025kg/m。试计算(1)波的速率;(2)波线质点的最大速率;(3)试写出这行波的波函数。

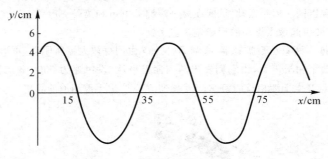

题 6.21 图

6.22 一线密度为 0.1kg/m、张力为 10N 的长绳,其一端固定在电动音叉的一只臂上,使产生每秒 5 次的振动。并由此产生的横波的振幅为 4cm。试求:(1)波速;(2)波长;(3)在该波所到之处,作用在 1mm 长一段绳子上的最大横向合力。

6.23 一质量为 m、长度为 L 的匀质绳子从天花板上挂下,试证(1)绳上横波的速率 u 是 y 的函数,其关系式是 $u = \sqrt{gy}$。y 是从绳的下端量起的距离;(2)横波从绳的下端行进到绳的上端所需的时间由 $t = 2\sqrt{\dfrac{L}{g}}$ 给出。

*__6.24__ 在太空舱里,一均匀圆线环沿顺时针方向转动,其切向速率为 v_0。求波在圆线环上的传播速率。

*__6.25__ 在光滑的水平桌面上放置着一根长为 L、质量为 m 的匀质绳子。使

整条绳子绕它的一个端点以角速度 ω 旋转。求沿绳子传播的横波从一端到达另一端所需的时间。

6.26 无线电波以 $3.0 \times 10^8 \mathrm{m/s}$ 的速度传播。一无线电波的波源的功率为 $50\mathrm{kW}$，在均匀、不吸收能量的媒质中发射球面波。试求离波源 $50\mathrm{km}$ 远处该波的平均能量密度。

6.27 有一简谐波在媒质中传播，波速为 $10^3 \mathrm{m/s}$，振幅为 $1 \times 10^{-4} \mathrm{m}$，频率为 $10^3 \mathrm{Hz}$，媒质的密度为 $800 \mathrm{kg/m^3}$。求：(1)该波的平均能量密度、能流密度；(2)1分钟内垂直通过面积 $4 \times 10^{-4} \mathrm{m^2}$ 的能量。

6.28 设某根钢琴弦线的质量为 $3.00\mathrm{g}$、长为 $80.0\mathrm{cm}$，用 $20.0\mathrm{N}$ 张力拉紧。此时有一频率为 $120.0\mathrm{Hz}$、振幅为 $1.6\mathrm{mm}$ 的波沿琴弦传播。(1)计算波的平均功率；(2)如振幅减半，问这时平均功率又变为多大？

6.29 两声波具有相同频率 $660\mathrm{Hz}$，它们以波速 $330\mathrm{m/s}$ 进行传播。如果它们的声源以同一周相振动，试问在离一声源 $4.40\mathrm{m}$ 和离另一声源 $4.00\mathrm{m}$ 的一点处，两声波引起该点振动的周相差为多大？

6.30 两只小型扩音器，A 与 B（见图）由同一放大器所驱动，可形成相位相同的两个相干声源，由它们发出两列简谐声波。设声速为 $350\mathrm{m/s}$。试求：(1)要使 P 点产生干涉相长的频率；(2)要使 P 点产生干涉相消的频率。

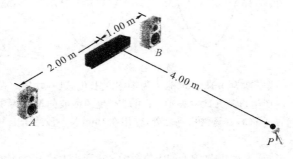

题 6.30 图

6.31 两只扬声器 A 与 B 能向全方位均匀地辐射声能。已知 A 的声功率为 $8.00 \times 10^{-4} \mathrm{W}$，$B$ 为 $6.00 \times 10^{-5} \mathrm{W}$。这两声源的振动相位相同，频率均为 $170\mathrm{Hz}$。空气的声速为 $340\mathrm{m/s}$。如图所示，求：(1)两声波在 A、B 连线上 C 点的相位差；(2)当扬声器 B 关闭，仅扬声器 A 发出的在 C 点的声强和声强级；以及当 A 关闭，仅由 B 发出的在 C 点的声强和声强级；(3)当 A、B 同时发射时在 C 点的声强和声强级。

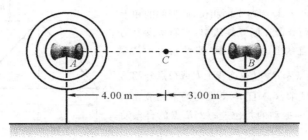

6.32 一振动器在一根很长的弦线的左端产生一个由

$$y_1 = 6.0\cos\frac{\pi}{2}(8.0t - 0.020x)$$

所描述的波。同时,另一振动器在这弦线的右端产生一个由

$$y_2 = 6.0\cos\frac{\pi}{2}(8.0t + 0.020x)$$

所描述的波。两式中的 y 和 x 的单位均为厘米,t 的单位均为秒。试问在这弦线上,(1)哪些点是不动的(波节);(2)哪些点具有运动的最大值(波腹)。

6.33 如图所示,A、B 两点为同一媒质中的两相干波源,其频率皆为 100Hz,当 A 点为波峰时,B 点适为波谷。设媒质中的波速为 10m/s,每列波到达 P 点时振动的振幅均为 A。试求 P 点($PA \perp AB$)的合振动振幅。

6.34 s_1 和 s_2 为两相干波源,相距 1/4 波长,如图所示。s_1 的相位比 s_2 的相位落后 $\pi/2$,若两波在 s_1s_2 连线方向上的强度相同,均为 I_0,且不随距离变化,问 s_1s_2 连线上在 s_1 外侧各点的合成波的强度如何?又在 s_2 外侧各点的合成波的强度如何?

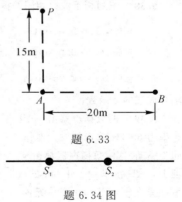

题 6.33

题 6.34 图

6.35 如图所示,地面上一波源 S,与一高频率探测器 D 之间的距离为 d,从 S 直接发出的波与从 S 发出经高度为 H 的水平层反射后的波,在 D 处加强。当水平层逐渐升高 h 距离时,在 D 处未测到讯号。如不考虑大气对波能量的吸

收,试求此波源 S 发出的波的波长 λ。

6.36 P、Q 为两个同相位、同振幅的相干波源。这两波源在同一媒质中,它们所发出的波在 PQ 连线上的强度相同。设波长为 λ,P、Q 间距离为 $\dfrac{3}{2}\lambda$,R 为 PQ 连线上 P 或 Q 点外侧的任一点。试求:(1) 自 P、Q 发出的两列波在 R 点处引起的振动的相位差;(2)R 点的合振动的振幅。

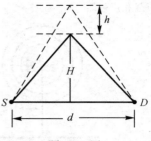

题 6.35 图

***6.37** s_1 和 s_2 是相距为 1/4 波长的两个波源(见图),它们分别在 x 和 y 方向作谐振动,其表达式为

$$x = A_0\cos\omega t$$

和

$$y = A_0\cos\omega t$$

如由这两波源发出的两列波在它们连线上的

振幅仍相同,设为 A。试求在 s_1s_2 连线上 s_1 外侧和 s_2 外侧各点的合成振动的状态。

题 6.37

6.38 三列相干波以相同的振幅在同一方向传播。这些波的波函数分别为

$$y_1(x,t) = 0.05\sin(\omega t - kx - \frac{\pi}{3}) \quad \text{m}$$

$$y_2(x,t) = 0.05\sin(\omega t - kx) \quad \text{m}$$

$$y_3(x,t) = 0.05\sin(\omega t - kx + \frac{\pi}{3}) \quad \text{m}$$

求合成波的波函数。

6.39 两只扬声器由一个频率为 600Hz 的音频放大器作同步驱动。这两只扬声器都在 y 轴上,一只在 $y = +1.0\text{m}$ 处,另一只在 $y = -1.0\text{m}$。一听者自与 y 轴相距为 D 的 o 点沿平行 y 轴方向移动(见图)。如

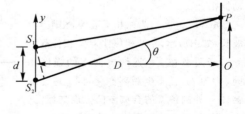

题 6.39 图

$D \gg d$,并设声速为 331m/s,试问(1)θ 为多大时,他第一次听到声音最弱?(2)θ 为多大时(除 $\theta = 0$ 外),他第一次听到声音最强?(3)如一直保持在同一方向行

进,他最多(除 $\theta = 0$ 外)能听到声音最强的次数?

6.40 一驻波的表达式

$$y = 0.02\cos20x\cos750t \quad \text{m}$$

试求:(1)形成此驻波的两行波的振幅和波速;(2)相邻两波节间的距离;(3)$t = 2.0 \times 10^{-3}$s 时,$x = 5.0 \times 10^{-2}$m 处质点振动的速度。

6.41 设入射波为 $y_1 = A\cos(\omega t - kx)$,式中 x 的单位为米,在 $x = 3$m 处发生反射且反射点为一固定端。试求:(1)反射波的表达式;(2)合成波的表达式。

6.42 同一媒质中的两个相干波源位于 A、B 两点,其振幅相等,频率为100Hz,相位差为 π。若 A、B 两点相距30m,波在媒质中的传播速度为400m/s,试求 AB 连线上因干涉而静止的各点位置。

6.43 如图所示,两相干简谐波源 s_1 和 s_2 相距10m,周期为 1s,振幅各为 0.1m。在 $t = 0$ 时刻,波源 s_1 的位移为 0.05m、向正 y 方向运动;而波源 s_2 的位移 为 -0.05m,向平衡位置运动。设每一波

题 6.43 图

源沿 s_1s_2 连线方向发出简谐波,波速为 2m/s。试求:(1)在这两波源之间波节的位置;(2)在每一波源的外侧是否有波节?

6.44 一根长 3m、两端固定的弦以三次谐频作振动。绳上波腹处的位移为4mm,绳上横波的速率为 50m/s。试求:(1)相应的行波的波长、频率;(2)该驻波的表达式。

6.45 设入射波的波函数为 $y_1 = A\cos\left[2\pi\left(\dfrac{t}{T} + \dfrac{x}{\lambda}\right) + \dfrac{\pi}{2}\right]$,在 $x = 0$ 处发生反射,反射点为一自由端。(1)写出反射波的波函数;(2)写出驻波的表达式;(3)说明哪些点是波腹?哪些点是波节?

6.46 已知一绳上的驻波的表达式为

$$y = 0.5\sin\frac{\pi x}{3}\cos40\pi t$$

式中 x 和 y 以厘米为单位,时间以秒为单位。试求:(1)形成该驻波的两行波的振幅和波速;(2)相邻波腹间的距离;(3)绳上 $x = 1.5$cm 处的质点在 $t = \dfrac{9}{8}$s 时的速度。

6.47 吉他的弦长为 63.5cm,其中一根弦线的基频可调到 245Hz。求:(1)在该弦上传播的波速;(2)如使这弦上的张力调高 1.0%,问其基频变为何值?(3) 如周围空气中的声速为 344m/s,与波在这弦线上传播相比较(基频仍为

245Hz),在空气中传播时,其频率与波长将如何变化?

6.48 一长 3m、线密度为 2.5×10^{-3}kg/m 的绳子两端固定,如所激发起的驻波的相继两个谐频是 252Hz 和 336Hz。试求:(1)驻波的基频;(2)绳子的张力。

6.49 某调琴师将钢琴弦线的张力调到 800N。已知该弦线的长为 0.400m,质量为 3.00g。(1)求基频;(2)如某人的最高可闻声频为 10^4Hz,问他能听到最高几次谐频?

6.50 人类的发音通道呈管状,它从嘴唇到靠近喉头中部的声带的距离约 17cm。声带有类似笛子簧片的作用,而发音通道有类似于一端开口、另一端封闭的管子的作用。设声速为 340m/s。试估计所发出的 3 个最低的驻波声频。

6.51 一根长 2m,质量为 0.1kg 的绳子两端固定,按基频的模式振动。绳子中央一点的振幅为 2cm。已知绳上的张力为 45N,试求:(1)整根绳子的最大动能;(2)当波形为 $y = 0.02\sin\frac{\pi x}{2}$(m)的瞬时,整根绳子的动能是多大?这时的势能是多大?

6.52 一声源的频率为 10^3Hz,它相对地面以 20m/s 的速率向右运动,其右方有一反射面相对于地面以 28m/s 的速率向左运动。空气中的声速为 340m/s。求:(1)声源发出的在空气中传播的声波的波长;(2)每秒到达反射面的波的数目;(3)反射波的波长和频率。

6.53 警车鸣笛时发出的频率为 300Hz,同时,该车以 30m/s 速度向某仓库移近。求车上驾驶员听到从仓库墙壁反射回来的声音的频率。设空气中声速为 340m/s。

6.54 两列火车 A 与 B 的汽笛的频率均为 390Hz。A 静止不动,B 以 35.0m/s 速率向右运动(见图)。在 A、B 之间有一观察者正以 15.0m/s 速率向右运动。这时空气是静止的,空气中的声速为 340m/s。求:(1)观察者听到由车 A 汽笛传来的声音的频率;(2)听到由车 B 汽笛传来的频率;(3)该观察者听到的拍频有多大?

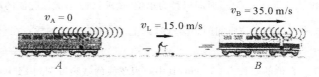

题 6.54 图

6.55 一只嬉水的鸭子有节奏地划水,因此激起周期为 1.6s 的水面波。已

知 水波的波速为 0.32m/s,在鸭子游水的前方,水波波峰相距为 0.12m。求:(1) 鸭子游水的速度;(2) 在鸭子后方水波波峰的间距。

6.56 一列火车以 30.0m/s 速率行驶,并同时鸣笛,发出的频率为 260Hz。某乘客在另一列同方位行进的火车上,其速率为 18m/s。设此时无风,声速为 340m/s。在下列两种情况下,试求这乘客听到的从前一列车上传来的汽笛的频率:(1) 两车相互接近;(2) 相互远离。

6.57 设两辆汽车相向行驶,甲车的车速是 25m/s,乙车的车速是 15m/s。这两车鸣笛的声频均为 520Hz。试计算每辆车的驾驶员听到迎面而来的另一辆车发出的鸣笛的频率。假定路上无风。声波的速率为 331m/s。

6.58 一波源振动的频率为 2040Hz,以速度 v_s 向墙壁接近(如图所示),观察者在 A 点听到拍频的频率为 $\Delta\nu = 3$Hz,求波源移动的速度 v_s。设声速为 340m/s。

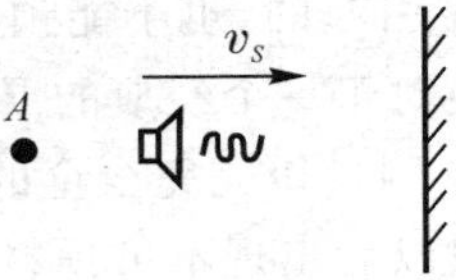

题 6.58 图

6.59 当火车以 30m/s 的速度进站时,车上汽笛发出的频率为 440Hz。如这时有一股与火车行驶方向相同的风,风速为 20m/s。求站台上观察者所听到的汽笛声的频率。设声速为 340m/s。

6.60 面积为 1.5m² 的窗户朝向街道,街上噪声在窗口的声强级为 70dB,问有多少声功率由窗口传入室内。

6.61 两种声音的声强级差为 3dB,试求:(1) 它们的强度之比;(2) 声压幅值之比。

阅读材料 2.A

混沌现象

自 1963 年美国气象学家洛伦兹(E. Lorenz)利用计算机进行气象研究时发现混沌现象以来,一个物理学前沿学科 —— 混沌理论已经形成,它可被看作是 19 世纪以来,继相对论和量子力学之后在物理学上的第三次革命。什么是混沌?它给我们什么启示?

混沌是有内在规律的随机性,和系统的行为对初值极度敏感的一类问题。首先让我们用一个简单的例子,粗略地窥探它的含义。如果一根细棒直立在桌面上,在轻微触碰而稍许倾斜之后,它还能回到原来的确定状态,即仍静止地竖直着。但想像一根针直立在桌上,则不论多么小的扰动,都会使它向某一方向倒下,而且倾倒的方向对初始扰动是非常敏感的。扰动极其微小的改变,都会引起这枚针向截然不同的方向倒下。即使你忽略任一小小的气流,例如它由室内一只飞蛾引起的,也不能预测这枚针倾倒的方向。混沌的运动就是如此,即使对于一个经典的混沌系统来说,实际上,总不能对这系统的初始条件测量得完完全全的准确,因此,某种不可预料的微小误差,就会导致以后出现不可预料的极大的差异,真所谓失之毫厘,差之千里。

混沌现象是寓于某些非线性的振动系统之中。作为比较,先回顾一下我们所熟悉的一种线性振动系统。例如,在周期外力作用下的阻尼振子,如图 2.A.1 所示,其微分方程是

$$m\frac{\mathrm{d}^2x}{\mathrm{d}t^2} + b\frac{\mathrm{d}x}{\mathrm{d}t} + kx = F\cos\omega t \qquad ①$$

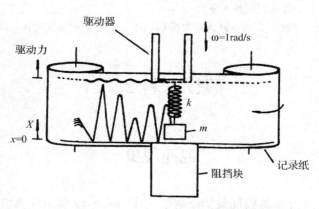

图 2.A.1　周期力驱动的阻尼振子,记录纸上方的曲线是描写强迫力
　　　　　的周期变化,下方的曲线是 x-t 图线

这是线性方程(式中 $m = 4\text{kg}, b = 1\text{N} \cdot \text{s/m}, k = 1\text{N/m}$ 以及 $F = 1\text{N}$)。其解是阻尼振动的暂态解,和强迫振动的稳定解的叠加。稳定解为

$$x(t) = A\cos(\omega t + \varphi) \qquad ②$$

这振子的初始条件只影响阻尼振动的解,而对式 ② 毫无影响。因此,不同的初值(这里指振子的初始条件),反映在图 2.A.1 的 x-t 振动曲线上,只是起初几个周期有所不同,以后(严格地说,$t \to \infty$),不同初值的振动图线是相同的。这说明所得的结果 $x(t)$ 是完全可预测的。

若在图 2.A.1 中的振动质点 m 的下方放置一个质量很大的档块,以阻止质点作谐振动,并设质点与挡块发生弹性碰撞,使质点以原速弹回,这时,质点受到的冲击力与它的位移显然是非线性关系。因此,在式 ① 中须加入一非线性项。在一定条件下,方程的解 $x(t)$ 对初值是很敏感的,导致这质点作不可预测的非周期的、永远不能重复的运动,因此呈现混沌现象。图 2.A.2(a) 中细实线表示有挡块存在时质点反弹的最大高度(振幅)与角频率的关系(作为比较,粗实线表示没有挡块的曲线)。由图可清楚地看出,当 ω 在 1.5rad/s,⋯ 4.3rad/s 等附近,存在由无数分散的点子组成的小区间。因此,质点每次反弹的高度都不同,没有重复性。这便是混沌的区域。为进一步了解在这些混沌区域附近的细节,图 2.A.2(b) 和(c)分别给出 $\omega = 1.5\text{rad/s}$ 与 4.3rad/s 附近的图(a)的放大图。在图(b)中,当 $\omega = 1.25\text{rad/s}$,振幅只有 1 个值,表示质点每次反弹的高度相同,这质点作周期振动。但从 $\omega \approx 1.325\text{rad/s}$ 开始,单一的曲线开始分叉,表示这质点反弹的高度有两个值,一高一低。图 2.A.3(a) 表示 $\omega = 1.35\text{rad/s}$ 时的 x-t 曲线。可以认为振动的周期为原先的两倍。当 $\omega \approx 1.362\text{rad/s}$,曲线又出现分叉,这时振幅有 4 个值,周期又增加一倍。如角频作更小间隔的增加,振幅将出现 8 个值(从图 2.A.2(b)、(c)中可看出),周期是原先的 8 倍。如此继续下去(见图 2.A.2(b) 的 P 点附近的放大示意图,即图 2.A.4),当 ω 等于 1.37rad/s 左右,这种分叉已达无穷多次。质点反弹的高度在不断地变化,永不重复,它有

无穷多个取值。因此,周期变为无穷大,如图 2.A.3(b) 所示。于是振动系统进入混沌状态。混沌行为也相应地表现为对初值的极端敏感。图 2.A.5 表示上述振动系统在 $\omega = 1.5\text{rad/s}$ 的条件下,相应于 5 个非常相近的初值的 $x\text{-}t$ 曲线。在最初几个周期中,这些曲线是一致的。但随着时间的演化,它们变得很不相同。

上述主要是基于实验分析的结果,也可用计算机进行模拟。因为描写系统运动的微分方程在进行数值计算时,常把它化为代数方程

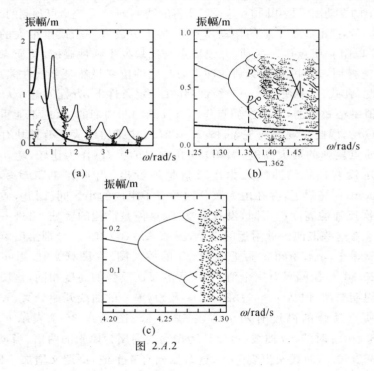

(a)

(b)

(c)

图 2.A.2

振幅与角频关系的曲线

粗实线代表没有挡块的情况

细实线代表有挡块反弹的情况

图 2.A.2

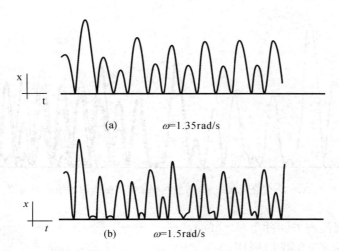

(a)　　　　　$\omega = 1.35\text{rad/s}$

(b)　　　　　$\omega = 1.5\text{rad/s}$

图 2.A.3　振动质点 m 的位移与时间的关系曲线

进行迭代运算。混沌系统典型的非线性
迭代方程是

$$x_{n+1} = w x_n (1 - x_n) \quad n = 0, 1, 2, \cdots$$

③

式中 w 是控制系数。通常，变量 x 取值
在 0 与 1 之间。作为例子，设 $x_0 = 0.4$，
先令 $w = 2.9$，我们可用计算器进行式
③ 的迭代计算，经几次运算后，发现 x
值接近 0.655。然后，取不同的初值 x_0，

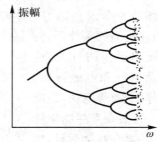

图 2.A.4　倍周期分叉示意图

再进行迭代运算，发现 x 有同样的终值。如果令 $w = 3.3$，重复上述的
多次迭代，待运算结果稳定后，发现 x 值始终在 0.824 与 0.480 间轮
番跳动。说明这系统进行倍周期分叉。然后，用不同的 w 值进行同样
的运算，发现 x 终值又作分叉（即周期又加倍）。这样继续下去，当 w
略大于 3.56994571… 时，混沌现象开始出现。这时，求得的 x 值永远不
会重复。所得 $x\text{-}w$ 关系如图 2.A.6 所示，与上述图 2.A.2(b)、(c) 完全
相似。

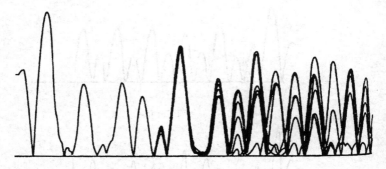

图 2.A.5　在混沌状态下，非线性振子 x-t 曲线敏感地依赖初值

　　混沌现象实际上是很普遍的。在我们周围世界所遇到的系统中，大部分是非线性的。所以，在适当的条件下，将表现出混沌的行为。这涉及机械和电磁振动、流体、气象等范畴。混沌行为还表现在生物学体系、甚至在社会学科，如经济学中。混沌的研究，使我们对牛顿力学有新

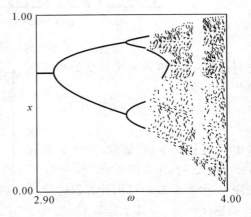

图 2.A.6　由倍周期分叉进入混沌

的、更全面的认识。以往，牛顿力学一直被认为是对自然界演化作确定性描述的典范。因为在经典力学里，由牛顿定律所确定的运动方程在初始条件给定后，它的解是惟一的，故以后任何时刻系统的运动状态被完全确定。例如，如果知道太阳和其他行星对一个宇宙飞行器的引力，和飞行器的初始条件，我们便能精确地计算出它的轨道。的确，牛顿力学在研究天体运动中取得极其辉煌的成就，以致后来拉普拉

斯将这决定论思想发展到了顶峰。他宣称只要知道宇宙中每个质点所受的力和它们的初始位置、速度，就能预测宇宙在整个未来年份中的状态。然而混沌的规律之一是，一旦初值有微小变化，它将被大大地放大，从而造成结果的极大差异。这种初值的微小不确定性，在实际上都是无法避免与预测的，因此，在实质上，混沌运动是不能重现，无法预报，即变幻莫测的。但值得提醒的是，混沌与由于外部扰动随机性而产生的混乱和无规律不同。混沌现象是有其演化途径、并遵循一定的规律。系统的行为在短期内仍可预测，只是对长期的结果无法预测。由于大气及与其有关的这一复杂系统是非线性的，该系统能表现出混沌的行为。所以，一只蝴蝶在日本拍打一下翅膀，将会引起墨西哥湾一场大的风暴，这样一个对初值极端敏感的结果是完全可能的。正因为如此，长期的天气预报不可能会十分准确。

　　应该指出，我们决不能因为无法准确预测混沌系统的长期行为，而认为对混沌的研究是毫无意义的。混沌理论在不少领域已获得应用。例如在天文学上，混沌理论能解释火星和木星轨道之间的小行星带的分布。假如单单根据牛顿力学，这些小行星应有稳定的轨道。但实际上，许多小行星偏离这些轨道，有些甚至成为流星，不断地散落到地面上。近几年来，对混沌的研究，使在工程技术中尽量避开混沌现象的这种处理问题的观念有所改变。目前，人们已有可能去控制有些有混沌行为的系统。混沌已有潜在的实际应用，如用来增加激光功率的输出；使电子学线路的输出获得同步；用在电子信息密码中，可增加通讯的保密性；用来稳定不健康动物心脏的无规则跳动等。可以预示，科技人员设法利用混沌，代之以回避混沌现象的时代已不远了。

（黄正东　　编）

阅读材料 2.B

孤立波　　孤立子

　　孤立波是一个定域的孤立波包,在传播过程中,它的形状和速度将始终保持不变。孤立波是非线性物理的重要课题之一。近几十年来,人们发现在现代物理、非线性光学和生物物理等诸多领域中,都有与孤立波理论有关的问题。因此促进对孤立波的研究。

　　孤立波的发现可追溯到 1834 年。当时,英国的科学家和工程师,S·罗素(S·Russell) 首次观察到一个奇妙的现象:由两匹马拉着的船在狭窄运河快速前进,当这船突然停止时,但被船带动的水体仍继续向前。在船头附近激起一个孤立的圆滑隆起的水堆,其峰高达一到一英尺半。然后这水堆(即是孤立波)以恒定速度和保持原有形状继续向前。他后来还在浅水槽中细心地做了一系列实验,来再现这种孤立波。其实,现在我们知道,像钱江的大潮(涨潮的激波)也是孤立波的例子。

　　事隔半个多世纪后,罗素发现的孤立波又引起人们的注意。在 1895 年,柯特维格(Korteweg)和德弗雷斯(DeVries)建立了一个相应的浅水波方程,称为 KdV 方程,

$$\frac{\partial y}{\partial t} - 6y \frac{\partial y}{\partial x} + \frac{\partial^3 y}{\partial x^3} = 0 \qquad ①$$

在讨论这方程和孤立波特性之前,让我们先回顾线性波动方程

$$\frac{\partial^2 y}{\partial t^2} = u^2 \frac{\partial^2 y}{\partial x^2} \qquad ②$$

我们知道,如果一个波脉冲满足式 ② 的波动方程,则这脉冲在传播过程中像孤立波一样,也将保持其波形不变。例如,设这波脉冲为 y

$= Ae^{-(x-ut)^2}$，它将保持以 $y = Ae^{-x^2}$ 所描写的初始波形，并以恒定速度 u 向 x 正方向传播。式 ② 也可写为

$$\left(\frac{\partial}{\partial t} + u \frac{\partial}{\partial x} \right) \left(\frac{\partial}{\partial t} - u \frac{\partial}{\partial x} \right) y = 0$$

所以，如果

$$\frac{\partial y}{\partial t} + u \frac{\partial y}{\partial x} = 0 \qquad\qquad ③$$

或

$$\frac{\partial y}{\partial t} - u \frac{\partial y}{\partial x} = 0 \qquad\qquad ④$$

则式 ② 也成立。可见，式 ③ 和 ④ 也是描述波动的线性微分方程。其解分别为 $y = f(x - ut)$ 和 $y = f(x + ut)$。

但 如果波的振幅很大，式 ② 的波速 u 将不再是常量。例如对于绳子上的行波，这时绳上各段的张力 F 将与波引起的位移的大小有关，记作 $F(y)$。因此，波动方程将变为

$$\frac{\partial^2 y}{\partial t^2} = \left(\frac{F(y)}{\mu} \right) \frac{\partial^2 y}{\partial x^2}$$

等式右边 $\dfrac{\partial^2 y}{\partial x^2}$ 的系数将包含 y，这是非线性微分方程。因此波速将与位移有关，这将引起在传播过程中波形的畸变。

为了说明孤立波的特性，我们来分别讨论式 ① 中第二，三项的作用。如果波动方程由式 ③ 改为

$$\frac{\partial y}{\partial t} + \frac{\partial^3 y}{\partial x^3} = 0 \qquad\qquad ⑤$$

这方程虽仍是线性的，但这时将看到波速不是常量。猜想 $y = A\cos(\omega t - kx)$ 是式 ⑤ 的一个解，将其代入式 ⑤，可得

$$\omega = k^3$$

因此波速 $u = \dfrac{\omega}{k} = k^2$ 不是常量。这说明波速与波长有关，有色散效应。由傅里叶分析得知，一个波脉冲可认为是无穷多个不同频率（或波长）的简谐波的组合。由于色散效应，它们传播的速度不同，因此，

波形将扩展和弥散开来。但是罗素的孤立波为何能保持形状不变呢?

让我们再考虑式 ① 的非线性项 $6y\dfrac{\partial y}{\partial x}$ 的影响。

如果波动方程由式 ④ 改为

$$\frac{\partial y}{\partial t} - 6y\frac{\partial y}{\partial x} = 0 \qquad\qquad ⑥$$

再与式 ④ 比较,知式 ⑥ 应具有 $y = f(x + 6yt)$ 形式的解。这时波速 $u = 6y$,不是常量,而与 y 有关。即波幅大的部分,波速快。图 2.B.1 说明非线性效应对浅水波波形的影响。图 2.B.1(a) 表示初始时波形

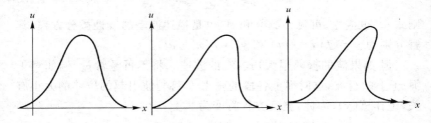

图 2.B.1　非线性对波形的影响

是对称的。由于波峰处位移大,传播快,因此波峰渐渐追上位于前方的波形低处,使波形前沿变陡,波形变得不对称(见图 2.B.1(b))。最终,波峰将越过波形的低洼处,如图 2.B.1(c) 所示。因此,非线性效应与使波形展平的色散效应恰好相反。如果这两效应的大小恰好抵消,便产生一种孤立波。所以,孤立波是媒质对大振幅的非线性效应和媒质的色散效应的共同作用,相互制衡下形成的。KdV 方程就体现这一情况。它的解是一种孤立波,即

$$y(x,t) = 2a^2\mathrm{sech}[a(x - 4a^2t)]^2 \qquad\qquad ⑦$$

式中 sech 是双曲函数的正割,定义为 $\mathrm{sech}x = \dfrac{2}{\mathrm{e}^x + \mathrm{e}^{-x}}$。由式 ⑦ 给出的波形如图 2.B.2 所示。波峰的中心高度为 $2a^2$。随着离中心处距离的增加,y 按指数衰减。波的中心位置 $x_c = 4a^2t$,表示中心位置以 $u = 4a^2$ 的速度传播。在传播过程中波形不变。这与我们所熟悉的由式 ② 所描写的在线性、无色散媒介中所传播的波脉冲一样。

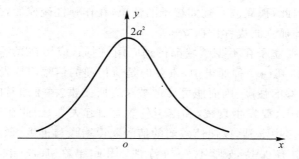

图 2.B.2　由式 7) 给出的在 $t = 0$ 时刻的波形

　　这种孤立波的另一特性,反映在两个孤立波相碰过程中所表现出的行为上。如图 2.B.3 所示,左边波峰高、速度快的孤立波在 t_1 时

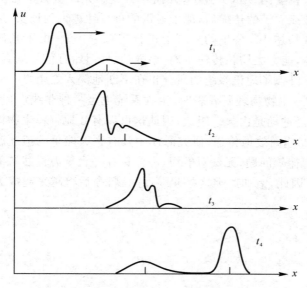

图 2.B.3　两个孤立子相互碰撞过程

刻追上右边低矮、慢速的孤立波。在它们相遇时(图中 t_2 和 t_3 时刻),与线性方程对应的波不同,不满足波的叠加原理。但当这两孤立波分开后,如图中 t_4 时刻,峰高的孤立波已超越向前,各自仍保持其原来

的形状。因此,孤立波有犹如粒子的性质,在作弹性碰撞后,并不改变波形。这种孤立波也称作孤立子。

目前孤立子在不少领域都得到应用。例如,应用在光纤通信中。我们知道,在任一种通讯中,重要的是所传递的信号不要发生畸变,并要有足够的强度。因而能可靠地被对方所接收。由于通常的信号在传递过程中,要发生衰减,和由于色散而引起失真,因此在通讯途中要设立许多中继站,以便使减弱的信号获得增强与再生。孤立子在传播过程中有保持波形不变的特性。因此早在 1973 年,长谷川(Hasegawa) 首先指出,利用媒质的非线性作用和光纤的色散效应,可以形成光的孤立子(也叫光孤子),并利用光孤子来传递信息。到 1980 年,在美国贝尔实验室,人们在石英芯光纤材料中首次观察到光脉冲型孤立子的传播后,孤子通讯的可行性被得到证实。迄今已成功地实现长达 10^4 公里的光纤上进行光孤子传输。由于光孤子作为信息载体,能大大增长传输距离,增强信息容量,且信号失真极小。实用化的光纤孤子通讯系统的研究正在不断地深入之中。

另外,生物物理研究表明,生物系统也是一种非线性体系。现已证明,神经冲动是由孤子组成,因此这可以有效地解释生物体中能量和信息高速高效地传递。研究海洋中具有强大能量的孤立波的形成与传播规律等问题,无疑对航海、海洋钻井平台等海洋建筑的安全带来益处。因此,诸如此类这些非线性问题,今后将越来越成为人们研究的热点。

(黄正东　编)

第三篇　热　　学

　　力学研究的是物质运动最简单的形式 —— 机械运动,而热学所研究的是物质运动的另一种基本形式 —— 热运动。

　　什么是热运动呢?自然界一切物体都是由大量分子组成的,这些分子永远处于杂乱无章的无规则运动之中。大量分子的无规则运动就称为**热运动**。

　　温度是与冷热感觉相联系的物理量。与温度有关的现象称为**热现象**。例如,气体压强、体积、温度的变化,固体、液体、气体间的物态变化等都是热现象。经研究表明,热现象是物体内大量分子无规则运动的宏观表现。

　　物体内的大量分子都在作无序运动。每一个分子都有它的质量、速度、能量等,这些描述个别分子运动状态的物理量称为**微观量**。描述物体宏观性质的物理量称为**宏观量**,例如,压强、体积、温度等。宏观量是可以用实验直接测量的。

　　热学的发展是与生产实践分不开的。18 世纪,西方资本主义兴起,大规模生产迫切需要解决动力问题,因此,促进了对热学的研究。玻意耳(Boyle)和马略特(Mariotte)等人首先建立了低压气体的实验定律。在此基础上,罗蒙诺索夫(Ломоносов)、拉瓦锡(Lavoiser)、阿伏伽德罗(Auogadro)等人提出了分子及其无规则热运动的假设。19

世纪 60 年代,德国物理学家克劳修斯(R. Clausius)[①]系统阐述了气体动理论,并应用统计方法导出了理想气体的压强公式。后来,英国物理学家麦克斯韦(C. Maxwell)和奥地利物理学家玻尔兹曼(L. Boltzmann)发展了这一学说,导出了气体分子的速率分布律和能量分布律。而荷兰学者范德瓦尔斯(van der waals)则研究了实际气体的状态方程。经过上述科学家的工作,建立了完整的气体动理论。

另一方面,19 世纪 40 年代,德国医生迈耶(J. mayer)、德国物理学家亥姆霍兹(Helmhotz)、英国律师格罗夫(W. R. Grove)、丹麦学者科尔丁(A. Colding)和英国物理学家焦耳(P. Joule)[②]通过不同途径,各自独立地建立了热力学第一定律,确定了状态变化过程中的能量转换关系。1824 年法国青年工程师卡诺(S. Carnot)研究了理想热机的效率。随后,克劳修斯和英国物理学家开尔文(Kervin)分析了卡诺的工作,各自独立地提出了热力学第二定律,指出了热力学过程的方向和所能达到的限度,从而奠定了热力学的基础。

20 世纪初,吉布斯(W. Gibbs)发展了气体动理论,采用更加正规、严密的统计方法,创立了统计力学。20 世纪 20 年代,爱因斯坦、玻色(W. Bose)、费米(E. Fermi)和狄拉克(M. Dirac)将量子理论与统

---

① 克劳修斯(R. Clausius 公元1822—1885年),德国物理学家,对热学的发展作出了杰出的贡献。在气体分子动理论方面,1857 年他明确提出了理想气体的分子模型,并引入统计概念,导出了著名的气体压强公式,得出了分子平均平动动能与温度的关系。1858 年他引进气体分子自由程概念,导出了平均自由程公式。在热力学方面,1850 年他把能量守恒和转换定律表达成 $dE = dQ + dA$ 的形式,同年提出热力学第二定律的克劳修斯表述。1854 年引入"熵"的概念。1865 年发现"熵增加原理",从而揭示了自然界实际过程的方向性。此外,克劳修斯对固体和液体中分子的运动、蒸发和沸腾理论以及气体热容量理论等都作了深入的研究。1879 年克劳修斯获英国皇家学会科普利奖。

② 焦耳(J. P. Joule 公元 1818—1889 年),英国人,是酿酒师的儿子,一位业余科学家。他前后用了近 40 年的时间,做了 400 多次实验,测定热功当量,为能量守恒和转换定律的建立提供了可靠的实验根据,作出了重要的贡献。1878 年焦耳最后得到的热功当量为 4.154 焦/卡,与 100 年后的公认值相差不到 1%。他还发现了非理想气体通过多孔塞膨胀时,可使气体冷凝的效应,现称为焦耳 — 汤姆逊效应。1840 年他从实验发现了电流热效应的焦耳定律,在此基础上,通过热功当量实验确定了电阻的标准。恩格斯把确定热功当量建立能量守恒和转化定律列为 19 世纪下半叶自然科学三大发现的第一项。为了纪念焦耳,在国际单位制(SI)中,把功和能量的单位称为"焦耳"(J)。

计力学结合,建立了量子统计力学。20世纪70年代,比利时科学家普利高津(I. Prigogine)把热力学推广到非平衡态,提出了耗散结构理论,在大气环流、生态系统等方面取得了可喜的成果。

气体动理论和热力学都研究热运动,但两者所采用的方法不同。

气体动理论是热学的微观理论。它先假设物体由大量分子组成,每个分子的运动服从力学定律,然后,运用统计方法,求大量分子微观量的统计平均值,以解释热现象及其规律。

热力学是热学的宏观理论。它不考虑物体的微观结构,而是根据观察和实验,总结出热现象的基本定律,从宏观上研究热现象及其规律。

气体动理论与热力学两种理论是相互联系,互为补充的。气体动理论的微观理论经热力学而得到验证,而热力学的宏观理论经气体动理论而了解其微观本质。

第七章　气体动理论

　　本章首先阐述热力学系统、平衡态、状态参量等基本概念和气体动理论的基本假设,然后运用气体动理论解释理想气体的压强、温度、内能等宏观量的微观本质,分析气体分子的速率分布和能量分布,讨论气体分子的平均碰撞频率和平均自由程,最后介绍气体内的迁移现象和实际气体的状态方程。

§7.1　热力学系统　平衡态　状态参量

一、热力学系统

　　在热学中,把所研究的宏观物体称为**热力学系统**,简称**系统**。热力学系统是由大量的微观粒子组成的。例如,1mol 气体内含有 6.02 × 10^{23} 个分子。系统以外的一切物体统称为**外界**。例如,研究气缸中的气体时,气体是系统,气缸以及气缸以外的物体都是外界。本章研究的系统主要是理想气体。

　　通常,热力学系统可分为三类:

　　(1) 孤立系统　　系统与外界既无物质交换,也无能量交换;

　　(2) 封闭系统　　系统与外界无物质交换,但有能量交换;

　　(3) 开放系统　　系统与外界既有物质交换,又有能量交换。

　　例如,若气缸的活塞与缸壁间密合不漏气,而且活塞固定不动,缸壁与外界间又完全绝热,则气缸内的气体是孤立系统。若活塞不漏气,但活塞可以移动,或缸壁导热,或两者兼有,则缸内气体为封闭系统。若活塞漏气,而且活塞移动、缸壁导热,则缸内气体就是开放系统了。本篇主要研究封闭系统,以后提到系统,不作特别说明时,即指封闭系统。

二、平衡态

若封闭系统与外界没有能量交换（即孤立系统），系统内部也不发生化学反应或核反应等过程，则经过足够长时间后，系统可观测的宏观性质达到稳定，不再随时间而变化。系统的这种状态称为**平衡态**。

在无外力场（或外力场影响可忽略）的空间，一个均匀系统处于平衡态时，在系统内部，各种宏观性质处处相等。例如，一定量气体装入一个刚性绝热容器中，经过足够时间后，气体达到平衡态，气体内压强 p 处处相同，温度 T 处处相同，单位体积内的分子数（分子数密度）n 处处相同，而且不随时间而变化。在外力场中，一个均匀系统处于平衡态时，有些宏观性质处处相同，有些宏观性质因外力场的作用而不均匀，但不随时间而变化。例如，由于重力场作用的结果，高空的大气压强和分子数密度比地面附近小。在本篇中，凡提到状态，若未作特别说明，则均指平衡态。凡提到平衡态，而不作特别说明时，均指外力场影响可以忽略不计的情形。

系统处于平衡态时，系统内部的分子仍在不停地作无规则运动，仍然是瞬息万变的。但是大量分子无规则运动的集体效果保持不变，表现为宏观上的平衡态。

实际上，任何系统都或多或少要受到外界的影响，严格的孤立系统是不存在的，宏观性质绝对保持不变也是不可能的。但是，若外界的影响非常微小，宏观性质的变化可以忽略时，可近似认为已达到了平衡态。

当系统与外界交换能量时，系统原来的平衡态就被破坏，能量交换结束后经过足够时间，系统又达到一个新的平衡态。系统的状态随时间的变化，叫作**热力学过程**。

三、状态参量

当系统处于平衡态时，其宏观状态可以用几个独立的宏观量来描述，这几个独立的宏观量称为系统的**状态参量**。状态参量选定之后，系统的其他宏观量都可以表示为状态参量的函数，称为**状态函数**。例如，一定量纯气体处于平衡态时，可用压强 p、体积 V 和温度 T 中的任意两个作为状态参量。如果以 p 和 V 作为状态参量，那么，系统的温度 T、密度 ρ 和内能 E 等都是 p、V 的函数。以 p 为纵坐标以 V 为横坐标所作的图，称为 p-V 图。p-V 图上的一个点，表示气体的一个平衡态，如图 7.1 所示。有时，也可以选 p、T 为状态参

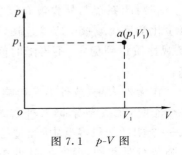

图 7.1 p-V 图

量，作 p-T 图。或者选 T、V 为状态参量，作 T-V 图。这些以独立的状态参量为坐标所作的图，统称为**状态图**。

§7.2 气体动理论的基本假设

科学研究就是探索未知的物质运动规律。探索离不开方法。"**假设**"就是一种重要的科学方法。假设是以事实为依据，对未知现象所作的猜测。如果假设和由它所得的结论与实验不符，假设就被抛弃。如果假设和由它所得的结论与实验相符，假设就得到证实，而上升为理论。

气体动理论的基本假设有三方面：分子及其运动假设、统计假设和理想气体的微观假设。现分述如下：

一、分子及其运动假设

（1）气体由大量分子组成；

（2）每个分子都不停地作无规则运动，并相互频繁碰撞。

设想跟踪任意一个分子的运动，那么，它时快时慢，忽左忽右，运动轨道是一条不规则的折线，如图 7.2 所示。连续两次碰撞之间，分子自由运动的路程也时长时短。所以，个别分子的运动是无规则的，

偶然的。

扩散、布朗运动、气体易被压缩，又充满整个容器等现象，是分子及其运动假设的实验依据。

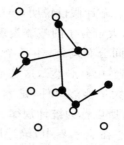

图 7.2　气体分子的碰撞

二、统计假设

实验发现，气体处于平衡态时，内部的压强、密度处处相等。以此为依据，提出以下的统计假设

（1）气体处于平衡态时，分子的空间分布均匀；

由此假设可知，气体的分子数密度 n 处处相等，且

$$n = \frac{N}{V} \tag{7.1}$$

式中，N 为气体的总分子数，V 为气体的体积。

（2）气体处于平衡态时，分子沿各个方向运动的概率相等。

由这一假设可知，沿各个方向运动的分子数目相等，分子速度沿各个方向分量的各种统计平均值相等，例如

$$\overline{v_x^2} = \overline{v_y^2} = \overline{v_z^2} \tag{7.2}$$

根据统计平均值的定义，分子速度分量二次方的统计平均值为

$$\overline{v_x^2} = \frac{\sum\limits_i N_i v_{ix}^2}{N} = \frac{N_1 v_{1x}^2 + N_2 v_{2x}^2 + \cdots}{N} \tag{7.3.a}$$

$$\overline{v_y^2} = \frac{\sum\limits_i N_i v_{iy}^2}{N} = \frac{N_1 v_{1y}^2 + N_2 v_{2y}^2 + \cdots}{N} \tag{7.3.b}$$

$$\overline{v_z^2} = \frac{\sum\limits_i N_i v_{iz}^2}{N} = \frac{N_1 v_{1z}^2 + N_2 v_{2z}^2 + \cdots}{N} \tag{7.3.c}$$

式中 $\sum\limits_i$ 表示对每一类速度的分子求和，N_i 表示 i 类速度的分子数，$\sum\limits_i N_i v_{ix}^2$ 为气体内所有分子沿 x 轴速度分量的二次方之和，$\overline{v_x^2}$ 表示分子沿 x 轴速度分量二次方的统计平均值。

统计假设说明，虽然个别分子的运动是无序的，具有偶然性，但是，大量分子的整体表现却是有规律的。例如，平衡态时，气体分子的空间分布均匀，沿各个方向运动的概率相等。就是说，"乱中有序"，"偶然中有必然"，这是不同于力学规律的另一种规律。这种规律来源于大量偶然事件，是大量偶然事件的整体行为，带有统计平均的意义，所以称为**统计规律**。

在自然界中，统计规律是普遍存在的。大量偶然事件的集合，都具有统计规律。例如，投掷一个伍分硬币，究竟国徽朝上，还是"伍分"朝上，这是偶然的，无法确定的。但是，如果重复投掷千百万次，或者同时投掷千百万个硬币，那么，统计结果表明，国徽和"伍分"朝上各占 $\frac{1}{2}$ 左右。投掷次数越多，越接近 $\frac{1}{2}$。换句话说，投掷一个硬币，国徽朝上的概率为 $\frac{1}{2}$。

银行发行有奖储蓄，十万张存单中设一个头奖。你买一张存单，能不能中头奖？这完全是偶然的。但是，可以肯定，每张存单中奖的概率是相等的，所以，你中头奖的概率是十万分之一。

一个即将出生的婴儿，他的质量是多少？谁也无法确定，可能较大，也可能较小，是偶然的。但是，对大量新生婴儿的质量进行统计，就会发现，质量在 3.5kg 左右的最多，2kg 以下，或者 5kg 以上的很少，呈现"中间多，两头少"的统计规律。

以上三例都是统计规律。

应该强调指出，统计规律是大量偶然事件的集合所特有的。少量事件的统计结果不能反映客观实际。例如若投掷骰子两次，一次出现"5"，另一次出现"3"，那么，决不能得到结论说：投掷骰子只可能出现"3"或"5"，它们出现的概率各为 $\frac{1}{2}$。这个结论之所以荒唐，根本原因是投掷次数（或事件）太少。同样道理，大量分子构成的系统具有统计规律，而少数几个分子的运动遵循力学规律，无统计规律可言。

三、理想气体的微观假设

实验表明,只有压强较低,温度较高的气体,才遵守玻意耳 — 马略特定律、盖 — 吕萨克(Gay-Lussac)定律和查理(Charles)定律,根据这一事实,提出了理想气体的微观假设

(1) 理想气体分子本身的体积忽略不计,可视为弹性质点;

(2) 分子之间,分子与器壁之间的碰撞是完全弹性碰撞;

(3) 除碰撞外,分子之间的相互作用可以忽略。

由上述假设可知,理想气体的微观模型是大量无序运动的弹性质点的集合。

§7.3   理想气体的压强公式

一、压强公式的导出

从气体动理论观点看,气体的压强是大量气体分子对器壁不断碰撞的综合平均效果。下面应用气体动理论的基本假设推导理想气体的压强公式。

设理想气体由质量为 μ 的分子组成,处于平衡态,单位体积中的总分子数为 n。假定单位体积中速度 $\boldsymbol{v}_i$ 的分子有 n_i 个,则图 7.3 斜柱体中速度 $\boldsymbol{v}_i$ 的分子有 $n_i v_{ix} \mathrm{d}S$ 个,这些分子在单位时间内全部与器壁 $\mathrm{d}S$ 面碰撞。一个速度 $\boldsymbol{v}_i$ 的分子对 $\mathrm{d}S$ 面的冲量为 $2\mu v_{ix}$,故单位时间内速度 $\boldsymbol{v}_i$ 的分子对 $\mathrm{d}S$ 面的冲量为 $2\mu v_{ix} n_i v_{ix} \mathrm{d}S$。

因 $v_{ix} < 0$ 的分子不会碰撞 $\mathrm{d}S$ 面,故只要将 $v_{ix} > 0$ 的各种速

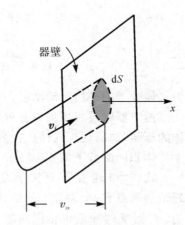

图 7.3   推导压强公式用图

度分子的冲量求和,即得单位时间内 dS 面所受的总冲量,也就是 dS 面所受的力 $dF = \sum\limits_{v_{ix}>0} 2n_i\mu v_{ix}^2 dS$。而根据统计假设,$v_{ix} > 0$ 和 $v_{ix} < 0$ 的分子数相等,各占总分子数的一半,因此

$$dF = \sum_i n_i\mu v_{ix}^2 dS$$

式中 $\sum\limits_i$ 表示对每一类速度的分子求和,$n_i v_{ix}^2$ 为速度 $\boldsymbol{v}_i$ 的分子 x 方向速度分量二次方之和,$\sum\limits_i n_i v_{ix}^2$ 为所有各种速度的分子 x 方向速度分量二次方之和。根据统计平均值定义,$\overline{v_x^2} = \dfrac{\sum\limits_i n_i v_{ix}^2}{n}$,故 dS 面所受压强为

$$p = \frac{dF}{dS} = \sum_i n_i\mu v_{ix}^2 = n\mu\,\overline{v_x^2}$$

由式(7.2)知,$\overline{v^2} = \overline{v_x^2} + \overline{v_y^2} + \overline{v_z^2} = 3\,\overline{v_x^2}$,得到

$$\boxed{p = \frac{1}{3}n\mu\,\overline{v^2} = \frac{2}{3}n\,\overline{\varepsilon_t}} \tag{7.4}$$

式中 $\overline{v^2} = \dfrac{\sum\limits_i n_i v_i^2}{n}$ 为气体分子速率二次方的统计平均值,$\overline{\varepsilon_t} = \dfrac{\sum\limits_i n_i\left(\dfrac{1}{2}\mu v_i^2\right)}{n} = \dfrac{\mu\,\overline{v^2}}{2}$ 是平均每一个气体分子所具有的平动动能,称为气体分子的平均平动动能。

由于器壁及容器内部各处压强相等,因此,式(7.4)就是**理想气体的压强公式**。理想气体压强公式表明,压强 p 取决于两个因素:(1)单位体积内的分子数 n;(2)分子的平均平动动能 $\overline{\varepsilon_t}$。

式(7.4)还表明,压强 p 是一个微观量的统计平均值。从分子动理论的观点看,个别分子的运动是无序的,对器壁的碰撞是断断续续的,对器壁的冲量也是偶然的。大量分子对器壁频繁碰撞的平均效果,才对器壁产生稳定的压强。好像个别雨滴对伞面的冲力是无规则

的,密集的雨滴打到伞上,才产生一个均匀的作用力。

可见,离开了"大量分子"和"平均",就谈不上压强。压强反映了大量分子的统计规律。对少数几个分子,谈论压强是毫无意义的。

在国际单位制中,压强 p 的单位是帕斯卡,符号 Pa,$1Pa = 1N/m^2$。

物理常量标准大气压 $p_n = 101\ 325Pa$

二、涨落

气体处于平衡态时,压强的瞬时值 p_i 并不一定恰好等于统计平均值 p,而往往与统计平均值 p 存在微小的偏差。如果用一只超常灵敏的压强计测量气体的压强,并用超高速摄影机将瞬时测量值记录下来,那么,压强瞬时值 p_i 与时间 t 的关系如图 7.4 所示。p_i 有时大于 p,有时小于 p,在统计平均值 p 附近不断起伏。这种宏观量瞬时值偏离统计平均值的现象,称为涨落。

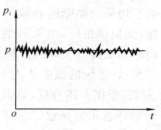

图 7.4　压强的涨落

涨落与统计规律是不可分割的,它们伴随出现,互为依存,统计规律的必然性在不断偶然的涨落中才得以实现。

可以证明,系统的分子数越多,涨落就越小。一般的热力学系统中,分子数 N 极大,因此,涨落是不明显的。

§7.4　温度与分子平均平动动能的关系理想气体状态方程

一、温度与分子平均平动动能的关系

从宏观角度看,若有 A、B 两个系统冷热程度不同,使其相互接触,如图 7.5 所示。经过一段时间后,两个系统达到冷热程度相同的

状态,这种状态称为**热平衡**。这时,它们必定拥有一个共同的宏观性质。表示这一宏观性质的物理量,称为**温度**。热平衡前,A侧温度较高,B侧温度较低。达到热平衡后,A、B两侧温度相同。

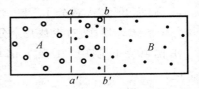

图 7.5 温度与分子平均
平动动能的关系

从微观角度看,A、B两系统彼此接触,若开始时 A 侧分子的平均平动动能比 B 侧的大,则 A、B 分子在接触区 $aa'bb'$ 内不断碰撞,交换能量后,结果 A 侧分子的平均平动动能减小,B 侧分子的平均平动动能增大。最后,两者趋于相等,两个系统就达到了热平衡。

所以,系统的温度 T 与分子平均平动动能 $\bar{\varepsilon}_t$ 之间存在着单值函数关系。根据上述分析,原则上说,温度 T 可定义为分子平均平动动能 $\bar{\varepsilon}_t$ 的任意单值函数。国际科技界已规定,两者的关系为

$$\bar{\varepsilon}_t = \frac{3}{2}kT \tag{7.5}$$

式中 T 为系统的热力学温度,其单位是开尔文,符号为 K;k 为玻尔兹曼常量

$$k = 1.38 \times 10^{-23} \text{J/K}$$

式(7.5)说明,系统的温度越高,分子的平均平动动能越大。**温度是分子平均平动动能的量度。**

应该指出,在式(7.5)中,$\bar{\varepsilon}_t$ 是分子无规则热运动相对于系统质心的平均平动动能,系统整体运动的动能对温度是无影响的。

式(7.5)表明,温度也是微观量的统计平均值。如果容器内有大量分子,那么,个别分子的平动动能是偶然的,无规则的,有的分子平动动能大,有的分子平动动能小。但是,对大量分子的平动动能进行统计平均,则平均平动动能总是等于 $\frac{3}{2}kT$。如果容器内只有很少几个分子,就没有统计规律,也谈不上温度了。

热力学温度 T 与摄氏温度 t 之间的关系为

$$T/\text{K} = t/\text{℃} + 273.15$$

二、气体分子的方均根速率

气体分子速率二次方统计平均值 $\overline{v^2}$ 的二次方根 $\sqrt{\overline{v^2}}$，称为气体分子的方均根速率。由气体分子平均平动动能公式 $\overline{\varepsilon_t} = \frac{1}{2}\mu\,\overline{v^2}$ 和分子平均平动动能与气体温度的关系式 $\overline{\varepsilon_t} = \frac{3}{2}kT$，可得到理想气体分子的方均根速率

$$\sqrt{\overline{v^2}} = \sqrt{\frac{3kT}{\mu}}$$

若以 N_A 表示阿伏伽德罗常量，则

$$\boxed{\begin{aligned} R = N_A k &= (6.02 \times 10^{23} \times 1.38 \times 10^{-23})\,\text{J}/(\text{mol} \cdot \text{K}) \\ &= 8.31\ \text{J}/(\text{mol} \cdot \text{K}) \end{aligned}} \tag{7.6}$$

R 称为**摩尔气体常量**，简称**气体常量**。若以 M 表示气体的摩尔质量，理想气体分子的方均根速率可表示为

$$\boxed{\sqrt{\overline{v^2}} = \sqrt{\frac{3kT}{\mu}} = \sqrt{\frac{3RT}{M}}} \tag{7.7}$$

由式(7.7)可见，同一种气体，温度越高，方均根速率越大。同一温度下，气体的摩尔质量越大，方均根速率越小。表 7.1 列出了 0℃ 时几种气体分子的方均根速率。

表 7.1　几种气体分子的方均根速率(0℃ 时)

气 体	$\sqrt{\overline{v_2}}$ /(m/s)	气 体	$\sqrt{\overline{v^2}}$ / (m/s)
氧	461	氦	1311
氮	493	二氧化碳	393
空气	485	水蒸气	615
一氧化碳	493	氖	584
氢	1838		

方均根速率 $\sqrt{\overline{v^2}}$ 是分子速率的一种统计平均值。并不是说系统内所有的气体分子都以方均根速率运动,系统内各个分子的运动速率是各不相同的。

三、理想气体状态方程

将温度与分子平均平动动能的关系式 $\overline{\varepsilon}_t = \frac{3}{2}kT$ 代入理想气体的压强公式 $p = \frac{2}{3}n\overline{\varepsilon}_t$,得

$$p = nkT \qquad (7.8)$$

由于 $n = \frac{N}{V}$,$R = N_A k$,因此式(7.8)也可表示为

$$pV = \nu RT \qquad (7.9)$$

式中,ν 为理想气体的物质的量,单位为摩尔,符号 mol。若以 m 表示理想气体的质量,则

$$\nu = \frac{N}{N_A} = \frac{m}{M}$$

显然,式(7.9)就是我们熟悉的理想气体状态方程,它首先是根据实验总结得到的,而现在由气体动理论所导出的方程与实验结果完全一致,这就说明,气体动理论的基本假设是正确的。

例 7.1 求 0℃ 时氢气和氧气的分子平均平动动能和方均根速率。

解 气体的热力学温度 $T = 273.15\text{K}$

氢气 $\qquad\qquad M_1 = 2.02 \times 10^{-3}\,\text{kg/mol}$

氧气 $\qquad\qquad M_2 = 32 \times 10^{-3}\,\text{kg/mol}$

因温度相同,氢气和氧气的分子平均平动动能相等,均为

$$\overline{\varepsilon}_t = \frac{3}{2}kT = \left(\frac{3}{2} \times 1.38 \times 10^{-23} \times 273.15\right)\text{J} = 5.65 \times 10^{-21}\,\text{J}$$

氢气分子的方均根速率为

$$\sqrt{\overline{v_1^2}} = \sqrt{\frac{3RT}{M_1}} = \sqrt{\frac{3 \times 8.31 \times 273.15}{2.02 \times 10^{-3}}} \text{m/s} = 1.84 \times 10^3 \text{ m/s}$$

氧气分子的方均根速率为

$$\sqrt{\overline{v_2^2}} = \sqrt{\frac{3RT}{M_2}} = \sqrt{\frac{3 \times 8.31 \times 273.15}{32 \times 10^{-3}}} \text{m/s} = 461 \text{ m/s}$$

例 7.2 质量为 $m = 6.0 \times 10^{-3}$kg 的 He 气，装在 $V = 30$ L[①] 的容器内，温度为 27℃。He 的摩尔质量为 $M = 4.0 \times 10^{-3}$kg/mol，He 分子的半径约为 $r \sim 10^{-10}$m。求：(1)He 分子的质量 μ；(2)气体的量 ν；(3)气体的总分子数 N；(4)单位体积中的分子数 n；(5)分子体积的总和与气体体积 V 之比；(6)分子间平均距离 l；(7)气体压强 p。

解 (1)He 分子的质量

$$\mu = \frac{M}{N_A} = \left(\frac{4.0 \times 10^{-3}}{6.02 \times 10^{23}} \right) \text{kg} = 6.64 \times 10^{-27} \text{ kg}$$

(2)气体的物质的量

$$\nu = \frac{m}{M} = \left(\frac{6.0 \times 10^{-3}}{4.0 \times 10^{-3}} \right) \text{mol} = 1.5 \text{ mol}$$

(3)总分子数

$$N = N_A \nu = 6.02 \times 10^{23} \times 1.5 = 9.03 \times 10^{23}$$

(4)单位体积内的分子数

$$n = \frac{N}{V} = \left(\frac{9.03 \times 10^{23}}{30 \times 10^{-3}} \right) \text{m}^{-3} = 3.01 \times 10^{25} \text{ m}^{-3}$$

(5)$\dfrac{\text{分子体积总和}}{\text{气体体积}} = \dfrac{N\left(\dfrac{4}{3}\pi r^3 \right)}{V}$

$$= \frac{9.03 \times 10^{23} \times \dfrac{4}{3} \times 3.14 \times (10^{-10})^3}{30 \times 10^{-3}}$$

---

① 体积的单位"升"(l 或 L)是我国法定计量单位中国家选定的非国际单位制单位之一，与 SI 单位的关系为：1L = 1dm³ = 10⁻³m³。

$$= 1.26 \times 10^{-4} \approx \frac{1}{8000}$$

可见分子体积可以忽略,故此时 He 气可视为理想气体。

(6) 设想把体积 V 分成许多大小相等、排列整齐的立方体,立方体的边长为 l,每个立方体的中心有一个分子,因此

$$Nl^3 = V$$

$$l = \sqrt[3]{\frac{V}{N}} = \left(\sqrt[3]{\frac{30 \times 10^{-3}}{9.03 \times 10^{23}}} \right) \mathrm{m} = 3.21 \times 10^{-9}\,\mathrm{m}$$

(7) 气体压强

$$p = nkT = (3.01 \times 10^{25} \times 1.38 \times 10^{-23} \times 300)\mathrm{Pa}$$

$$= 1.25 \times 10^5\,\mathrm{Pa}$$

或由 $p = \nu \dfrac{RT}{V}$ 可得同样结果。

计算时注意将所有物理量统一为 SI 单位。

§7.5   能量均分原理   理想气体的内能

个别分子的运动是无序的,但是,大量分子的整体则具有统计规律。本节将介绍分子无序运动的平均能量所遵循的统计规律。

前面几节中,都将气体分子视为质点。而实际上,不同的分子有不同的结构,分子的热运动,除了平动,还有转动和振动,因此,在研究 分子无序运动的平均能量时,需要对理想气体分子的微观模型作适当的修正,并引入自由度的概念。

一、自由度

确定物体的空间位置所必需的独立坐标数目,称为该物体的**自由度**。

单原子分子相当于一个质点,确定其位置需要 3 个独立坐标,例如 x、y、z,因此,单原子分子的自由度为

$$i = 3$$

单原子分子的 3 个自由度均属于平动自由度。

刚性双原子分子 相当于刚性轻杆相连的两个质点，确定它的位置需 5 个独立坐标，例如质心坐标 x、y、z 和轴线的方位角 α，β，如图 7.6 所示，故刚性双原子分子的自由度为

$$i = 5$$

其中前 3 个属于平动自由度，后 2 个属于转动自由度。

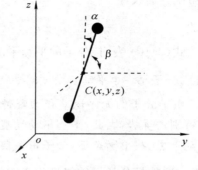

图 7.6　刚性双原子分子的自由度

刚性多原子分子（非直线型）相当于刚体，确定其位置需 6 个独立坐标，例如质心坐标 x、y、z，过质心轴线的方位角 α、β 和绕轴线转过的角度 θ，如图 7.7 所示，故刚性多原子分子的自由度为

$$i = 6$$

其中前 3 个属于平动自由度，后 3 个属于转动自由度。

事实上，双原子分子和多

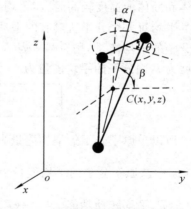

图 7.7　刚性多原子分子的自由度

原子分子并非完全是刚性的，分子内部原子与原子之间还可能有振动，还要考虑振动自由度。但是，在温度不太高时，按刚性分子计算，其结果与许多气体的实验结果大致相符，因此，作为统计初步，在本书中，将分子都视为刚性。

二、能量均分原理

由上节知，气体分子的平均平动动能为

$$\bar{\varepsilon}_t = \frac{1}{2}\mu\overline{v^2} = \frac{1}{2}\mu\overline{v_x^2} + \frac{1}{2}\mu\overline{v_y^2} + \frac{1}{2}\mu\overline{v_z^2} = \frac{3}{2}kT$$

又由统计假设知 $$\overline{v_x^2} = \overline{v_y^2} = \overline{v_z^2}$$

因此 $$\frac{1}{2}\mu\overline{v_x^2} = \frac{1}{2}\mu\overline{v_y^2} = \frac{1}{2}\mu\overline{v_z^2} = \frac{1}{2}kT \tag{7.10}$$

式(7.10)表明,分子的平均平动动能均匀地分配给3个平动自由度,分子每一个平动自由度的平均能量相等,都等于$\frac{1}{2}kT$。

由于分子的无序运动和频繁碰撞,任何一种形式的运动都不可能特别占优势,因此,平均平动动能均分的结论,可以推广到转动和振动上去。**在平衡态下,分子每个自由度的平均能量都相等,均等于$\frac{1}{2}kT$**。这就是分子平均能量所遵循的统计规律,称为**能量均分原理**。液体和固体的温度较高时,能量均分原理也适用。

平均每一个分子所具有的平动、转动和振动能量的总和,称为气体分子的平均能量,用符号$\bar{\varepsilon}$表示。根据能量均分原理,若分子的自由度为i,则**分子的平均能量为**

$$\boxed{\bar{\varepsilon} = \frac{i}{2}kT} \tag{7.11}$$

所以单原子分子的平均能量为$\bar{\varepsilon} = \frac{3}{2}kT$,(全部属于平均平动动能)刚性双原子分子的平均能量为$\bar{\varepsilon} = \frac{5}{2}kT$,(其中平均平动动能$\overline{\varepsilon_t} = \frac{3}{2}kT$,平均转动动能$\overline{\varepsilon_r} = \frac{2}{2}kT$)刚性多原子分子的平均能量为$\bar{\varepsilon} = \frac{6}{2}kT$,(其中平均平动动能$\overline{\varepsilon_t} = \frac{3}{2}kT$,平均转动动能$\overline{\varepsilon_r} = \frac{3}{2}kT$)

* 弹性双原子分子的自由度和平均能量

弹性双原子分子可视为一根轻弹簧相连的两个质点,相当于弹簧振子。从力学规点看,它有3个平动自由度,2个转动自由度和1个与弹簧长度变化对应的振动自由度度,即弹性双原子分子有6个力学自由度。由第二篇知,弹簧振子的能量包含振动动能和振动势能2个部分,而且平均振动动能等于平均振动势能。

从热力学观点看,弹性双原子分子的平均振动动能等于 $\frac{1}{2}kT$,平均振动势能也等于 $\frac{1}{2}kT$,振动的一个力学自由度相当于 2 个热力学自由度,因此弹性双原子分子的热力学自由度 i 为 7,包括 3 个平动自由度、2 个转动自由度和 2 个振动自由度,即

$$i = 3 + 2 + 2 = 7$$

按能量均分原理,弹性双原子的平均能量为

$$\bar{\varepsilon} = \frac{7}{2}kT$$

弹性 3 原子分子(非直线型)的力学自由度为 9(3 个平动自由度、3 个转动自由度和 3 个振动自由度)。热力学自由度为 $i = 12$(3 个平动自由度、3 个转动自由度和 6 个振动自由度),其平均能量为

$$\bar{\varepsilon} = \frac{12}{2}kT = 6kT$$

三、理想气体的内能

一定量气体的能量包括两个部分:一部分是与气体的整体运动相联系的能量;另一部分是与气体内部分子的无序运动相联系的能量。前一部分是气体的机械能,后一部分称为系统的**内能**。内能也称**热力学能**。

实际气体的内能等于所有分子的热运动能量以及分子间相互作用势能的总和。对于理想气体,由于不计分子之间的相互作用势能,因此,理想气体的内能等于所有分子热运动能量的总和。由于平均每一个分子的能量为 $\bar{\varepsilon} = \frac{i}{2}kT$,量为 ν 的理想气体中共有 νN_A 个分子,因此,量为 ν 的理想气体其内能为

$$\boxed{E = \nu N_A\left(\frac{i}{2}kT\right) = \nu\frac{i}{2}RT} \qquad (7.12)$$

可见,某种理想气体的量一定时,其内能仅决定于气体的温度。理想气体的内能是温度的单值函数,而与压强和体积无关。

例 7.3 (1)分别求 $0\,^\circ\text{C}$、$1.013 \times 10^5\text{Pa}$ 时 1g 氦气和 1g 氧气的

内能;(2)温度升高 1℃,内能各增加多少?

解 He 和 O_2 在题给条件下可视为理想气体。

(1)理想气体的内能为

$$E = \nu \frac{i}{2} RT$$

He 为单原子分子,自由度 $i = 3$;O_2 为双原子分子,自由度 $i = 5$;故

$$E_{He} = \left(\frac{1 \times 10^{-3}}{4.0 \times 10^{-3}} \times \frac{3}{2} \times 8.31 \times 273 \right) J = 851 \ J$$

$$E_{O_2} = \left(\frac{1 \times 10^{-3}}{32 \times 10^{-3}} \times \frac{5}{2} \times 8.31 \times 273 \right) J = 177 \ J$$

(2)温度改变时,理想气体内能的增量为

$$\Delta E = \nu \frac{i}{2} R \Delta T$$

$$\Delta E_{He} = \left(\frac{1 \times 10^{-3}}{4.0 \times 10^{-3}} \times \frac{3}{2} \times 8.31 \times 1 \right) J = 3.12 \ J$$

$$\Delta E_{O_2} = \left(\frac{1 \times 10^{-3}}{32 \times 10^{-3}} \times \frac{5}{2} \times 8.31 \times 1 \right) J = 0.65 \ J$$

例 7.4 质量为 50.0 g、温度为 $18℃$ 的氦气装在容积为 10.0 L 的封闭绝热容器内,容器以速率 $u = 200 m/s$ 作匀速直线运动。若容器突然停止,定向运动的动能全部转化为分子无序运动的动能,试求平衡后氦气的温度升高多少?

解 $\nu = \dfrac{m}{M} = \left(\dfrac{50.0 \times 10^{-3}}{4.0 \times 10^{-3}} \right) mol = 12.5 \ mol$

设容器停止前氦气的温度为 T_0,压强为 p_0;停止后温度为 T,压强为 p,则

容器运动时　　总能量 = 内能 + 机械能 $= \nu \dfrac{i}{2} RT_0 + \dfrac{1}{2} mu^2$

容器停止后　　总能量 = 内能 $= \nu \dfrac{i}{2} RT$

由于容器突然停止过程中,整体定向运动的机械能全部转化为气体内能,根据能量守恒定律,有

$$\nu \frac{i}{2}RT = \nu \frac{i}{2}RT_0 + \frac{1}{2}mu^2$$

因此,停止后氦气的温度增量

$$\Delta T = T - T_0 = \frac{mu^2}{\nu i R} = \left(\frac{50.0 \times 10^{-3} \times 200^2}{12.5 \times 3 \times 8.31} \right) \text{K} = 6.42 \text{ K}$$

§7.6 麦克斯韦气体分子速率分布律

一、速率分布函数

什么是分布?先举一个简单的例子。在 §7.2 中曾经指出,大量偶然事件的集合都具有统计规律。例如,个别婴儿的质量具有偶然性,但是,大量婴儿的质量具有统计规律。要了解某市婴儿质量的总体情况,并不需要知道每一个婴儿的质量,而总是把质量分成许多区间,然后,统计出 ……2.0 ~ 2.5(kg) 的婴儿数占总婴儿数的百分之几,2.5 ~ 3.0(kg) 的婴儿数占总婴儿数的百分之几,3.0 ~ 3.5(kg) 的婴儿数占总婴儿数的百分之几,…… 各个质量区间内的婴儿数占总婴儿数的比率,称为婴儿按质量的分布。知道了某市婴儿按质量的分布,也就大致了解了该市婴儿质量的总体状况。

与此类似,由于气体分子极多,各个分子以不同速率不停地无规则运动,又因它们相互之间频繁碰撞,使速率不断改变,所以,就个别分子而言,它的速率具有偶然性,要确定某时刻每一个分子的速率是不可能的。但是,在平衡态下,对于大量气体分子的整体,分子按速率的分布具有一定的统计规律。

按经典力学的观念,气体分子的速率可以是从零到无限大的任意值。若把速率分成间隔 $\Delta v = 100\text{m/s}$ 的许多区间,例如,0 ~ 100,100 ~ 200,200 ~ 300,300 ~ 400,…… 然后,统计出各区间内的分子数 ΔN 占总分子数 N 的比率 $\frac{\Delta N}{N}$,就得到了气体分子按速率的大致分布。若以速率 v 为横坐标，以单位速率区间内的分子数 $\dfrac{\Delta N}{\Delta v}$ 占总分子数 N 的比率 $\dfrac{\Delta N}{N\Delta v}$ 为纵坐标，则上述分布可画成图 7.8 中的方块形曲线。但因速率间隔 $\Delta v = 100\mathrm{m/s}$ 取得较大，所得分布曲线比较粗略。

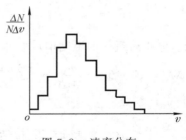

图 7.8　速率分布

为了精确表示气体分子按速率的分布，Δv 要取得非常小，统计出每一个 $v \sim v + \mathrm{d}v$ 速率区间内的分子数 $\mathrm{d}N$ 占总分子数 N 的比率 $\dfrac{\mathrm{d}N}{N}$。再以 v 为横坐标，以 $\dfrac{\mathrm{d}N}{N\mathrm{d}v}$ 为纵坐标作图，就得到一条光滑的曲线，如图 7.9 所示。这条曲线称为**速率分布曲线**。它精确表示了 $\dfrac{\mathrm{d}N}{N\mathrm{d}v}$ 与 v 的函数关系，这个函数称为**速率分布函数**，用符号 $f(v)$ 表示，即

$$f(v) = \frac{\mathrm{d}N}{N\mathrm{d}v} \tag{7.13}$$

式中，N 为气体的总分子数，$\mathrm{d}N$ 为速率在 $v \sim v + \mathrm{d}v$ 区间内的分子数，$\dfrac{\mathrm{d}N}{N}$ 为速率在 $v \sim v + \mathrm{d}v$ 区间内的分子数占总分子数的比率，$\dfrac{\mathrm{d}N}{\mathrm{d}v}$ 为速率在 v 附近单位速率区间内的分子数，故**速率分布函数** $f(v)$

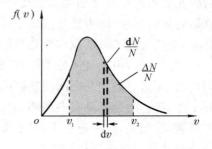

图 7.9　速率分布曲线

表示速率在 v 附近单位速率区间内的分子数占总分子数的比率。对气体中任意一个分子而言，速率分布函数 $f(v)$ 表示一个分子的速率在 v 附近单位速率区间内的概率。

由式(7.13)知，速率在 $v_1 \sim v_2$ 区间内的分子数占总分子数的比

率可用下列积分计算

$$\frac{\Delta N}{N} = \int \frac{\mathrm{d}N}{N} = \int_{v_1}^{v_2} f(v)\mathrm{d}v \cdot$$

它等于图 (7.9) 中 v_1 与 v_2 之间 $f(v)$ 曲线下阴影的面积。而 $\frac{\mathrm{d}N}{N} = f(v)\mathrm{d}v$ 则等于图中宽 $\mathrm{d}v$ 的窄条面积。

速率在 $0 \sim \infty$ 整个速率范围内的分子数占总分子数的比率,也就是速率分布曲线下的总面积,当然等于 100%(即 1),故

$$\boxed{\int_0^\infty f(v)\mathrm{d}v = 1} \qquad (7.14)$$

式 (7.14) 是分布函数必须满足的条件,称为 $f(v)$ 的**归一化条件**。

当速率分布函数 $f(v)$ 的具体关系已知时,利用速率分布函数 $f(v)$,能够求出许多微观量的统计平均值。而通过微观量的统计平均值,可以解释宏观热现象。分布函数的重要性正在于此。下面介绍利用 $f(v)$ 计算三种统计速率的方法。

最概然速率 v_p

速率分布函数 $f(v)$ 的极大值所对应的速率,称为气体分子的**最概然速率**,用符号 v_p 表示。由高等数学知

$$\left.\frac{\mathrm{d}f(v)}{\mathrm{d}v}\right|_{v_p} = 0 \qquad (7.15)$$

若 $f(v)$ 的函数关系已知,则由上式即可求出 v_p。最概然速率 v_p 的物理意义是:若将速率分成许多相等的速率间隔,则 v_p 附近的间隔中分子数最多。

平均速率 $\bar{v}$

大量分子速率的算术平均值,称为气体分子的**平均速率**,用符号 $\bar{v}$ 表示。因为 $\mathrm{d}N = Nf(v)\mathrm{d}v$ 是速率在 $v \sim v + \mathrm{d}v$ 区间内的分子数,$v\mathrm{d}N = vNf(v)\mathrm{d}v$ 为速率在 $v \sim v + \mathrm{d}v$ 区间内的分子速率的总和,$\int v\mathrm{d}N = \int_0^\infty vNf(v)\mathrm{d}v$ 为全部气体分子速率的总和,所以气体分子的平均速率为

$$\bar{v} = \frac{\int v \mathrm{d}N}{N} = \int_0^\infty v f(v) \mathrm{d}v \qquad (7.16)$$

方均根速率 $\sqrt{\overline{v^2}}$

分子速率二次方统计平均值的二次方根,称为气体分子的**方均根速率**,用符号 $\sqrt{\overline{v^2}}$ 表示。与推导式(7.16)相似,分子速率二次方的平均值为

$$\overline{v^2} = \frac{\int v^2 \mathrm{d}N}{N} = \int_0^\infty v^2 f(v) \mathrm{d}v$$

故气体分子的方均根速率为

$$\sqrt{\overline{v^2}} = \sqrt{\int_0^\infty v^2 f(v) \mathrm{d}v} \qquad (7.17)$$

二、麦克斯韦速率分布律

1859 年麦克斯韦首先从理论上导出了气体分子速率分布的具体形式。他指出:**理想气体处于平衡态时,速率在 v 到 $v + \mathrm{d}v$ 区间的分子数占总分子数的比率为**

$$\frac{\mathrm{d}N}{N} = 4\pi \left(\frac{\mu}{2\pi kT}\right)^{3/2} \mathrm{e}^{-\frac{\mu v^2}{2kT}} v^2 \mathrm{d}v \qquad (7.18)$$

式中 T 为气体的温度,μ 为分子的质量,k 为玻尔兹曼常量,上述结论称为**麦克斯韦速率分布律**。

由式(7.18)知,**麦克斯韦速率分布函数为**

$$f(v) = 4\pi \left(\frac{\mu}{2\pi kT}\right)^{3/2} \mathrm{e}^{-\frac{\mu v^2}{2kT}} v^2 \qquad (7.19)$$

按麦克斯韦速率分布函数所作的曲线,称为**麦克斯韦速率分布曲线**,如图(7.10)所示,它形象地反映了理想气体分子按速率的分布情况。

将麦克斯韦速率分布函数式(7.19)代入式(7.15)、式(7.16)和

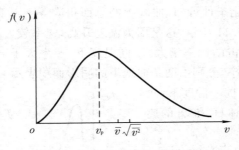

图 7.10　气体分子的三种速率

式(7.17),即可求出平衡态理想气体分子的三种统计速率[①]:

最概然速率

$$v_p = \sqrt{\frac{2kT}{\mu}} = \sqrt{\frac{2RT}{M}} \tag{7.20}$$

平均速率

$$\bar{v} = \sqrt{\frac{8kT}{\pi\mu}} = \sqrt{\frac{8RT}{\pi M}} \tag{7.21}$$

方均根速率

$$\sqrt{\overline{v^2}} = \sqrt{\frac{3kT}{\mu}} = \sqrt{\frac{3RT}{M}} \tag{7.22}$$

式中,R 为摩尔气体常量,M 为气体的摩尔质量。式(7.22) 与式(7.7) 完全一致。式(7.20)、式(7.21) 和式(7.22) 只适用于理想气体。

由式(7.20) 可见,$v_p \propto \sqrt{\dfrac{T}{M}}$,即气体的摩尔质量越小,温度越高,分子的最概然

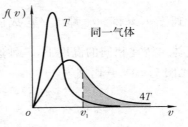

图 7.11　同一气体在不同温度下的速率分布曲线

速率越大。因此,同一理想气体的温度升高时,v_p 增大,曲线峰值右

———————————

① 积分时,可参阅表7.2。

移。但由归一化条件可知,曲线下的总面积应等于1,故曲线变得扁平一些,如图 7.11 所示。这是因为温度升高,速率较大的分子数目在总分子数中所占的比率增大。不同温度下,速率大于 v_1 的分子数占总分子数的比率,分别由两条曲线下的阴影面积表示。

图 7.12 是同一温度下,两种不同理想气体 H_2 和 O_2 的速率分布曲线。由于 $v_p \propto \sqrt{\dfrac{1}{M}}$,因此 H_2 分子的 v_p 较大,图中扁平的一条是氢气分子的速率分布曲线。

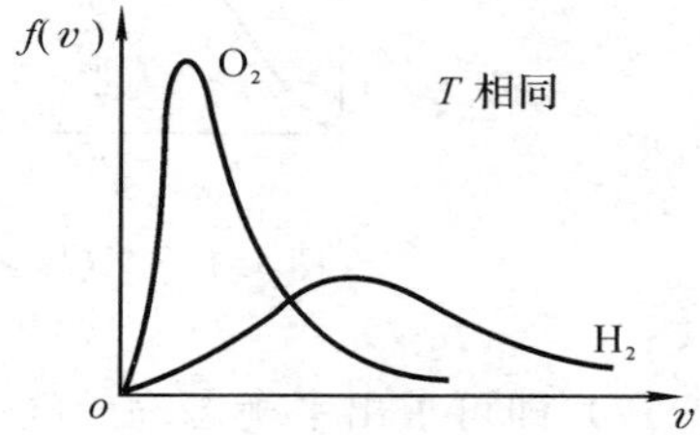

图 7.12 同一温度下不同气体的速率分布曲线

将 $v_p = \sqrt{\dfrac{2kT}{\mu}}$ 代入式

(7.19),得麦克斯韦速率分布函数的另一种形式:

$$f(v) = \frac{4}{\sqrt{\pi}} e^{-\frac{v^2}{v_p^2}} \left(\frac{v^2}{v_p^3} \right) \qquad (7.23)$$

比较式(7.20)、(7.21)和(7.22),可以看出,理想气体分子的三种统计速率 v_p、$\bar{v}$ 和 $\sqrt{\overline{v^2}}$ 都与 $\sqrt{T}$ 成正比,而与 $\sqrt{\mu}$ 或 $\sqrt{M}$ 成反比。同一气体系统在相同的温度下,三种速率中以 $\sqrt{\overline{v^2}}$ 最大,$\bar{v}$ 次之,v_p 最小(见图 7.10),其比例为

$$v_p : \bar{v} : \sqrt{\overline{v^2}} = \sqrt{2} : \sqrt{\frac{8}{\pi}} : \sqrt{3}$$

三种速率在不同的问题中各有各的应用。在讨论速率分布时,要用最概然速率 v_p;在讨论分子的碰撞时要用平均速率 $\bar{v}$;在计算分子的平均平动动能时要用方均根速率 $\sqrt{\overline{v^2}}$。

表 7.2 积分 $I(n) = \int_0^\infty x^n e^{-ax^2} dx$ 的值

n	$I(n)$	n	$I(n)$
0	$\dfrac{1}{2}\sqrt{\dfrac{\pi}{a}}$	4	$\dfrac{3}{8}\sqrt{\dfrac{\pi}{a^5}}$
1	$\dfrac{1}{2a}$	5	$\dfrac{1}{a^3}$
2	$\dfrac{1}{4}\sqrt{\dfrac{\pi}{a^3}}$	6	$\dfrac{15}{16}\sqrt{\dfrac{\pi}{a^7}}$
3	$\dfrac{1}{2a^2}$	7	$\dfrac{3}{a^4}$

$$\int_{-\infty}^{+\infty} x^n e^{-ax^2} dx = \begin{cases} 2\int_0^\infty x^n e^{-ax^2} dx & (n\text{ 为偶数}) \\ 0 & (n\text{ 为奇数}) \end{cases}$$

三、麦克斯韦速率分布律的实验验证

1920 年斯特恩(Stern)首次用实验验证了麦克斯韦速率分布,实验装置如图 7.13 所示。整个整置处于高真空中。图中 O 为恒温金属蒸汽源(由电炉加热金属而得到),金属蒸汽分子通过小孔射出,形成分子束。A、B 是两个同轴圆盘,相距 l。A 上有狭缝 S,只有 S 对准分子束时,分子才能通过 S 而射到 B 上。

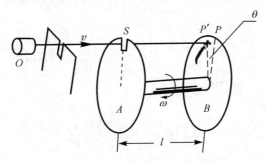

图 7.13 麦克斯韦速率分布律的实验验证

如果圆盘静止时,分子打在 P 点,那么,当圆盘以角速度 ω 顺时针(沿分子束运动方向看)转动时,分子将打在 P 点的左边。速率越小的分子打在距 P 越远、越偏左的地方。

若速率为 v 的分子打在 P' 点上,由于分子从 A 飞到 B 需要时间 $t = \dfrac{l}{v}$,因此

$$\theta = \omega t = \omega \frac{l}{v}$$

式中 θ 为通过 P' 和 P 点的两条半径之间的夹角。可见,当 ω 和 l 一定时,θ 与 v 一一对应。用光学方法测定不同 θ 处金属层的厚度,就可得到分子速率的分布规律。实验证实了麦克斯韦速率分布律。

例 7.5 设氮气的温度为 $0°C$,求速率在 $500 \sim 501\text{m/s}$ 之间的分子数目占总分子数的比率。

解一 $0°C$ 的氮气可视为理想气体,已知 $v = 500\text{m/s}$,$\Delta v = 1\text{m/s}$。由于 Δv 很小,因此

$$\frac{\Delta N}{N} \approx f(v)\Delta v = 4\pi \left(\frac{\mu}{2\pi kT}\right)^{3/2} e^{-\frac{\mu v^2}{2kT}} v^2 \Delta v$$

$$= 4\pi \left(\frac{M}{2\pi RT}\right)^{3/2} e^{-\frac{Mv^2}{2RT}} v^2 \Delta v$$

$$= 4\pi \times \left(\frac{28 \times 10^{-3}}{2\pi \times 8.31 \times 273}\right)^{3/2} e^{-\frac{28 \times 10^{-3} \times 500^2}{2 \times 8.31 \times 273}} \times 500^2 \times 1$$

$$= 0.185\%$$

解二 $v_p = \sqrt{\dfrac{2RT}{M}} = \sqrt{\dfrac{2 \times 8.31 \times 273}{28 \times 10^{-3}}}\text{m/s}$

$$= 402.5 \text{ m/s}$$

由式(7.23)

$$\frac{\Delta N}{N} \approx f(v)\Delta v = \frac{4}{\sqrt{\pi}} e^{-\left(\frac{v}{v_p}\right)^2} \left(\frac{v}{v_p}\right)^2 \left(\frac{\Delta v}{v_p}\right)$$

$$= \frac{4}{\sqrt{\pi}} \times e^{-\left(\frac{500}{402.5}\right)^2} \times \left(\frac{500}{402.5}\right)^2 \times \left(\frac{1}{402.5}\right)$$

$$= 0.185\%$$

例 7.6 设某系统由 N 个粒子组成,粒子的速率分布曲线如例 7.6 图所示。(1) 由 v_0 求 A;(2) 求速率在 $1.5v_0 \sim 2v_0$ 之间的粒子数;(3) 求所有 N 个粒子的平均速率;*(4) 求速率在 $0 \sim v_0$ 之间的粒子的平均速率。

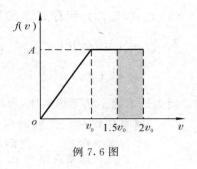

例 7.6 图

解 (1) 分布函数为

$$f(v) = \begin{cases} \dfrac{A}{v_0}v & (0 \leqslant v \leqslant v_0) \\ A & (v_0 \leqslant v \leqslant 2v_0) \\ 0 & (v \geqslant 2v_0) \end{cases}$$

分布函数归一化

$$\int_0^\infty f(v)\mathrm{d}v = \int_0^{v_0} \frac{Av}{v_0}\mathrm{d}v + \int_{v_0}^{2v_0} A\mathrm{d}v = \frac{3}{2}Av_0 = 1$$

因此

$$A = \frac{2}{3v_0}$$

(2) 速率在 $1.5v_0 \sim 2v_0$ 之间的粒子数为

$$\Delta N = \int \mathrm{d}N = \int_{1.5v_0}^{2v_0} Nf(v)\mathrm{d}v$$

$$= \int_{1.5v_0}^{2v_0} NA\mathrm{d}v = \frac{1}{2}NAv_0$$

$$= \frac{1}{3}N$$

或:按归一化条件,整条 $f(v)$ 曲线下的总面积等于 1,而速率 $1.5v_0 \sim 2v_0$ 的粒子数占总粒子数的比率 $\dfrac{\Delta N}{N}$ 等于 $1.5v_0$ 与 $2v_0$ 之间 $f(v)$ 曲线下的阴影面积。由例 7.6 图知阴影面积等于 $\dfrac{1}{3}$,即 $\dfrac{\Delta N}{N} = \dfrac{1}{3}$,得 $\Delta N = \dfrac{N}{3}$.

(3) 按式 (7.16)，所有 N 个粒子的平均速率为

$$\bar{v} = \int_0^\infty v f(v) \mathrm{d}v = \int_0^{v_0} v \left(\frac{A}{v_0} v \right) \mathrm{d}v + \int_{v_0}^{2v_0} v A \mathrm{d}v$$

$$= \frac{11}{6} A v_0^2 = \frac{11}{9} v_0$$

因为该系统不是理想气体，所以不能用式 (7.21) 求 $\bar{v}$.

*(4) 速率在 $0 \sim v_0$ 之间的粒子的平均速率为

$$\frac{\text{速率在 } 0 \sim v_0 \text{ 之间的粒子速率的总和}}{\text{速率在 } 0 \sim v_0 \text{ 之间的粒子数}}$$

$$= \frac{\displaystyle\int_{(v=0)}^{(v=v_0)} v \mathrm{d}N}{\displaystyle\int_{(v=0)}^{(v=v_0)} \mathrm{d}N} = \frac{\displaystyle\int_0^{v_0} v N f(v) \mathrm{d}v}{\displaystyle\int_0^{v_0} N f(v) \mathrm{d}v}$$

$$= \frac{\displaystyle\int_0^{v_0} v f(v) \mathrm{d}v}{\displaystyle\int_0^{v_0} f(v) \mathrm{d}v} = \frac{\displaystyle\int_0^{v_0} v \left(\frac{A}{v_0} v \right) \mathrm{d}v}{\displaystyle\int_0^{v_0} \left(\frac{A}{v_0} v \right) \mathrm{d}v} = \frac{2}{3} v_0$$

§7.7　等温气压公式　玻尔兹曼分布律

前面几节研究的系统，都假设不受外力场作用，或者外力场的影响是可以忽略不计的。气体在无外力场的空间处于平衡态时，气体分子的空间位置分布均匀，气体的密度和压强处处相等。如果气体处于外力场（例如重力场、电场、磁场等）中，外力场的影响不能忽略，那么，气体分子的空间位置分布不再均匀，气体的密度和压强也不再处处相等了。

一、等温气压公式　气体分子按势能的分布

考虑重力场中一个单位横截面的气柱，如图 7.14 所示。设高度 h 处气体的压强为 p，$h + \mathrm{d}h$ 处的压强为 $p + \mathrm{d}p$，则 h 和 $h + \mathrm{d}h$ 之间的压强的增量 $\mathrm{d}p$ 是这两个高度之间气柱重量的负值。若用 ρ 表示气体的密度，则

$$\mathrm{d}p = -\rho g \mathrm{d}h$$

若视为理想气体,密度 ρ 可表示为

$$\rho = \frac{pM}{RT}$$

于是

$$\frac{\mathrm{d}p}{p} = -\frac{Mg}{RT}\mathrm{d}h$$

如果 g 和 T 均匀,且为恒量,则积分上式,
即得**等温气压公式**

$$p = p_0 \mathrm{e}^{-\frac{Mgh}{RT}} \qquad (7.24)$$

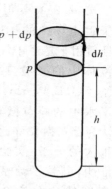

图 7.14 推导等温气压公式用图

式中, p 为高度为 h 处气体的压强; p_0 为高度 $h = 0$ 处气体的压强。空气的平均摩尔质量 $M = 29 \times 10^{-3}\mathrm{kg/mol}$,在 $T = 298\mathrm{K}$ 、 $g = 9.8\mathrm{m/s^2}$ 的情况下,大气压强随高度的变化,如图 7.15 所示。利用等温气压公式,可以近似计算某一高度的气压,也可根据测得的压强来估计高度。

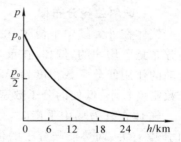

图 7.15 气体压强随高度的变化

将 $p = nkT$ 代入式 (7.24) ,即得重力场中气体**分子数密度按高度的分布**

$$n = \frac{p_0}{kT}\mathrm{e}^{-\frac{Mgh}{RT}} = n_0 \mathrm{e}^{-\frac{\mu gh}{kT}} = n_0 \mathrm{e}^{-\frac{\varepsilon_\mathrm{p}}{kT}} \qquad (7.25)$$

式中, n 为高度 h 处气体的分子数密度; n_0 为高度 $h = 0$ 处气体的分子数密度; ε_p 为高度 h 处分子的重力势能。

式 (7.25) 表明,在重力场中,气体的分子数密度 n 随高度 h 的增加而指数地减小。分子质量 μ 越大,重力作用越强, n 减小得越快。温度 T 越高,分子无序运动越剧烈, n 减小得越慢,如图 7.16 所示。

式（7.25）不但适用于重力场中的气体，而且适用于悬浮于气体或液体中的微粒。1900年佩兰(J. B. Perrin)观察了水中的藤黄微粒，他认为藤黄微粒好比质量很大的分子。实验结果证明，其粒子数密度按高度的分布符合式(7.25)。他还利用这个实验，计算了阿伏伽德罗常量 N_A 的值。

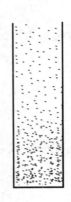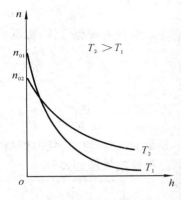

图 7.16 　重力场中分子按高度的分布

二、玻尔兹曼分布律

气体在外力场中平衡时，由于受外力场的作用，分子按空间位置的分布是不均匀的。例如，在重力场中，重力的作用使分子下沉，而热运动的作用使分子数密度趋于均匀。两种作用达到平衡时，高处的分子数密度较小，低处的分子数密度较大。

气体在外力场中平衡时，分子既有动能，又有势能。动能与分子的速度有关，而势能与分子的位置有关，所以在这种情况下，对分子分布的描述，需要同时指出速度分量在 $v_x \sim v_x + \mathrm{d}v_x$，$v_y \sim v_y + \mathrm{d}v_y$，$v_z \sim v_z + \mathrm{d}v_z$ 之间，坐标在 $x \sim x + \mathrm{d}x$，$y \sim y + \mathrm{d}y$，$z \sim z + \mathrm{d}z$ 之间的分子数 $\mathrm{d}N_{v,r}$ 等于多少？玻尔兹曼[①]运用统计理论证明

---

① 玻尔兹曼(L. Boltzmann，公元 1844—1906 年)，奥地利物理学家，气体分子动理论的奠基人之一。1868 年他将麦克斯韦分子速度分布律推广到有外力场存在的情况，得到了玻尔兹曼能量分布律。1871 年发表了近独立子系的统计法。1872 年建立了关于迁移过程的玻尔兹曼微分积分方程，提出 H 定理。1877 年他找到了熵与系统热力学概率之间的关系 —— 玻尔兹曼熵公式 $S = k\ln\omega$，对热力学第二定律作出了统计解释，从而使气体分子动理论达到了完善的程度，这是玻尔兹曼最大的贡献。此外，他还从气体分子动理论的角度推导了各个热力学公式，1884 年从理论上导出了黑体辐射的斯忒藩 —— 玻尔兹曼定律。在玻尔兹曼的墓碑上刻着玻尔兹曼熵公式：$S = k\ln\omega$。

$$\mathrm{d}N_{v,r} = n_0\left(\frac{\mu}{2\pi kT}\right)^{3/2}\mathrm{e}^{-\frac{\varepsilon}{kT}}\mathrm{d}v_x\mathrm{d}v_y\mathrm{d}v_z\mathrm{d}x\mathrm{d}y\mathrm{d}z \qquad (7.26)$$

式中,ε 为分子的总能量,$\varepsilon = \varepsilon_k + \varepsilon_p$;$\varepsilon_k$ 为分子的平动动能;ε_p 为分子在外力场中的势能;n_0 为势能 $\varepsilon_p = 0$ 处的分子数密度。式(7.26)称为**玻尔兹曼分布律**,式中的指数项 $\mathrm{e}^{-\frac{\varepsilon}{kT}}$ 称为**玻尔兹曼因子**。玻尔兹曼分布律表示分子按能量的分布规律。

若将式(7.26)对所有可能的速度积分,即得式(7.25)[①]。这就说明式(7.24)和式(7.25)是玻尔兹曼分布的特例,式(7.26)的前面部分确实应该是 $n_0\left(\dfrac{\mu}{2\pi kT}\right)^{3/2}$。

例 7.7 佩兰测定藤黄微粒按高度的分布后,求得了阿伏伽德罗常量。设藤黄微粒为球形,悬浮于水中。已知水温为 17℃,水的密度为 $\rho_0 = 1.00\mathrm{g/cm^3}$;微粒半径 $r = 0.210\mu\mathrm{m}$,密度为 $\rho = 1.20\mathrm{g/cm^3}$。今测得高度相差 $\Delta h = 30.0\mu\mathrm{m}$ 的两层中粒子数密度之比为 $\alpha = 1.80$。试根据上述数据求阿伏伽德罗常量。

解 高 h 处粒子数密度为

$$n = n_0\mathrm{e}^{-\frac{\varepsilon_p}{kT}} = n_0\mathrm{e}^{-\frac{4}{3}\pi r^3(\rho-\rho_0)\frac{gh}{kT}} \qquad ①$$

高 $h + \Delta h$ 处粒子数密度为

$$n' = n_0\mathrm{e}^{-\frac{4}{3}\pi r^3(\rho-\rho_0)\frac{g(h+\Delta h)}{kT}} \qquad ②$$

①、② 两式相除,并由题意得

$$\frac{n}{n'} = \mathrm{e}^{\frac{4}{3}\pi r^3(\rho-\rho_0)\frac{g\Delta h}{kT}} = \alpha$$

---

① $n = \dfrac{\mathrm{d}N_r}{\mathrm{d}x\mathrm{d}y\mathrm{d}z} = \displaystyle\int_{v_x=-\infty}^{+\infty}\int_{v_y=-\infty}^{+\infty}\int_{v_z=-\infty}^{+\infty} n_0\left(\frac{\mu}{2\pi kT}\right)^{3/2}\mathrm{e}^{-\frac{\varepsilon}{kT}}\mathrm{d}v_x\mathrm{d}v_y\mathrm{d}v_z$

∵ $\varepsilon = \varepsilon_k + \varepsilon_p = \dfrac{\mu}{2}(v_x^2 + v_y^2 + v_z^2) + \varepsilon_p$

$\left(\dfrac{\mu}{2\pi kT}\right)^{3/2}\displaystyle\iiint_{-\infty}^{+\infty}\mathrm{e}^{-\frac{\mu}{2kT}(v_x^2+v_y^2+v_z^2)}\mathrm{d}v_x\mathrm{d}v_y\mathrm{d}v_z = 1$

∴ $n = n_0\mathrm{e}^{-\frac{\varepsilon_p}{kT}}$

即
$$\frac{4}{3}\pi r^3(\rho - \rho_0)g\Delta h N_A = N_A kT\ln\alpha = RT\ln\alpha$$

得
$$N_A = \frac{RT\ln\alpha}{\frac{4}{3}\pi r^3(\rho - \rho_0)g\Delta h}$$

代入已知数值计算,得

$$N_A = 6.20\times10^{23}\ \mathrm{mol}^{-1}$$

三、能量量子化与玻尔兹曼分布

根据量子理论,微观粒子的能量是量子化的,只能为一系列不连续的值 $\varepsilon_0, \varepsilon_1, \varepsilon_2, \cdots\cdots$ 称为**能级**,如图(7.17)所示。

设系统由 N 个分子组成,N 个分子的能量各不相同,例如,能量为 ε_0 的分子有 N_0 个,能量为 ε_1 的分子有 N_1 个,能量为 ε_2 的分子有 N_2 个 $\cdots\cdots$。玻尔兹曼证明:总分子数 N、体积 V 和内能 U 一定的理想气体处于平衡态时,分子按能量的分布(能量为 ε_i 的分子数 N_i)为

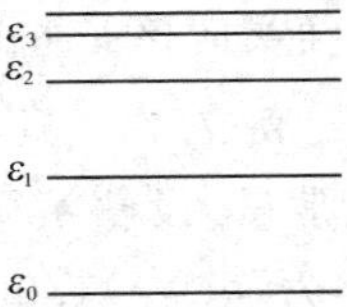

图 7.17 微观粒子的能级

$$N_i = Ae^{-\frac{\varepsilon_i}{kT}} \quad (i = 0, 1, \cdots) \qquad (7.27)$$

式中的系数 A 与 N、V、T 以及分子的性质有关。具体关系如何,需统计力学才能证明。[①]

由无外力场影响时气体平衡态的麦克斯韦分布,到外力场中气体平衡态的玻尔兹曼分布,再考虑能量量子化后的量子统计,热学的微观研究过程是沿着先从简单入手,逐步与实际相结合,最后发展成为完善理论的道路前进的。这也是所有科学研究通常采用的方法之一。

---

① 参阅陈治中,许佩新.《简明统计热力学》,浙江大学出版社,1989,第 20 ～ 29 页。

§7.8　气体分子的平均自由程

气体分子热运动的特点是:每一个分子都作无规则运动,分子与分子之间又相互频繁碰撞。前几节侧重研究前者,本节和下一节则主要讨论后者。气体内的热传导、黏滞和扩散等现象,都与分子间的相互碰撞有关。

一、平均碰撞频率

由于分子运动的无规则性和频繁碰撞,单位时间内一个分子与多少个其他分子碰撞?这具有偶然性。但是,单位时间内一个分子与其他分子碰撞次数的统计平均值,却是一定的,通常把它称为分子的**平均碰撞频率**,用符号 $\bar{Z}$ 表示。

为了推导分子的平均碰撞频率公式,把分子看成直径 d 的弹性小球,设想跟踪某一个分子 A。先假设分子 A 以平均速率 $\bar{v}$ 运动,而其他分子都静止不动。分子 A 在运动过程中与其他分子频繁碰撞,运动方向不断改变,其中心的运动

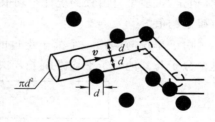

图 7.18　计算 $\bar{Z}$ 用图

轨道是一条不规则折线。显然,只有中心与折线的距离小于有效直径 d 的那些分子,才会与分子 A 发生碰撞,见图 7.18。

设想以折线为轴,作一个半径为 d,长为 $\bar{v}$ 的曲折圆柱体,如图 7.18 所示,那么柱内的分子都在单位时间内与分子 A 碰撞。若气体的分子数密度为 n,则圆柱体内的分子数为 $n(\pi d^2 \bar{v})$,因此,分子的平均碰撞频率为

$$\bar{Z} = \pi d^2 n \bar{v} \qquad (7.28)$$

推导式(7.28)时,曾作了一个假设:只有一个分子运动,其他分

子都静止不动。而实际上，所有的分子都在运动，因此，式(7.28)中的平均速率 $\bar{v}$，应该用平均相对速率 $\bar{v}_r$ 来代替。可以证明

$$\bar{v}_r = \sqrt{2}\,\bar{v}$$

所以，分子的平均碰撞频率应该是

$$\boxed{\bar{Z} = \sqrt{2}\,\pi d^2 n\bar{v}} \tag{7.29}$$

式中，d 为分子的有效直径；$\bar{v}$ 为分子的平均速率；n 为气体的分子数密度。可见，气体分子的平均碰撞频率 $\bar{Z}$ 与三个因素成正比：① 分子有效直径的平方；② 分子的平均速率；③ 气体的分子数密度。

二、平均自由程

一个分子在两次连续的碰撞之间所走过的直线路程，称为分子的**自由程**。一个分子的自由程，时长时短，具有偶然性，如图 7.18 所示。但是，很多个自由程的统计平均值—— 分子的**平均自由程** $\bar{\lambda}$ 却具有确定的值。

由于单位时间内一个分子走过的平均路程为 $\bar{v}$，而这段时间内这个分子与其他分子平均碰撞了 $\bar{Z}$ 次，因此，分子的平均自由程为：

$$\boxed{\bar{\lambda} = \frac{\bar{v}}{\bar{Z}} = \frac{1}{\sqrt{2}\,\pi d^2 n}} \tag{7.30}$$

式(7.30)说明，气体分子的平均自由程 $\bar{\lambda}$ 与分子有效直径 d 的平方和气体的分子数密度 n 成反比。

对于理想气体，$p = nkT$，故式(7.30)可写为

$$\bar{\lambda} = \frac{kT}{\sqrt{2}\,\pi d^2 p} \tag{7.31}$$

从上式可以看出，理想气体的温度 T 一定时，分子的平均自由程 $\bar{\lambda}$ 与气体的压强 p 成反比。

假设线度为 2m 的容器内盛有氢气，那么，按式(7.31)可以得到，在 $T = 273K$ 时，不同压强下，氢气分子的平均自由程如表 7.3 所示。

表 7.3　不同压强下 H₂ 分子的 $\bar{\lambda}$ ($T = 273K$)

压强 p/Pa	10^5	10^2	1	10^{-2}
平均自由程 $\bar{\lambda}$/m	1.14×10^{-7}	1.14×10^{-4}	1.14×10^{-2}	1.14

从表 7.3 可以看出，温度一定时，气体的压强 p 越低，分子的平均自由程 $\bar{\lambda}$ 越长。但是，由于一般容器的线度有限，压强降低，平均自由程不会无限增大。当压强 p 很低，致使按式（7.31）算出的 $\dfrac{kT}{\sqrt{2}\pi d^2 p}$ 值大于容器线度时，气体分子只是在容器的器壁之间，来回不断地碰来撞去，分子与分子之间已很少碰撞，这种情况下，分子的平均自由程 $\bar{\lambda}$ 就等于容器的线度，式（7.31）已不再适用。

例 7.8　设氢分子的有效直径 $d = 2.73 \times 10^{-10}$m，求氢气在压强 $p = 1.013 \times 10^5$Pa、温度 $T = 298K$ 时，其分子的平均速率、平均碰撞频率和平均自由程。

解　在题给条件下，氢气可视作理想气体，所以分子数密度为

$$n = \frac{p}{kT} = \left(\frac{1.013 \times 10^5}{1.38 \times 10^{-23} \times 298} \right) \mathrm{m}^{-3} = 2.46 \times 10^{25}\ \mathrm{m}^{-3}$$

平均速率为

$$\bar{v} = \sqrt{\frac{8RT}{\pi M}} = \sqrt{\frac{8 \times 8.31 \times 298}{3.14 \times 2.02 \times 10^{-3}}}\mathrm{m/s} = 1.77 \times 10^3\ \mathrm{m/s}$$

平均碰撞频率为

$$\bar{Z} = \sqrt{2}\pi d^2 n \bar{v}$$
$$= \left[\sqrt{2}\pi \times (2.73 \times 10^{-10})^2 \times 2.46 \times 10^{25} \times 1.77 \times 10^3 \right]\ \mathrm{s}^{-1}$$
$$= 1.44 \times 10^{10}\ \mathrm{s}^{-1}$$

平均自由程为

$$\bar{\lambda} = \frac{\bar{v}}{\bar{Z}} = \left(\frac{1.77 \times 10^3}{1.44 \times 10^{10}} \right)\mathrm{m} = 1.23 \times 10^{-7}\ \mathrm{m}$$

或由 $\bar{\lambda} = \dfrac{1}{\sqrt{2}\pi d^2 n} = \dfrac{kT}{\sqrt{2}\pi d^2 p}$ 也得同样结果。

由上述结果可知,常温常压下,氢分子的平均自由程约为分子直径的 450 倍,一个氢分子每秒钟碰撞约 140 亿次。

表 7.4 列出了 25 C 和 1.013×10^5Pa 下一些气体分子的有效直径,平均自由程和平均碰撞频率。

表 7.4　气体分子的 d, $\bar{\lambda}$ 和 $\bar{Z}$ (25 C, 1.013×10^5Pa)

气　　　体	有效直径 d/m	平均自由程 $\bar{\lambda}$/m	平均碰撞频率 $\bar{Z}$/s^{-1}
H$_2$	2.73×10^{-10}	12.3×10^{-8}	14.4×10^9
He	2.18	19.0	6.6
N$_2$	3.74	6.50	7.3
O$_2$	3.57	7.14	6.1
Ar	3.96	5.80	6.9
CO$_2$	4.56	4.41	8.6
HI	3.50	7.46	3.0
空气	3.70	6.68	7.0

§7.9　气体内的迁移现象

以上各节,都是讨论平衡态下气体的性质。气体处于平衡态时,内部每个分子没有任何有序的运动,分子的运动最为无序,气体的宏观性质不随时间变化,内部不发生任何宏观的物理过程。

当气体处于非平衡态时,气体分子除无序运动之外,还呈现出某种有序运动,由于分子与分子间的频繁碰撞,气体内部将发生各种宏观过程。例如,**热传导现象**,**黏滞现象**和**扩散现象**。因为这三种现象中,都发生某种物理量的迁移,所以,统称为**迁移现象**。

在迁移现象中,气体所处的状态,从总体来说,是非平衡态。但是,在偏离平衡态不是很远的情况下,可以认为每一个局部仍近似处于平衡态,仍可用压强、温度等状态参量描述其状态,麦克斯韦速率分布、分子平均速率和平均自由程等公式也仍然适用。

一、热传导现象

气体内部温度不均匀时,就有热量从高温部分向低温部分传递,这一现象称为热传导现象。

1. 热传导定律

设气体温度仅与坐标 z 有关。取一个截面 dS,dS 与 z 轴垂直,如图 7.19 所示。若以 dQ 表示 dt 时间内沿 z 轴正方向并通过 dS 传递的热量,以 $\dfrac{dT}{dz}$ 表示 dS 处**温度的梯度**,则实验表明

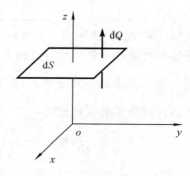

图 7.19　气体的热传导

$$dQ = -\kappa \frac{dT}{dz} dSdt \tag{7.32}$$

式中 κ 为**热导率**,在国际单位制中,热导率 κ 的单位为瓦 /(米·开),即 $W/(m \cdot K)$,κ 的数值决定于气体的性质和温度。式中负号表示热量传递的方向与温度梯度的方向相反,是由高温部分向低温部分传递。例如,若温度沿 z 轴正方向升高,$\dfrac{dT}{dz} > 0$,则 $dQ < 0$,表示热量沿 z 轴反方向传递。若温度沿 z 轴正方向 降低,$\dfrac{dT}{dz} < 0$,则 $dQ > 0$,表示热量沿 z 轴正方向传递。

式(7.32) 称为**热传导定律**,是法国科学家傅里叶(Fourier)于 1815 年提出的。热传导定律对液体和固体也是适用的。

2. 热传导现象的微观解释

假设温度沿 z 轴正方向逐渐降低,热量就由下向上传递。从气体动理论的观点看,截面 dS 下面,温度较高,分子热运动的平均能量较大;截面 dS 上面,温度较低,分子热运动的平均能量较小。由于分子的无序运动,截面上下的分子通过 dS 互有来往,并相互碰撞而交换能量。总的效果是:分子热运动能量通过 dS 由下向上迁移,因此,**热**

传导是分子热运动能量的迁移过程。

对于理想气体,运用气体动理论可以证明,热导率与微观量统计平均值之间的关系为

$$\kappa = \frac{1}{6} i k n \bar{v} \, \bar{\lambda} \tag{7.33}$$

式(7.33)说明,热导率 κ 与气体分子的自由度数 i、分子数密度 n、分子的平均速率 $\bar{v}$ 和平均自由程 $\bar{\lambda}$ 成正比。

用实验测出 κ,再根据式(7.33)算出 $\bar{\lambda}$,最后根据 $\bar{\lambda} = \dfrac{1}{\sqrt{2}\,\pi d^2 n}$,可以计算分子的有效直径 d。

如果将 $\bar{v} = \sqrt{\dfrac{8kT}{\pi\mu}}$ 和 $\bar{\lambda} = \dfrac{1}{\sqrt{2}\,\pi d^2 n}$ 代入式(7.33),得

$$\kappa = \frac{ik}{3\pi d^2} \sqrt{\frac{kT}{\pi\mu}} \tag{7.34}$$

上式说明,温度恒定时,热导率与压强无关。

实验证明,压强不太低时,式(7.34)正确成立。压强很低时,κ 随压强降低而减小。这是因为压强很低时,$\dfrac{kT}{\sqrt{2}\,\pi d^2 p}$ 已大于容器的线度 l,$\bar{\lambda}$ 恒等于容器线度 l,不随 p 而变。以 $\bar{\lambda} = l$(常量)代入式(7.33)有

$$\kappa = \frac{1}{6} i k n \bar{v} l = \frac{1}{6} i k \frac{p}{kT} \sqrt{\frac{8kT}{\pi\mu}} l$$

可见,当压强降低到使 $\dfrac{kT}{\sqrt{2}\,\pi d^2 p} > l$ 时,气体的热导率 κ 与压强 p 成正比。这时,p 越低,κ 越小,气体的导热性能越差。例如,保温瓶夹层之间的距离 l 很小,中间又抽成高真空,因此,几乎消除了热传导。再加上夹层内壁镀了银层,减少了辐射,所以保温瓶具有良好的绝热保温作用。

二、黏滞现象

当气体各部分的流速不同时,由于各部分气体之间的相互作用,各部分的流速将趋向均匀,这一现象称为**黏滞现象**(或**内摩擦现象**)。

1. 黏滞定律

在两块大平板之间充满气体,并设想将气体分成许多平面气层。

若下面的板固定不动,上面的板以恒定速度沿 y 轴正方向运动,则上面的气层流速较快,下面的气层流速较慢,流速 u 随 z 轴逐渐增大,如图 7.20 所示。气层流速 u 并不是分子无序运动的速度,而是气层作为整体定向宏观运动的速度。

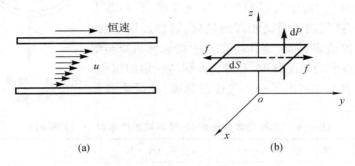

(a)　　　　　　　　　　(b)

图 7.20　气体内的黏滞现象

取一个截面 dS 与 z 轴垂直,由于 dS 上面气层的流速较大,dS 下面气层的流速较小,两气层之间有相对运动,于是产生了一对阻碍相对运动的**黏滞力**。作用在 dS 上面气层的黏滞力逆 y 轴正方向,作用在 dS 下面气层的黏滞力沿 y 轴正方向。若以 $\dfrac{du}{dz}$ 表示 dS 处**流速的梯度**,则实验表明,dS 上面气层所受的黏滞力为

$$f = -\eta \frac{du}{dz} dS \qquad (7.35)$$

式中 η 为气体的**黏度**,与气体的性质和状态有关。式中负号表示了 dS 上面气层所受黏滞力的方向。式(7.35)称为**黏滞定律**。在国际单位制中,黏度 η 的单位为千克 /(米·秒),即 $kg/(m·s)$。

根据动量定理 $dP = fdt$,式(7.35)可以改写为

$$dP = -\eta \frac{du}{dz} dSdt \qquad (7.36)$$

式中 dP 为 dt 时间内沿 z 轴正方向通过 dS 所迁移的动量。

黏滞定律也适用于液体。

气体的黏滞现象可用图 7.21 所示装置演示。A、B 为两个水平圆盘，B 盘用细线挂起，A 盘可由电动机带着转动。当 A 以恒速转动时，带动附在 A 上的气层。由于气层间产生流速梯度，有黏滞力作用，该气层又带动相邻的气层。这样逐层带动，最后带动 B 转动。当作用在 B 上的黏滞力矩与细丝的恢复力矩平衡时，B 静止并保持一定的偏角。

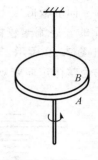

图 7.21　黏滞现象的演示

表 7.5 列出了一些气体的黏度、热导率和扩散率。

表 7.5　几种气体的黏度、热导率和扩散率（$T = 273K$ 时）

气　体	$\eta/[\mathrm{kg}/(\mathrm{m} \cdot \mathrm{s})]$	$\kappa/[\mathrm{W}/(\mathrm{m} \cdot \mathrm{K})]$	$D/(\mathrm{m}^2/\mathrm{s})$
Ne	2.97×10^{-5}	4.60×10^{-2}	4.52×10^{-5}
Ar	2.10×10^{-5}	1.63×10^{-2}	1.57×10^{-5}
H_2	0.84×10^{-5}	16.8×10^{-2}	12.8×10^{-5}
N_2	1.66×10^{-5}	2.37×10^{-2}	1.78×10^{-5}
O_2	1.89×10^{-5}	2.42×10^{-2}	1.81×10^{-5}
CO_2	1.39×10^{-5}	1.49×10^{-2}	0.97×10^{-5}
CH_4	1.03×10^{-5}	3.04×10^{-2}	2.06×10^{-5}
Xe	2.10×10^{-5}	0.52×10^{-2}	0.58×10^{-5}

2. 黏滞现象的微观解释

从气体动理论的观点看，气体流动时，每一个分子除了无序运动的动量外，还有定向运动的动量 μu。图 7.20 中，流速沿 z 轴正方向增大，$\mathrm{d}S$ 上面气层中分子的定向动量较大，$\mathrm{d}S$ 下面气层中分子的定向动量较小。由于分子的无规则运动，上面气层中的分子通过 $\mathrm{d}S$ 跑到下面气层，下面气层中的分子通过 $\mathrm{d}S$ 跑到上面气层。总的效果是：上面气层中分子的定向动量减小了，下面气层中分子的定向动量增大了。可见，气体的黏滞现象是气体内部分子定向动量迁移的结果。

运用气体动理论，可导出黏度 η 与微观量统计平均值之间的关

系

$$\eta = \frac{1}{3} n \mu \bar{v} \, \bar{\lambda} = \frac{1}{3} \rho \bar{v} \, \bar{\lambda} \qquad (7.37)$$

式中,n 为气体的分子数密度;μ 为分子质量;$\bar{v}$ 为分子平均速率;$\bar{\lambda}$ 为分子平均自由程;ρ 为气体密度。式(7.37)表明,气体的黏度与气体密度、分子平均速率和平均自由程成正比。

由实验测定 η,再根据式(7.37)和 $\bar{\lambda} = \dfrac{1}{\sqrt{2} \, \pi d^2 n}$,也可以估算气体分子的有效直径 d。

物体在气体中高速运动时,黏滞力是阻力的一个重要因素。

三、扩散现象

当混合气体中某一成分的密度分布不均匀,或者同一气体各部分的密度不同时,气体将从密度大处逐渐向密度小处散开,使各部分的密度趋向均匀,这一现象称为**扩散现象**。

1. 扩散定律

若一种气体各处密度不等,而温度均匀,则气体将从密度大处向密度小处扩散,各处密度逐渐趋于均匀。这种扩散过程伴随气体的宏观流动,比较复杂。

为简单起见,考虑一种**纯扩散**过程。设两种气体的分子量相等(例如 N_2 和 CO),温度和压强也相等,盛于一个容器中,用隔板隔开,如图 7.22 所示。如果将隔板抽掉,两种气体就相互扩散。因为压强处处相等,所以扩散过程中并没有气体的宏观流动,是纯扩散过程。下面讨论其中一种气体(例如 CO)的扩散规律。

设 CO 密度 ρ 仅为坐标 z 的函数,**密度梯度**为 $\dfrac{\mathrm{d}\rho}{\mathrm{d}z}$。取截面 $\mathrm{d}S$ 与 z 轴垂直,则实验表明 $\mathrm{d}t$ 时间内沿 z 轴正方向迁移的 CO 气体质量 $\mathrm{d}m$ 为

$$\mathrm{d}m = - D \frac{\mathrm{d}\rho}{\mathrm{d}z} \, \mathrm{d}S \mathrm{d}t \qquad (7.38)$$

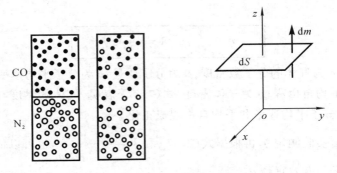

图 7.22　气体的扩散现象

式中 D 为气体的**扩散率**,在国际单位制中,扩散率 D 的单位为米^2/秒(m^2/s),扩散率的数值与气体的性质和状态有关。式中负号表示扩散方向与密度梯度方向相反,即从密度大处向密度小处扩散。式(7.38)称为**扩散定律**。

2.扩散现象的微观解释

设 CO 密度沿 z 轴正方向增大,CO 就由上向下通过 dS 扩散。从分子动理论观点看,由于分子的无序运动,dS 上面气层中的 CO 分子跑到 dS 下面气层中去,dS 下面气层中的 CO 分子跑到 dS 上面气层中去。由于上面气层中 CO 密度较大,因此,总的效果是:CO 由上向下扩散。可见**扩散是分子质量的迁移过程**。

运用气体动理论,可导出扩散率 D 与微观量统计平均值之间的关系

$$D = \frac{1}{3}\bar{v}\,\bar{\lambda} \tag{7.39}$$

若将　$\bar{v} = \sqrt{\dfrac{8kT}{\pi\mu}}$ 和 $\bar{\lambda} = \dfrac{kT}{\sqrt{2}\,\pi d^2 p}$ 代入上式,则得

$$D = \frac{2}{3\sqrt{\mu}\,pd^2}\left(\frac{kT}{\pi}\right)^{3/2}$$

因此,压强越低,温度越高,则扩散越快。在相同的压强和温度下,分子质量和有效直径越大,则扩散越慢。利用这一原理,可以将 U²³⁵(丰度 0.7%)从 U²³⁵ 和 U²³⁸(丰度 99.3%)的混合物中分离出来。U²³⁵ 可制造原子弹,核电站的反应堆中也需要 U²³⁵。高真空技术中的扩散泵,也是利用扩散现象。

例 7.9 氢气在 $p = 1.013 \times 10^5 \text{Pa}, T = 273\text{K}$ 状态下,其黏度为 $\eta = 8.41 \times 10^{-6} \text{kg/(m} \cdot \text{s)}$。求氢分子的平均自由程和有效直径。

解 气体密度为

$$\rho = \frac{m}{V} = \frac{pM}{RT}$$

$$= \left(\frac{1.013 \times 10^5 \times 2.02 \times 10^{-3}}{8.31 \times 273} \right) \text{kg/m}^3 = 9.02 \times 10^{-2} \text{ kg/m}^3$$

分子平均速率为

$$\bar{v} = \sqrt{\frac{8RT}{\pi M}} = \sqrt{\frac{8 \times 8.31 \times 273}{\pi \times 2.02 \times 10^{-3}}} \text{m/s} = 1.69 \times 10^3 \text{ m/s}$$

由式(7.37)得平均自由程

$$\bar{\lambda} = \frac{3\eta}{\rho \bar{v}} = \left(\frac{3 \times 8.41 \times 10^{-6}}{9.02 \times 10^{-2} \times 1.69 \times 10^3} \right) \text{m} = 1.66 \times 10^{-7} \text{ m}$$

因为 $\bar{\lambda} = \frac{kT}{\sqrt{2}\pi d^2 p}$,所以氢分子的有效直径为

$$d = \left(\frac{kT}{\sqrt{2}\pi p\bar{\lambda}} \right)^{1/2} = \left(\frac{1.38 \times 10^{-23} \times 273}{\sqrt{2}\pi \times 1.013 \times 10^5 \times 1.66 \times 10^{-7}} \right)^{1/2} \text{m}$$

$$= 2.25 \times 10^{-10} \text{ m}$$

§7.10 实际气体 范德瓦尔斯方程

一、范德瓦尔斯方程

理想气体的状态方程可写为

$$\frac{pV}{\nu RT} = 1$$

实验表明,实际气体不服从理想气体状态方程,即

$$\frac{pV}{\nu RT} = \zeta \neq 1$$

式中 ζ 称为**压缩因子**,与气体性质、压强和温度有关。ζ 的数值表示了实际气体偏离理想气体的程度。图 7.23 是不同温度下 N_2 的 ζ-p 关系曲线,图 7.24 是 100℃ 时 H_2、N_2 和 CO_2 的 ζ-p 曲线。图中 p_n 是物理常量标准大气压,$p_n = 101\ 325Pa$。由图可见,只有低压时,曲线才接近 $\zeta = 1$(理想气体),可以近似应用理想气体状态方程。一般情形下,需要寻找适用于实际气体的状态方程。

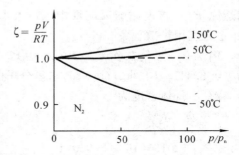

图 7.23　不同温度下 N_2 的 ζ-p 曲线

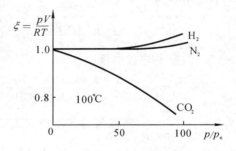

图 7.24　100℃ 时 H_2、N_2 和 CO_2 的 ζ-p 曲线

范德瓦尔斯认为,实际气体与理想气体的差别,主要是两点:

(1)理想气体分子本身的体积忽略不计,而实际气体分子本身的体积不能忽略;

(2)理想气体分子与分子之间的相互作用力忽略不计,而实际气体分子与分子之间的相互作用力是不能忽略的。

由于存在这两个差别,范德瓦尔斯把实际气体分子看作相互之间有吸引力,具有一定体积的刚性小球,因此,实际气体的体积 V 和压强 p 必须进行修正以后,才服从理想气体状态方程。

1.体积的修正

理想气体状态方程 $pV = \nu RT$ 中，V 是气体可压缩的体积。由于理想气体分子本身的体积忽略不计，因此，这个 V 就是气体的体积。而实际气体分子本身具有一定体积，故实际气体的可压缩体积就比气体的体积 V 要小些，需要进行修正。作为估算，假设分子是直径为 d 的刚性小球，那么，B 分子的质心不能进入 A 分子周围 $\frac{4}{3}\pi d^3$ 的体积之中，如图7.25 所示。反之，A 分子的质心也不能进入 B 分子周围 $\frac{4}{3}\pi d^3$ 的体积之中。因此，对大量分子平均，每一个分子的不可压缩体积为

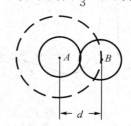

图 7.25　实际气体的不可压缩体积

$$\frac{1}{2}\left(\frac{4}{3}\pi d^3\right) = 4\left[\frac{4}{3}\pi\left(\frac{d}{2}\right)^3\right]$$

即一个分子的不可压缩体积相当于分子自身体积的 4 倍。1摩尔分子的不可压缩体积为

$$b = N_A\left\{4\left[\frac{4}{3}\pi\left(\frac{d}{2}\right)^3\right]\right\} = \frac{2}{3}N_A\pi d^3$$

修正后的体积（可压缩体积）应是气体所在容器的容积 V 减去不可压缩体积 νb，即

$$\text{修正后的体积} = V - \nu b$$

常量 b 决定于气体的性质。

2.压强的修正

理想气体状态方程 $pV = \nu RT$ 中，p 是不考虑分子间引力时，气体对器壁产生的压强。

实际气体的分子与分子之间存在相互作用力，称为分子力。分子力 F 与分子间距离 r 的关系，如图7.26 所示。当两个分子间距离为 r_0 时，分子力为零。当两个分子间距离小于 r_0 时，分子力为斥力。距离进一步减小时，斥力急剧增大。当两个分子间的距离大于 r_0 时，分

子力为引力。距离进一步增大时,引力很快趋向于零。r_0 的数量级约为 10^{-10}m,引力作用距离约为 $10^{-10} \sim 10^{-8}$m。一般压强下,气体分子间的平均距离在引力作用范围内,故气体分子间的相互作用力是引力。

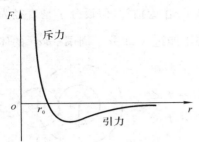

图 7.26 分子力与分子间
距离的关系

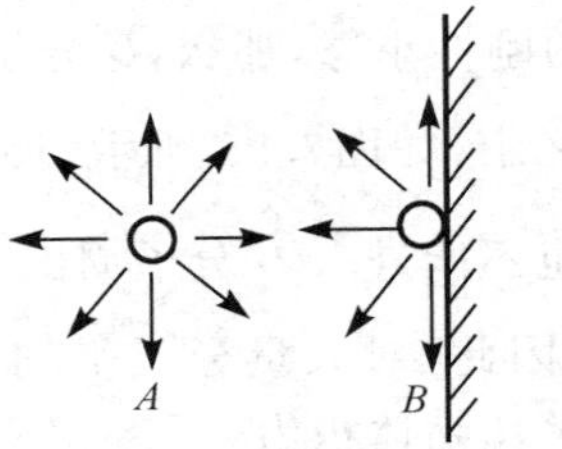

图 7.27 气体分子间的引力
附加压强

实际气体内部的分子,周围各个方向都受到其他分子的引力,因而恰好相互抵消,对分子的运动不产生影响,如图 7.27 中的 A 分子。靠近器壁,与器壁的距离小于分子引力作用距离的那些分子,情况就有所不同,如图 7.27 中的 B 分子。它受其他分子的引力作用不对称,结果受到一个垂直器壁指向气体内部的合力。当分子向器壁运动,靠近器壁时,由于这一合力的作用,分子动量减小,从而使得碰撞器壁的冲量减小,相当于产生了一个指向气体内部的附加压强 p_i。显然,$p_i \propto$ 器壁附近受力的分子数密度 $\propto \dfrac{\nu}{V}$。同时,$p_i \propto$ 对器壁附近分子施力的其他分子数密度 $\propto \dfrac{\nu}{V}$。因此,附加压强 p_i 可表示为

$$p_i = a\left(\frac{\nu}{V}\right)^2$$

式中的常量 a 取决于气体的性质。常量 a 和 b 统称为范德瓦尔斯常量。表 7.6 列出了一些气体的 a、b 值。

实际气体的压强 p(测量到的压强)是考虑分子间有引力时气体对器壁产生的压强,所以,修正后的压强(不考虑分子间引力时的压

强）为

$$修正后的压强 = (p + p_i) = \left[p + a\left(\frac{\nu}{V}\right)^2 \right]$$

修正后的压强和修正后的体积服从理想气体状态方程,即用修正后的压强 $\left[p + a\left(\frac{\nu}{V}\right)^2 \right]$ 替代理想气体状态方程中的 p,用修正后的体积 $(V - \nu b)$ 替代理想气体状态方程中的 V,$\left[p + a\left(\frac{\nu}{V}\right)^2 \right]$ 乘 $(V - \nu b)$ 才等于 νRT,即

$$\left[p + a\left(\frac{\nu}{V}\right)^2 \right](V - \nu b) = \nu RT \qquad (7.40)$$

当气体的量为 $\nu = 1\text{mol}$ 时,上式简化为

$$\left(p + \frac{a}{V^2} \right)(V - b) = RT \qquad (7.41)$$

式(7.40)和(7.41)称为**范德瓦尔斯方程**。

范德瓦尔斯从理论上分析了实际气体与理想气体的差别,而常量 a 和 b 可由实验测定,所以范德瓦尔斯方程是一个半理论、半经验的方程。当气体压强很低时,$V \gg \nu b$,$p \gg a\left(\frac{\nu}{V}\right)^2$,范德瓦尔斯方程退化为理想气体状态方程。范德瓦尔斯方程的优点是形式简单,物理意义明确,并能较好地反映实际气体的性质。

表 7.6 列出了 320K 时,CO_2 在不同压强下其摩尔体积的实验值 $V_{m实}$、范德瓦尔斯方程的计算值 $V_{m范}$ 和理想气体状态方程的计算值 $V_{m理}$。

表 7.6　320K 时 CO_2 的摩尔体积

p /Pa	$V_{m实}/\text{m}^3$	$V_{m范}/\text{m}^3$	$V_{m理}/\text{m}^3$
1.013×10^5	26.2×10^{-3}	26.2×10^{-3}	26.3×10^{-3}
1.013×10^6	2.52	2.53	2.63
4.052×10^6	0.54	0.55	0.66
1.013×10^7	0.098	0.10	0.26

可以看出,在$1.013 \times 10^7 \mathrm{Pa} > p > 1.013 \times 10^6 \mathrm{Pa}$范围内,理想气体状态方程的计算结果与实验值偏离较大,而范德瓦尔斯方程的计算结果则比较符合实际。压强再增高时,范德瓦尔斯方程与实验结果的偏差也渐渐变大。这说明,与理想气体状态方程比较,范德瓦尔斯方程能较好地反映实际气体的行为。但是,无论是理想气体状态方程,还是范德瓦尔斯方程,都只能在一定程度上近似地反映实际气体,仅是后者的近似程度高一些而已。

二、实际气体等温线　临界常量

图7.28是CO_2的实验等温线。图中横坐标为摩尔体积,纵坐标为压强。从图中可以看出

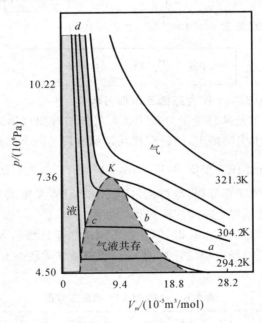

图 7.28　CO_2 的实验等温线

（1）T 低于 304.2K 时,每条等温线都有一段水平直线。以

294.2K 的等温线为例,ab 段为气体,压强 p 随体积 V 的缩小而增高。bc 段为气液共存,体积 V 减小,压强 p 不变,气体逐渐液化。bc 段对应的压强称为饱和蒸汽压。cd 段为液体,由于液体不易压缩,因此,压强 p 随体积 V 的减小而急剧上升。

(2)当温度 $T = 304.2$K 时,平直段 bc 缩成一点 K。K 点是 304.2K 等温线上的一个拐点。当温度 $T > 304.2$K 时,无论怎样恒温加压,也不能使气体液化。这一特定的温度称为 CO_2 的**临界温度** T_K。临界温度对应的等温线称为**临界等温线**。临界等温线上的拐点 K 称为**临界点**。临界点所对应的压强和摩尔体积,分别称为**临界压强** p_K 和**临界摩尔体积** V_K。表 7.7 列出了一些气体的临界常量。

表 7.7   几种气体的范德瓦尔斯常量和临界常量

气体	$\dfrac{a}{\text{Pa} \cdot \text{m}^6/\text{mol}^2}$	$\dfrac{b}{\text{m}^3/\text{mol}}$	$\dfrac{p_K}{\text{Pa}}$	$\dfrac{V_K}{\text{m}^3/\text{mol}}$	$\dfrac{T_K}{\text{K}}$
Ar	0.136 2	3.219×10^{-5}	4.86×10^6	7.53×10^{-5}	150.7
H_2	0.024 7	2.661×10^{-5}	1.30×10^6	6.50×10^{-5}	33.2
O_2	0.137 8	3.183×10^{-5}	5.08×10^6	7.80×10^{-5}	154.8
N_2	0.140 8	3.913×10^{-5}	3.39×10^6	9.01×10^{-5}	126.3
Cl_2	0.657 7	5.662×10^{-5}	7.71×10^6	12.4×10^{-5}	417.2
CO_2	0.363 9	4.267×10^{-5}	7.36×10^6	9.40×10^{-5}	304.2
H_2O	0.553 5	3.049×10^{-5}	22.1×10^6	4.53×10^{-5}	647.4
NH_3	0.422 4	3.707×10^{-5}	11.2×10^6	7.25×10^{-5}	405.5
CH_4	0.228 2	4.278×10^{-5}	4.64×10^6	9.90×10^{-5}	191.1
C_2H_4	0.452 9	5.714×10^{-5}	5.12×10^6	12.4×10^{-5}	283.1
C_2H_6	0.556 0	6.380×10^{-5}	4.88×10^6	14.8×10^{-5}	305.4
C_6H_6	1.823 0	1.154×10^{-4}	4.92×10^6	26.0×10^{-5}	562.7

图 7.29 是按范德瓦尔斯方程所作的等温线,等温线上也有拐点

K，这一点与实验相符。但是低于临界温度时，等温线出现极大和极小，所以范德瓦尔斯方程不能说明实际气体的液化过程，这反映了范德瓦斯方程过于简单的缺陷。

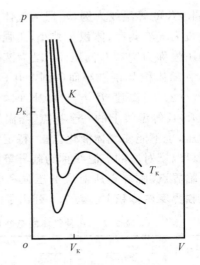

图 7.29　范德瓦尔斯等温线

根据范德瓦尔斯方程(7.41)，临界等温线的方程为

$$p = \frac{RT_K}{V - b} - \frac{a}{V^2} \qquad ①$$

因为临界点是临界等温线上的拐点，应有 $\frac{\mathrm{d}p}{\mathrm{d}V}\big|_{V_K} = 0$ 和 $\frac{\mathrm{d}^2 p}{\mathrm{d}V^2}\big|_{V_K} = 0$，所以对方程 ① 求导一次和两次，得

$$\frac{-RT_K}{(V_K - b)^2} + \frac{2a}{V_K^3} = 0 \qquad ②$$

$$\frac{2RT_K}{(V_K - b)^3} - \frac{6a}{V_K^4} = 0 \qquad ③$$

临界点方程为

$$p_K = \frac{RT_K}{V_K - b} - \frac{a}{V_K^2} \qquad ④$$

解方程 ②、③、④，可得

$$a = \frac{27R^2 T_K^2}{64 p_K} \qquad (7.42.a)$$

$$b = \frac{RT_K}{8 p_K} \qquad (7.42.b)$$

$$\frac{p_K V_K}{RT_K} = \frac{3}{8} \qquad (7.42.c)$$

根据式(7.42.a)和(7.42.b)，可以由实验数据 p_K 和 T_K，计算范

德瓦尔斯常量 a 和 b。式(7.42.c)说明,遵循范德瓦尔斯方程的气体, $\dfrac{p_K V_K}{R T_K}$ 的值等于 $\dfrac{3}{8} = 0.375$。而大多数实际气体的 $\dfrac{p_K V_K}{R T_K}$ 值在 $0.26 \sim 0.31$ 之间,这也说明范德瓦尔斯方程只能近似反映实际气体的性质。

*三、实际气体的内能[①]

理想气体分子间无相互作用力,其内能等于所有分子热运动能量之和。由于实际气体分子之间有相互作用力,因此,实际气体的内能应等于所有分子热运动能量之和再加上所有分子间相互作用势能之和。

若 ν 摩尔范德瓦尔斯气由状态 $a(T_1, V_1)$ 变到状态 $b(T_2, V_2)$,则内能的增量 ΔE 包括两部分:

(1)所有分子热运动能量之和的增量 ΔE_k 只与温度有关,与理想气体内能的增量一样,即[②]

$$\Delta E_k = \nu C_{V,m}(T_2 - T_1)$$

式中 $C_{V,m}$ 为气体定体摩尔热容。

(2)所有分子间相互作用势能之和的增量 ΔE_p 等于气体克服附加压强所做的功

$$\Delta E_p = \int_{V_1}^{V_2} p_i \mathrm{d}V = \int_{V_1}^{V_2} a\left(\frac{\nu}{V}\right)^2 \mathrm{d}V$$
$$= \nu^2 a\left(\frac{1}{V_1} - \frac{1}{V_2}\right)$$

实际气体内能的总增量为

$$\Delta E = \Delta E_k + \Delta E_p \tag{7.43}$$

热力学第一定律的一般形式为 $\Delta E = Q + A$,式中 Q 为系统吸收的热量,A 为外界对系统所做的功,ΔE 为系统内能的增量。在实际气体的热力学过程中,热力学第一定律可表示为如下形式

$$\Delta E_k + \Delta E_p = Q + A$$

例如,在高压 CO_2 气体从钢瓶中高速喷出的过程中,由于气体快速膨胀,来不及与外界交换热量,故 $Q = 0$;由于气体体积快速膨胀,故外界对气体所做的功 A

---

① 可待学习 §8.3 后阅读
② 参阅第八章 §8.3 式(8.7)

$\ll 0$；由于气体体积快速膨胀，故分子间相互作用势能增量 $\Delta E_p \gg 0$；因此，高压 CO_2 气体高速喷出的过程中

$$\Delta E_k = A - \Delta E_p \ll 0$$

就是说，在这个过程中，分子热运动能量 ΔE_k 急剧减少，因此，气体温度大大下降，通常可降到 $-78℃$ 以下，使 CO_2 气体直接凝结为干冰。

例 7.10　容积为 40L 的钢瓶中贮有氧气。若氧气的温度为 $27℃$，压强为 $50 \times 1.013 \times 10^5 Pa$，试用范德瓦尔斯方程计算钢瓶中氧气的量。

解　先用理想气体状态方程估算

$$\nu = \frac{pV}{RT} = \left(\frac{50 \times 1.013 \times 10^5 \times 40 \times 10^{-3}}{8.31 \times 300} \right) mol = 81\ mol$$

根据范德瓦尔斯方程，已知 ν、T、V 求 p，或已知 ν、V、p 求 T，都只要代代公式，比较容易；而由 T、V、p 求 ν，或由 ν、T、p 求 V，则比较困难，通常可用试算法

因

$$\left[p + a \left(\frac{\nu}{V} \right)^2 \right] (V - \nu b) = \nu RT$$

故

$$\nu = \frac{\left[p + a \left(\dfrac{\nu}{V} \right)^2 \right] (V - \nu b)}{RT}$$

$$= \left\{ \left[50 \times 1.013 \times 10^5 + 0.1378 \times \left(\frac{\nu/mol}{40 \times 10^{-3}} \right)^2 \right] \right.$$

$$\left. \times \frac{(40 \times 10^{-3} - 3.183 \times 10^{-5} \nu/mol)}{8.31 \times 300} \right\} mol$$

第一次试算，将 $\nu = 81 mol$ 代入上式等号右边，算得等号左边

$$\nu = 84.5 mol$$

第二次试算，将 $\nu = 84.5 mol$ 代入等号右边，算得等号左边

$$\nu = 85 mol$$

第三次试算，将 $\nu = 85 mol$ 代入等号右边，算得等号左边

$$\nu = 85 mol$$

用三次试算，得到钢瓶中氧气的量为

$$\nu = 85 mol。$$

思考题

7.1 何谓气体的平衡态?当气体处于平衡态时,是否组成气体的分子都已静止不动?气体的平衡状态与力学中的平衡状态有何不同?

7.2 什么是理想气体?宏观上是怎样定义的?微观上又是怎样定义的?

7.3 以气体动理论观点说明:气体在平衡态下,$\bar{v}_x = \bar{v}_y = \bar{v}_z = 0$

7.4 推导气体动理论的压强公式时,事先需作哪些假设?

7.5 一定量理想气体,若温度 T 不变,则压强 p 随体积 V 的减小而增大;若体 V 不变,则压强 p 随温度 T 的升高而增大。从宏观上看,同样是使压强 p 增大。从微观上看,有什么区别?

7.6 怎样理解分子的平均平动动能 $\bar{\varepsilon}_t = \dfrac{3}{2}kT$?如果容器内只有几个分子,能否根据此式计算平均平动动能?能否对几个分子谈温度高低?

7.7 两瓶不同种类的气体,其分子平均平动动能相等。问它们的温度是否相同?压强是否相同?

7.8 下列物体各有几个自由度:(1)在一平面上滑动的粒子;(2)可在一平面上滑动并绕垂直于该平面的轴转动的硬币;(3)在空间自由运动的三角形金属架。

7.9 盛有气体的容器原相对地面静止。若在外力作用下,容器相对地面运动,这时气体相对地面的总动能增加了,气体温度是否因此也升高了?

7.10 什么是内能?理想气体的内能有什么特征?

7.11 说明下列各量的物理意义:(1) $\dfrac{1}{2}kT$;(2) $\dfrac{3}{2}kT$;(3) $\dfrac{i}{2}kT$;(4) $\dfrac{i}{2}RT$;(5) $\nu\dfrac{3}{2}RT$;(6) $\nu\dfrac{i}{2}RT$。

7.12 如果氢气和氦气的温度相同,物质的量相同,那么它们的(1)分子平均能量是否相等?(2)分子平均平动动能是否相等?(3)内能是否相等?

7.13 图中两条曲线分别表示同一温度下氢气和氧气的分子速率分布。请分析各表示哪一种气体分子的速率分布。

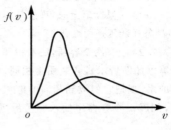

思考题 7.13 图

7.14 什么是最概然速率?它是否就是速率分布中的最大速率?

7.15 在同一温度下,不同气体分子的平均平动动能相等,以氢分子和氧分子相比较,氧分子的质量比氢分子的大,所以每个氢分子的速率都一定比氧分子的速率大,对吗?

7.16 已知 $f(v)$ 是气体分子的速率分布函数。请说明下列各式的物理意义:

(1) $f(v)\mathrm{d}v$　　(2) $Nf(v)\mathrm{d}v$　　(3) $\int_{v_1}^{v_2} Nf(v)\mathrm{d}v$　　(4) $\int_0^{v_p} f(v)\mathrm{d}v$

(5) $\int_{v_1}^{v_2} vf(v)\mathrm{d}v$　　(6) $\int_{v_p}^{\infty} v^2 f(v)\mathrm{d}v$　　(7) $\int_0^{v_p} vf(v)\mathrm{d}v \Big/ \int_0^{v_p} f(v)\mathrm{d}v$

7.17 证明麦克斯韦速率分布函数

$$f(v) = 4\pi\left(\frac{m}{2\pi kT}\right)^{3/2} \mathrm{e}^{-\frac{mv^2}{2kT}} v^2$$

是归一化的。

7.18 常温下,气体分子的平均速率可达几百米/秒,为什么气味的传播速率远比此小?

7.19 什么是气体分子的自由程和平均自由程?平均自由程与气体的状态及分子本身的性质有什么关系?我们计算平均自由程时,哪里应用了统计平均?

7.20 一定质量的气体,保持体积不变,当温度升高时,分子的无序运动更加剧烈,平均碰撞频率增大,因此,平均自由程减小。对吗?

7.21 按公式 $\bar{\lambda} = \dfrac{1}{\sqrt{2}\,\pi d^2 n}$ 计算所得的 $\bar{\lambda}$ 大于容器的线度 l 时,这时气体分子的平均自由程等于多少?

7.22 温度恒定时,理想气体的热导率 κ 怎样随压强而变化?

7.23 温度恒定时,理想气体的扩散率 D 怎样随压强而变化?

7.24 有两个容器,底面积和口径都相等,(如图所示),各装质量相同、温度相等的水。把它们放到相同的电炉上去加热,问哪一个容器中的水容易沸腾?为什么?

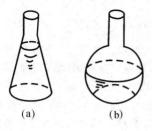

(a)　　　　(b)

思考题 7.24 图

7.25 实际气体与理想气体有哪些主要区别?范德瓦尔斯方程中引入了什

么修正项？

7.26 将 1mol 纯水注入原为真空的气缸内,在不同温度下逐步改变体积 V,测定压强 p,得到水的等温线如图所示。(1)请说出纯水气液共存的最高温度;(2)标出 150×10^5Pa、550K 的水和 150×10^5Pa、600K 的水,150×10^5Pa、600K 的气和 150×10^5Pa、647K 的气;(3)使气缸内压强恒定为 150×10^5Pa,对气缸加热,使 150×10^5Pa、550K 的水全部变为 150×10^5Pa、647K 的气。请在图上作出相应的过程曲线。

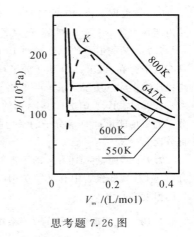

思考题 7.26 图

习　题

7.1 已知氦气的摩尔质量为 $M = 4.00 \times 10^{-3}$kg/mol,求:(1)氦分子的质量;在 0℃,1.013×10^5Pa 状态下,氦气的下列各量:(2)摩尔体积;(3)分子数密度;(4)密度。

7.2 计算下列一组粒子的平均速率、方均根速率和平均平动动能。设粒子等同,每一粒子质量为 $\mu = 7.0 \times 10^{-10}$kg。

v_i /(m/s)	10.0	20.0	30.0	40.0	50.0	60.0	70.0	80.0
N_i	210	390	585	724	608	430	246	132

7.3 水银气压计玻璃管内截面的面积为 2.00×10^{-4}m²。当大气压为 1.013×10^5Pa 时,水银柱液面离玻璃管顶端 120mm。若少量氦气进入玻璃管后,水银柱下降 160mm。设温度 $T = 300$K 保持恒定。求:(1)进入玻璃管的氦气的质量 m;(2)进入玻璃管的氦分子数 N;(3)单位体积中的氦分子数目 n。

7.4 设想每秒钟有 $n = 10^{23}$ 个氧分子,以速率 $v = 500$m/s 沿着与器壁法线成 $\theta = 45°$ 角的方向撞在面为 $S = 2 \times 10^{-4}$m² 的器壁上。求这群分子作用在 S 上的压强。

7.5 $V = 2.0 \times 10^{-3}$m³ 的容器内装有 1mol 氢气,测出压强 $p = 10 \times 10^5$Pa。求这时氢气分子的平均平动动能、平均能量和方均根速率。

7.6 温度 $T = 400$K 时,(1)1mol 氢气所有分子总的平动动能、转动动能和内能各为多少?(2)1mol 氦气,又各为多少?

7.7 某些恒星的温度达到 10^8K,在这温度下物质已不以原子形式存在,只有质子存在。试求:(1) 质子的平均平动动能是多少电子伏特?(2) 质子的方均根速率多大?(质子质量 $\mu = 1.67 \times 10^{-27}$kg)。

7.8 273K、1.013×10^5Pa 下的 22.4 L 氧气和 22.4 L 氦气混合,求:(1)氦分子的平均能量;(2)氧分子的平均能量;(3)氦气所具有内能占系统总内能的百分比。

7.9 若能量为 10^{12}eV 的宇宙射线粒子射入一氖管后,其能量全部被氖气分子吸收。现知氖管中有氖气 0.01mol。如果有 10^4 个宇宙粒子射入氖管,问氖气的温度升高多少?

7.10 证明理想气体的 pV 乘积值恒等于内能 E 的 $\frac{2}{i}$(i 为理想气体分子的自由度)。

7.11 下图表示某气体分子的速率分布曲线,试在图中标出:(1) 速率在 150m/s 附近单位速率间隔内的分子数占总分子数的比率;(2) 速率在 $250 \sim$ 350m/s 的分子数占总分子数的比率;(3) 最概然速率;(4) 速率大于 500m/s 的分

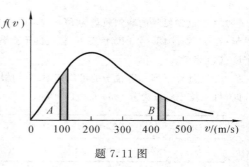

题 7.11 图

子数占总分子数的比率;(5) 两底边相等的(均等于 Δv)A、B 两个阴影面积不等,说明了什么?

7.12 0.20g 氢气盛于 3.0 L 的容器中,测得压强为 8.31×10^4Pa,求:(1)分子的最概然速率、平均速率和方均根速率;(2)速率在 $1000 \sim 1001$ m/s 之间的分子数 ΔN。

7.13 求速率在 $v_p \sim 1.01v_p$ 之间的气体分子占总分子数的比率;

7.14 在什么温度下,处于平衡态时,氢气分子的最概然速率为 1000m/s,试求出此温度时氢气分子的平均速率和方均根速率。

7.15 根据麦克斯韦速率分布律,求速率倒数的平均值 $\left(\overline{\dfrac{1}{v}}\right)$。

7.16 "电子气"由 N 个自由电子构成,电子速率在 $v \sim v + dv$ 之间的概率为

$$\frac{dN}{N} = \begin{cases} Av^2 dv & (0 < v < v_0) \\ 0 & (v > v_0) \end{cases}$$

式中 A 为待定常量。(1) 作出速率分布曲线;(2) 用 v_0 定出 A;(3) 求 v_p、$\bar{v}$ 和 $\sqrt{\bar{v^2}}$;*(4) 求速率在 0 到 $\frac{v_0}{2}$ 之间的电子的方均根速率。

7.17 体积为 V 的容器内盛有质量分别为 m_1 和 m_2 的两种不同单原子理想气体,此混合气体处于平衡态时,容器中两种组分气体的内能相等,均为 E。求:(1) 这两种气体分子的平均速率 $\bar{v}_1$ 与 $\bar{v}_2$ 之比;(2) 容器中混合气体的压强。

*7.18 一个充气的管子,绕其一端以角速度 ω 旋转,求管内气体密度的平衡分布 $\rho(r)$。(提示:以管子为参照系,气体处于一个等效外力场中)

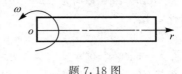

题 7.18 图

7.19 设空气的温度为 0℃,平均摩尔质量为 0.0289kg/mol,问上升到什么高度时,大气压强降为地面气压的 75%?

7.20 微粒悬浮在水中。已知微粒密度为 1.19g/cm^3,水的密度为 1.00g/cm^3,微粒半径 $r = 0.212 \times 10^{-6}\text{m}$,水温为 27℃。求高度相差 $40 \times 10^{-6}\text{m}$ 的两层中粒子数密度之比。

7.21 高 10.0m 的容器内装有氮气,并在重力场中处于平衡态,其温度为 $T = 300\text{K}$。求容器顶部与底部的气体压强之比。

7.22 若氖气分子的有效直径为 $2.04 \times 10^{-8}\text{cm}$,问在温度为 600K,压强为 133Pa 时,一个氖气分子在一秒钟内的平均碰撞次数是多少?已知氖气的摩尔质量 $M = 20.2 \times 10^{-3}\text{kg/mol}$。

7.23 真空管的真空度为 $1.33 \times 10^{-3}\text{Pa}$。求 27℃ 时单位体积中的分子数及分子的平均自由程(设分子有效直径 $d = 3.0 \times 10^{-10}\text{m}$)。

7.24 一氢分子(有效直径为 $1.0 \times 10^{-10}\text{m}$)以方均根速率从炉中($T = 4000\text{K}$)逸出,进入冷的氩气室中,室内氩气的分子数密度为 $4.0 \times 10^{25}/\text{m}^3$。氩气的有效直径为 $3.0 \times 10^{-10}\text{m}$。求:(1) 氢分子的方均根速率;(2) 氢分子与氩分子都视为球体,它们相碰时,中心之间靠得最近的距离;(3) 最初阶段,这个氢分子每秒钟受到的碰撞次数。(可视氢分子以方均根速率运动,氩原子静止。)

7.25 如图有两块相互接触的厚板,其厚度分别为 L_1 和 L_2,热导率分别为 κ_1 和 κ_2,外表面温度分别为 T_1 和 T_2,$T_1 > T_2$。求稳态条件下界面处的温度 T。

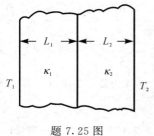

题 7.25 图

7.26 一绝缘铜棒的温度梯度为 $-2.5 \times 10^2 K/m$。(1)求相距 5cm 的两点之间的温度差;(2)确定每秒钟通过垂直于棒的单位横截面积的热量。已知铜的热导率为 $3.84 \times 10^2 W/(m \cdot K)$。

*__**7.27**__ 在一截面为 $4.5 \times 10^{-3} m^2$ 的管子中,氩气的分子数密度随坐标 x 线性变化:

$$n = n_0 - kx$$

式中 $k = 6.45 \times 10^{23} m^{-4}$。设无外力场作用,求分子流密度(单位时间内,通过单位横截面的分子数)和每秒钟扩散的气体质量。

7.28 氨的黏度为 $0.92 \times 10^{-5} kg/(m \cdot s)$。求:(1)$0℃$、$1.013 \times 10^5 Pa$ 状态下,氨分子的平均自由程;(2)氨分子的有效直径。

7.29 由实验测定,273K、$1.013 \times 10^5 Pa$ 状态下,氧的扩散率为 $1.81 \times 10^{-5} m^2/s$。根据这些数据,求 273K、$1.013 \times 10^5 Pa$ 状态下氧分子的平均自由程和有效直径。

7.30 保温瓶胆两壁间距 $l = 4 \times 10^{-3} m$,其间充满 $27℃$ 的氮气。已知氮分子的有效直径 $d = 3.1 \times 10^{-10} m$,问瓶胆内的压强降到多少以下时,氮气的热导率才会比大气压下的数值低?

7.31 将 $20 mol$ N_2 不断压缩,(1)它将接近多大体积?(2)假设这时 N_2 分子紧密排列,试估计 N_2 分子的线度。(3)此时由于分子间引力而产生的附加压强多大?设 N_2 始终遵循范德瓦耳斯方程。已知 N_2 的范德瓦耳斯常量为

$$a = 0.141 Pa \cdot m^6/mol^2 \qquad b = 39 \times 10^{-6} m^3/mol$$

7.32 已知 CO_2 的范德瓦耳斯常量 $a = 0.364 Pa \cdot m^6/mol^2$,$b = 4.27 \times 10^{-5} m^3/mol$。若 $0℃$ 时 CO_2 的摩尔体积为 $0.55 L$,求压强 p。(1)将 CO_2 视为范德瓦耳斯气体;(2)假设将 CO_2 视为理想气体。

第八章　　热力学基础

这一章的主要内容,是用宏观方法研究热现象的基本规律,同时应用气体动理论的一些结论,以便观察经典微观理论的适用范围。首先介绍在状态变化过程中,热、功、内能三者相互转换的定量关系—— 热力学第一定律,然后讨论热力学过程的方向和限度 —— 热力学第二定律。

§8.1　　准静态过程

若无外界的影响,系统的平衡态将历久而不变。当系统与外界交换 能量时,系统的状态就要发生变化。系统状态随时间的变化,称为**热 力学过程**。实际过程进行时,随着状态随时间的变化,过程中任一时刻,系统就要偏离平衡态。例如,迅速推动活塞,压缩气缸中的气体时, 活塞附近气体的密度和压强突然增大,这时,气缸内各处气体的密度、压强、温度都不均匀,因而,原来的平衡态被破坏了。若以后再无别的干扰,经过一段时间,气体又达到一个新的平衡态。从平衡态被某一干扰破坏,到建立新的平衡态所需的时间,称为**弛豫时间**。

设想引入一个非常微小的干扰,使系统与原平衡态产生非常微小的偏离,经过弛豫时间后,达到一个新的平衡态。然后,再引入一个非常微小的干扰,过渡到又一个新的平衡态。接下去再引入一个非常微小干扰,…… 这样重复许多许多次后,系统从初始平衡态变到终止平衡态。这个过程中的任一时刻,系统偏离平衡态都非常微小,都非常接近于平衡态。极限情形下,**过程中的任一时刻,系统都无限接近于平衡态,这样的过程称为准静态过程。**

由于状态图上的一个点代表一个平衡态,而准静态过程的每一个中间态都可视为平衡态,因此,在状态图上,准静态过程是一条曲线。

准静态过程是一种理想化过程,须进行得无限缓慢。实际过程进行的时间比弛豫时间大得多时,可近似视为准静态过程。例如,活塞压缩气体,其弛豫时间为 $10^{-4} \sim 10^{-3}$s,而内燃机气缸内气体压缩一次约 10^{-2}s,比弛豫时间大得多,故内燃机压缩过程可近似作准静态过程处理。在本章中,若不作特别说明,所说的过程均指准静态过程。为了正确理解什么是准静态过程,下面分别说明怎样实现气体准静态的等温、绝热、等压和等体过程。

设一定量气体贮于气缸内。气缸底部导热,并与温度为 T 的恒温大热源接触,其余外壁绝热。气缸的活塞可自由移动,它与器壁之间光滑而无摩擦。开始时,活塞上有许多小沙子,气体处于初始平衡态 $a(p_1, V_1, T)$,在图 8.1(b) 上用 a 点表示。

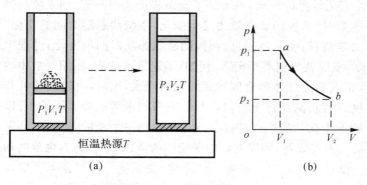

图 8.1 等温准静态过程

将小沙子一粒、一粒慢慢拿走,气体便缓慢地从始态 $a(p_1, V_1, T)$ 变到终态 $b(p_2, V_2, T)$。由于小沙子非常微小,拿走的过程又极其缓慢,因此,这一过程中的任一时刻,系统都无限接近于平衡态,即这一过程是**等温准静态过程**。

若气缸四壁均与外界绝热,活塞可自由移动。将小沙子一粒、一粒从活塞上拿走(或加上),即实现气体的**绝热准静态过程**。

若使外界压强恒定(活塞上重物不变),并准备一系列热源,其温度分别为 $T_1, T_1 + \mathrm{d}T, T_1 + 2\mathrm{d}T, \cdots\cdots T_2 - \mathrm{d}T, T_2$。然后,缓慢地依次用这些热源与气缸接触,即实现**等压准静态过程**,如图 8.2 所示。

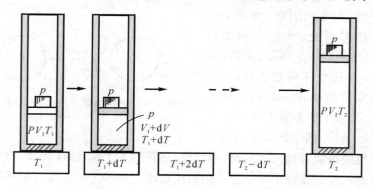

图 8.2   等压准静态过程

因为每换一个热源,气体只吸收 $\mathrm{d}Q$ 热量,温度只升高 $\mathrm{d}T$,体积只膨胀 $\mathrm{d}V$,过程中任一时刻,气体的压强,温度等参量基本上是均匀的,无限接近于平衡态,而气体压强始终与外界压强相等,恒定不变,因此,这一过程是等压准静态过程。

体积 V 恒定不变的过程称为等体过程。若将活塞固定,然后,用一系列温度差为 $\mathrm{d}T$ 的热源依次缓慢地与气缸接触,即实现**等体准静态过程**。

§8.2   热力学第一定律

一、热力学第一定律

要改变热力学系统的状态,就需与外界交换能量。交换能量有两

种 方法,第一种方法是做功,第二种方法是传递热量,或者两种方法兼施。例如一杯水,可以用搅拌做功,使水温升高。也可以使它与高温热源接触,吸收热量,使水温升高。做功和传热是系统与外界交换能量的两种方式。

若以 Q 表示系统从外界吸收的热量,以 A 表示外界对系统所做的功,则实验表明:如果系统由始态出发,经过不同的过程,变到同一个终态,那么,$(Q + A)$ 这个量总是相同的,它只取决于始、终态,而与过程无关。这说明系统存在着一个状态函数,这个状态函数称为

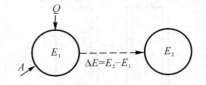

图 8.3 内能增量与热、功的关系

系统的内能,内能也称为**热力学能**,用符号 E 表示。从微观角度看,系统的内能是系统中所有分子的热运动能量及分子间相互作用势能的总和,所以,内能是状态的单值函数。

若系统的始态内能为 E_1,从外界吸收热量 Q,外界对系统做功 A,变到内能 E_2 的终态,则根据能量守恒定律

$$E_2 - E_1 = Q + A$$

或
$$\Delta E = Q + A \qquad (8.1)$$

上式称为**热力学第一定律**,它指出:**系统从外界吸收的热量 Q 与外界对系统所做的功 A 之和,等于系统内能的增量 ΔE**。热力学第一定律是包含热现象在内的能量守恒定律。

在微小的变化过程中,热力学第一定律可表示为
$$\mathrm{d}E = \mathrm{d}Q + \mathrm{d}A \qquad (8.2)$$

应用式(8.1)时,须注意两点:

(1) Q 表示系统吸收的热量,$(-Q)$ 表示系统放出的热量。系统吸热,Q 为正值,系统放热,Q 为负值;A 表示外界对系统所做的功,$(-A)$ 表示系统对外界所做的功。外界对系统做功,A 为正值,系统

对外界做功，A 为负值。

（2）ΔE、Q 和 A 的单位必须一致，在国际单位制中，其单位均为焦（J）。

曾经有人试图制造一种机器，它不消耗能量，却能不断对外做功。这种机器称为"第一类永动机"。但是，所有设计的"第一类永动机"都以失败而告终。这是因为它违反了自然界最基本、最普遍的客观规律 —— 能量守恒定律。

二、功的计算

做功有多种形式，例如，机械功、电功、磁功、表面功等。在热力学中，系统的体积变化时，压力所做的功具有特别重要的意义。

设气缸内贮有一定量气体，压强为 p，活塞面积为 S。若经一准静态过程，活塞向外移动 $\mathrm{d}l$，则气体对外界所做的元功为

$$(- \mathrm{d}A) = F\mathrm{d}l = pS\mathrm{d}l = p\mathrm{d}V$$

式中 $\mathrm{d}V$ 为气体增大的体积元（见图 8.4）。

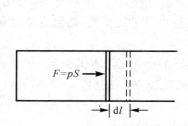

图 8.4　系统体积改变时压力所做的功

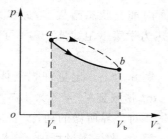

图 8.5　功的图示

若经一个有限的准静态过程，由体积 V_a 的始态 a 变到体积 V_b 的终态 b，则系统对外界所做的功（$- A$）为

$$(- A) = \int_{V_a}^{V_b} p \,\mathrm{d}V \qquad (8.3.a)$$

换言之，上述同一过程中，外界对气体所做的功 A 为

$$A = -\int_{V_a}^{V_b} p dV \qquad (8.3.b)$$

只要将过程中 p 与 V 的函数关系代入式(8.3),就可以计算系统对外界所做的功$(-A)$,或外界对系统所做的功 A。

由式(8.3)知,系统膨胀时,$(-A) > 0$,$A < 0$,系统对外界做功,外界对系统做负功;系统压缩时,$A > 0$,$(-A) < 0$,外界对系统做功,系统对外界做负功。

在 p-V 图上,膨胀过程中气体对外界所做的功$(-A)$,大小等于过程曲线下的面积。压缩过程中,外界对气体所做的功 A,等于过程曲线下的面积。

若系统沿图 8.5 中虚线所示过程,从始态 a 变到终态 b,系统对外界所做的功数值上等于虚线下的面积,显然比沿实线所示过程所做的功大。这说明系统所做的功不仅取决于始、终态,而且与过程有关。所以,**功是过程量,不是状态函数**。

内能是状态函数,与过程无关,功是过程量,与过程有关,因此,由热力学第一定律式(8.1)可知,热量也与过程有关,**热量也是过程量**。

例 8.1   一定量理想气体经一准静态过程,体积从 $V_a = 2 \times 10^{-3} m^3$ 膨胀到 $V_b = 4 \times 10^{-3} m^3$ 已知过程方程为 $pV^2 = 2\, Pa \cdot m^6$,求气体对外界所做的功。

解   准静态过程中,气体对外界所做的功为

$$(-A) = \int_{V_a}^{V_b} p\, dV = \int_{V_a}^{V_b} \left(\frac{2Pa \cdot m^6}{V^2} \right) dV$$

$$= 2 \left(\frac{m^3}{V_a} - \frac{m^3}{V_b} \right) J$$

$$= 2 \times \left(\frac{1}{2 \times 10^{-3}} - \frac{1}{4 \times 10^{-3}} \right) J = 500\ J$$

例 8.2   如例 8.2 图所示,一定量气体经曲线过程 ab,由态 a 变到态 b,气体吸热 $8.5 \times 10^4 J$,对外做功 $1.5 \times 10^4 J$。若气体经直线过程 ba,由态 b 返回态 a,气体吸热多少?

解 曲线过程 ab 中

$$Q_{ab} = 8.5 \times 10^4 \text{ J}$$

$$(-A_{ab}) = 1.5 \times 10^4 \text{ J}$$

按热力学第一定律

$$(\Delta E)_{ab} = E_b - E_a = Q_{ab} + A_{ab}$$

$$= (8.5 \times 10^4 - 1.5 \times 10^4) \text{J}$$

$$= 7.0 \times 10^4 \text{ J}$$

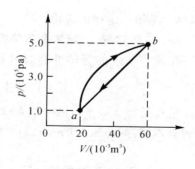

例 8.2 图

直线过程 ba 中,外界对气体所
做的功数值上等于直线 ba 下
的面积

$$A_{ba} = -\int_{V_b}^{V_a} p \, \mathrm{d}V$$

$$= \frac{1}{2}(p_b + p_a)(V_b - V_a)$$

$$= \left[\frac{1}{2} \times (5.0 \times 10^5 + 1.0 \times 10^5) \times (60-20) \times 10^{-3} \right] \text{J}$$

$$= 1.2 \times 10^4 \text{ J}$$

$$(\Delta E)_{ba} = E_a - E_b = -(\Delta E)_{ab} = -7.0 \times 10^4 \text{ J}$$

故 $\quad Q_{ba} = (\Delta E)_{ba} - A_{ba}$

$$= (-7.0 \times 10^4 - 1.2 \times 10^4) \text{J} = -8.2 \times 10^4 \text{ J}$$

直线过程 ba 中,气体吸收热量 $Q_{ba} = (-8.2 \times 10^4) \text{J}$,即放出热量
$(-Q_{ba}) = 8.2 \times 10^4 \text{ J}$

§8.3   理想气体的等体过程和等压过程

热力学第一定律是自然界最基本的定律之一,它指出了系统在
状态变化过程中,热、功和内能增量三者之间的关系。不论气体、液体
还 是固体系统,热力学第一定律都是普遍适用的。在本节和下一节
中,将主要讨论理想气体在等体、等压、等温和绝热四种准静态过程

中,热力学第一定律的应用。

一、等体过程　定体摩尔热容

在理想气体的等体准静态过程中，$V = \dfrac{\nu RT}{p} = $ 常量，在 p-V 图上，等体过程是与 p 轴平行的一段直线，称为**等体线**，如图 8.6 中的直线 ab 所示。

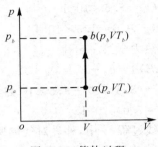

图 8.6　等体过程

等体过程中，$V = $ 常量，$\mathrm{d}V = 0$，气体对外界不做功，即

$$(-A) = \int_{V_a}^{V_b} p\,\mathrm{d}V = 0$$

应用热力学第一定律，并联系气体分子动理论导出的理想气体内能公式 $E = \nu \dfrac{i}{2}RT$，得

$$Q_V = \Delta E = \nu \frac{i}{2}R\Delta T$$

$$= \nu \frac{i}{2}R(T_b - T_a)$$

可见等体过程中，系统吸收的热量全部转变为内能的增量。

若量为 ν 的物质，其体积恒定不变，吸收热量 $\mathrm{d}Q_V$ 后，温度升高 $\mathrm{d}T$，则定义该物质的**定体摩尔热容**为

$$C_{V,\mathrm{m}} = \frac{\mathrm{d}Q_V}{\nu\mathrm{d}T} \tag{8.4}$$

摩尔热容的单位为焦 /（摩·开）即 J/(mol·K)。数值上，**定体摩尔热容等于 1mol 该物质的体积保持不变，温度升高 1K 所吸收的热量**。因为热量与过程有关，所以同一种物质在不同的过程中，其摩尔热容值也不同。最常用的是定体摩尔热容和定压摩尔热容。

对于理想气体，$\mathrm{d}Q_V = \nu \dfrac{i}{2}R\mathrm{d}T$，因此，**理想气体的定体摩尔热容为**

$$C_{V,\mathrm{m}} = \frac{i}{2}R \qquad (8.5)$$

即 理想气体的定体摩尔热容仅与分子的自由度有关。通常，应用式 (8.5)，将等体过程中吸收的热量 Q_V 表示为

$$Q_V = \Delta E = \nu\, C_{V,\mathrm{m}}\Delta T \qquad (8.6)$$

因为理想气体的内能仅为温度的单值状态函数，所以，不论经历什么过程，理想气体内能的增量均为

$$\Delta E = \nu\, C_{V,\mathrm{m}}\Delta T \qquad (8.7)$$

二、等压过程　定压摩尔热容

在理想气体的等压准静态过程

中，$p = \dfrac{\nu RT}{V} =$ 常量，在 $p\text{-}V$ 图上，等压过程是与 V 轴平行的一段直线，称为**等压线**，如图 8.7 中的直线 ab 所示。

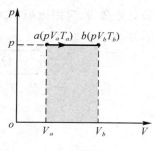

图 8.7　等压过程

等压过程中，气体对外做功为

$$(-A) = \int_{V_a}^{V_b} p\mathrm{d}V$$
$$= p(V_b - V_a) = p\Delta V$$

对于理想气体的等压过程，$p\Delta V = \nu R\Delta T$，所以，在等压过程中，理想气体对外做功为

$$(-A) = p\Delta V = \nu R\Delta T \qquad (8.8)$$

根据热力学第一定律

$$Q_p = \Delta E - A = \nu(C_{V,\mathrm{m}} + R)\Delta T$$

也即等压过程中，气体吸收的热量 Q_p 当中，一部分转变为内能的增量 $\Delta E = \nu\, C_{V,\mathrm{m}}\Delta T$，另一部分转变为对外做功 $(-A) = p\Delta V = \nu R\Delta T$。

若量为 ν 的物质，其压强恒定不变，吸收热量 $\mathrm{d}Q_p$ 后，温度升高

$\mathrm{d}T$,则定义该物质的**定压摩尔热容**为

$$C_{p,\mathrm{m}} = \frac{\mathrm{d}Q_p}{\nu\mathrm{d}T} \tag{8.9}$$

数值上,定压摩尔热容等于 $1\mathrm{mol}$ 该物质的压强保持不变,温度升高 $1\mathrm{K}$ 时所吸收的热量。对于理想气体,$\mathrm{d}Q_p = \nu(C_{V,\mathrm{m}} + R)\mathrm{d}T$,因此,**理想气体的定压摩尔热容**为

$$\boxed{C_{p,\mathrm{m}} = C_{V,\mathrm{m}} + R} \tag{8.10}$$

式(8.10)称为**迈耶(Mayer)公式**,它指出理想气体的定压摩尔热容与定体摩尔热容之差恰好等于摩尔气体常量。就是说,$1\mathrm{mol}$ 理想气体温度升高 $1\mathrm{K}$,在等压过程中要比在等体过程中多吸收热量 $8.31\mathrm{J}$,用来对外做功。应用迈耶公式,在等压过程中,气体吸收的热量 Q_p 可表示为

$$\boxed{Q_p = \nu C_{p,\mathrm{m}}\Delta T} \tag{8.11}$$

$C_{p,\mathrm{m}}$ 与 $C_{V,\mathrm{m}}$ 的比值,称为**摩尔热容比**,用 γ 表示

$$\gamma = \frac{C_{p,\mathrm{m}}}{C_{V,\mathrm{m}}}$$

对于理想气体,$C_{p,\mathrm{m}} = C_{V,\mathrm{m}} + R$,$C_{V,\mathrm{m}} = \frac{i}{2}R$,因此,理想气体的摩尔热容比为

$$\boxed{\gamma = \frac{C_{p,\mathrm{m}}}{C_{V,\mathrm{m}}} = 1 + \frac{2}{i}} \tag{8.12}$$

三、经典热容理论的适用范围

上述 $C_{V,\mathrm{m}}$,$C_{p,\mathrm{m}}$ 和 γ 的推导,是建立在经典的气体动理论基础之上的。这种理论称为经典热容理论。根据经典热容理论,$C_{V,\mathrm{m}} = \frac{i}{2}R$,$C_{p,\mathrm{m}} = C_{V,\mathrm{m}} + R$ 和 $\gamma = 1 + \frac{2}{i}$,三者都只与分子的自由度 i 有关,而与气体的温度无关。

表 8.1 列出了一些气体的 $C_{V,\mathrm{m}}$、$C_{p,\mathrm{m}}$ 和 γ 的实验值,表 8.2 列出

了不同温度下氧气的 $C_{p,m}$、$C_{V,m}$ 的实验值。

实践是检验理论的惟一标准。从表 8.1 和表 8.2 可以看出,经典热容理论近似地反映了客观事实,但也存在着局限性。现归纳如下:

(1) 对于常温下的单原子和双原子气体,$C_{p,m}$、$C_{V,m}$ 和 γ 的经典理论值与实验值大致相符,可以应用理论公式 $C_{V,m} = \dfrac{i}{2}R$,$C_{p,m} = C_{V,m} + R$ 和 $\gamma = 1 + \dfrac{2}{i}$ 进行计算。

(2) 对于常温下的多原子气体,$C_{p,m}$、$C_{V,m}$ 和 γ 的经典理论值与实验值不符,经典热容理论公式不再适用。

(3) $C_{p,m}$、$C_{V,m}$ 的经典理论值与温度无关,而实验表明它们是随温度而变化的。

表 8.1   一些气体的 $C_{p,m}$、$C_{V,m}$ 和 γ 值(298K,1.013×10^5Pa)

原子数	气体	$\dfrac{C_{p,m}}{\text{J/(mol·K)}}$		$\dfrac{C_{V,m}}{\text{J/(mol·K)}}$		$\dfrac{C_{p,m} - C_{V,m}}{\text{J/(mol·K)}}$		$\gamma = \dfrac{C_{p,m}}{C_{V,m}}$	
		理论	实验	理论	实验	理论	实验	理论	实验
单原子	He	20.8	20.95	12.5	12.61	8.31	8.34	1.67	1.66
	Ar	20.8	20.90	12.5	12.53	8.31	8.37	1.67	1.67
双原子	H_2	29.1	28.83	20.8	20.47	8.31	8.36	1.40	1.41
	N_2	29.1	28.88	20.8	20.56	8.31	8.32	1.40	1.40
	CO	29.1	29.0	20.8	21.2	8.31	7.8	1.40	1.37
	O_2	29.1	29.61	20.8	21.16	8.31	8.45	1.40	1.40
多原子	H_2O	33.2	36.2	24.9	27.8	8.31	8.4	1.33	1.31
	CH_4	33.2	35.6	24.9	27.2	8.31	8.4	1.33	1.30
	$CHCl_3$	33.2	72.0	24.9	63.7	8.31	8.3	1.33	1.13
	CH_5OH	33.2	87.5	24.9	79.1	8.31	8.4	1.33	1.11

表 8.2   不同温度下氧气摩尔热容的实验值(1.013×10^5Pa)

	200K	300K	500K	1000K	2000K	3000K
$C_{p,m}/[\text{J/(mol·K)}]$	29.26	29.43	31.12	36.82	37.78	39.96
$C_{V,m}/[\text{J/(nol·K)}]$	20.95	21.12	22.80	28.50	29.47	31.65

经典热容理论与实验不完全相符,原因之一是经典理论忽略了分子内部原子的振动。实际上,振动能量在结构复杂的分子中,或在温度很高的情况下,是不能忽略的;原因之二是气体动理论以能量连续的概念为基础,而实际上,分子、原子等微观粒子的能量是量子化的,只有应用量子统计理论才能圆满解释热容问题。

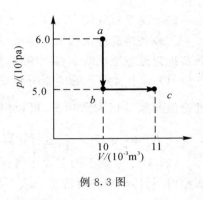

例 8.3 图

例 8.3   2mol 单原子理想气体,状态变化过程如例 8.3 图所示,求:(1)过程 ab 和过程 bc 中气体对外界所做的功、吸收的热量和气体内能的增量。(2)过程 abc 始末,气体内能的增量。

解   单原子理想气体

$$i = 3$$

$$C_{V,m} = \frac{3}{2}R = 12.5 \text{J/(mol · K)}$$

$$C_{p,m} = \frac{5}{2}R = 20.8 \text{J/(mol · K)}$$

$$T_a = \frac{p_a V_a}{\nu R} = \left(\frac{6.0 \times 10^5 \times 10 \times 10^{-3}}{2 \times 8.31} \right) \text{K} = 361 \text{ K}$$

(1)等体过程 ab:

$$T_b = \frac{p_b}{p_a} T_a = \left(\frac{5.0}{6.0} \times 361 \right) \text{K} = 301 \text{ K}$$

$$(-A_{ab}) = 0$$

$$Q_{ab} = (\Delta E)_{ab} = \nu C_{V,m}(T_b - T_a)$$

$$= [2 \times 12.5 \times (301 - 361)] \text{J} = -1.50 \times 10^3 \text{ J}$$

即气体放热 1.50×10^3 J,内能减少 1.50×10^3 J。

等压过程 bc:

$$T_c = \frac{V_c}{V_b}T_b = \left(\frac{11}{10} \times 301\right)K = 331\ K$$

$$(-A_{bc}) = p_b(V_c - V_b)$$

$$= [5.0 \times 10^5 \times (11 - 10) \times 10^{-3}]J = 500\ J$$

$$Q_{bc} = \nu\, C_{p,m}(T_c - T_b)$$

$$= [2 \times 20.8 \times (331 - 301)]J = 1.25 \times 10^3\ J$$

$$(\Delta E)_{bc} = \nu\, C_{V,m}(T_c - T_b)$$

$$= [2 \times 12.5 \times (331 - 301)]J = 750\ J$$

或由 $(\Delta E)_{bc} = Q_{bc} + A_{bc}$ 也得同样结果。

(2) 由热力学第一定律,过程 abc 前后,气体内能的增量为

$$(\Delta E)_{abc} = \nu\, C_{V,m}(T_c - T_a)$$

$$= [2 \times 12.5 \times (331 - 361)]J = -750\ J$$

即经历过程 abc,气体内能减少 750J。或根据热力学第一定律,
$(\Delta E)_{abc} = Q_{abc} + A_{abc} = (Q_{ab} + Q_{bc}) + (A_{ab} + A_{bc})$ 也得相同结果。

§8.4 理想气体的等温过程和绝热过程

一、等温过程

在理想气体的等温准静态过程中,$T = \dfrac{pV}{\nu R} = $ 常量。在 $p\text{-}V$ 图上,等温过程是一条双曲线,称为**等温线**,如图 8.8 中曲线 ab 所示。

由于理想气体的内能是温度的单值函数,等温过程中,气体的温度不变,所以内能也恒定不变,即

$$\Delta E = 0$$

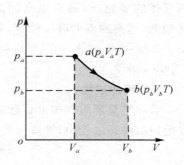

图 8.8 等温过程

由热力学第一定律得

$$Q_T = (-A) = \int_{V_a}^{V_b} p\,\mathrm{d}V$$

上式表明,在等温过程中,理想气体吸收的热量全部转变为对外做功。

将理想气体状态方程 $p = \dfrac{\nu RT}{V}$ 代入上式,得

$$\boxed{Q_T = (-A) = \nu RT \ln \dfrac{V_b}{V_a}} \tag{8.13}$$

因理想气体等温过程中,$p_a V_a = p_b V_b$,故上式又可写为

$$Q_T = (-A) = \nu RT \ln \dfrac{p_a}{p_b} \tag{8.14}$$

等温过程的摩尔热容为无限大。这是因为等温过程中,无论吸收多少热量,温度都保持不变。根据热容定义,这只有热容量无限大时才有可能。

因理想气体等温过程中,pV = 常量,故在 p-V 图上,一定量理想气体的等温线,靠近原点的温度较低,远离原点的温度较高,如

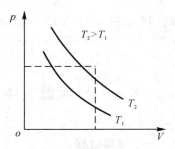

图 8.9　不同温度的等温线

图 8.9 所示。根据这一点,可以判断不同状态温度的高低。例如,图 8.9 中,$T_2 > T_1$。

二、绝热过程

若一定量理想气体由始态 a,经绝热准静态过程,变到终态 b。因在绝热准静态过程中,气体与外界无热量交换,故

$$\mathrm{d}Q = 0$$

$$Q = 0$$

根据热力学第一定律 $\Delta E = Q + A$ 知,在绝热准静态过程中,气体对

外所做的功为

$$(-A) = (-\Delta E) = -\nu C_{V,\mathrm{m}}\Delta T$$

$$= -\nu C_{V,m}(T_b - T_a) \tag{8.15}$$

在绝热膨胀过程中,气体内能的减少,全部转变为对外做功。绝热压缩过程中,外界对气体所做的功,全部转变为内能的增量。

由迈耶公式 $C_{p,\mathrm{m}} = C_{V,\mathrm{m}} + R$ 和 $\gamma = \dfrac{C_{p,\mathrm{m}}}{C_{V,\mathrm{m}}}$ 知

$$C_{V,\mathrm{m}} = C_{V,\mathrm{m}}\frac{R}{C_{p,\mathrm{m}} - C_{V,\mathrm{m}}} = \frac{R}{\gamma - 1}$$

由理想气体状态方程 $pV = \nu RT$ 知

$$\Delta T = \frac{\Delta(pV)}{\nu R} = \frac{p_b V_b - p_a V_a}{\nu R}$$

因此,式(8.15)也可写为

$$\boxed{(-A) = (-\Delta E) = -\nu C_{V,\mathrm{m}}\Delta T = \frac{\Delta(pV)}{1 - \gamma}} \tag{8.16}$$

可以证明,在理想气体的绝热准静态过程中,p、V、T 之间的关系为

$$\boxed{pV^{\gamma} = 常量} \tag{8.17}$$

或

$$\boxed{V^{\gamma-1}T = 常量} \tag{8.18}$$

或

$$\boxed{P^{\gamma-1}T^{-\gamma} = 常量} \tag{8.19}$$

这三个方程称为理想气体的**绝热过程方程**。按方程(8.17)在 $p\text{-}V$ 图上作出绝热准静态过程的过程曲线,称为**绝热线**,如图 8.10 中的曲线 ab 所示。在绝热过程中,p、V、T 三个量都在改变,没有一个是恒定的。

根据摩尔热容定义 $C_{\mathrm{m}} = \dfrac{\mathrm{d}Q}{\nu\mathrm{d}T}$,绝热过程中,气体不吸收热量,而温度却能变化,因此,绝热过程的摩尔热容为零。

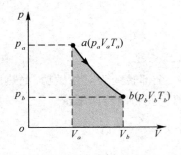

图 8.10 绝热过程

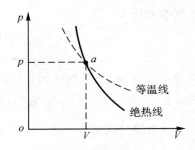

图 8.11 等温线与绝热线的比较

* 三、绝热过程方程的导出

由热力学第一定律

$$dE = dQ + dA$$

因理想气体 $dE = \nu C_{V,m}dT$,在绝热准静态过程中 $dQ = 0$,$dA = -pdV$,上式可写作

$$\nu C_{V,m}dT = -pdV \qquad ①$$

而对理想气体状态方程取微分,有

$$pdV + Vdp = \nu RdT \qquad ②$$

从 ①、② 两式中消去 dT,得

$$C_{V,m}Vdp = -(C_{V,m} + R)pdV \qquad ③$$

又因为

$$\frac{C_{V,m} + R}{C_{V,m}} = \frac{C_{p,m}}{C_{V,m}} = \gamma$$

③ 式可改写为

$$\frac{dp}{p} = -\gamma\frac{dV}{V}$$

对上式积分,即得绝热过程方程式(8.17)

$$pV^\gamma = 常量$$

再应用 $pV = \nu RT$,消去 p 或 V,即得式(8.18)或式(8.19)。

四、等温线与绝热线的比较

等温线与绝热线的陡度是不同的。由等温过程方程 $pV = $ 常量,得等温线的斜率为

$$\frac{\mathrm{d}p}{\mathrm{d}V} = -\frac{p}{V}$$

由绝热过程方程 $pV^\gamma = $ 常量,得绝热线的斜率为

$$\frac{\mathrm{d}p}{\mathrm{d}V} = -\gamma\frac{p}{V}$$

因为 $\gamma = \dfrac{C_{p,\mathrm{m}}}{C_{V,\mathrm{m}}} > 1$,所以,在两线交点处,绝热线斜率的绝对值大于等温线斜率的绝对值,即绝热线比等温线陡,如图 8.11 所示。再分析一下物理意义。由理想气体状态方程 $p = nkT$ 知,影响压强 p 的因素有分子数密度 n 和气体温度 T 两个。假设气体由同一状态 a 经等温或绝热过程膨胀相同的体积,气体分子数密度 n 的减小相同。在等温过程中,使压强降低的惟一因素是 n 的减小。而在绝热过程中,使压强降低的因素有两个:n 的减小和温度 T 的下降。因此,绝热过程中压强的降低比等温过程中要大。

五、多方过程

如果理想气体的过程方程为

$$\boxed{pV^n = 常量} \tag{8.20}$$

式中的 n 为一常数,那么,这个过程称为**多方过程**,n 称为**多方指数**。

显然,等压、等温、绝热和等体四种过程是多方过程的特例。等压过程中,$n = 0$,$p = $ 常量;等温过程中,$n = 1$,$pV = $ 常量;绝热过程中,$n = \gamma$,$pV^\gamma = $ 常量;等体过程中,$n = = \pm \infty$,$(pV^n)^{1/n} = V = $ 常量。

在热工设备中和大气中进行的热力学过程,大多属于多方过程,因此,多方过程有重要的实用价值。

设气体始态为 $a(p_a, V_a)$,终态为 $b(p_b, V_b)$,根据多方过程方程,应有

$$pV^n = p_a V_a^n = p_b V_b^n$$

因此,理想气体多方过程中,对外做功

$$(-A) = \int_{V_a}^{V_b} p \mathrm{d}V = \int_{V_a}^{V_b} \frac{p_a V_a^n}{V^n} \mathrm{d}V$$

$$= \frac{p_b V_b - p_a V_a}{1 - n}$$

即

$$\boxed{(-A) = \frac{\Delta(pV)}{1 - n}} \tag{8.21}$$

这一结果与式(8.16)不谋而合。除了等温过程以外,等体、等压和绝热过程的功均可用式(8.21)计算。

多方过程方程的导出

设理想气体在某多方过程中的摩尔热容为 C_{m},根据热力学第一定律

$$\mathrm{d}E = \mathrm{d}Q + \mathrm{d}A$$

因 $\mathrm{d}E = \nu C_{V,\mathrm{m}} \mathrm{d}T$, $\mathrm{d}Q = \nu C_m \mathrm{d}T$, $\mathrm{d}A = -p\mathrm{d}V$,有

$$\nu C_{V,\mathrm{m}} \mathrm{d}T = \nu C_\mathrm{m} \mathrm{d}T - p\mathrm{d}V \tag{①}$$

根据理想气体状态方程,有

$$p\mathrm{d}V + V\mathrm{d}p = \nu R\mathrm{d}T \tag{②}$$

从 ①、② 两式中消去 $\mathrm{d}T$,并应用迈耶公式

$$C_{p,\mathrm{m}} = C_{V,\mathrm{m}} + R$$

得

$$\frac{\mathrm{d}p}{p} + \left(\frac{C_\mathrm{m} - C_{p,\mathrm{m}}}{C_\mathrm{m} - C_{V,\mathrm{m}}} \right) \frac{\mathrm{d}V}{V} = 0 \tag{③}$$

令

$$n = \frac{C_\mathrm{m} - C_{p,\mathrm{m}}}{C_\mathrm{m} - C_{V,\mathrm{m}}} \tag{④}$$

并对 ③ 式积分,即得理想气体多方过程的过程方程

$$pV^n = 常量$$

多方过程的热容

因 $C_{p,\mathrm{m}} = \gamma C_{V,\mathrm{m}}$,由式 ④ 可得多方过程的摩尔热容为

$$C_\mathrm{m} = \frac{n - \gamma}{n - 1} C_{V,\mathrm{m}} \tag{⑤}$$

根据迈耶公式

$$C_{p,\mathrm{m}} - C_{V,\mathrm{m}} = (\gamma - 1)C_{V,\mathrm{m}} = R$$

式 ⑤ 也可表示为

$$C_{\mathrm{m}} = \frac{(n-\gamma)R}{(n-1)(\gamma-1)} \qquad ⑥$$

多方指数 n 可以是 $(-\infty) \sim (+\infty)$ 之间的任意值,当 $1 < n < \gamma$ 时,C_{m} 为负值。当 $n > \gamma$ 或 $n < 1$ 时,C_{m} 为正值。

C_{m} 为负值,说明系统吸热其温度反而降低;系统放热其温度反而升高。这并不奇怪,因为系统温度的改变(即其内能的改变),取决于两个因素:吸热和做功。

表 8.3 理想气体的几种多方过程

过程名称	等压过程	等温过程	绝热过程	等体过程	多方过程
多方指数	0	1	γ	$\pm\infty$	n
过程方程	$\dfrac{V}{T}=$ 常量	$pV=$ 常量	$pV^{\gamma}=$ 常量	$\dfrac{p}{T}=$ 常量	$pV^{n}=$ 常量
p-V 曲线斜率	$-0\left(\dfrac{p}{V}\right)$	$-1\left(\dfrac{p}{V}\right)$	$-\gamma\left(\dfrac{p}{V}\right)$	$-(\pm\infty)\left(\dfrac{p}{V}\right)$	$-n\left(\dfrac{p}{V}\right)$
摩尔热容	$C_{p,\mathrm{m}}$	$\pm\infty$	0	$C_{V,\mathrm{m}}$	$C_{\mathrm{m}}=\dfrac{n-\gamma}{n-1}C_{V,\mathrm{m}}$
气体对外界所做的功 $(-A)$	$p\Delta V$ $=\nu R\Delta T$	$\nu RT\ln\dfrac{V_b}{V_a}$ $=p_a V_a\ln\dfrac{p_a}{p_b}$	$\dfrac{\Delta(pV)}{1-\gamma}=$ $-\nu C_{V,\mathrm{m}}\Delta T$	0	$\dfrac{\Delta(pV)}{1-n}$
气体吸收的热量 Q	$\nu C_{p,\mathrm{m}}\Delta T$	$\nu RT\ln\dfrac{V_b}{V_a}$	0	$\nu C_{V,\mathrm{m}}\Delta T$	$\nu C_{\mathrm{m}}\Delta T$ $=\nu C_{V,\mathrm{m}}\Delta T$ $+\dfrac{\Delta(pV)}{1-n}$
气体内能的增量 ΔE	$\nu C_{V,\mathrm{m}}\Delta T$	0	$\nu C_{V,\mathrm{m}}\Delta T$ $=\dfrac{\Delta(pV)}{\gamma-1}$	$\nu C_{V,\mathrm{m}}\Delta T$	$\nu C_{V,\mathrm{m}}\Delta T$

例 8.4 273K、1.013×10^5Pa 状态下,0.014kg 氮气分别通过下列准静态过程压缩为原体积的一半:(1)等温过程 ab;(2)绝热过程

ac；求这些过程中气体对外所做的功、气体吸收的热量和气体内能的增量。设氮气可看作理想气体。

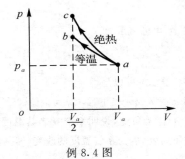

例 8.4 图

解　已知

$$\nu = \frac{m}{M} = \left(\frac{0.014}{0.028}\right) \text{mol}$$
$$= 0.5 \text{mol}$$

$$C_{V,\text{m}} = \frac{5}{2}R = 20.8 \text{ J/(mol} \cdot \text{K)}$$

$$\gamma = \frac{C_{p,\text{m}}}{C_{V,\text{m}}} = 1 + \frac{2}{i} = 1.4$$

（1）等温过程 ab 中

$$(\Delta E)_{ab} = 0$$

$$Q_{ab} = (-A_{ab}) = \nu R T_a \ln \frac{V_b}{V_a}$$

$$= \left(0.5 \times 8.31 \times 273 \times \ln \frac{1}{2}\right) \text{J} = -786 \text{ J}$$

气体对外做功（-786）J，即外界对气体做功 786J，气体吸热（-786）J，即气体放热 786J。

（2）绝热过程 ac 中

$$Q_{ac} = 0$$

$$T_c = T_a \left(\frac{V_a}{V_c}\right)^{\gamma-1} = T_a \left(\frac{V_a}{V_a/2}\right)^{\gamma-1} = (273 \times 2^{1.4-1}) \text{K} = 360 \text{ K}$$

$$(-A_{ac}) = -(\Delta E)_{ac} = -\nu C_{V,\text{m}}(T_c - T_a)$$
$$= [-0.5 \times 20.8 \times (360 - 273)] \text{J}$$
$$= -905 \text{ J}$$

气体对外界做功（-905）J，即外界对气体做功 905J，内能减少（-905）J，即内能增加 905J。或根据 $A = -\Delta E = \frac{\Delta(pV)}{1-\gamma}$ 也得相同结果。

§8.5 循环过程

实际应用中,常常需要连续不断地把热转变为功,要达到这一目的,就需利用循环过程。

一、循环过程

系统由始态出发,经过一系列状态变化,又回到始态的整个过程,称为**循环过程**,简称**循环**。

由于内能是状态的单值函数,而循环过程的始态与终态相同,因此,系统经历一个循环,其内能不变。

$$\Delta E = 0 \text{(循环)}$$

在 p-V 图上,准静态循环过程是一条闭合曲线。如果循环沿顺时针方向进行,称为**正循环**,如图 8.12(a) 所示。在正循环中,系统膨胀时系统对外界所做的功(abc 下的阴影面积),大于系统压缩时外界对系统所做的功(cda 下的阴影面积)。整个正循环中,系统对外界所做的净功($-A$)等于循环曲线 $abcda$ 所包围的面积。

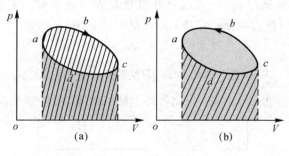

图 8.12　循环过程

如果循环沿逆时针方向进行,称为**逆循环**。如图 8.12(b) 所示。在逆循环中,系统膨胀时系统对外界所做的功(adc 下的阴影面积),

小于压缩时外界对系统所做的功（cba 下的阴影面积）。整个逆循环中，外界对系统所做的净功 A 等于循环曲线所包围的面积。

二、热机效率

所谓热机，就是利用工作物质（即热力学系统）的正循环，把系统所吸收的热量不断转变为对外做功的机器。蒸汽机、内燃机、汽轮机、火箭发动机等等，都是热机。

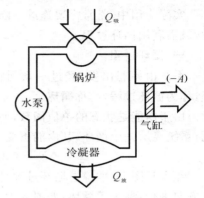

例如，蒸汽机的工作物质是水和水蒸气。水从锅炉（高温热源）吸收热量，变成水蒸气，蒸汽推动活塞对外做功，废气进入冷凝器，向大气（低温热源）放热而凝结成水。然后，再开始新的一个循环。如图 8.13 所示。

图 8.13　蒸汽机示意图

从能量的角度看，在一个正循环中，工作物质从高温热源吸收热量 $Q_{吸}$，对外做净功（$-A$），向低温热源放出热量 $Q_{放}$，而内能不变，$\Delta E = 0$。由热力学第一定律 $\Delta E = Q + A = (Q_{吸} - Q_{放}) + A = 0$ 知

$$(-A) = Q_{吸} - Q_{放}$$

比值 $\dfrac{(-A)}{Q_{吸}}$ 表示热机从高温热源吸收的热量 $Q_{吸}$ 有多大比例转变为对外做功（$-A$），这一比值称为热机效率，用符号 η 表示

$$\eta = \frac{(-A)}{Q_{吸}} = \frac{Q_{吸} - Q_{放}}{Q_{吸}} \qquad (8.22)$$

式中，（$-A$）为一个循环中工作物质对外界所做的净功；$Q_{吸}$ 为一个循环中工作物质从高温热源吸收的热量；$Q_{放}$ 为一个循环中工作物质向低温热源放出的热量；$Q_{吸} - Q_{放}$ 为一个循环中，工作物质吸收的净热。

由于高温热源提供热量 $Q_{吸}$ 需要消耗燃料,而低温热源接受热量 $Q_{放}$ 通常并无多大实用价值。获得较多的机械功($-A$),才是制造热机的目的,因此,热机效率 η 越高越好。

三、致冷机及致冷系数

致冷机是外界对工作物质做功,利用工作物质的逆循环,不断从低温热源吸收热量,传递给高温热源的机器。

家用电冰箱就是一台致冷机,所用的工作物质(致冷剂)常温常压下为气体。压缩机对致冷剂做功 A,将致冷剂气体压缩,使之成为高温(例 70℃)、高压(约 $9p_n$)气体。高温高压致冷剂气体进入冷凝器后,向大气(高温热源)放出热量 $Q_{放}$,并凝结为液体。液体经膨胀阀喷入蒸发器,剧烈沸腾,蒸发为气体,同时从冰箱

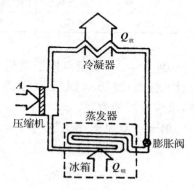

图 8.14　电冰箱示意图

内(低温热源)吸收热量 $Q_{吸}$,使冰箱内温度降低。已气化的致冷剂气体再进入压气机压缩,进行下一个循环。如图 8.14 所示。

在逆循环中,工作物质从外界吸收的净热为 $Q = Q_{吸} - Q_{放}$,外界对工作物质做功 A,工作物质的内能不变 $\Delta E = 0$。根据热力学第一定律 $\Delta E = Q + A = Q_{吸} - Q_{放} + A = 0$ 知,在逆循环中,

$$A = Q_{放} - Q_{吸}$$

由于工作物质从低温热源吸收热量 $Q_{吸}$,是以外界对工作物质做功 A 为代价的,因此,致冷机的性能用比值 $\dfrac{Q_{吸}}{A}$ 来衡量,并称为**致冷系数**,用符号 e 表示

$$e = \frac{Q_{吸}}{A} = \frac{Q_{吸}}{Q_{放} - Q_{吸}} \tag{8.23}$$

式中，$Q_{吸}$ 为一个循环中工作物质从低温热源吸收的热量；A 为一个循环中外界对工作物质所作的净功；$Q_{放}$ 为一个循环中工作物质向高温热源放出的热量。

e 越大，致冷机的性能越好。

表 8.4　实际热机的效率

热　　机	蒸汽机	燃汽轮机	汽油机	柴油机
效率	～ 15%	～ 45%	～ 25%	～ 40%

例 8.5　一定量双原子理想气体（刚性）经历如图所示的循环，求该循环的效率。

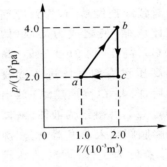

例 8.5 图

解一　双原子理想气体

$$i=5$$

$$C_{V,m}=\frac{i}{2}R=\frac{5}{2}R$$

$$C_{p,m}=C_{V,m}+R=\frac{7}{2}R$$

正循环效率 $\eta=\dfrac{Q_{吸}-Q_{放}}{Q_{吸}}$，式中 $Q_{吸}$ 为正循环中气体从高温热源吸收的热量，$Q_{放}$ 为正循环中气体向低温热源放出的热量。而正循环 $abca$ 是由三个分过程 ab、bc 和 ca 组成的，故为了得知 $Q_{吸}$ 和 $Q_{放}$，就必须先分别求出三个分过程中气体吸收的热量 Q_{ab}、Q_{bc} 和 Q_{ca}。

由例 8.5 图可见，bc 为等体过程，ca 为等压过程。ab 既不是等体或等压过程，也不是等温或绝热过程，但是在 p-V 图上，ab 是一条直线，求功 A_{ab} 比较方便。下面分别求三个分过程中的热量 Q_{ab}、Q_{bc}、Q_{ca}。

过程 ab：

$$(-A_{ab})=(ab \text{ 下的梯形面积})$$

$$=\frac{1}{2}(P_a+P_b)(V_b-V_a)$$

$$= \left[\frac{1}{2}(2+4)\times 10^5 \times (2-1)\times 10^{-3} \right]\text{J}=300\text{J} \textcircled{1}$$

$$(\Delta E)_{ab}=\nu C_{V,\text{m}}(T_b-T_a)$$

$$=\nu \frac{5}{2}R\left(\frac{P_b V_b}{\nu R}-\frac{P_a V_a}{\nu R} \right)$$

$$=\frac{5}{2}(P_b V_b-P_a V_a)$$

$$=\frac{5}{2}[4\times 10^5 \times 2\times 10^{-3}-2\times 10^5 \times 1\times 10^{-3}]\text{J}$$

$$=1500\text{J}$$

$$Q_{ab}=(\Delta E)_{ab}-A_{ab}$$

$$=1500+300=1800\text{J}>0 \quad (\text{吸热})$$

即 ab 过程中,气体吸收热量 $Q_{ab}=1800\text{J}$。

等体过程 bc:

$$Q_{bc}=\nu C_{V,\text{m}}(T_c-T_b)$$

$$=\nu \frac{5}{2}R\left(\frac{P_c V_c}{\nu R}-\frac{P_b V_b}{\nu R} \right)$$

$$=\frac{5}{2}(P_c V_c-P_b V_b)$$

$$=\frac{5}{2}(2\times 10^5 \times 2\times 10^{-3}-4\times 10^5 \times 2\times 10^{-3})\text{J}$$

$$=-1000\text{J}<0 \quad (\text{放热})$$

即 bc 过程中,气体放出热量 $(-Q_{bc})=1000\text{J}$。

等压过程 ca:

$$Q_{ca}=\nu C_{p,\text{m}}(T_a-T_c)$$

$$=\nu \frac{7}{2}R\left(\frac{P_a V_a}{\nu R}-\frac{P_c V_c}{\nu R} \right)$$

$$=\frac{7}{2}(P_a V_a-P_c V_c)$$

---

① 由例 8.5 图知,ab 过程中,$p=kV$,即 $pV^{-1}=k$(常量),故 ab 是 $n=-1$ 的多方过程,$(-A_{ab})$ 也可按多方过程做功公式求得:

$$(-A_{ab})=\frac{\Delta(PV)}{1-n}=\frac{P_b V_b-P_a V_a}{1-n}=\left[\frac{4\times 10^5 \times 2\times 10^{-3}-2\times 10^5 \times 1\times 10^{-3}}{1-(-1)} \right]\text{J}=300\text{J}$$

$$= \frac{7}{2}(2 \times 10^5 \times 1 \times 10^{-3} - 2 \times 10^5 \times 2 \times 10^{-3})\text{J}$$

$$= -700\text{J} < 0 \quad (\text{放热})$$

即 ca 过程中,气体放出热量$(-Q_{ca}) = 700$J.

由各分过程的热量分析知,整个循环中,气体从高温热源吸收的热量为 $Q_{吸} = Q_{ab} = 1800$J,向低温热源放出的热量为 $Q_{放} = (-Q_{bc}) + (-Q_{ca}) = 1700$J,因此,该循环的效率为

$$\eta = \frac{Q_{吸} - Q_{放}}{Q_{吸}} = \frac{1800 - 1700}{1800} = 5.6\%$$

解二 在 p-V 图上,该循环曲线为直角三角形,用图解法求 $(-A)$ 非常容易,根据 $\eta = \dfrac{(-A)}{Q_{吸}}$ 求效率也较为方便。

由解一知,过程 ab 中

$$Q_{ab} = 1800 \text{ J} > 0 \quad (\text{吸热})$$

由例 8.5 图可知 $\qquad T_b > T_c > T_a$

等体过程 bc 中 $\qquad Q_{bc} = \nu\, C_{V,\text{m}}(T_c - T_b) < 0 \quad (\text{放热})$

等压过程 ca 中 $\qquad Q_{ca} = \nu\, C_{p,\text{m}}(T_a - T_c) < 0 \quad (\text{放热})$

因此,经历一个循环,气体从高温热源吸收的热量为

$$Q_{吸} = Q_{ab} = 1800 \text{ J}$$

一个循环中,气体对外界所做的净功为

$$(-A) = (\text{三角形 } abc \text{ 面积}) = \frac{1}{2}(p_b - p_a)(V_b - V_a)$$

$$= \left[\frac{1}{2} \times (4-2) \times 10^5 \times (2-1) \times 10^{-3}\right]\text{J} = 100 \text{ J}$$

故循环效率为

$$\eta = \frac{(-A)}{Q_{吸}} = \frac{100}{1800} = 5.6\%$$

例 8.6 汽油内燃机的实际过程如下:吸入汽油蒸汽和空气的混合气体,进行急速压缩。当压缩到体积最小时,用电火花引爆,温度和压强急剧上升。因高温高压气体的膨胀,推动活塞对外做功。排出废气骤然降压。然后,再开始下一次吸气。在这一过程中,工作物质的

化学成分发生了变化，并未回复初始状态，故严格讲，不是循环过程。

为便以研究分析，通常用一定量理想气体进行如例 8.6 图所示的循环，近似代替汽油内燃机的实际过程。图中，ab 为绝热压缩过程，bc 为等体吸热过程（点火引爆过程），cd 为绝热膨胀过程（膨胀做功过程），da 为等体放热过程（排气过程），这一循环称为**奥托循环**。试求奥托循环的效率。

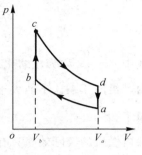

例 8.6 图

解 ab 和 cd 为绝热过程，故 $Q_{ab} = 0$，$Q_{cd} = 0$。等体升压过程 bc 中，系统吸收热量为

$$Q_{bc} = \nu C_{V,m}(T_c - T_b) > 0 \quad （吸热）$$

等体降压过程 da 中，系统吸收热量为

$$Q_{da} = \nu C_{V,m}(T_a - T_d) < 0 \quad （放热）$$

故循环过程 $abcda$ 中，系统从高温热源吸收的热量为

$$Q_{吸} = Q_{bc} = \nu C_{V,m}(T_c - T_b)$$

向低温源放出的热量为

$$Q_{放} = (-Q_{da}) = \nu C_{V,m}(T_d - T_a)$$

循环效率为

$$\eta = \frac{Q_{吸} - Q_{放}}{Q_{吸}} = 1 - \frac{T_d - T_a}{T_c - T_b}$$

$$= 1 - \left(\frac{T_a}{T_b}\right)\frac{\dfrac{T_d}{T_a} - 1}{\dfrac{T_c}{T_b} - 1}$$

绝热过程 ab 和 cd 中，有

$$\frac{T_a}{T_b} = \left(\frac{V_b}{V_a}\right)^{\gamma - 1}$$

$$\frac{T_d}{T_c} = \left(\frac{V_b}{V_a}\right)^{\gamma - 1}$$

因此
$$\frac{T_d}{T_a} = \frac{T_c}{T_b}$$

故
$$\eta = 1 - \frac{T_a}{T_b} = 1 - \left(\frac{V_a}{V_b}\right)^{1-\gamma} = 1 - r^{1-\gamma}$$

式中 $r = \dfrac{V_a}{V_b}$ 称为压缩比。因 $r > 1$,故压缩比越大,效率越高。但汽油内燃机的压缩比不能大于 7,否则混合气还未压缩到 V_b,就已自燃引爆了。若 $r = \dfrac{V_a}{V_b} = 7, \gamma = 1.4$,则理想的奥托循环效率 $\eta \approx 55\%$。汽油内燃机的实际效率只有 25% 左右。

例 8.7 1mol 单原子理想气体的循环过程如图所示。已知 $T_c = 600\mathrm{K}$。求该循环的效率。

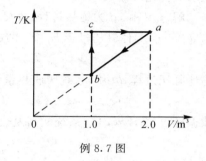

例 8.7 图

解 由理想气体状态方程和例 8.7 图知,ab 过程中

$$T = \frac{pV}{\nu R} = kV$$

式中 k 为常量,即 ab 过程中

$$p = 常量$$

所以,ab 为等压过程,有

$$T_b = \frac{V_b}{V_a}T_a = \left(\frac{1}{2} \times 600\right)\mathrm{K} = 300 \ \mathrm{K}$$

$$Q_{ab} = \nu C_{p,\mathrm{m}}(T_b - T_a) = \nu \frac{5}{2}R(T_b - T_a)$$

$$= \left[1 \times \frac{5}{2} \times 8.31 \times (300 - 600)\right]\mathrm{J}$$

$$= -6.23 \times 10^3 \ \mathrm{J} \quad (放热)$$

bc 为等体过程,有

$$Q_{bc} = \nu C_{V,\mathrm{m}}(T_c - T_b) = \nu \frac{3}{2}R(T_c - T_b)$$

$$= \left[1 \times \frac{3}{2} \times 8.31 \times (600 - 300)\right]\mathrm{J}$$

$$= 3.74 \times 10^3 \, \text{J} \quad (\text{吸热})$$

ca 为等温过程,有

$$Q_{ca} = \nu R T_c \ln \frac{V_a}{V_c}$$

$$= \left(1 \times 8.31 \times 600 \ln \frac{2}{1} \right) \text{J}$$

$$= 3.46 \times 10^3 \, \text{J} \quad (\text{吸热})$$

循环效率为

$$\eta = \frac{Q_{\text{吸}} - Q_{\text{放}}}{Q_{\text{吸}}} = \frac{(Q_{bc} + Q_{ca}) - (- Q_{ab})}{(Q_{bc} + Q_{ca})}$$

$$= \frac{(3.74 \times 10^3 + 3.46 \times 10^3) - 6.23 \times 10^3}{(3.74 \times 10^3 + 3.46 \times 10^3)}$$

$$= 13.5\%$$

本例题也可运用 $\eta = \dfrac{(-A)}{Q_{\text{吸}}}$ 求循环效率。但须注意在 $T\text{-}V$ 图上,正循环曲线所包围的面积并非一个正循环中气体对外所做的净功 $(-A)$。可根据 $A = A_{ab} + A_{bc} + A_{ca}$,或因循环过程中,$\Delta E = Q + A = (Q_{ab} + Q_{bc} + Q_{ca}) + A = 0$,从而求得 $(-A)$。

§8.6　卡诺循环

19 世纪初,蒸汽机已得到广泛的应用,但是效率很低,只有 3%～5%,95% 以上的热量都白白浪费了。设法提高热机效率,当时成为迫不及待的事情。法国青年工程师卡诺[①]对此作了研究,1824 年,

---

① 卡诺(S. Carnot 公元 1796—1832.年),法国工程师,巴黎大革命组织者之一拉萨尔·卡诺的长子。他的贡献主要在热力学方面,1824 年他出版了《对火动力的观测和适于发展该动力的机器》一书,提出了著名的卡诺循环,并从热质说的观点得到了卡诺定理,为提高热机效率指出了方向,为热力学第二定律的建立打下了基础。卡诺定律的结论是正确的,但是热质说的观点是错误的,因此,使他没有完全摸到问题的底蕴。尽管如此,卡诺定理的作用仍是巨大的,卡诺运用的类比方法和理想模型方法也是非常出色的。恩格斯说,它表现了纯粹的、独立的、真正的过程。当卡诺抛弃热质说,准备进一步研究热机理论时,36 岁的卡诺在霍乱流行中病逝。卡诺的座右铭为:知之为知之,不知为不知。

他设计了一种理想热机 —— 卡诺机。

卡诺机只与温度为 T_1 的高温热源和温度为 T_2 的低温热源交换热量,整个循环由两个等温准静态过程和两个绝热准静态过程组成,称为**卡诺循环**。

由于除绝热过程和等温过程外,其他准静态过程都需要无限多个温差无限小的热源。因此,在两个热源间进行的准静态循环过程,必为卡诺循环。与热源接触的过程为等温准静态过程,脱离热源的过程为绝热准静态过程。

任意工作物质都可以进行卡诺循环,理想气体的卡诺循环如图 8.15 所示。图 8.16 是卡诺热机的能流示意图。

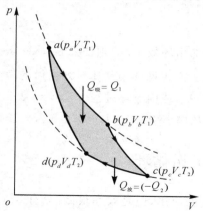

图 8.15　理想气体的卡诺循环

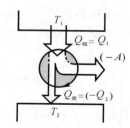

图 8.16　卡诺热机能流图

一、卡诺热机的效率

下面,假设以理想气体为工作物质,分析卡诺循环的效率。卡诺循环的四个分过程如下:

1. 等温膨胀过程 ab

把气缸放在温度为 T_1 的高温热源上(见图 8.17),气体由状态 $a(p_a, V_a, T_1)$ 等温准静态地膨胀到状态 $b(p_b, V_b, T_1)$,并从高温热源

吸收热量 Q_1

$$Q_1 = \nu R T_1 \ln \frac{V_b}{V_a} > 0 \qquad ①$$

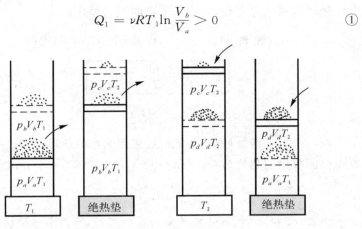

图 8.17　卡诺循环的四个分过程

2.绝热膨胀过程 bc

把气缸移到绝热垫上,气体由状态 $b(p_b, V_b, T_1)$ 绝热准静态地膨胀到状态 $c(p_c, V_c, T_2)$。根据绝热过程方程,有

$$T_1 V_b^{\gamma-1} = T_2 V_c^{\gamma-1} \qquad ②$$

3.等温压缩过程 cd

把气缸移到温度为 T_2 的低温热源上,气体由状态 $c(p_c, V_c, T_2)$ 等温准静态地压缩到状态 $d(p_d, V_d, T_2)$,从低温热源吸收热量 Q_2

$$Q_2 = \nu R T_2 \ln \frac{V_d}{V_c} < 0 \qquad ③$$

即向低温热源放出热量 $(-Q_2)$ 为

$$(-Q_2) = \nu R T_2 \ln \frac{V_c}{V_d}$$

4.绝热压缩过程 da

把气缸移到绝热垫上,气体由状态 $d(p_d, V_d, T_2)$ 绝热准静态地压缩,回到状态 $a(p_a, V_a, T_1)$,根据绝热过程方程,有

$$T_1 V_a^{\gamma-1} = T_2 V_d^{\gamma-1} \qquad \text{④}$$

经过这四个分过程,完成一个正向卡诺循环。

②、④ 两式相除,得 $\dfrac{V_b}{V_a} = \dfrac{V_c}{V_d}$,因此,由 ①、③ 两式得

$$\boxed{\dfrac{Q_1}{T_1} + \dfrac{Q_2}{T_2} = 0} \qquad (8.24.\text{a})$$

或

$$\dfrac{Q_1}{T_1} = \dfrac{(-Q_2)}{T_2} \qquad (8.24.\text{b})$$

在一个正卡诺循环中,系统从高温源吸收的热量为 $Q_{吸} = Q_1$,向低温热源放出的热量为 $Q_{放} = (-Q_2)$,即

$$\dfrac{Q_{吸}}{T_1} = \dfrac{Q_{放}}{T_2} \qquad (8.24.\text{c})$$

将式(8.24.c)代入热机效率公式(8.22),即得卡诺热机的效率

$$\boxed{\eta_\mathrm{C} = \dfrac{(-A)}{Q_{吸}} = \dfrac{Q_{吸} - Q_{放}}{Q_{吸}} = \dfrac{T_1 - T_2}{T_1}} \qquad (8.25)$$

式(8.25)只适用于卡诺热机,而式(8.22)则适用于一切热机。

从以上讨论可以看出:

(1)要完成一个卡诺循环,必须有高低两个热源;

(2)高温热源温度 T_1 越高,低温热源温度 T_2 越低,卡诺热机的效率越高;

(3)卡诺热机的效率总小于 1。因为 $T_1 = \infty$ 和 $T_2 = 0$ 都是不可能的(参看阅读材料 3.B)。

热电厂锅炉温度 $T_1 \approx 580\,℃$。冷凝器温度 $T_2 \approx 30\,℃$,若按卡诺循环计算,效率 $\eta_\mathrm{C} \approx 65\%$。实际效率只有 30% 左右。

二、卡诺致冷机的致冷系数

卡诺热机倒转,进行逆向卡诺循环,即成为卡诺致冷机,如图 8.18 所示。在逆向卡诺循环中,气体从低温热源吸收的热量 $Q_{吸} = Q_2$。气体向高温热源放出的热量 $Q_{放} = (-Q_1)$。从卡诺热机效率公式的证明过程可以看出,在逆向卡诺循环中,有

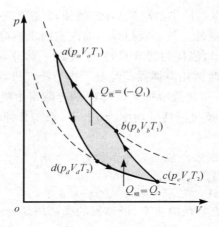

图 8.18　逆卡诺循环

$$\frac{(-Q_1)}{T_1} = \frac{Q_2}{T_2}$$

即

$$\frac{Q_放}{T_1} = \frac{Q_吸}{T_2}$$

由 §8.5"三、"知,在逆循环中

$$A = Q_放 - Q_吸$$

将上述两式代入致冷系数公式(8.23),即得卡诺致冷机的致冷系数

$$e_C = \frac{Q_吸}{A} = \frac{Q_吸}{Q_放 - Q_吸} = \frac{T_2}{T_1 - T_2} \tag{8.26}$$

由上式可见,T_1 越高,T_2 越低,e_C 越小。说明要从低温热源取出一定的热量,若高温热源的温度越高,低温热源的温度越低,则所消耗的外功就越多。

逆循环也可以用作热泵。热泵和致冷机原理一样,但目的不同。致冷机的目的是从低温热源取去热量,而

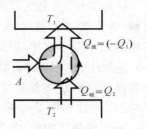

图 8.19　逆卡诺循环能流图

热泵的目的是将热量供给高温热源。例如,严寒的冬天,外界对热泵做功 A,热泵从室外空气中吸热 $Q_{吸}$,而向室内供热 $Q_{放}$,见图 8.19。由于 $Q_{放} = Q_{吸} + A$,消耗的功 A 只是 $Q_{放}$ 中的一部分,所以用热泵取暖是很合算的。冷暖两用空调器就是夏天作为冷气机,冬天作为热泵。

例 8.8　一卡诺致冷机从 $-9℃$ 的冷藏室中吸取热量,向 $21℃$ 的水放出热量。该机所耗的功率为 $15kW$,求 1 分钟内从冷藏室中吸取的热量。

解　该卡诺致冷机的致冷系数为

$$e_C = \frac{Q_{吸}}{A} = \frac{T_2}{T_1 - T_2} = \frac{264}{294 - 264} = 8.8$$

若以 P 表示该机所耗的功率,设该机的循环周期为 t,则每个循环中从冷藏室吸收热量为

$$Q_{吸} = e_C A = e_C P t$$

在 $\Delta t = 1min = 60s$ 内从冷藏室中吸收的热量为

$$\frac{Q_{吸}}{t} \Delta t = e_C P \Delta t = (8.8 \times 15 \times 10^3) \times 60 \, J$$

$$= 7.92 \times 10^6 \, J$$

§8.7　热力学第二定律

自然界中,凡是无须外界作用,能够自动发生的过程,称为**自发过程**。大量实践表明,自发过程具有方向性。自发过程的逆过程并不违反热力学第一定律,但却不能自动发生。例如,热量自动从高温物体传递到低温物体;一滴墨水在水中自动扩散;被摩擦的物体温度自动升高,等等,这些都是自发过程,而它们的逆过程都是不能自动进行的。在无数实验事实的基础上,人们又总结出一条重要的定律——**热力学第二定律**。

热力学第二定律有各种不同的表述,最具代表性的表述是**开尔**

文（Kelvin）[①]**表述和克劳修斯表述。**

一、开尔文表述

开尔文表述与第二类永动机的设想有关。热力学第一定律否定了效率大于 100% 的热机 —— 第一类永动机。但是，从热力学第一定律看来，制造一台效率等于 100% 的热机，似乎并非妄想。按照热机效率公式

$$\eta = \frac{(-A)}{Q_{吸}} = \frac{Q_{吸} - Q_{放}}{Q_{吸}}$$

要提高效率 η，须增大 $Q_{吸}$，减小 $Q_{放}$。增大 $Q_{吸}$ 需要消耗燃料，而减小 $Q_{放}$ 似乎最为合算。如果能使 $Q_{放} = 0$，热机就不需要低温热源了，它从高温热源吸取热量 $Q_{吸}$，完全转变为对外做功 $(-A)$，热机效率达到 100%。这种热机称为**单热源热机**或**第二类永动机**，如图8.20 所示。

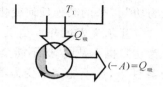

图 8.20　第二类永动机

如果第二类永动机能够制成，自然界里就有无需代价的大热源（例如海水、空气、地球等）可供利用，世界的能源危机就不复存在了。例如，以海水为单一热源，通过第二类永动机，从海水吸热并全部变为功，则海水温度降低 0.01K（不至影响全球的生态平衡），它所提供的能量，就够全世界所有工厂用好几百年。所以，若这种机器能够实现，那真是太好了。但是，多少人费尽心机，绞尽脑汁，提出许多似乎非常巧妙的设计，企图制造第二类永动机，结果均以失败而告终。

---

①　开尔文（Kelvin 即 W. Thomson，公元 1824—1907 年），英国著名物理学家。他在热力学方面的贡献最为卓越，1848 年创立了热力学温标，1851 年提出了热力学第二定律的开尔文表述。在电磁学方面，1841 年他发展了法拉第的力线思想，作了数学描述，并用力线观点研究磁场，得出磁场能量的表达式。1847 年论述了小铁球在磁场中所受的有质动力。1850 年提出两个矢量 **B** 和 **H**。1853 年导出莱顿瓶放电的电振荡方程。1854 年提出电报方程。1866 年铺设大西洋海底电缆成功，并研究了海底电缆中电讯号的传播速度。此外，他还制成静电计、镜式电流计、双臂电桥等几十种仪器。他还是一个杰出的数学家。但是，开尔文认为自己一生事业可用"失败"两字概括，足见开尔文是一位永不满足，十分谦虚的人。

总结这一失败的经验,得到了热力学第二定律的开尔文表述:

从单一热源吸取热量,使之完全变为功,而不产生其他变化,这是不可能的。热力学第二定律的开尔文表述也可说为:**第二类永动机不能制成。**

关于开尔文表述,有两点需要说明:

(1)所谓"单一热源",是指温度均匀的热源。如果温度不匀,工作物质从温度较高处吸热,而向温度较低处放热,就相当于有两个或多个热源了。

(2)所谓"其他变化",是指除了"从单一热源吸热,使之完全变为功"以外的其他任何变化。

开尔文表述并不是说"热不能变为功"(一切热机都能把热转变为功),也不是说"热不能全部变为功",而是说"在不产生其他变化的条件下,热不能完全变为功"。例如,理想气体等温膨胀过程中,气体从热源吸收的热量完全转变为对外做功,但是产生了其他变化(例如,气体的体积增大,压强减小了)。

二、克劳修斯表述

克劳修斯表述与自动致冷机的设想有关。致冷机的致冷系数为

$$e = \frac{Q_{吸}}{A}$$

要提高致冷系数,须增大 $Q_{吸}$,减小 A。若能使 $A = 0$,$Q_{吸} > 0$,即外界不需要做功,而热量 $Q_{吸}$ 由低温热源自动流向高温热源,如图 8.21 所示。这就是一台自动致冷机。

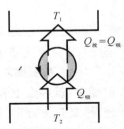

图 8.21 自动致冷机

这种自动致冷机若能制成,它的惟一效果,是把热量从低温热源传向高温热源,而无任何其他变化。然而,大量实践表明,这种自动致冷机是无法实现的。总结这一事实,得到了热力学第二定律的克劳修斯表述:

热量从低温物体传向高温物体,而不产生其他变化,这是不可

能的。

克劳修斯表述并不是说"热量不能从低温物体传向高温物体"，而是说"在不产生其他变化的条件下，热量不能从低温物体传向高温物体"，或者说"热量不能自动从低温物体传向高温物体"。例如，致冷机将热量从低温物体传向高温物体，但产生了一个"其他变化"：外界做出了功，得到了热。

热力学第二定律的确立过程生动地表明，实验在科学发展中起着十分重要的作用。没有实验，就没有科学。同时它还说明，失败的经验和成功的经验一样具有价值。

* 开尔文表述和克劳修斯表述等效

开尔文表述和克劳修斯表述，表面上仿佛毫无关系，而实质上是等价的。可以证明，若开尔文表述错了，则克劳修斯表述也不对。反之亦然。

现假设克劳修斯表述错了，证明开尔文表述也不对：

一台热机 C 从高温热源吸热 Q_1，向低温热源放热 $|Q_2|$，对外界做功（$-A$）$= Q_1 - |Q_2|$。

假设克劳修斯表述错误，即假设有一台自动致冷机 E，可以把热量 $|Q_2|$ 从低温热源传到高温热源，而不产生其他变化。这样一来，低温热源毫无变化。

若将 C 和 E 看成一部联合机，则它的总效果是从单一热源吸热 $Q_1 - |Q_2|$，全部变为功，而不产生其他变化，如图 8.22 所示。这就表明若克劳修斯表述错了，则开尔文表述也不对。

用类似方法可以证明，若开尔文表述错了，则克劳修斯表述也不对。

开尔文表述和克劳修斯表述的等价性表明，热功转换的方向性和热传导的方向性是相互关联的。用类似方法可以证明，一切过程的方向性都可以与开尔文表述或克劳修斯表述挂起钩来。

热力学第一定律指出能量转换的数量关系，而热力学第二定律则指出自发过程的方向，两者彼此独立，相辅相成。自然界一切过程，都满足能量守恒定律，但能量守恒的过程却不一定都能自动发生，因此，满足第一定律的过程能否自发进行，还须用第二定律方能判断。

热力学第一定律有数学表示式

$$\Delta E = Q + A$$

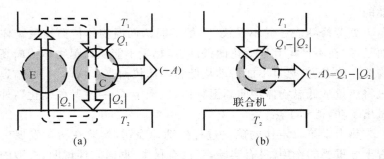

图 8.22　克劳修斯表述与开尔文表述等效

如果热力学第二定律也能用数学式表示，那将为我们判断过程方向，带来极大的方便。为此，先介绍可逆过程与不可逆过程、卡诺定理，然后引入状态函数熵 S，最后导出热力学第二定律的数学表示式。

§8.8　可逆过程和不可逆过程　卡诺定理

一、可逆过程

如果一个过程可以逆向进行，系统和外界都回到原来的状态，而不发生其他任何变化，那么，这个过程称为**可逆过程**。若经历一个过程后，用任何方法均不能使系统和外界都完全复原，则该过程称为**不可逆过程**。

§8.1 的等温准静态过程中，假设活塞与气缸之间无摩擦，将活塞上的细沙子一粒一粒地取走，使气体由状态 a 膨胀到状态 b（见图 8.23）。在这过程中，气体对外界做功，并从外界吸热，数值上两者都等于等温线 ab 下的面积。

若将沙子再一粒一粒地加回到活塞上去，气体就沿原来的途径，经过每一个中间状态，回到原来的状态 a。在逆过程中，外界对气体做功，气体向外界放热，数值上两者都等于曲线下的面积。

这样，逆过程中的功和热正好与正过程中的功和热相互抵消。气体回到原来状态 a，外界也无任何变化。因此，这一过程是可逆过程。类似的方法可以证明，一切无机械能耗损的准静态过程都是可逆过程。

无机械能损耗要求完全光滑无摩擦，准静态过程要求进行得无限缓慢，这在事实上都是不可能的，因此，自然界一切实际过程都是不可逆的。例如，开尔文表述就是指出功变热的过程是不可逆的，克劳修斯表述则说明热从高温物体传向低温物体的过程是不可逆的。再例如，若抽去图8.24中绝热刚性容器中的隔板，气体就自动向真空膨胀（称为绝热自由膨胀），直到均匀充满整个容器，这是一个自发过程。这个过程也是不可逆的，因为均匀充满整个容器的气体，

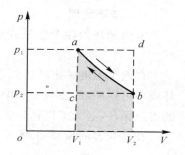

图 8.23 可逆过程

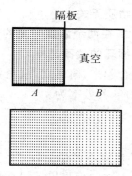

图 8.24 气体的自由膨胀

不会自动集中到容器的左边一半，而使右边一半出现真空。如果要使气体恢复原来状态，外界必须对气体做功，使其压缩回到左边一半，同时从气体内取出与所做之功等量的热量。这样一来，气体虽然回到了原来状态，但是外界已发生变化（外界做出了功，而得到等量的热）。因为由热力学第二定律的开尔文表述知，热全部变为功而无其他变化，这是不可能的。所以，气体的绝热自由膨胀是不可逆过程。

可逆过程是一种理想化的过程。严格的可逆过程是不存在的。但是，实际过程可以做到非常接近可逆过程。利用可逆过程，可以达到简化问题，弄清本质的目的。

二、卡诺定理

卡诺循环的四个分过程都是可逆过程,所以卡诺循环是可逆循环。

在两个温度一定的热源之间,可以选择不同的工质,进行可逆循环或不可逆循环。在 §8.6 中已经说明,在两个温度一定的热源之间的可逆循环,必为卡诺循环。

在这众多的循环中,哪一个循环的效率最高呢?**卡诺定理**作答如下:

1. 在两个温度一定的热源之间,一切卡诺循环的效率都相等,与工作物质无关。

2. 在两个温度一定的热源之间,一切不可逆循环的效率必小于卡诺循环的效率。

合起来,简言之,就是:在高温热源 T_1 和低温热源 T_2 之间进行的循环,其效率为

$$\eta \leqslant \frac{T_1 - T_2}{T_1} \tag{8.27}$$

"$<$"对应不可逆循环,"$=$"对应卡诺循环。

卡诺定理指出了提高热机效率的方向:

(1) 提高高温热源温度 T_1,降低低温热源温度 T_2;

(2) 尽量接近可逆循环。

由于实际热机的低温热源通常是大气或水,要降低低温热源的温度,就需要用致冷机,因此,不如提高高温热源的温度方便合算。例如,许多蒸汽机、汽轮机和内燃机都是用提高高温热源温度的方法,以提高其效率的。

卡诺定理可以运用热力学第一、第二定律加以证明,请参阅阅读材料 3. A。

§8.9 熵

一、熵

研究热机效率时发现,在卡诺循环中

$$\frac{Q_1}{T_1} + \frac{Q_2}{T_2} = 0 \tag{8.24.a}$$

变换角度去观察同一事物,常常能得到新的启示。克劳修斯认识到,上式表明,在卡诺循环中,净吸热 $\Sigma Q_i \neq 0$,但是 $\sum \frac{Q_i}{T_i} = 0$。他将这一结论推广到任意可逆循环。

任意可逆循环可以分解为许多小卡诺循环,如图 8.25 所示,对每个小卡诺循环,有

$$\frac{\mathrm{d}Q_1}{T_1} + \frac{\mathrm{d}Q_2}{T_2} = 0$$

$$\frac{\mathrm{d}Q_3}{T_3} + \frac{\mathrm{d}Q_4}{T_4} = 0$$

··············

上列各式相加,得

$$\sum \frac{\mathrm{d}Q_i}{T_i} = 0$$

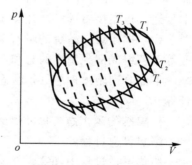

图 8.25　任意可逆循环

图中每一条绝热线的虚线部分,沿正反方向各进行一次,相互抵消。如果分解成无限多小卡诺循环,那么,锯齿线与可逆循环曲线就非常非常接近,求和变为积分。所以,对任意可逆循环,有

$$\oint \frac{\mathrm{d}Q}{T} = 0 \quad (\text{可逆循环}) \tag{8.28}$$

由高等数学知,循环积分为零,就是 $\int \dfrac{\mathrm{d}Q}{T}$ 与过程无关,说明系统存在一个状态函数,克劳修斯把它称为**熵**,用符号 S 表示

$$\mathrm{d}S = \frac{\mathrm{d}Q}{T} \quad (\text{可逆过程})$$ (8.29)

系统由始态 a 变到终态 b,系统熵的增量等于由状态 a 沿任意可逆过程变到状态 b,热温商的积分

$$\Delta S = S_b - S_a = \int_a^b \frac{\mathrm{d}Q}{T} \quad (\text{任意可逆过程})$$ (8.30)

国际单位制中,熵的单位为焦 / 开(J/K)。

二、熵变的计算

计算熵的增量时,应注意以下两点

(1)熵 S 是状态函数,ΔS 只与始、终态有关,而与过程无关。因此,无论实际经过什么过程由始态 a 变到终态 b,都可以任意设想一个可逆过程连接始、终态,并运用式(8.30)来计算 ΔS。

(2)由于 Q 与系统的量有关,所以,熵是容量性质,系统总的熵变等于各组成部分熵变的总和。

下面分别阐述理想气体状态变化时和物体可逆相变化时熵变的计算。

1. 理想气体状态变化时熵变的计算

绝热可逆过程:

绝热可逆过程中,$\mathrm{d}Q = 0$,因此

$$\Delta S = \int_a^b \frac{\mathrm{d}Q}{T} = 0 \quad (\text{绝热可逆过程})$$ (8.31)

等体可逆过程:

$$\Delta S = \int_a^b \frac{\mathrm{d}Q_V}{T} = \int_{T_a}^{T_b} \frac{\nu\, C_{V,\mathrm{m}}\mathrm{d}T}{T}$$

故

$$\Delta S = \nu \, C_{V,m} \ln \frac{T_b}{T_a} \quad \text{(等体可逆过程)} \tag{8.32}$$

等压可逆过程：

$$\Delta S = \int_a^b \frac{\mathrm{d} Q_p}{T} = \int_{T_a}^{T_b} \frac{\nu \, C_{p,m} \mathrm{d} T}{T}$$

故

$$\Delta S = \nu \, C_{p,m} \ln \frac{T_b}{T_a} \quad \text{(等压可逆过程)} \tag{8.33}$$

等温可逆过程：

$$\Delta S = \int_a^b \frac{\mathrm{d} Q_T}{T} = \frac{1}{T} \left(\nu R T \ln \frac{V_b}{V_a} \right)$$

故

$$\Delta S = \nu R \ln \frac{V_b}{V_a} \quad \text{(等温可逆过程)} \tag{8.34}$$

2. 物体可逆相变化时熵变的计算

可逆相变化是指在等温、等压和相平衡条件下的相变过程。例如，水在 373.15K 和 $1.01325 \times 10^5 Pa$ 条件下汽化。由于可逆相变化过程中，温度 T 恒定，因此

$$\Delta S = \frac{Q}{T} \quad \text{(可逆相变化)} \tag{8.35}$$

式中，T 为相平衡温度，Q 为相平衡条件下的相变热。

例 8.9 2mol 单原子理想气体，由始态 $a(300K, 3.0 \times 10^{-2} m^3)$ 变到终态 $b(400K, 2.0 \times 10^{-2} m^3)$，求 ΔS。

解一 题中未说明气体是经什么过程由始态变到终态的，但这并不影响 ΔS 的求解。因为熵是状态函数，ΔS 只取决于始、终态（题已给出），而且

$$\Delta S = \int_a^b \frac{dQ}{T} \quad \text{（任意可逆过程）}$$

假设以例 8.9 图中的等温可逆过程 ac 和等体可逆过程 cb 连接始终态，则由式(8.34)和式(8.32)得

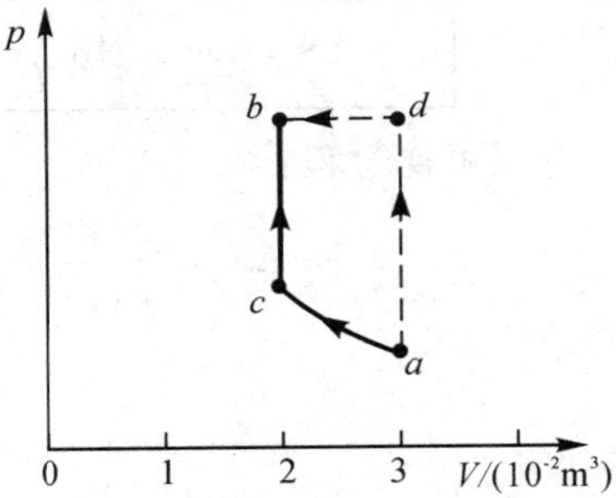

例 8.9 图

$$\begin{aligned}\Delta S &= (\Delta S)_{ac} + (\Delta S)_{cb} \\ &= \nu R \ln \frac{V_c}{V_a} + \nu C_{V,\mathrm{m}} \ln \frac{T_b}{T_c} \\ &= \left(2 \times 8.31 \ln \frac{2.0 \times 10^{-2}}{3.0 \times 10^{-2}} + 2 \times \frac{3}{2} \times 8.31 \ln \frac{400}{300}\right) \mathrm{J/K} \\ &= 0.43\ \mathrm{J/K}\end{aligned}$$

解二 由于式(8.30)中的可逆过程是任意的，因此，选择不同的可逆路径连接始、终态计算 ΔS，应得相同结果。假设以等体可逆过程 ad 和等压可逆过程 db 连接始、终态，则由式(8.32)和式(8.33)得

$$\begin{aligned}\Delta S &= (\Delta S)_{ad} + (\Delta S)_{db} \\ &= \nu C_{V,\mathrm{m}} \ln \frac{T_d}{T_a} + \nu C_{p,\mathrm{m}} \frac{T_b}{T_d}\end{aligned}$$

因 db 为等压过程，故

$$\begin{aligned}T_d &= \frac{V_d}{V_b} T_b \\ &= \left(\frac{3.0 \times 10^{-2}}{2.0 \times 10^{-2}} \times 400\right) \mathrm{K} = 600\ \mathrm{K}\end{aligned}$$

得

$$\begin{aligned}\Delta S &= \left[2 \times \left(\frac{3}{2} \times 8.31 \ln \frac{600}{300} + \frac{5}{2} \times 8.31 \ln \frac{400}{600}\right)\right] \mathrm{J/K} \\ &= 0.43\ \mathrm{J/K}\end{aligned}$$

例 8.10 一绝热刚性容器，用隔板分成 A、B 两室，A、B 室的体积均为 V_0。A 室充满理想气体，其物质的量为 ν。B 室为真空。若抽掉隔板，气体自由膨胀，均匀充满整个容器，如图 8.24 所示。求膨胀前后气体熵的增量 ΔS。

解 气体向真空的膨胀过程称为气体的自由膨胀。在自由膨胀

过程中,气体无须克服外压力,故对外不做功,$(-A)=0$。又因容器与外界绝热,故气体与外界无热量交换,$Q=0$。根据热力学第一定律,经绝热自由膨胀过程,气体内能的增量也为零,$\Delta E=Q+A=0$。

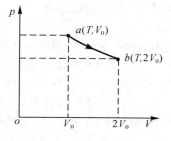

由于理想气体的内能是温度

例 8.10 图

的单值函数,因此,理想气体经绝热自由膨胀,温度也不变,始、终态温度相同。因气体体积由 V_0 膨胀为 $2V_0$,故若始态为 $a(T,V_0)$,则终态为 $b(T,2V_0)$。

始、终态温度相同,在同一条等温线上,所以,可设想以等温可逆过程连接始、终态,求 ΔS 最为方便。由式(8.34)得

$$\Delta S = \nu R \ln \frac{2V_0}{V_0} = \nu R \ln 2 > 0$$

故气体经绝热自由膨胀,共熵增加。

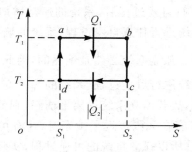

*三、$T\text{-}S$ 图上的卡诺循环

在 $T\text{-}S$ 图上,卡诺循环是一个矩形,如图 8.26 所示。ab 为等温膨胀过程,bc 为绝热膨胀过程,cd 为等温压缩过程,da 为绝热压缩过程。由于

图 8.26 $T\text{-}S$ 图上的卡诺循环

$$dS = \frac{dQ}{T} \quad (可逆过程)$$

因此,绝热可逆过程为等熵过程。等温可逆膨胀过程 ab 中,气体吸热为

$$Q_1 = \int_{S_1}^{S_2} T_1 dS = T_1(S_2 - S_1)$$

Q_1 恰好等于 $T\text{-}S$ 图上 ab 下的面积。等温可逆压缩过程 cd 中,气体吸热为

$$Q_2 = \int_{S_2}^{S_1} T_2 dS = T_2(S_1 - S_2)$$

即 cd 过程中气体放出热量

$$(-Q_2) = T_2(S_2 - S_1)$$

$(-Q_2)$ 恰好等于 $T\text{-}S$ 图中 cd 下的面积。

一个卡诺循环中,气体从高温热源吸收的热量为 $Q_{吸} = Q_1$,向低温热源放出的热量为 $Q_{放} = (-Q_2)$,气体对外所做的净功为

$$(-A) = Q_{吸} - Q_{放} = (T_1 - T_2)(S_2 - S_1)$$

$(-A)$ 恰好是 $T\text{-}S$ 图上卡诺循环所围的矩形面积。将它代入热机效率公式,得

$$\eta_C = \frac{(-A)}{Q_{吸}} = \frac{Q_{吸} - Q_{放}}{Q_{吸}} = \frac{T_1 - T_2}{T_1}$$

这与 §8.6 节所得结果完全一致。

四、熵增原理

通常将与外界既无物质交换,也无能量交换的系统,称为**孤立系统**。例 8.10 中的气体就是一个孤立系统。隔板抽掉后,气体的自由膨胀是孤立系统进行的自发过程,题解结果告诉我们,这一个孤立系统进行自发过程后,系统的熵是增加的。利用卡诺定理可以证明,孤立系统进行任意自发过程,系统的熵总是增加的。

孤立系统必然是绝热的,因此,由 $\mathrm{d}S = \dfrac{\mathrm{d}Q}{T}$(可逆过程)知,孤立系统进行可逆过程,系统的熵不变。因孤立系统与外界无任何相互作用,故若孤立系统远离平衡态,则就会产生自发过程,向平衡态过渡。只有在无限接近平衡态时,才有可能发生进行得无限缓慢的可逆过程。所以孤立系统的可逆过程,实际上意味着系统无限接近平衡态。

综上所述,用一个公式表示,有

$$\boxed{\Delta S \geqslant 0 \quad (\text{孤立系统})} \tag{8.36}$$

式中">"对应自发过程,"="对应平衡态。式(8.36)表明,**孤立系统的自发过程总是向着熵增大的方向进行,当熵达到最大时,孤立系统达到平衡态**。这一规律称为**熵增原理**。熵增原理是热力学第二定律的另一种表述,式(8.36)是热力学第二定律的数学表示式。

熵增原理说明,在孤立系统中,$\Delta S < 0$ 的过程是不可能发生的。

$\Delta S > 0$ 的过程能自动进行,当熵达到最大,$\Delta S = 0$ 时,自发过程停止,孤立系统达到平衡态。因此,可以根据孤立系统熵的变化,来判断孤立系统中过程进行的方向和所能达到的限度。

* 熵增原理的证明

由卡诺定理知,在两个热源之间的不可逆循环,其效率 η 小于卡诺循环的效率 η_C

$$\eta = \frac{Q_{吸} - Q_{放}}{Q_{吸}} = \frac{Q_1 + Q_2}{Q_1} < \eta_C = \frac{T_1 - T_2}{T_1}$$

即

$$\frac{Q_1}{T_1} + \frac{Q_2}{T_2} < 0$$

因此,不可逆循环中,有

$$\oint \frac{\mathrm{d}Q}{T} < 0 \quad (\text{不可逆循环})$$

设图 8.27 中 ab 为不可逆过程。若用一可逆过程 ba 使系统由态 b 回到态 a,形成一循环。由于一个循环中,只要有一小段过程不可逆,整个循环就是不可逆的,因此,对于图 8.27 中的循环,有

$$\oint \frac{\mathrm{d}Q}{T} = \int_{a}^{b}\underset{(\text{不可逆})}{\frac{\mathrm{d}Q}{T}} + \int_{b}^{a}\underset{(\text{可逆})}{\frac{\mathrm{d}Q}{T}} < 0$$

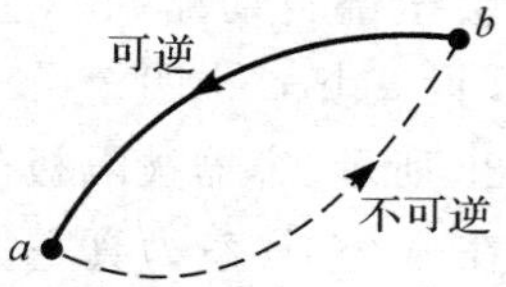

图 8.27　不可逆过程

而

$$\int_{b}^{a}\underset{(\text{可逆})}{\frac{\mathrm{d}Q}{T}} = S_a - S_b$$

故

$$\Delta S = S_b - S_a > \int_{a}^{b}\underset{(\text{不可逆})}{\frac{\mathrm{d}Q}{T}}$$

将上式与式(8.30)合并,得

$$\Delta S = S_b - S_a \geqslant \int_{a}^{b}\frac{\mathrm{d}Q}{T} \tag{8.37}$$

式中,">" 对应不可逆过程,"=" 对应可逆过程。式(8.37)是热力学第二定律数学表示式的一般形式。

对于孤立系统,$\mathrm{d}Q = 0$,不可逆过程必为自发过程,可逆过程意味无限接近平衡态。因此,将式(8.37)应用于孤立系统,即得

$$\Delta S \geqslant 0 \quad (\text{孤立系统})$$

">"对应自发过程,"="对应平衡态。

§8.10　热力学第二定律的统计意义

一、热力学第二定律的统计意义

　　热力学第二定律指出,自然界一切自发过程都具有方向性,即不可逆性。由于热现象是大量分子无序运动的宏观表现,而大量分子的无序运动遵循统计规律,因此,可以从微观角度来解释热力学第二定律的统计意义。

　　先看一个气体自由膨胀的例子。例如抽掉图 8.24 中的隔板,气体就自由膨胀,直到均匀充满整个容器。这是一个不可逆过程,气体不会全部自动缩回 A 室。那么,它的微观本质是什么呢?为简单起见,设 a、b、c、d 四个分子在绝热容器内,构成一个孤立系统。如图 8.28 所示。容器被隔板分成大小相等的 A、B 两室。起初,4 个分子全部在 A 室,B 室为真空。若抽去隔板,由于分子的无序运动和相互碰撞,任意哪一个分子都可能在 A 室,也可能在 B 室,位居 A 或 B 的概率相等。

　　a、b、c、d 各个分子的具体位置所描述的状态,叫作系统的一个**微观态**。就是说,要确定系统的一个微观态,必须知道 a 分子在何室?b 分子在何室?c 分子在何室?d 分子在何室?但是,从宏观角度看,并不需要详细知道每个

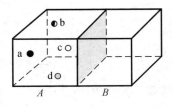

图 8.28　自由膨胀的统计意义

分子的具体位置,而只要知道 A 室中有几个分子?B 室中有几个分子?并把 A 室和 B 室中分子的数目所描述的状态,叫作系统的**宏观态**。

　　本例中,系统可能出现的微观态总数为

$$\Omega = 2^4 = 16$$

这 16 个微观态分属于 5 个不同的宏观态。若以 ω 表示某一宏观态所包含的微观态数目,以 P 表示该宏观态出现的概率,则如表 8.5 所示。

表 8.5　四个分子的分布

宏观态		微观态		该宏观态包含的微观态数目 ω	该宏观态出现的概率 P	处于该宏观态时系统的无序性
A 室	B 室	A 室	B 室			
4	0	a、b、c、d		$\omega_1 = \dfrac{4!}{4!0!} = 1$	$P_1 = \dfrac{\omega_1}{\Omega} = \dfrac{1}{2^4}$	弱
3	1	a、b、c b、c、d c、d、a d、a、b	d a b c	$\omega_2 = \dfrac{4!}{3!1!} = 4$	$P_2 = \dfrac{\omega_2}{\Omega} = \dfrac{4}{2^4}$	较强
2	2	a、b b、c c、d d、a a、c b、d	c、d d、a a、b b、c b、d a、c	$\omega_3 = \dfrac{4!}{2!2!} = 6$	$P_3 = \dfrac{\omega_3}{\Omega} = \dfrac{6}{2^4}$	强
1	3	a b c d	b、c、d a、c、d a、b、d a、b、c	$\omega_4 = \dfrac{4!}{1!3!} = 4$	$P_4 = \dfrac{\omega_4}{\Omega} = \dfrac{4}{2^4}$	较强
0	4		a、b、c、d	$\omega_5 = \dfrac{4!}{0!4!} = 1$	$P_5 = \dfrac{\omega_5}{\Omega} = \dfrac{1}{2^4}$	弱

从表 8.5 可以看出,A、B 两室均匀分布的宏观态出现 的概率最大,所有分子全部集中在 A 室(或 B 室)的宏观态出现的概率最小。

若容器内有分子 $N = 10^{23}$ 个,则所有分子全部集中 A 室的宏观态出现概率仅为

$$P_1 = \frac{\omega_1}{\Omega} = \frac{1}{2^N} = \frac{1}{2^{(10^{23})}}$$

显然,这是极其微小的。就是说,气体自由膨胀后,全部自动缩回 A 室的概率极其微小,实际上,是观察不到的。因此,气体的自由膨胀是一个不可逆过程。

图 8.24 中自由膨胀刚开始时,气体处于全部集中在 A 室的宏观态,分子运动的混乱程度最低,无序性最弱,微观态数目最少。随着气体逐渐扩散,分子运动的混乱程度逐渐增高,无序性逐渐增强,微观态数目逐渐增多。最后气体达到均匀分布的宏观态,分子运动的混乱程度最高,无序性最强,微观态数目最多。可见宏观态包含的微观态数目 ω 越多,系统内分子运动的无序性越强。由于某一宏观态包含的微观态数目 ω 正比于该宏观态出现的概率 P,因此,把宏观态包含的微观态数目 ω 称为该宏观态的**热力学概率**。

综上所述,**孤立系统内,一切自发过程总是朝分子运动无序性增强、微观态数目(热力学概率)增多,出现概率增大的宏观态方向进行**。这就是热力学第二定律的统计意义。

二、玻尔兹曼熵公式

熵 S 是反映系统内部分子运动无序性的一个物理量。系统内部分子运动越混乱,无序性越强,系统的熵 S 就越大。由本节一知,系统内分子运动的无序性增强时,其微观态数目(热力学概率)ω 也是增大的,因此,S 与 ω 之间必定存在着某种关系。玻尔兹曼经研究认为,它们之间的关系为

$$S = k \ln\omega \qquad (8.38)$$

式中,S 为系统处于某宏观态时的熵;ω 为该宏观态的热力学概率;k 为玻尔兹曼常量。

这个公式称为**玻尔兹曼熵公式**。玻尔兹曼熵公式是宏观理论与微观理论之间的一座桥梁。在统计力学中,从微观理论出发,通过玻尔兹曼熵公式,可以导出所有热力学函数与微观量统计平均值之间

的关系。

热力学概率 ω 越大,熵 S 越大,系统的无序性越强,因此,玻尔兹曼熵公式说明,**熵是无序性的量度**。由于这一本质的揭示,使熵的应用大大超出了分子运动的领域。目前,在许多其他领域(如信息论、语言学、生物学等)中,熵得到了越来越广泛的应用。

思考题

8.1 分析下列两种说法是否正确:

(1)物体的温度越高,则热量越多。(2)物体的温度越高,则内能越大。

8.2 系统的内能是状态的单值函数,下面几种理解是否正确?(1)系统处在一定状态,就具有一定的内能;(2)系统处于某一状态时的内能,是可以直接测定的;(3)对应于一个状态,内能只具有一个数值,不可能有两个或两个以上的数值;(4)系统的状态改变时,内能一定跟着改变。

8.3 单原子理想气体自平衡态 a 变到平衡态 b,如图所示。如果变化过程不知道,但 a、b 两状态的压强、体积和温度都已确定,能否求出气体的质量以及此过程中气体所做的功,气体内能的增量和气体吸收的热量?

8.4 热力学第一定律的两种形式

$$\Delta E = Q + A$$

$$\Delta E = Q + \int p \mathrm{d}V$$

它们的适用范围是否完全等价?

8.5 根据热力学第一定律

$$\Delta E = Q + A$$

讨论等压、等体、等温和绝热过程中 Q、A、ΔE 的正负。

思考题 8.3 图

过程	Q	A	ΔE	过程	Q	A	ΔE
等体升压		0		等温膨胀			
等体降压				等温压缩			
等压膨胀	+			绝热膨胀			
等压压缩				绝热压缩			

8.6 氧气、氮气和二氧化碳,三者的量相同,始态(p_0,V_0,T_0)相同,都经历等体吸热过程,吸收相同的热量,问它们的终态压强是否相同?终态温度是否相同?(设 O_2、N_2、CO_2 均可视为理想气体)。

8.7 两种理想气体,分子的自由度不同,但物质的量、体积、温度均相同,若等压膨胀相同的体积,问对外做功是否相同?吸热是否相同?

8.8 理想气体 $C_{p,m} > C_{V,m}$,其物理意义是什么?等压过程中,内能增量能否用 $\Delta E = \nu C_{p,m} \Delta T$ 计算?

8.9 为什么气体摩尔热容 C_m 的数值可以有无穷多个?什么情况下气体的摩尔热容为零?什么情况下气体的摩尔热容为无穷大?什么情况下 C_m 为正?什么情况下 C_m 为负?

8.10 讨论下述过程中 ΔE、ΔT、A 和 Q 的正负:(1)思考题 8.10 图(a)中的过程 abc;(2)思考题 8.10 图(b)中的 abc 和 $ab'c$。

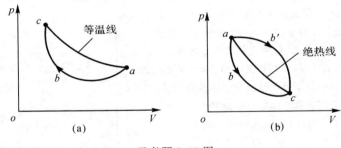

思考题 8.10 图

8.11 在同一 p-V 图上,一条绝热线与一条等温线能否有两个交点?为什么?

8.12 在同一 p-V 图上,两条等温线能否相交,能否相切?

8.13 解释下面两个现象:(1)为什么热空气能上升?(2)由于热空气上升,在房子里,天花板附近的空气温度较高。但在高空处,为什么越高温度越低?

8.14 气体由一定的始态绝热压缩到一定体积,若压缩快慢不同,问温度的变化是否相同?

8.15 绝热容器被隔板分为两半。设左边为理想气体,右边是真空。抽出隔板后,气体自由膨胀。问平衡后,气体温度怎样?

8.16 在 p-T 图上和 E-V 图上,分别作出理想气体的等压线、等体线和等温线。

8.17 一个循环过程如图所示。三个分过程各是什么过程?图中三角形面积是否代表这循环中系统对外做的净功?

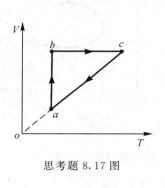

思考题 8.17 图　　　　　　　思考题 8.18 图

将这一循环过程画在 p-V 图上,判断在这一循环中,系统所做净功的正负,指出哪些分过程中系统吸热?哪些分过程中系统放热?

8.18 两个卡诺循环 12341 和 56785 如图所示,已知它们所包围的面积相等,问:(1) 它们对外所做的净功是否相同?(2) 效率是否相同?

8.19 热机效率公式 $\eta = \dfrac{Q_{吸} - Q_{放}}{Q_{吸}}$ 和 $\eta = \dfrac{T_1 - T_2}{T_1}$ 之间有何区别和联系?

8.20 卡诺机作热机使用时,两热源的温差越大,效率越高。作致冷机使用时,是否两热源温差越大,致冷效果也越好?

8.21 为什么说卡诺循环是最简单的循环过程?任意可逆循环需要多少个不同温度的热源?

8.22 根据热力学第二定律,评论下面两种说法是否正确?(1) 功可以全部变为热,而热不能全部变为功;(2) 热量能从高温物体传到低温物体,而不能从低温物体传到高温物体。

8.23 准静态过程、循环过程、可逆过程这些概念,有何区别和联系?

8.24 图为理想气体的一条等温线和一族绝热线,由熵的概念论证:$S_4 > S_3$

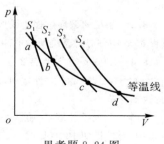

思考题 8.24 图

$> S_2 > S_1$。

8. 25 思考题 8.25 图为 $T\text{-}S$ 图中的一个循环过程。问面积 $abcda$, $abcfea$ 和 $cdaefc$ 各表示什么?循环效率与它们有什么关系?

8. 26 一杯热水置于空气中冷却,最后与周围环境达到热平衡。在此过程中,水的熵下降。这是否违反熵增原理?为什么?

8. 27 在 $T\text{-}S$ 图上,卡诺循环呈何形状?

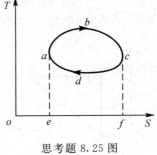

思考题 8.25 图

8. 28 过程的不可逆性、系统内分子运动的无序程度、系统的微观态数目和系统的熵之间有什么关系?

习 题

8. 1 一定量理想气体,从始态 $p_1 = 6.0 \times 10^5 \text{Pa}$,$V_1 = 2.0 \times 10^{-3} \text{m}^3$ 等温准静态地膨胀到 $V_2 = 10.0 \times 10^{-3} \text{m}^3$,求此过程中外界对系统所做的功。

8. 2 3mol 范德瓦尔斯气体保持温度 $T = 298 \text{K}$ 不变,体积从 $V_1 = 4.0 \times 10^{-3} \text{m}^3$ 准静态地变化到 $V_2 = 1.0 \times 10^{-3} \text{m}^3$,气体对外界做功多少?设 $a = 1.925 \text{Pa} \cdot \text{m}^6/\text{mol}^2$,$b = 146 \times 10^{-6} \text{m}^3/\text{mol}$。

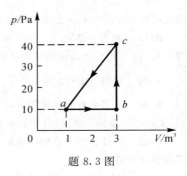

题 8.3 图

8. 3 系统的循环过程曲线如图所示。求整个过程 $abca$ 中外界对系统所做的净功。

8. 4 1.00kg 空气吸热 $2.06 \times 10^5 \text{J}$,内能增加 $4.18 \times 10^5 \text{J}$,问是它对外做功,还是外界对它做功?做多少功?

8. 5 系统经过程 abc 由状态 a 变到状态 c,吸热 350J,对外做功 126J(见题 8.5 图)。

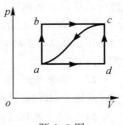

题 8.5 图

（1）若经过程 adc，由状态 a 变到状态 c，系统对外做功 42J，问系统吸热多少？

（2）若外界对系统做功 84J，系统经过程曲线 ca，由状态 c 返回状态 a，问此过程中系统吸热还是放热，其量值为多少？

8.6 在 100℃、1.013×10^5Pa 的条件下，把 $1m^3$100℃ 的水加热变为 $1671m^3$100℃ 的水蒸气，求吸收的热量、对外所做的功和内能的增量。已知 100℃ 时，水的密度为 $\rho = 958.4kg/m^3$，汽化热为 $\lambda = 2.256 \times 10^6$J/kg。（提示：等温、等压准静态过程）

8.7 10mol 单原子理想气体，在压缩过程中，外界对它做功 209J，气体温度升高 1K，求气体内能的增量、在此过程中气体吸收的热量和气体的摩尔热容。

8.8 压强为 1.013×10^5Pa、体积为 8.20 L、温度为 27℃ 的氮气加热到 127℃，如果加热时（1）体积不变；（2）压强不变。问各吸收热量多少？哪个过程所需热量多？为什么？

8.9 单原子理想气体在等压条件下加热，体积膨胀为原来的 2 倍，问气体吸收热量中，有百分之几消耗于对外做功？若为双原子理想气体，结果又如何？

8.10 一种测定理想气体摩尔热容比 $\gamma = \dfrac{C_{p,m}}{C_{V,m}}$ 的方法如下：一定量气体，始态的压强、体积和温度分别为 p_0、V_0、T_0，用一根通电铂丝对它加热。第一次加热时，气体体积 V_0 保持不变，压强和温度分别变为 p_1 和 T_1。第二次加热时，气体的压强 p_0 保持不变，体积和温度分别变为 V_2 和 T_2。设两次加热的电流大小和通电时间完全相同，试证：气体的摩尔热容比为

$$\gamma = \frac{V_0(p_1 - p_0)}{p_0(V_2 - V_0)}$$

8.11 若 1.00kg 氩气，在 1.013×10^5Pa 下等压膨胀，温度由 24℃ 升到 26℃，需吸收热量 1049J；若压强为 1.013×10^6Pa，体积为 10.0 L，温度为 299K 的氩气，等体冷却到 297K，放出热量 102.2J，试由上述数据，求氩气的摩尔热容比 γ 值。（氩的摩尔质量 $M = 39.9 \times 10^{-3}$kg/mol）。

8.12 将 500J 的热量传给标准状态下的 2mol 氢气。若氢气的温度不变，这热量变为什么？氢气的体积和压强各变为多少？

8.13 设有 1.0kg 空气，始态时压强为 1.0×10^5Pa，温度为 20℃。今将它等温压缩，终态压强为 1.0×10^6Pa。求此过程中外界对空气所做的功。（始态时

空气密度为 1.19kg/m³。)

8.14 压强为 1.5×10^5Pa，体积为 5.0 L 的氮气，先等温膨胀到 1.0×10^5Pa，然后再等压冷却回到原来体积。求该过程中氮气对外界所做的净功。

8.15 1mol 氢气，其始态的压强为 1.013×10^5Pa 温度为 20℃，若以下面两种不同的过程到达同一终态：(1) 先等体加热，使温度上升到 80℃，然后再等温膨胀，使体积变为原来的两倍；(2) 先等温膨胀，使体积增大为原来的两倍，然后，再等体加热，使温度上升到 80℃。

在同一 p-V 图上画出两种过程的过程曲线，并求两种过程中，氢气所吸收的热量、对外界所做的功和内能的增量。

8.16 1mol 双原子分子理想气体，其温度由 300K 升高到 350K。若升温是在下列三种不同情况下发生的：(1) 体积不变；(2) 压强不变；(3) 绝热。问其内能改变各是多少？

8.17 10.0 L 氮气，温度为 0℃，压强为 1.013×10^6Pa，使其准静态绝热膨胀到 1.013×10^5Pa，求：(1) 最后的温度和体积；(2) 气体对外界所做的功。

8.18 有氧气 8g，原体积为 0.41L，温度为 27℃，准静态绝热膨胀后，体积变为 4.1 L，问气体对外界做功多少？已知氧气的定体摩尔热容 $C_{V,m}=$ 21J/(mol·K)。

8.19 2mol 氦气，初始温度为 27℃，体积为 20 L。若先等压膨胀，使体积加倍，再绝热膨胀，回复初温。(1) 在 p-V 图上画出该过程；(2) 在该过程中氦气吸收热量多少？(3) 氦气内能改变多少？(4) 氦气所做的功是多少？(5) 氦气最终的体积是多少？

8.20 一定量理想气体若从同一始态 a 出发，分别经等温线 ab 和绝热线 ac 体积都膨胀为原体积的 2 倍。(1) 那个过程中气体对外做功较多？(2) 若绝热线 ac 下的面积为 200J，求 ac 过程前后气体内能的增量。

8.21 压强为 p_1、温度为 T_1 的 1mol 理想气体，绝热准静态膨胀到温度 T_2，然后，再等温准静态膨胀到压强 p_3。证明：气体在等温膨胀过程中所吸收的热量为

$$Q = RT_2\left[\left(\frac{C_{V,m}}{R}+1\right)\ln\frac{T_2}{T_1}+\ln\frac{p_1}{p_3}\right]$$

8.22 有一理想气体，在 p-V 图上，其等温线与绝热线的斜率绝对值之比为 0.714，开始时该气体处于温度为 17℃、压强为 1.013×10^5Pa 的状态。现将其绝热压缩至原体积的一半，求此时该气体的压强和温度。(提示：先由等温线与

绝热线的斜率之比求出摩尔热容比 γ,再用绝热过程方程求解。)

8.23 附图为一种测摩尔热容比 γ 的装置。气体经活塞 B 压入容器 A,使压强 p_1 略高于大气压 p_0。然后,开启活塞 C,待气体膨胀到大气压强 p_0,即迅速关闭 C,这时容器内温度略有降低。经过一段时间后,容器中气体的温度又恢复到室温,压强上升为 p_2。假设开启 C 后到关闭 C 前,气体经历的是绝热准静态过程,试求出 γ 的表示式。(提示:以关闭 C 后容器 A 内的气体为系统)。

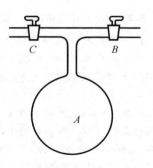

题 8.23 图

8.24 一定量氧气,室温下,其压强为 1.013×10^5 Pa,体积为 2.0 L,经一多方过程后,压强变为 5.065×10^4 Pa,体积变为 3.0 L,试求:(1)多方指数 n;(2)膨胀过程中氧气对外界所做的功;(3)氧气吸收的热量。已知氧气的定体摩尔热容 $C_{V,m} = \frac{5}{2}R,\gamma = 1.4$。

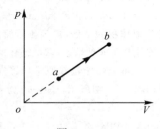

题 8.25

8.25 题 8.25 图为 1 mol 理想气体的某一过程,已知该理想气体的定体摩尔热容为 $C_{V,m}$,求此过程中气体的摩尔热容 C_m[提示:由热力学第一定律 $C_{V,m}dT = C_m dT - pdV$,利用过程方程 $pV^{-1} = a$(常量)和理想气体状态方程,将式中 dV 用 dT 表示]。

8.26 0.1mol 的单原子理想气体,经历如题 8.26 图所示的过程。

(1)证明状态 a 和状态 b 的温度相同;

(2)求过程 ab 中的 Q(指吸收的净热);

(3)求过程 ab 中,气体的最高温度。

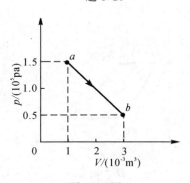

题 8.26 图

8.27 设理想气体的某一过程按照 $V = Ap^{-\frac{1}{2}}$ 的规律变化,其中 A 为常量,若气体的体积由 V_1 膨胀到 V_2,求气体对外所做的功,并说明在此过程中气体是吸热还是放热?

8.28 0.1mol 单原子理想气体,经历一准静态过程 abc,在 p-V 图中,ab、bc 均为直线,如题 8.28 图所示,求:(1)气体在 ab 和 bc 过程中吸收的热量、所做的功和内能的增量。(2)经 abc 过程后,气体内能的总增量。

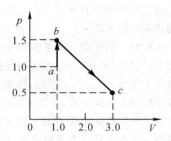

题 8.28 图

8.29 0.1mol 单原子理想气体从始态 $(1.0 \times 10^5 \text{Pa}, 3.2 \times 10^{-3} \text{m}^3)$ 出发,先等温膨胀为原体积的 2 倍,再等压压缩为原体积,最后等体升压回到始态。求此循环的效率。

8.30 一定量双原子理想气体的循环过程如题 8.30 图所示,图中 ab 为直线,已知 $V_a = 1 \times 10^{-3} \text{m}^3$,$V_b = V_c = 2 \times 10^{-3} \text{m}^3$,$p_a = p_c = 2 \times 10^5 \text{Pa}$,$p_b = 4 \times 10^5 \text{Pa}$。求该循环的效率。

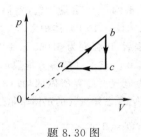

题 8.30 图

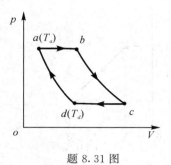

题 8.31 图

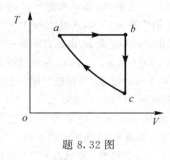

题 8.32 图

8.31 理想气体的循环过程如题 8.31 图所示,其中 ab 和 cd 是等压过程,bc 和 da 是绝热过程。已知 a 点温度为 $t_a = 127℃$,d 点温度为 $t_d = 27℃$。(1)求循环效率,这是卡诺循环吗?(2)燃烧 50.0kg 汽油,可得到多少功?已知汽油的燃

烧值为 $4.69 \times 10^7 \text{J/kg}$。

8.32 题 8.32 图中所示的理想气体循环过程,由 $T\text{-}V$ 图给出。其中 ca 为绝热过程,状态 $a(T_1,V_1)$,状态 $b(T_1,V_2)$ 为已知。

(1)ab 和 bc 两过程中,气体吸热还是放热?

(2)求状态 c 的 p、V、T 值,设气体的 γ 和量 ν 已知;

(3)这个循环是否卡诺循环?在 $T\text{-}V$ 图上,卡诺循环如何表示?

(4)求此循环的效率。

8.33 80mol He 经题 8.33 图所示循环,求:(1)V_b、T_b、p_d;(2)循环效率。

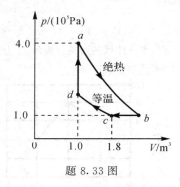

题 8.33 图

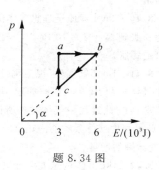

题 8.34 图

8.34 一定量单原子理想气体经题 8.34 图所示循环,求循环效率。

8.35 一卡诺循环,当高温热源温度为 $t_1 = 100℃$,低温热源温度为 $t_2 = 0℃$ 时,对外做净功 $(-A) = 3.0 \times 10^3 \text{J}$。若高温热源温度提高为 t_1',低温热源温度不变,则对外做净功 $(-A') = 1.0 \times 10^4 \text{J}$。设该两循环工作在相同两绝热线之间,如题 8.35 图所示。求:(1)热源温度 t_1';(2)两循环的效率各为多少?

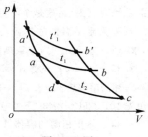

题 8.35 图

8.36 一卡诺致冷机,从 $0℃$ 的水中吸取热量,向 $27℃$ 的房间放热。假定将 $50\text{kg}0℃$ 的水变成 $0℃$ 的冰,已知冰的熔解热为 $3.35 \times 10^5 \text{J/kg}$。求在一个循环中:(1)使该机运转所需的机械功;(2)该机向房间放出的热量;(3)若用此机从 $-10℃$ 的冷库中吸取相等的热量,要多做多少机械功?

8.37 热机工作于 50℃ 与 250℃ 的两热源之间,在一循环中对外做的净功为 $1.05 \times 10^5 J$,求这样的热机在一循环中所吸入和放出的最小热量。

8.38 一台电冰箱放在 25℃ 的室内,冰箱内维持 4℃。若每天从冰箱通过冷凝器向房间放出的热量为 $3.0 \times 10^5 J$。要使冰箱始终保持 4℃,外界每天需做功多少?设该冰箱的致冷系数是卡诺致冷机的 50%。

8.39 物质的量为 ν 的理想气体等温可逆膨胀为原体积的 2 倍。(1)求气体熵的增量;(2)若将气体与恒温热源一起,作为一个孤立系统,求这孤立系统熵的增量。

8.40 2mol 双原子理想气体由 $p_1 = 5 \times 10^5 Pa$、$V_1 = 10 \times 10^{-3} m^3$ 绝热不可逆膨胀到 $p_2 = 2 \times 10^5 Pa$、$V_2 = 20 \times 10^{-3} m^3$,求气体熵的增量。(提示:不是绝热可逆膨胀)

8.41 1mol 氧气(可视为刚性双原子理想气体)经历 a-b-c 过程(如题 8.41 图所示)。求:(1) 此过程中气体对外所做的功;(2) 此过程中气体吸收的净热;(3) 过程前后,气体熵的增量。

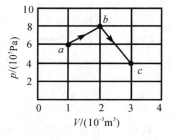

题 8.41 图

8.42 1kg 0℃ 的水与一个 100℃ 的大热源接触,水温上升为 100℃。求:(1) 水的熵变;(2) 热源的熵变;(3) 水和热源两者的总熵变。(提示:这是个不可逆过程。设想一系列无限小温差的热源与水依次接触,以这样的可逆过程连接水的始终态,求 $\Delta S_水$。求 $\Delta S_源$ 时,注意热源温度是恒定的。)

8.43 1mol 0℃ 的冰在标准大气压($p_n = 101\ 325 Pa$)下变为 60℃ 的水。求熵变 ΔS。冰的熔解热 $\lambda = 3.34 \times 10^5 J/kg$,比热 $c = 4.186 \times 10^3 J/(kg \cdot K)$。(提示:设想先 101 325Pa、273K 下可逆相变化为 0℃ 的水,再经可逆过程变为 60℃ 的水)

8.44 体积相同的容器 A 和 B 内,分别装有甲气体 $m_1$kg 和乙气体 $m_2$kg,它们的压强和温度都相同。若使 A 与 B 连通,甲、乙气体互相扩散,求这系统的总熵变。(提示:设想两种气体都等温可逆膨胀为原体积的 2 倍。)

阅读材料 3. A

卡诺定理的证明

早在热力学第一、第二定律建立以前,卡诺就提出了卡诺定理。卡诺定理的结论是正确的,但是卡诺自己的证明却是错误的。开尔文和克劳修斯在研究卡诺定理时发现,要证明卡诺定理,除了热力学第一定律,还必须有另一个普遍原理。这个原理就是热力学第二定律。因此说,热力学第二定律的建立,受到卡诺定理的启发。但是,只有在热力学第二定律建立之后,才能真正证明卡诺定理。现证明如下:

一、在两个温度一定的热源之间,一切卡诺循环的效率都相等,而与工作物质无关

证明 设有卡诺机 C′ 和 C,工作于高温热源 T_1 和低温热源 T_2 之间,两机的区别是工作物质不同(见图 3.A.1)。

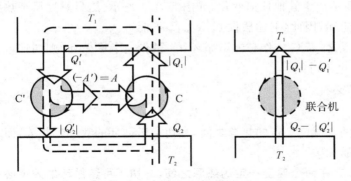

图 3.A.1 卡诺定理的证明用图

C' 机作正卡诺循环,从高温热源吸热 Q_1',向低温热源放热 $|Q_2'|$,对外做功 $(-A')$。效率为

$$\eta_C' = \frac{(-A')}{Q_1'} = \frac{Q_1' - |Q_2'|}{Q_1'}$$

C' 机所做的功恰好供给 C 机,使之作逆卡诺循环,即 $(-A') = A$。C 机从低温热源吸热 Q_2,向高温热源放热 $|Q_1|$。由于 C 是卡诺可逆机,因此 C 作正循环时,其效率为

$$\eta_C = \frac{A}{|Q_1|} = \frac{|Q_1| - Q_2}{|Q_1|}$$

运用反证法,假设 $\eta_C' > \eta_C$,即

$$\frac{Q_1' - |Q_2'|}{Q_1'} > \frac{|Q_1| - Q_2}{|Q_1|} \qquad\qquad (3.\text{A}.1)$$

由于 $(-A') = A$

$$Q_1' - |Q_2'| = |Q_1| - Q_2 \qquad\qquad (3.\text{A}.2)$$

按式(3.A.1)、(3.A.2),$|Q_1| > Q_1'$,故

$$Q_2 - |Q_2'| = |Q_1| - Q_1' > 0 \qquad\qquad (3.\text{A}.3)$$

式(3.A.3)说明,若将 C' 和 C 两机视为一台联合机,则每经一个循环,联合机把热量 $Q_2 - |Q_2'| = |Q_1| - Q_1'$ 从低温热源传到高温热源,而不产生其他任何变化,如图 3.A.1 所示。这显然违反了热力学第二定律,因此,上述假设 $\eta_C' > \eta_C$ 不可能。

反之,若 C 机作正卡诺循环,C' 机作逆卡诺循环,则同理可证 $\eta_C > \eta_C'$ 也不可能。

于是,必有

$$\eta_C' = \eta_C$$

即在两个温度一定的热源之间,一切卡诺循环的效率都相等,而与工作物质无关。

二、在两个温度一定的热源之间,一切不可逆循环的效率必小于卡诺循环的效率

证明 设有卡诺热机 C 和不可逆机 I,工作于高温热源 T_1 和低

温热源 T_2 之间,则按与一、中相同的方法可证

$$\eta_1 > \eta_c \text{ 不可能}$$

由于 Ⅰ 为不可逆机,无法证明 $\eta_c > \eta_1$ 不可能。

若 $\eta_1 = \eta_c$,则总的效果是:整个联合机完全复原,外界也完全复原,则联合机是可逆机,联合机组成部分 Ⅰ 必定也是可逆的。但是,这与原假设不符。故

$$\eta_1 = \eta_c \text{ 不可能}$$

即　$\eta_1 > \eta_c$ 不可能,$\eta_1 = \eta_c$ 也不可能,那么,惟一的可能是:

$$\eta_1 < \eta_c$$

即 在两个温度一定的热源之间,一切不可逆循环的效率必小于卡诺循环的效率。

(陈治中　编)

阅读材料 3. B

热力学第三定律

随着气体液化和超导电性的发现,人们对低温的获得越来越感兴趣。目前,最低温度已能达到 $10^{-8}K$ 的数量级。但是能否达到 0K 呢?

大量实验事实作了否定的回答:0K **只可趋近,无法达到**。这一结论,称为**热力学第三定律**。

欲使物体降温,必须利用致冷机,外力做功 A,将热量 Q_2 从低温物体取出,输入高温物体中去。若用卡诺致冷机,其致冷系数为

$$e_C = \frac{Q_{吸}}{A} = \frac{T_2}{T_1 - T_2}$$

可见,T_2(低温物体温度)越低,致冷系数 e_c 越小。当 $T_2 \to 0K$ 时,$e_c \to 0$,即从低温物体取出有限的热量 $Q_{吸}$,需要外界做无限大的功。做无限大功当然是不可能的,因此,0K 只能趋近,无法达到。

由于温度越低,系统内粒子的无序运动越弱。而 $T = 0K$ 是所能趋近的最低极限温度,因此,可以假设,0K 时,纯晶态物质内部,粒子的排列完全有序,即纯晶态的热力学概率为

$$\omega = 1$$

根据玻尔兹曼熵公式

$$S = k\ln\omega$$

得:0K 时,完全纯晶态物质的熵为零,即

$$S_0 = k\ln1 = 0$$

这是热力学第三定律的另一种说法。

(陈治中　编)

阅读材料 3. C

能量退化

一、做功能与非做功能

按能否用来做功区分,自然界的能量 E 可以分为**做功能** E_A 和**非做功能** E_T

$$E = E_A + E_T$$

有序运动的能量(如机械能、电磁能)可以全部用来做功,就是说,有序运动的能量百分之百为做功能,非做功能为零。无序运动的能量

（如内能）一部分能用来做功，一部分不能转化为功。

做功能的比例越高，能量的品质越好。

下面分析，内能中做功能和非做功能各占多大的比例。以双热源情况为例进行讨论。

从温度为 T 的热源中，以热量的形式取出能量 E，供给一台热机，若热机所能采用的低温热源（例如大气）的温度为 T_0，则根据卡诺定理，所能做的最大功为 $E\left(\dfrac{T-T_0}{T}\right)$，即上述内能中所含的做功能为

$$E_A = E\left(\frac{T-T_0}{T}\right)$$

所含的非做功能为

$$E_T = E - E_A = E\frac{T_0}{T}$$

上述两式说明，低温热源温度 T_0 一定时，热源温度 T 越高，内能中做功能的比例越大，非做功能的比例越小，能量的品质越好。

二、熵与能量的退化

根据上述分析，若经过一个不可逆过程，将机械能和其他有序运动 能量转变为热源的内能，或者将高温物体中的内能转变为低温物体中的内能，则非做功能 E_T 增加，能量品质下降。这种现象称为**能量的退化**。若把机械能转变为温度为 T_0 的低温热源的内能，则能量完全 退化，做功能全部转化为非做功能。这里**并非能量的"量"减小，而是能量的"质"退化**。

如果将提供机械能的系统和接受能量的热源一起，作为一个孤立系统，那么，根据熵增原理，经过一个不可逆的过程，系统的熵增大。

综观上述，经历不可逆过程，有序运动能量转变为无序运动能量；系统的有序度下降，无序度上升；做功能减少，非做功能增加；能量退化，熵增大。

（陈治中　编）

阅读材料 3. D

能源的开发和利用

人类的一切活动都需要能量。能提供能量的物质，称为**能源**。能源的储量是有限的。下表列出了一些能源的储量（估计值）。

表 3. D. 1　世界能源储量（折合标准煤）

能　　源	储量／亿吨	能　　源	年储量／（亿吨／年）
石　　油	4000	太阳能	870000
天然气	4000	水　　能	24
煤	60000	风、海浪	80
油页岩	30000	地　　热	0.6
铀 -235	300	潮　　汐	0.64
氘	10^{12}		

目前，世界各国开采使用的能源，主要是石油、天然气和煤。按专家估计，石油和天然气再过 80 年就用光了，煤也只有 300 ～ 400 年可用。到那时，人类将面临能源危机的威胁。

避免能源危机，应从两方面入手。一是提高能源的利用效率，二是开发利用新的能源。

我国目前能源的利用效率只有 30％ 左右，就是说，燃料的总能量中，只有 30％ 转化为有用的功和热，70％ 的能量排入大气，退化为无用能，而白白地浪费了。所以，必须采取有效措施，提高能源的利用效率。例如，研制耗能低的机器和车辆，开展能量的综合利用。

当前，开发的新能源主要是核能和太阳能。现在，全世界有 400

多座核电站,发电 3 亿千瓦,占世界总发电量的 15% 左右。我国的秦山核电站年发电量 22 亿千瓦时,第二期工程建成后,总装机容量 300 万千瓦。大亚湾核电站现已通过审定,即将发电。在原子核反应堆中,1 公斤 U-235 裂变释放的能量,相当于 2500 吨标准煤燃烧所放出的能量。但天然铀中,U-235 只占 0.7%,99.3% 是 U-238。新近研制成功的增殖反应堆以 U-238 为原料,这就延长了核能源的使用时间,U-238 的储量还可以用几百年。

使氘聚变是利用核能的另一途径。1 公斤氘聚变释放的能量,相当于 1 公斤 U-235 裂变所放出能量的 4 倍。而海水中储存着大量的氘,可供人类用上几百亿年。但是,氘的聚变必须在 10^8K 的高温下才能实现,由于技术上的困难,目前还未实现可控核聚变。

最大的能源是太阳能。风能、水能、海浪能也是由太阳能转化而来的。全世界发电量的 $\frac{1}{4}$ 来自水电站。英国最近制成了 40 千瓦的波浪发电机。太阳灶和太阳能电池,则是直接利用太阳能。美国加州的太阳能电站,其太阳灶能使 10^4 千瓦的发电机正常运转。

有人设想,把大面积的太阳能电池板放在同步卫星轨道上,它把太阳能转变为电能,再以微波的形式送回地面。据说美国计划在建一座这样的"宇宙电站"。

我国正在建设长江三峡工程,其水电站总装机容量达 1820 万千瓦,年平均发电 847 亿千瓦时。浙江、贵州等丘陵地区,已建成星罗棋布的小水电站。西藏正在大力开发丰富的地热资源。

矿物能源和核能源存在一个严重的问题,就是会产生环境污染。最近,一些美国科学家利用酶的作用实现了葡萄糖转化为氢气和水。氢气是高效纯净的能源,而该反应无污染又廉价,所以,可能导致一场能源革命。

通过全世界科技工作者的共同努力,人类的能源危机必将能够避免,而迎来一个"柳暗花明又一村"的光辉明天。

(陈治中　编)

阅读材料 3.E

熵与信息

一、信息是有序性确定性的量度

信息作为科学概念，首先出现在通信之中。1948 年申农（Shannon）发表的论文"通信的数学理论"是信息论诞生的标志。

什么是信息？信息是具有新内容的消息，能够消除某一事件的不确定性。

例如，从一副扑克牌中任抽一张，拿在我的手中，问你这张牌是什么？若不给任何信息，则可能是 52 张牌中的任意一张，你猜对的概率只有 $\frac{1}{52}$；若告诉你：这张牌是老 K，则还可能是 4 张老 K 中的任意一张，你猜对的概率上升为 $\frac{1}{4}$；若再告诉你：这张牌是黑桃，则你可以确定，这张牌是黑桃老 K，猜对的概率就是百分之一百了。

可见，信息越多，事件的无序性、不确定性越小，有序性、确定性越大，就是说，**信息是有序性、确定性的量度**。由于熵是无序性、不确定性的量度，因此，信息是熵的对立面。

二、信息量定义公式

若事件出现的概率为 P，则完全消除不确定性，使事件得以实现所需要的信息量 I 定义为

$$I = - K \ln P$$

式中的 K 为常量。

将信息量定义公式与玻尔兹曼熵公式比较，两者形式上完全相似，只差一个负号。若把 K 取为玻尔兹曼常量 k，则上式成为

$$I = - k\ln P$$

信息量的单位就与熵的单位相同,均为 J/K 了,加之信息是有序性、确定性的量度,熵是无序性、不确定性的量度,因此,很自然想到,将信息量称为**负熵**。

处理 N 个独立等概率的事件时,通常设 $K = \dfrac{1}{\ln 2}$bit,因此

$$I = - K\ln P = - \left(\frac{1}{\ln 2}\text{bit}\right)(\log_2 P \ln 2)$$

即

$$I = - \log_2 P\,\text{bit}$$

这时,信息量 I 的单位称为比特(bit)。

(陈治中　编)

阅读材料 3.F

耗散结构

　　热力学第二定律是人类经验的科学总结,并不断在实践中得到证实。但是,人们也遇到了一些热力学第二定律难于解释的问题。例如,根据熵增原理,一个生物系统应该自发地由有序变为无序,由复杂变为简单。然而,生物进化论告诉我们,生物是进化的,可以由简单变为复杂,有序程度可以越来越高。这就产生了一个问题:热力学第二定律是否适用于生物系统?

　　比利时科学家普利高津(I. Prigogine)在平衡态热力学的基础上,把熵的概念应用到非平衡态热力学中,得到了"熵减少原理",从而提出了**耗散结构理论**。

耗散结构理论认为，一个远离平衡态的开放系统，在外界条件下达到某一阈值时，系统通过不断与外界交换物质和能量，可以由原来的无序状态变为有序状态。这种有序状态，需要不断与外界交换物质和能量才能维持，换句话说，维持这种有序状态，需要耗散物质和能量，所以叫作耗散结构。

普利高津指出，一个远离平衡态的开放系统，由于不断与外界交换物质和能量，熵的变化可以分为两部分。一部分是系统本身由于不可逆过程引起的熵增 ΔS_i，根据熵增原理，ΔS_i 永远是正的。另一部分是由于系统与外界交换物质和能量而引起的熵流 ΔS_e，ΔS_e 可正可负。整个系统熵的变化 ΔS 为

$$\Delta S = \Delta S_i + \Delta S_e$$

对于孤立系统，熵流 $\Delta S_e = 0$，熵增 $\Delta S_i \geqslant 0$，于是 $\Delta S \geqslant 0$，还原为热力学第二定律的熵增原理。

开放系统中，熵流 ΔS_e 可正可负。若熵流 ΔS_e 为负，且 $\Delta S_e = -\Delta S_i$，则系统熵变 $\Delta S = 0$。若熵流 ΔS_e 为负，且 $\Delta S_e < -\Delta S_i$，则系统熵变 $\Delta S < 0$，即系统的熵减少，这就是"熵减少原理"。

若一直维持 $\Delta S_e < -\Delta S_i$，系统的熵就不断减少，系统就由无序变为有序，成为低熵非平衡态的有序结构，即耗散结构。

普利高津把生物系统与外界联系起来考虑，指出生物系统是一个远离平衡态的开放系统，可以通过与外界进行物质和能量交换，以新陈代谢的方式取得负熵流，以抵消本身的熵增加，维持高度有序的结构，从而不断地生长发育、繁衍进化。

耗散结构理论在大气环流，天体稳定性、生态系统等方面都取得了可喜的成果，普利高津由于耗散结构方面的贡献，荣获了 1977 年诺贝尔化学奖。

（陈治中　　编）

附录 I 基本物理常量

（国际科技数据委员会基本常量组 1986 年国际推荐值）

物理量	符号	数　　值	单　位
真空中光速	c	$2.997\ 924\ 58 \times 10^8$	m/s
引力常量	G	$6.672\ 59(85) \times 10^{-11}$	$\text{N} \cdot \text{m}^2/\text{kg}^2$
标准重力加速度	g_n	$9.806\ 65$	m/s^2
阿伏伽德罗常量	N_A	$6.022\ 136\ 7(36) \times 10^{23}$	mol^{-1}
摩尔气体常量	R	$8.314\ 510(70)$	$\text{J}/(\text{mol} \cdot \text{K})$
标准大气压	p_n	$1.013\ 25 \times 10^5$	Pa
玻尔兹曼常量	k	$1.380\ 658(12) \times 10^{-23}$	J/K
电子静止质量	m_e	$9.109\ 389\ 7(54) \times 10^{-31}$	kg
康普顿波长	λ_C	$2.426\ 310\ 58(22) \times 10^{-12}$	m
质子静止质量	m_p	$1.672\ 628\ 1(10) \times 10^{-27}$	kg
中子静止质量	m_n	$1.674\ 928\ 6(10) \times 10^{-27}$	kg
真空磁导率	μ_0	$4\pi \times 10^{-7}$	H/m
真空电容率	ε_0	$8.854\ 187\ 817 \times 10^{-12}$	F/m
基本电荷	e	$1.602\ 177\ 33(49) \times 10^{-19}$	C
原子质量单位	u	$1.660\ 540\ 2(10) \times 10^{-27}$	kg
斯忒藩－玻尔兹曼常量	σ	$5.670\ 51(19) \times 10^{-8}$	$\text{W}/(\text{m}^2 \cdot \text{K}^4)$
维恩位移定律常量	b	$2.879\ 756(24) \times 10^{-3}$	$\text{m} \cdot \text{K}$
普朗克常量	h	$6.626\ 075\ 5(40) \times 10^{-34}$	$\text{J} \cdot \text{s}$
里德伯常量	R_∞	$1.097\ 373\ 153\ 4 \times 10^7$	m^{-1}
玻尔半径	a_0	$0.529\ 177\ 249(24) \times 10^{-10}$	m

附录 Ⅱ　国际单位制(SI)

一、国际单位制的基本单位

物 理 量	单位名称	符号	定　　义
长度	米	m	1 米等于真空中光在 $\dfrac{1}{299\ 792\ 458}$ 秒时间内传播的距离。
质量	千克(公斤)①	kg	千克是质量单位,1 千克等于国际千克原器的质量。
时间	秒	s	1 秒是铯 133 原子基态两个超精细能级之间跃迁所对应辐射的 9 192 631 770 个周期的持续时间。
电流	安[培]②	A	安培是一恒定电流,若 1 安培电流保持在处于真空中相距 1 米的两无限长、而圆截面可忽略的平行直导线内,则在此两导线之间产生的力在每米长度上等于 2×10^{-7} 牛顿
热力学温度	开[尔文]	K	热力学温度单位开尔文是水三相点热力学温度的 1/273.16
物质的量	摩[尔]	mol	1.摩尔是一系统的物质的量,1 摩尔的系统中所包含的基本单元数与 0.012 千克碳-12 的原子数目相等;2.在使用摩尔时,基本单元应予指明,可以是原子、分子、离子及其他粒子,或是这些粒子的特定组合。
发光强度	坎[德拉]	cd	坎德拉是一光源在给定方向上的发光强度,该光源发出频率为 540×10^{12} 赫兹的单色辐射,且在此方向上的辐射强度为 1/683 瓦特每球面度。

---

①　圆括号中为该单位名称的同义词。

②　去掉方括号时为单位名称,去掉方括号及其中的字后为单位名称的简称和用中文表示的单位符号。

二、国际单位制的辅助单位

物理量	单位名称	单位符号	定　义
平面角	弧度	rad	弧度是一圆内两条半径之间的平面角,这两条半径在圆周上截取的弧长与半径相等。
立体角	球面度	sr	球面度是一立体角,其顶点位于球心,而它在球面上所截取的面积等于以球半径为边长的正方形面积。

三、国际单位制中具有专门名称的导出单位

物理量	单位名称	单位符号	与 SI 其他单位的关系	与 SI 基本单位的关系
频率	赫〔兹〕	Hz		s^{-1}
力	牛〔顿〕	N		$m \cdot kg \cdot s^{-2}$
压强	帕〔斯卡〕	Pa	N/m^2	$m^{-1} \cdot kg \cdot s^{-2}$
能,功,热量	焦〔耳〕	J	$N \cdot m$	$m^2 \cdot kg \cdot s^{-2}$
功率,辐射通量	瓦〔特〕	W	J/s	$m^2 \cdot kg \cdot s^{-3}$
电荷量	库〔仑〕	C		$s \cdot A$
电势,电压,电动势	伏〔特〕	V	W/A	$m^2 \cdot kg \cdot s^{-3} \cdot A^{-1}$
电容	法〔拉〕	F	C/V	$m^{-2} \cdot kg^{-1} \cdot s^4 \cdot A^2$
电阻	欧〔姆〕	Ω	V/A	$m^2 \cdot kg \cdot s^{-3} \cdot A^{-2}$
电导	西〔门子〕	S	A/V	$m^{-2} \cdot kg^{-1} \cdot s^3 \cdot A^2$
磁通量	韦〔伯〕	Wb	$V \cdot s$	$m^2 \cdot kg \cdot s^{-2} \cdot A^{-1}$
磁感应强度,磁通密度	特〔斯拉〕	T	Wb/m^2	$kg \cdot s^{-2} \cdot A^{-1}$
电感	亨〔利〕	H	Wb/A	$m^2 \cdot kg \cdot s^{-2} \cdot A^{-2}$
摄氏温度	摄氏度	℃		K
光通量	流〔明〕	lm		$cd \cdot sr$
光照度	勒〔克斯〕	lx	lm/m^2	$m^{-2} \cdot cd \cdot sr$
放射性活度	贝可〔勒尔〕	Bq		s^{-1}
吸收剂量	戈〔瑞〕	Gy	J/kg	$m^2 \cdot s^{-2}$

四、国际单位制词头

因数	词头名称	词头符号	因数	词头名称	词头符号
10^{18}	艾[可萨]	E	10^{-1}	分	d
10^{15}	拍[它]	P	10^{-2}	厘	c
10^{12}	太[拉]	T	10^{-3}	毫	m
10^{9}	吉[伽]	G	10^{-6}	微	μ
10^{6}	兆	M	10^{-9}	纳[诺]	n
10^{3}	千	k	10^{-12}	皮[可]	p
10^{2}	百	h	10^{-15}	飞[母托]	f
10^{1}	十	da	10^{-18}	阿[托]	a

五、国家选定的非国际单位制单位(摘录)

物理量	单位名称	单位符号	与 SI 制单位的关系
时间	分	min	$1min = 60s$
	[小]时	h	$1h = 3600s$
	日	d	$1d = 86400s$
体积	升	l 或 L	$1L = 10^{-3}m^3$
能量	电子伏特	eV	$1eV = 1.602\ 189\ 2 \times 10^{-19}J$

附录 Ⅲ 导数 积分 级数

一、基本导数公式

$$\frac{d(u^n)}{dx} = nu^{n-1}\frac{du}{dx}$$

$$\frac{d(e^u)}{dx} = e^u\frac{du}{dx}$$

$$\frac{d(a^u)}{dx} = a^u\ln a\frac{du}{dx}$$

$$\frac{d\ln u}{dx} = \frac{1}{u}\frac{du}{dx}$$

$$\frac{d\log u}{dx} = \frac{1}{u\ln 10}\frac{du}{dx}$$

$$\frac{d(u+v)}{dx} = \frac{du}{dx} + \frac{dv}{dx}$$

$$\frac{d(uv)}{dx} = u\frac{dv}{dx} + v\frac{du}{dx}$$

$$\frac{d\sin u}{dx} = \cos u\frac{du}{dx}$$

$$\frac{d\cos u}{dx} = -\sin u\frac{du}{dx}$$

二、基本积分公式

$$\int dx = x + C$$

$$\int x^n dx = \frac{x^{n+1}}{n+1} + C$$

$$\int \frac{dx}{x} = \ln x + C$$

$$\int e^x dx = e^x + C$$

$$\int \sin x dx = -\cos x + C$$

$$\int a^x dx = \frac{a^x}{\ln a} + C$$

$$\int \ln x dx = x\ln x - x + C$$

$$\int au dx = a\int u dx$$

$$\int (u+v) dx = \int u dx + \int v dx$$

$$\int \cos x dx = \sin x + C$$

三、级数（摘录）

$$(1+x)^n = 1 + nx + \frac{n(n-1)}{2!}x^2 + \cdots\cdots \qquad (|x| < 1)$$

$$\frac{1}{\sqrt{1-x}} = 1 + \frac{1}{2}x + \frac{1}{2} \times \frac{3}{4}x^2 + \cdots\cdots \qquad (-1 < x \leqslant 1)$$

$$\ln(1+x) = x - \frac{x^2}{2} + \frac{x^3}{3} - \cdots\cdots \qquad (-1 < x \leqslant 1)$$

$$e^x = 1 + x + \frac{x^2}{2!} + \frac{x^3}{3!} + \cdots\cdots \qquad (-\infty < x < +\infty)$$

附录 Ⅳ 矢 量

一、矢量和标量

物理量分为两类。仅需大小即可表征的物理量称为**标量**,如长度、时间、质量等。需要以大小和方向表征的物理量称为**矢量**,如位移、速度、力等。

图示时,用有向线段表示矢量,长度表示其大小,箭头表示其方向。

书写时,用黑体字母(如 A、B)或带箭头字母(如 $\vec{A}$、$\vec{B}$)表示矢量。矢量的大小称为矢量的**模**,用 $|A|$ 或 A 表示。

模等于 1 的矢量称为**单位矢量**。

若矢量 A 与矢量 B 大小相等,方向相同,则说 $A = B$。平行移动时矢量不变。

若矢量 A 与矢量 B 大小相等、方向相反,则说 $B = -A$。

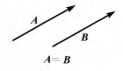

图 Ⅳ.1 矢量相等

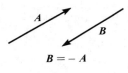

图 Ⅳ.2 矢量相反

二、矢量合成

1.三角形法

求 $A + B$ 可用**三角形法**:从 A 末端画 B,则 A 始端指向 B 末端的矢量 C 即为所求。按几何关系,可求出合矢量的大小和方向

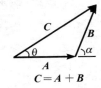

$C = A + B$

图 Ⅳ.3 矢量合成
的三角形法

$$\begin{cases} C = \sqrt{A^2 + B^2 + 2AB\cos\alpha} \\ \theta = \arctan \dfrac{B\sin\alpha}{A + B\cos\alpha} \end{cases}$$

2.解析法

先用直角坐标分量式表示,然后分量相加,求得合矢量的分量,这种方法称**解析法**。

$$A = A_x \boldsymbol{i} + A_y \boldsymbol{j}$$
$$B = B_x \boldsymbol{i} + B_y \boldsymbol{j}$$

因 $C = A + B$,故合矢量的分量为

$$\begin{cases} C_x = A_x + B_x \\ C_y = A_y + B_y \end{cases}$$

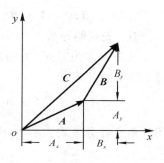

图 Ⅳ.4 矢量合成的解析法

三、矢量的点乘(标积)

A 与 B 的点乘为标量,定义如下:

$$A \cdot B = AB\cos\alpha$$

式中 α 为 A 与 B 之间小于 π 的夹角。

推论:

(1)$A \cdot B = B \cdot A$

(2)$A \cdot A = A^2$

(3)若 $A \perp B$,则 $A \cdot B = 0$

(4)$A \cdot B = A_x B_x + A_y B_y$

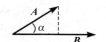

图 Ⅳ.5 矢量的点乘

四、矢量的叉乘(矢积)

A 与 B 的叉乘为另一个矢量,定义为:

$$C = A \times B$$

C 的大小为

$$C = AB\sin\alpha$$

式中 α 为 A 与 B 之间小于 π 的夹角。C 的方向垂直于 A 和 B 组成的平面,并用右手螺旋法则决定:右手四指从 A 经 α 角弯向 B,伸直的拇指即 C 的方向。

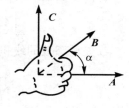

图 Ⅳ.6 矢量的叉乘

推论:

(1)$A \times B = -(B \times A)$

(2)若 $A \parallel B$,则 $A \times B = 0$

(3)$A \perp B$,则 $|A \times B| = AB$

五、矢量的导数

设矢量 A 为时间 t 的函数,通常 A 的大小和方向都随 t 而变化。A 对 t 的导数定义为

$$\frac{dA}{dt} = \lim_{\Delta t \to 0} \frac{A(t + \Delta t) - A(t)}{\Delta t}$$

用直角坐标分量式表示时,因 i 和 j 为常矢量,故

$$\frac{dA}{dt} = \frac{d}{dt}(A_x i + A_y j) = \frac{dA_x}{dt} i + \frac{dA_y}{dt} j$$

推论:

$$\frac{d}{dt}(A + B) = \frac{dA}{dt} + \frac{dB}{dt}$$

$$\frac{d}{dt}(CA) = C \frac{dA}{dt} \quad (C \text{ 为常数})$$

$$\frac{d}{dt}(A \cdot B) = A \cdot \frac{dB}{dt} + B \cdot \frac{dA}{dt}$$

$$\frac{d}{dt}(A \times B) = A \times \frac{dB}{dt} + \frac{dA}{dt} \times B$$

六、矢量的积分

矢量的积分一般较复杂。采用直角坐标分量式时,计算较为简单。

1.矢量函数对时间 t 的积分

$$\int A dt = \left(\int A_x dt \right) i + \left(\int A_y dt \right) j$$

2.矢量函数的线积分

$$\int A \cdot dr = \int A_x dx + \int A_y dy$$

附录 V   希腊字母表

字母		读 音	字母		读 音
大写	小写	（汉语拼音）	大写	小写	（汉语拼音）
A	α	arfa	N	ν	niu
B	β	beita	Ξ	ξ	kesei
Γ	γ	gama	O	o	oumikrong
Δ	δ	deirta	Π	π	pai
E	ε	eipuseilong	P	ρ	rou
Z	ζ	zeita	Σ	σ	seigama
H	η	eita	T	τ	tao
Θ	θ	seita	Φ	φ	fai
I	ι	youta	X	χ	kai
K	κ	kapa	Υ	υ	ypuseilong
Λ	λ	lamuda	Ψ	ψ	pusai
M	μ	miu	Ω	ω	oumiga

习题答案

第一章

1.1　(1)$-3i$m/s　(2)3.4m/s

1.2　4m　-4m/s　-6m/s^2

1.3　$(-27i-27j)$m　$(-21i-9j)$m/s　$(-8i+6j)$m/s^2

1.4　(1)$y=\dfrac{x^2}{20\text{m}}$　(2)$(10i+20j)$m/s

　　(3)$(10i+10j)$m/s　$10j$m/s^2

1.5　(1)$r=R\cos\omega ti+R\sin\omega tj+ctk$　(2)$x^2+y^2=R^2$　$z=ct$ 故轨道

　　为螺旋线。(3)$-\omega R\sin\omega ti+\omega R\cos\omega tj+ck$　$-\omega^2 R(\cos\omega ti+$

　　$\sin\omega tj)$

1.6　(1)$u\sqrt{1+\left(\dfrac{h}{x}\right)^2}$　(2)$\dfrac{h^2u^2}{x^3}$

1.7　(1)11.2m　(2)14.1m/s　(3)10m/s^2　(4)7.07m/s^2

　　(5)7.07m/s^2

1.8　$\dfrac{v_0}{1+kv_0t}$　$x=\dfrac{1}{k}\ln(1+kv_0t)$

1.9　(1)$4\left(\dfrac{t}{\text{s}}\right)i$ m/s^2　(2)$r=\left\{\left[\dfrac{2}{3}\left(\dfrac{t}{\text{s}}\right)^3-3\right]i+5\left(\dfrac{t}{\text{s}}\right)j\right\}$m

　　(3)$y=5\left[\dfrac{3}{2}\left(\dfrac{x}{\text{m}}+3\right)\right]^{1/3}$m

1.10　3.4s　15m 和　10.6s　123m

1.11　76°

1.12　(1)1.02×10^3m　(2)167m/s　53.3°(与水平线夹角)

1.13　(1)10s　(2)207m/s

1.14　(1)7.68m　3.84m/s　(2)6.55m　3.28m/s

1.15　5m/s　-1m/s^2　0.5m/s^2　1.1m/s^2

1.16　0.93s　0.19m/s

1.17　(1)0.70s　(2)0.72m

1.18　(1)9.2m/s　(2)65.4°

1.19　(1)5m/s　东偏北 53.1°　(2)码头正对岸下游75m 处

1.20　(1)$y'=-4x'-2x'^2$/m　(2)9.8m/s^2　竖直向下。

第二章

2.1 （1）$\arctan\mu$ （2）$\geqslant \left(\dfrac{\sin\theta - \mu\cos\theta}{\mu\sin\theta + \cos\theta}\right)mg$

2.2 $(M+m)g\tan\alpha$ $\quad \dfrac{mg}{\cos\alpha}$ $\quad (M+m)g$

2.3 13N

2.4 $2\pi\sqrt{\dfrac{l\cos\theta}{g}}$

2.5 （1）7.5 N 7.0N （2）$\geqslant 17\text{m/s}^2$

2.6 α $\quad mg\cos\alpha$

2.7 0.12m/s² 5.0N

2.8 （1）3.3m/s² （2）4.3m/s² 2.8m/s²

2.9 （1）$\dfrac{\mu mg}{\cos\alpha - \mu\sin\alpha}$ （2）$\geqslant \arctan\dfrac{1}{\mu}$

2.10 $1.27\times 10^{14}\,\text{kg/m}^3$

2.11 （1）$\arctan\dfrac{v^2}{Rg}$ （2）$mg\cos\theta(\tan\theta_0 - \tan\theta)$

2.12 $\arccos\dfrac{3g}{\omega^2 l}$ $\quad \dfrac{2}{3}m\omega^2 l$ $\quad \dfrac{1}{3}m\omega^2 l$

2.13 $\geqslant \sqrt{\dfrac{\sin\theta(\sin\theta + \mu\cos\theta)Rg}{\cos\theta - \mu\sin\theta}}$

2.14 $v_0\mathrm{e}^{-\frac{k}{m}t}$ $\quad \dfrac{mv_0}{k}(1-\mathrm{e}^{-\frac{k}{m}t})$

2.15 $y = \left(\dfrac{6mx}{k}\right)^{1/3}v_0$

2.16 $\sqrt{gR}$

2.17 $v_{\mathrm{f}} = \sqrt{\dfrac{mg}{k}}$ $\quad v = v_{\mathrm{f}}\left|\dfrac{1-\mathrm{e}^{-\frac{2gt}{v_{\mathrm{f}}}}}{1+\mathrm{e}^{-\frac{2gt}{v_{\mathrm{f}}}}}\right|$

2.18 $\dfrac{m\omega^2}{2l}(l^2 - r^2)$

2.19 （1）86.7N （2）7.6rad/s

2.20 （1）$\dfrac{(M+m)g\sin\alpha}{M + m(\sin\alpha)^2}$（沿斜面向下）

（2）$\dfrac{(M+m)g\sin\alpha\cos\alpha}{M + m(\sin\alpha)^2}$（水平向右） （3）$\dfrac{Mmg(\cos\alpha)^2}{M + m(\sin\alpha)^2}$

2.21 $\dfrac{(m_1 - m_2)(g - a)}{m_1 + m_2}$ $\quad \dfrac{2m_1 m_2(g-a)}{m_1 + m_2}$

2.22 $\left(\dfrac{\sin\alpha - \mu_0\cos\alpha}{\mu_0\sin\alpha + \cos\alpha}\right)g \leqslant a \leqslant \left(\dfrac{\sin\alpha + \mu_0\cos\alpha}{\cos\alpha - \mu_0\sin\alpha}\right)g$

2.23 12.5N

2.24 $\left[\dfrac{(m_1 + m_2 + M)(m_1\sin\alpha_1 - m_2\sin\alpha_2)}{(m_1 + m_2)M + 2m_1m_2(1 - \cos\alpha_1\cos\alpha_2) + m_1^2(\sin\alpha_1)^2 + m_2^2(\sin\alpha_2)^2}\right]g$

$\left[\dfrac{(m_1\cos\alpha_1 + m_2\cos\alpha_2)(m_1\sin\alpha_1 - m_2\sin\alpha_2)}{(m_1 + m_2)M + 2m_1m_2(1 - \cos\alpha_1\cos\alpha_2) + m_1^2(\sin\alpha_1)^2 + m_2^2(\sin\alpha_2)^2}\right]g$

2.25 $\geqslant \dfrac{g\sin\theta + \omega^2 R\cos\theta}{g\cos\theta - \omega^2 R\sin\theta}$

2.26 $y = \dfrac{\omega^2}{2g}x^2$

2.27 $\dfrac{(\sin\alpha - \mu\cos\alpha)g}{\omega^2(\mu\sin\alpha + \cos\alpha)\cos\alpha} \leqslant l \leqslant \dfrac{(\sin\alpha + \mu\cos\alpha)g}{\omega^2(\cos\alpha - \mu\sin\alpha)\cos\alpha}$

2.28 $\dfrac{(m_1 - m_2)g + m_2a}{m_1 + m_2}$(向下) $\dfrac{(m_2 - m_1)g + m_1a}{m_1 + m_2}$(向下)

$\dfrac{m_1m_2(2g - a)}{m_1 + m_2}$

2.29 (1)1.92×10^5 N   (2)1.66×10^6 N

2.30 (1)6.0 N·s   15N   (2)3.0 m/s

2.31 $-0.2(\boldsymbol{i} + \boldsymbol{j})$ N·s

2.32 3.5×10^3 N

2.33 366 N(与$\boldsymbol{v}_0$反向夹角35°)

2.34 $\dfrac{2mg}{\omega}\tan\theta\ \boldsymbol{i} - \dfrac{\pi mg}{\omega}\boldsymbol{k}$ (x轴垂直纸面向里，z轴垂直 AB 竖直向下)

2.35 (1)4.16   m/s   (2)2.78m/s   (3)4.24m/s

2.36 186 N

2.37 5.0 N·s(与 x 轴正方向夹角 106°)

2.38 (1)$\dfrac{mv'}{m + M}$ (2)0

2.39 2.0m/s

2.40 1.36×10^{-22} kg·m/s(与电子动量夹角151°56′)

2.41 5.0m/s(与$\boldsymbol{v}_{10}$夹角 36.9°)

2.42 $\dfrac{M + m}{M}$

2.43 1.2m

2.44 $\left(v_0\cos\alpha + \dfrac{mu}{m + M}\right)\dfrac{v_0\sin\alpha}{g}$

2.45 (1)1.0m/s(与 4.0kg 物体初速方向相同)

(2)36N·s

2.46 $\dfrac{Im_2\cos\alpha}{m_2(m_1 + m_2 + m_3) + m_1 m_3 (\sin\alpha)^2}$

2.47 5.0×10^3 m

2.48 $\dfrac{mv_0}{M}$ $(M + m)g + \dfrac{mv}{\Delta t}$

2.49 $(1.4\boldsymbol{i} + 0.8\boldsymbol{j})$ m

2.50 $\dfrac{4R}{3\pi}$

2.51 $\dfrac{2l}{3}$

2.52 $\dfrac{R}{2}\boldsymbol{k}$

2.53 $\dfrac{2R}{\pi}$

2.54 $3l$

2.55 $(21\boldsymbol{i} + 4\boldsymbol{j})$ m

2.56 910 m

2.57 2.4m   1.2m

2.58 (1) $\dfrac{m_1 \boldsymbol{v}_1 + m_2 \boldsymbol{v}_2}{m_1 + m_2}$ (2) $\dfrac{m_2(\boldsymbol{v}_1 - \boldsymbol{v}_2)}{m_1 + m_2}$ $-\dfrac{m_1(\boldsymbol{v}_1 - \boldsymbol{v}_2)}{m_1 + m_2}$

2.59 (1)4m (2)0.5$\boldsymbol{j}$m/s^2

2.60 0.392m/s^2(向下) $(-0.02\boldsymbol{i} + 0.049\boldsymbol{j})$m

2.61 (1) $-\boldsymbol{g}$ $\boldsymbol{g}$ (2)0

2.62 $N_x = -m_2 e\omega^2\cos\omega t$ $N_y = (m_1 + m_2)g - m_2 e\omega^2\sin\omega t$

2.63 $g(0.4\text{ s} + t)$ g

2.64 1.08×10^4N

2.65 (1)30.2 m/s^2 (2)2.83 $\times 10^3$ m/s   (3)4.49 $\times 10^5$ m

2.66 1.78N

2.67 1.50×10^3N

2.68 $\dfrac{\mu(v_b - v_a)}{m}$

2.69 $\dfrac{200}{\sqrt{1 + 0.0004t/\text{s}}}$ m/s

2.70 (1)$v^2 = \dfrac{m^2 v_0^2}{(m + \rho_l x)^2} - \dfrac{2g}{3\lambda}\left[\dfrac{(m + \rho_l x)^3 - m^3}{(m + \rho_l x)^2}\right]$

(2) $\dfrac{m}{\rho_l}\left[\sqrt[3]{\dfrac{3\rho_l v_0^2}{2mg} + 1} - 1\right]$

2.71　$(1)v = \sqrt{\dfrac{2gx}{3}}$　　$(2)x = \dfrac{g}{6}t^2$

2.72　81J

2.73　4.8W

2.74　560J

2.75　12J

2.76　$-mgh$　$-\mu mgl$　0　$mg(h + \mu l)$

2.77　(1)4m/s　(2)16J

2.78　2.3m/s

2.79　$\dfrac{1}{2}mv_0^2(\mathrm{e}^{-2\mu\pi} - 1)$

2.80　4.19m/s

2.81　(1) $\dfrac{M}{2s}v^2$　　(2) $\left(\dfrac{M + m}{m}\right)v$　　(3) $\dfrac{M(M + m)v^2}{2m}$

2.82　(2)3.01 × 10⁻² J　　(3)0.78m/s

2.83　3.1 × 10¹¹ J

2.84　$(1)r_0$　　$(2)0.89r_0$

2.85　(1)1.81m　　(2)1.53 m/s

2.86　-42.4J

2.87　$\dfrac{k_1 k_2 l^2}{2(k_1 + k_2)}$

2.88　$mga\sin\theta + \dfrac{1}{2}ka^2\theta^2$

2.89　(1)$M\sqrt{\dfrac{2G}{(M + m)r}}$　　$m\sqrt{\dfrac{2G}{(M + m)r}}$

　　　(2)0　　(3)0

2.90　319m/s

2.91　$\sqrt{\dfrac{g}{l}[(l^2 - l_0^2) - \mu(l - l_0)^2]}$

2.92　$\sqrt{2gl(\cos\theta - \cos\theta_0)}$　　$2g(\cos\theta - \cos\theta_0)$　　$g\sin\theta$

　　　$mg(3\cos\theta - 2\cos\theta_0)$

2.93　$\sqrt{2g[l(1 - \cos\beta) - a(1 - \cos\theta)]}$

2.94　$\geqslant \dfrac{5R}{2}$

2.95　$\theta = \arccos \dfrac{2}{3}$

2.96 (1) $\dfrac{mg}{k}$ (2) $\dfrac{2mg}{k}$

2.97 $b\sqrt{\dfrac{k}{m_1+m_2}}$

2.98 (1) $\geqslant (m_1+m_2)g$ (2) 同(1)

2.99 $\dfrac{\pm m_2 g}{\sqrt{(m_1+m_2)k}}$

2.100 $2\left(\dfrac{k_1+k_2}{k_1 k_2}\right)mg$ $2mg$

2.101 $\dfrac{m_2 g}{\sqrt{m_1 k}}$

2.102 $11.2\times 10^3\text{m/s}$

2.103 (1)1.32m/s (2)0.68s

2.104 (1) $\sqrt{\dfrac{2(m_1+m_2)E}{m_1 m_2}}$ (2) $\sqrt{\dfrac{2m_2 E}{m_1(m_1+m_2)}}+v_0\cos\alpha$(向右)

$\sqrt{\dfrac{2m_1 E}{m_2(m_1+m_2)}}-v_0\cos\alpha$(向左) (3) $\sqrt{\dfrac{2(m_1+m_2)E}{m_1 m_2}}\dfrac{v_0\sin\alpha}{g}$

2.105 0.33m

2.106 (1)0.06m (2)0.65 (3)0.04m 0

2.107 $\sqrt{\dfrac{2MgR}{M+m}}$ $\dfrac{m}{M}\sqrt{\dfrac{2MgR}{M+m}}$

2.108 (1)0.28m/s (2)47N/m

2.109 $\dfrac{g}{2m_1^2 k}\left[(m_1+m_2)(m_2+m_3)(m_2+m_3+2m_1)\right]$

2.110 (1) $\sqrt{2gh\left[\dfrac{M+m}{M+m(\sin\alpha)^2}\right]}$ $\dfrac{m\cos\alpha}{M+m}\sqrt{2gh\left[\dfrac{M+m}{M+m(\sin\alpha)^2}\right]}$

(2) $\dfrac{Mm^2 gh(\cos\alpha)^2}{(M+m)\left[M+m(\sin\alpha)^2\right]}$

2.111 (1) $\sqrt{2gR(1+\dfrac{m}{M})}$ $\dfrac{m}{M+m}\sqrt{2gR(1+\dfrac{m}{M})}$ $(3+\dfrac{2m}{M})mg$

(2) $\dfrac{mR}{M+m}$

2.112 $\sqrt{\dfrac{2g}{R}\left[\dfrac{\cos\alpha-\cos\theta}{1-\dfrac{m}{m+M}(\cos\theta)^2}\right]}$

2.113 $\dfrac{m+M_1}{m}\sqrt{2gl(1-\cos\alpha)(\dfrac{m+M_1+M_2}{M_2})}$

2.114　(1) $\sqrt{\dfrac{m}{6k}}v_0$　　(2) $\dfrac{2}{9}mv_0^2$

2.115　(1)$qvc\mathrm{os}\alpha$　　(2) $\dfrac{1}{2}q(1+\mathrm{sin}\alpha)$　　$\dfrac{1}{2}q(1-\mathrm{sin}\alpha)$

2.116　(1) $-0.20\mathrm{m/s}$　　(2) $-0.60\times10^{-3}\mathrm{kg\cdot m/s}$

2.118　$\dfrac{\mathrm{tan}\theta_0}{\mathrm{tan}\theta}$

2.120　$\dfrac{m_1gh}{(m_1+m_2)d}+(m_1+m_2)g$

2.121　$1.55\times10^5\mathrm{eV}$

2.122　$\sqrt{v_0^2+2ghe^2}$　　$\mathrm{arctan}\dfrac{e\sqrt{2gh}}{v_0}$（反射角）

2.123　$v_{10}\mathrm{sin}\alpha\boldsymbol{j}$　　$v_{10}\mathrm{cos}\alpha\boldsymbol{i}$

2.124　(1)3.55m/s(与水平面夹角 51°)　　0.39m　　(2)60%

2.125　$21.7\times10^{-2}\mathrm{m}$　　16.5rad/s

2.126　$\sqrt{\left(\dfrac{2M+m}{M+m}\right)gh}$　　$\dfrac{(2M+m)}{2(M+m)}h$

2.127　$5.91\times10^4\mathrm{m/s}$　　3.88×10^4　　m/s

2.128　$R\sqrt{1+\dfrac{2GM}{Rv_0^2}}$　　$\pi R^2(1+\dfrac{2GM}{Rv_0^2})$

2.129　$\dfrac{v}{2}$

2.130　$(4.2\boldsymbol{j}-2.8\boldsymbol{k})\mathrm{kg\cdot m^2/s}$

第三章

3.1　(1)20rad/s　　(2)4.0m/s　　80m/s²　　2.0m/s²　　(3)3.2rev

3.2　(1)7.27×10^{-5}rad/s　　(2)327m/s　　2.4×10^{-2}m/s²

3.3　(1)500r/min　　(2)19.1N·m

3.4　(1)6rad/s²　　(2)140rad

3.5　(1)8mR^2　　(2)7.5mR^2

3.6　$\dfrac{1}{4}kl^4$

3.7　10.8mR^2

3.8　$\dfrac{5}{18}mR^2$

3.9　$\dfrac{1}{3}ml^2(\mathrm{sin}\varphi)^2$　　$\dfrac{1}{3}ml^2(\mathrm{cos}\varphi)^2$　　$\dfrac{1}{3}ml^2$

3.10 $\dfrac{1}{12}m(a^2 + b^2)$ $\sqrt{\dfrac{a^2 + b^2}{12}}$

3.11 $\dfrac{6g}{5l}$

3.12   62.8N·m

3.13   25rad/s

3.14   (1)4.9rad/s^2 (2)7rad/s   9.8J

3.15   0.485rad/s^2 0.097m/s^2 0.970N

3.16 $\dfrac{m_1 g}{m_1 + m_2 + J/r^2}$ $m_1 g\left(\dfrac{m_2 + J/r^2}{m_1 + m_2 + J/r^2}\right)$

$m_2 g\left(\dfrac{m_1}{m_1 + m_2 + J/r^2}\right)$

3.17 $\dfrac{(m_1 - \mu m_2)g - M_f/r}{m_1 + m_2 + J/r^2}$ $m_1\left[\dfrac{(m_2 + \mu m_2 + J/r^2)g + M_f/r}{m_1 + m_2 + J/r^2}\right]$

$m_2\left[\dfrac{(m_1 + \mu m_1 + \mu J/r^2)g - M_f/r}{m_1 + m_2 + J/r^2}\right]$

3.18 $\left(\dfrac{m_1 R_1 - m_2 R_2}{m_1 R_1^2 + m_2 R_2^2 + J}\right)R_1 g$ $\left(\dfrac{m_1 R_1 - m_2 R_2}{m_1 R_1^2 + m_2 R_2^2 + J}\right)R_2 g$

$\left(\dfrac{m_2 R_2^2 + m_2 R_1 R_2 + J}{m_1 R_1^2 + m_2 R_2^2 + J}\right)m_1 g$ $\left(\dfrac{m_1 R_1^2 + m_1 R_1 R_2 + J}{m_1 R_1^2 + m_2 R_2^2 + J}\right)m_2 g$

3.19 $\dfrac{mg}{2M + m}$

3.20 $\left[\dfrac{2(m_1 - m_2)}{2(m_1 + m_2) + (M_1 + M_2)}\right]g$ $\left[\dfrac{4m_1 m_2 + m_1(M_1 + M_2)}{2(m_1 + m_2) + (M_1 + M_2)}\right]g$

$\left[\dfrac{4m_1 m_2 + m_2(M_1 + M_2)}{2(m_1 + m_2) + (M_1 + M_2)}\right]g$ $\left[\dfrac{4m_1 m_2 + m_1 M_2 + m_2 M_1}{2(m_1 + m_2) + (M_1 + M_2)}\right]g$

3.21 $\sqrt{\dfrac{2mgh}{m + 2M/5 + J/r^2}}$

3.22 $\dfrac{2}{3}l$

3.23   7.07s   53.1r

3.24 $\dfrac{3g}{2l}\sin\theta$ $\sqrt{\dfrac{3g}{l}(1 - \cos\theta)}$

3.25   (1) $\dfrac{3}{2}\sqrt{\dfrac{g}{l}}$ (2) $\dfrac{9g}{8l}$ (3)3.39mg 5.29°

3.26 $\arccos\dfrac{3g}{2\omega^2 l}$

3.27 1.96×10^4J 1.7×10^4J

3.28 $\sqrt{\dfrac{2mg}{(m+M/2)R}}$

3.29 (1) $\dfrac{2mg\sin\theta}{k}$ (2) $\sqrt{\dfrac{2mgx\sin\theta-kx^2}{m+J/r^2}}$ (3) $\dfrac{mg\sin\theta}{k}$

3.30 (1) $\sqrt{\dfrac{3g}{l}}$ (2) $mg\,\dfrac{l}{2}$ (3) $\dfrac{1}{2}\sqrt{3gl}$

3.31 $\sqrt{\dfrac{3g}{l}}$

3.32 $\left(\dfrac{M-3m}{M+3m}\right)v_0$ $\left(\dfrac{12m}{M+3m}\right)\dfrac{v_0}{l}$

3.33 $\left(\dfrac{2M+m}{2M+4m}\right)\omega_0$

3.34 $\left(\dfrac{R\omega_0}{v'\sqrt{2m/M}}\right)\arctan\left(\dfrac{v't\sqrt{2m/M}}{R}\right)$

3.35 (1)1.87rad/s   (2) -0.073J

3.36 (1)20.9rad/s   (2)-419N·m·s   419N·m·s   (3)1.32×10⁴ J

3.37 (1) $\dfrac{\omega_0^2R^2}{2g}$ (2)ω_0 $(\dfrac{1}{2}MR^2-mR^2)\omega_0$ $\dfrac{1}{2}(\dfrac{1}{2}MR^2-mR^2)\omega_0^2$

3.38 (1)8.87rad/s   (2)94.1°

3.39 (1) $\dfrac{1}{2}(1+\dfrac{M}{3m})\sqrt{3gl(1-\cos\theta)}$ (2) $\dfrac{1}{3}Ml\sqrt{3gl(1-\cos\theta)}$

3.40 $\sqrt{3gl}$

3.41 $\dfrac{6mv}{Ml}$

3.42 (1) $\dfrac{2\pi m_2}{m_1+m_2}$ (2)$\pi R\sqrt{\dfrac{4m_1m_2}{(m_1+m_2)k\lambda^2}}$

3.43 $\dfrac{2m(v_0+v)}{\mu Mg}$

3.44 (1)2.0rad/s²   1.0m/s²   (2)5.0 × 10³N

3.45 (1)10rad/s²   2.0m/s²   (2)17 N   (3)0.43

3.46 $\dfrac{2g}{3R}$ $\dfrac{2}{3}g$ $\dfrac{1}{3}mg$

3.47 $\dfrac{8g}{3R}$ $\dfrac{1}{3}g$ $\dfrac{4}{3}mg$

3.48 $\left(\dfrac{2r^2}{2r^2+R^2}\right)g$ $\left[\dfrac{R^2}{2(2r^2+R^2)}\right]mg$

3.49 6.09rad/s²   0.244m/s²   0.365m/s²   137N   56.6N

3.50 (1) $\dfrac{12Fx}{ml^2}$ $\dfrac{F}{m}$ (2) $\dfrac{12Fx\Delta t}{ml^2}$ $\dfrac{F\Delta t}{m}$

    (3) $\left(\dfrac{12Fx\Delta t}{ml^2}\right)t$ $\left(\dfrac{F\Delta t}{m}\right)t$

3.51 $\mu \geqslant \dfrac{1}{2}\tan\theta$

3.52 $h \geqslant \dfrac{27}{10}R$

3.53 $\dfrac{1}{4}mg$

3.54   (1) $\left(\dfrac{2m_1}{2m_1+3m_2}\right)\dfrac{g}{r_2}$ (2) $\left(\dfrac{2m_2}{2m_1+3m_2}\right)\dfrac{g}{r_1}$ $2\left(\dfrac{m_1+m_2}{2m_1+3m_2}\right)g$

    (3) $\left(\dfrac{m_1m_2}{2m_1+3m_2}\right)g$

3.55   (1) -0.80m/s^2 (2) -4.0rad/s^2 $-0.40\ \text{m/s}^2$

    (3) 11.4N(沿斜面向上)

3.56 $\left[\dfrac{2(m+M)\sin\theta}{3(m+M)-2m(\cos\theta)^2}\right]\dfrac{g}{r}$ $\left[\dfrac{m\sin2\theta}{3(m+M)-2m(\cos\theta)^2}\right]g$

3.57   (1) 2.0m/s^2 8.67m/s^2 (2) 14N   20N

3.58 $\sqrt{\dfrac{3(1-\cos\theta)gl}{[(\csc\theta)^2+3]}}$

3.59 $\dfrac{1}{7}a_i t^2$

3.60   (1) $\dfrac{4\sqrt{2}v_0}{7l}$ (2) $\dfrac{\sqrt{2}x}{2\pi l}$ (3) $\dfrac{24}{49}mv_0^2$

3.61   (1) $mR_G^2\omega$ (2) $\dfrac{gl}{2\omega R_G^2}$(俯视逆时针)

3.62   (1)2.0kg·m²/s(沿自转轴向下)   (2)0.98N·m(垂直纸面向

    里)   (3)0.98rad/s(俯视顺时针)

3.63   40m/s $4.5\times10^{-3}\text{m}^3\text{/s}$

3.64   1.5cm

第四章

4.1 -0.75m   2m   1m 1.75×10^{-8}s

4.2   (1) 1.5×10^8m/s   (2) -1.5×10^8m/s

4.3   (1) $0.93c$ (2) $-c$

4.4 $0.88c$(东偏北 $46°51'$)

4.5   (1)1.2m   (2)2m

4. 6　$2.4 \times 10^8 \mathrm{m/s}$

4. 7　$1.25 \times 10^{-14} \mathrm{m}$

4. 8　$1.2\mathrm{m}$　$1.2\mathrm{m}$

4. 9　(1)$0.816c$　(2)$0.707\mathrm{m}$

4. 10　$72\mathrm{h}$　$72\mathrm{h}$

4. 11　(1)$1.25 \times 10^{-8}\mathrm{s}$　(2)$0.75 \times 10^{-8}\mathrm{s}$　(3)$0.75 \times 10^{-8}\mathrm{s}$

4. 12　$1.04 \times 10^4 \mathrm{m} > 1.00 \times 10^4 \mathrm{m}$ 能到达。

4. 13　$-5.20 \times 10^8 \mathrm{m}$

4. 14　$2.61 \times 10^{-8}\mathrm{s}$

4. 15　$-4.0 \times 10^9 \mathrm{m}$　$16.7\mathrm{s}$

4. 16　$-5.77 \times 10^{-9}\mathrm{s}$

4. 17　$-4.0 \times 10^{-14}\mathrm{s}$ 尾先击中。

4. 18　(1)$2.5 \times 10^8 \mathrm{m/s}$　(2)$2.87 \times 10^8 \mathrm{m/s}$　(3)$215\mathrm{m}$
　　　(4)$7.5 \times 10^{-7}\mathrm{s}$

4. 19　(1)$-0.946c$　(2)$4.0\mathrm{s}$

4. 20　$0.94c$

4. 21　(1)$\dfrac{m_0}{l_0(1 - v^2/c^2)}$　(2)$\dfrac{m_0}{l_0 \sqrt{1 - v^2/c^2}}$

4. 22　(1)$8.19 \times 10^{-14}\mathrm{J}$　(2)$8.19 \times 10^{-14}\mathrm{J}$　0　0
　　　(3)$10.24 \times 10^{-14}\mathrm{J}$　$2.05 \times 10^{-14}\mathrm{J}$　$2.05 \times 10^{-22} \mathrm{kg \cdot m/s}$

4. 23　3.06

4. 24　$0.866c$

4. 25　$2.05 \times 10^{-14}\mathrm{J}$　$3.41 \times 10^{-14}\mathrm{J}$

4. 26　$2.78 \times 10^{-12}\mathrm{kg}$

4. 27　$3.6 \times 10^{26}\mathrm{W}$

4. 28　$0.33c$　$2.12m_0$

4. 29　$3.82 \times 10^{-12}\mathrm{J}$

4. 30　$1.96 \times 10^{-13}\mathrm{J}$

4. 31　$\dfrac{(m_\pi - m_\mu)^2 c^2}{2m_\pi}$　$\dfrac{(m_\pi^2 - m_\mu^2)c^2}{2m_\pi}$

4. 32　(1)$\dfrac{E}{c}$　(2)$\dfrac{c}{1 + m_p c^2/E}$

4. 33　(1)$0.25m_0 c^2$　$0.75m_0 c$　(2)$0.876m_0 c^2$　$1.59m_0 c$

第五章

5.1 (1)25.1rad/s 0.25s 0.05m $\dfrac{\pi}{3}$ 1.26m/s 31.6m/s²

    (2) $\dfrac{25}{3}\pi$ $\dfrac{49}{3}\pi$ $\dfrac{241}{3}\pi$

5.2 (2)x $= 0.05\cos(\dfrac{5}{6}\pi t - \dfrac{\pi}{3})$ (SI)

5.3 3m -49m/s -266m/s² $\dfrac{19}{3}\pi$ 0.67s

5.4 (1)x $= 0.29\cos(6.7t + \dfrac{\pi}{2})$ (SI) v $= -1.9\sin(6.7t + \dfrac{\pi}{2})$ (SI)

    a $= -13\cos(6.7t + \dfrac{\pi}{2})$ (SI) (2)0.13m 1.7m/s -6.0m/s²

5.5 ± 0.58m/s -0.45m/s² ± 0.60m/s 零。

5.6 (1)$x = 2 \times 10^{-2}\cos(4\pi t + \dfrac{\pi}{3})$ (SI)

    (2)$x = 2 \times 10^{-2}\cos(4\pi t - \dfrac{2\pi}{3})$ (SI)

5.7 $x = 0.1\cos(3.5t - \dfrac{\pi}{2})$(SI) $v = -0.35\sin(3.5t - \dfrac{\pi}{2})$ (SI)

    $a = -1.22\cos(3.5t - \dfrac{\pi}{2})$ (SI)

5.8 (1)$x = 0.29\cos(6\pi t - 46.4°)$(SI)

    (2)$t = 4.3 \times 10^{-2}$s $a = 103$m/s²。

5.9 1.58Hz

5.10 (1)-0.120m (2)0.0421N,正方向 (3)0.577s (4)0.665m/s

5.11 $T' = 1.003$s

5.12 (1)周期不变,总能量是原来的1/4,最大速率减半。

    (2)速率是原来的1/$\sqrt{5}$,动能是原来的1/5,势能不变。

5.14 A $\leqslant \mu_s(M + m)$g/k

5.15 (1)4.06kg (2)0.04m,向下 (3)44.6N,向上

5.16 (2)0.2m (3)0.05J (4)0.141m (5)$-146.8°$

5.17 (1)0.150m/s (2)0.112m/s,向下 (3)0.700s (4)4.38m

5.18 (1)2.6m/s (2)0.21m 0.49s

5.19 $x = 3.3\cos(15.8t + \dfrac{2}{5}\pi)$cm

5.20 (1)-8.66cm 2.14×10^{-3}N (2)$t = 2$s

$(3) t_2 - t_1 = \dfrac{4}{3}\text{s}$

5.21 (1)2.23Hz (2)0.56m/s (3)0.1kg

(4)初始静止位置下方0.2m 处。

5.22 2ν

5.23 (1)0.04J (2)0.796Hz

5.24 (1)$\omega' = \omega\sqrt{\dfrac{M}{M+m}}$ (2)$A' = A\sqrt{\dfrac{M + m\sin^2\varphi_1}{M+m}}$,这里 $\varphi_1 = \omega t_1$

5.25 $x = 0.02\cos\left(31.3t + \dfrac{\pi}{3}\right)$ (SI)

5.26 $\sqrt{\dfrac{3\pi}{G\rho}}$

5.27 $T = 2\pi\sqrt{\dfrac{3M}{2k}}$

5.28 $\nu = \dfrac{1}{2\pi}\sqrt{\dfrac{k}{6M+m}}$

5.29 $T = 2\pi\sqrt{\dfrac{m + \dfrac{M}{2}}{k}}$

5.30 $T = 2\pi\sqrt{\dfrac{M}{3k}}$

5.32 $\dfrac{1}{2\pi}\sqrt{\dfrac{k_1 + k_2}{m}}$; $\dfrac{1}{2\pi}\sqrt{\dfrac{k_1 + k_2}{m}}$; $\dfrac{1}{2\pi}\sqrt{\dfrac{k_1 k_2}{m(k_1 + k_2)}}$

5.33 $\omega = \sqrt{\dfrac{12g}{7l}} = 4.1\text{rad/s}$

5.34 $T = 2\pi\sqrt{\dfrac{2R}{g}}$

5.35 (2)$\approx 10\sqrt{2}\,R$ (3)35.9cm

5.36 $T = 2\pi\sqrt{\dfrac{7(R-r)}{5g}}$

5.37 $T = 4\pi\dfrac{a}{b^2}\sqrt{2ma}$

5.38 24.5s

5.39 0.3N

5.40 (1)4.8分 (2)4.8×10^{-3}/s

5.41 (1)$\omega = 20\text{rad/s}$ (2)$A = 3.13 \times 10^{-2}\text{m}$ $\varphi = -26.6°$

$(3)x = 1.21 \times 10^{-3}\text{m}$　$v = 0$

5.42　$(1)9.3 \times 10^{-3}\text{m}$　$76°$　　$(2)1.2 \times 10^{-2}\text{m}$

5.43　25

5.46　$x = 2\sqrt{3}\cos(4\pi t + \dfrac{\pi}{3})(\text{SI})$

5.47　$(1)\varphi_2 = 2m\pi + \dfrac{\pi}{6}$　$m = 0, \pm 1, \pm 2, \cdots$　$A_{\max} = 0.6\text{m}$

　　　$(2)\varphi_2 = (2m + 1)\pi + \dfrac{\pi}{6}$　　$m = 0, \pm 1, \pm 2, \cdots$　　$A_{\min} = 0.2\text{m}$

5.48　$219\sqrt{2}\cos(100\pi t + 65.8°)$　V

5.49　$\Delta\varphi = 84.3°$

5.50　A　0　$3A$

5.51　$x = 0.08\cos(120\pi t + \dfrac{\pi}{2})$　(SI)

5.54　$(1)A_x/A_y = 1.1$　　$(2)\omega_x/\omega_y = 1/2$　　$(3)\varphi_y = \dfrac{\pi}{2}$

第六章

6.1　$(1)6.0\text{m}$　0.6s　1.7Hz

6.2　$(1)A = 6 \times 10^{-3}\text{m}$　$\lambda = 0.31\text{m}$　$\omega = 4\text{rad/s}$　$\nu = 0.64\text{Hz}$

　　　$T = 1.57\text{s}$　$u = 0.2\text{m/s}$　向负 x 轴传播　$(2)t = -0.26\text{s} + nT$

6.3　$(1)0.20\text{cm}$　95.5Hz　300cm/s　3.14cm

　　　$(2)\ 120\text{cm/s}$

6.4　$(1)T = 0.2\text{s}$　$\nu = 5\text{Hz}$　$\omega = 31.4\text{rad/s}$

　　　$(2)y = 2 \times 10^{-2}\cos(10\pi t - \dfrac{5\pi}{3}x)$　(SI)

6.5　$(1)y = 0.05\cos(\dfrac{\pi}{2}t + \dfrac{\pi}{2})$　(SI)

　　　$(2)y = 0.05\cos(\dfrac{\pi}{2}t + \dfrac{\pi}{2}x + \dfrac{\pi}{2})$　(SI)

6.6　$(1)4.0\text{mm}$　$(2)0.040\text{s}$　$(3)3.6\text{m/s}$、0.14m

　　　$y = 4 \times 10^{-3}\cos\left[50\pi\left(t - \dfrac{x}{3.6}\right) - \dfrac{\pi}{2}\right]$　(SI)

　　　$(4)0.24\text{m}$、6m/s　(5)不能

6.7　$(1)20.0\text{Hz}$、126rad/s、3.49rad/m

　　　$(2)y(x,t) = 2.50 \times 10^{-3}\text{m}\cos\left[(126\text{rad/s})t - (3.49\text{rad/m})x - \dfrac{\pi}{2}\right]$

$(3)y(t)=2.50\times10^{-3}\text{m cos}\left[(126\text{rad/s})t-\dfrac{\pi}{2}\right]$

$(4)y(t)=2.50\times10^{-3}\text{m cos}\left[(126\text{rad/s})t\right]$

$(5)0.134\text{m/s}$ $(6)0、-0.314\text{m/s}$

6.8 $y_1=2\cos(2\pi t+\dfrac{\pi}{5}x+\dfrac{\pi}{3})$ $y_2=2\cos(2\pi t+\dfrac{\pi}{5}x-\dfrac{\pi}{6})$

6.9 $A=6.0\text{cm}$ $\lambda=100\text{cm}$ $\nu=2.0\text{Hz}$ $u=200\text{cm/s}$ 负 x 方向以及

$\left(\dfrac{\partial y}{\partial t}\right)_{\text{max}}=75\text{cm/s}$

6.10 $(1)1.5\text{N/m}^2$ $(2)165\text{Hz}$ $(3)2.0\text{m}$ $(4)330\text{m/s}$

6.12 $(1)0.01\cos(\pi t+\dfrac{\pi}{3})$ (SI) $(2)0.01\cos\left[(\pi t-\dfrac{\pi}{2}x)+\dfrac{\pi}{3}\right]$ (SI)

$(3)0.01\cos(\pi t-\dfrac{5}{6}\pi)$ (SI) $\dfrac{7}{3}\text{m}$

6.13 $(1)6\text{m/s}$ $(2)y=3\times10^{-3}\cos(50\pi t+\dfrac{25}{3}\pi x-\dfrac{\pi}{2})$ (SI)

6.14 $y=6.0\times10^{-2}\cos(\dfrac{\pi}{5}t-\dfrac{3}{5}\pi)$ (SI)

6.15 $(1)y=0.1\cos(4\pi t-\dfrac{\pi}{6})$ (SI) $(2)0.628\text{m/s}$

6.16 0.75m/s

6.17 100m/s

6.18 $\lambda^2 g\mu/4\pi^2F$

6.19 $(1)16.0\text{m}$ $(2)3.29\times10^{-8}\text{m}$ $(3)4.55\times10^{-5}\text{m/s}$

6.20 0.117N

6.21 $(1)12\text{m/s}$ $(2)10.7\text{m/s}$

$(3)y=0.04\sqrt{2}\cos(60\pi t+5\pi x-\dfrac{\pi}{4})$ (SI)

6.22 $(1)10\text{m/s}$ $(2)2\text{m}$ $(3)3.94\times10^{-3}\text{N}$

6.24 v_0

6.25 $\pi/\sqrt{2}\,\omega$

6.26 $5.3\times10^{-15}\text{J/m}^3$

6.27 $(1)1.58\times10^2\text{J/m}^3$ $1.58\times10^5\text{W/m}^2$ $(2)3.79\times10^3\text{J}$

6.28 $(1)0.20\text{W}$ $(2)0.050\text{W}$

6.29 1.6π

6.30 $(1)1000n\text{ Hz}(n=1,2,3,\cdots)$

$(2)1000\left(n-\dfrac{1}{2}\right)Hz=500$Hz,$1500$Hz,$2500$Hz,$\cdots$($n=1,2,3,\cdots$)

6.31 (1)$180°$

   (2)A:3.98×10^{-6}W/m^2 66.0dB B:5.31×10^{-7}W/m^2 57.2dB

   (3)1.60×10^{-6}W/m^2 62.0dB

6.32 (1)$(k+0.5)$m $k=0,1,2,\cdots$

   (2)km $k=0,1,2,\cdots$

6.33 0

6.34 $4I_0$ 0

6.35 $\lambda=4\left(\sqrt{(H+h)^2+(\dfrac{d}{2})^2}-\sqrt{H^2+(\dfrac{d}{2})^2}\right)$

6.36 (1)3π (2)0

6.37 运动轨迹是半径为 A 的圆。如迎着波,在 S_1 外侧,圆运动是逆时针绕向;在 S_2 外侧,则是顺时针绕向。

6.38 (1)$y=y_1+y_2+y_3=0.1\sin(\omega t-kx)$

6.39 (1)$7.9°$ (2)$16°$ (3)3 次

6.40 (1)$A=0.01$m $u=37.5$m/s   (2)0.157m   (3)-8.08m/s

6.41 (1)$y_2=A\cos(\omega t+kx-6k+\pi)$ (2)$y=2A\cos(kx-3k+\dfrac{\pi}{2})\cos$

   $(\omega t-3k+\dfrac{\pi}{2})$

6.42 静止点在 AB 之间,离 A 点的距离为 $x=(15+2n)$m,这里 $n=0,\pm1,\pm2,\cdots,\pm7$。

6.43 (1)离 S_1 的距离为 $x=(4\dfrac{2}{3}-n)$m,这里 $n=-5、-4、\cdots、+3、+4$ 的整数   (2)无

6.44 (1)$\lambda=2$m $\nu=25$Hz   (2)$y=4\times10^{-3}\sin\pi x\cos50\pi t$ (SI)

6.45 (1)$y_2=A\cos\left[2\pi(\dfrac{t}{T}-\dfrac{x}{\lambda})+\dfrac{\pi}{2}\right]$

   (2)$y=y_1+y_2=-2A\cos\dfrac{2\pi x}{\lambda}\sin2\pi\dfrac{t}{T}$

   (3)波腹 $x=m\dfrac{\lambda}{2},m=0,1,2,\cdots$

      波节 $x=(2m+1)\dfrac{\lambda}{4},m=0,1,2,\cdots$

6.46 (1)$A=0.25$cm $u=120$cm/s   (2)3cm   (3)$v=0$

6.47 (1)311m/s   (2)246Hz   (3)频率不变,波长为 1.40m

6.48　(1)84Hz　　(2)635N

6.49　(1)408Hz　(2)24

6.50　5.0×10^2Hz　1.5×10^3Hz　2.5×10^3Hz

6.51　(1)$(E_k)_{max} = 2.2 \times 10^{-2}$J　　(2)$E_k = 0, E_p = 2.2 \times 10^{-2}$J

6.52　(1)$\lambda' = 0.32$m　　(2)$\nu = 1150$Hz　(3)$\lambda'' = 0.271$m　$\nu'' = 1253$Hz

6.53　358Hz

6.54　(1)373Hz　(2)369Hz　(3)4Hz

6.55　(1)0.25m/s　(2)0.90m

6.56　(1)300Hz　(2)226Hz

6.57　甲车听到的声频为 $\nu_甲 = 586$Hz，而 $\nu_乙 = 588$Hz

6.58　$v_s = 0.25$m/s

6.59　480Hz

6.60　1.5×10^{-5}W

6.61　(1)2　　(2)1.41

第七章

7.1　(1)6.64×10^{-27}kg　　(2)2.24×10^{-2}m³/mol
　　(3)2.69×10^{25} m⁻³　　(4)0.179kg/m³

7.2　42.2m/s　45.8m/s　7.34×10^{-7}J

7.3　(1)1.91×10^{-6}kg　(2)2.88×10^{20}　(3)5.14×10^{24}m⁻³

7.4　1.88×10^4Pa

7.5　4.98×10^{-21}J　8.30×10^{-21}J　1.73×10^3m/s

7.6　(1)4.99×10^3J　3.32×10^3J　8.31×10^3J
　　(2)4.99×10^3J　　0　4.99×10^3J

7.7　1.29×10^4eV　1.57×10^6m/s

7.8　(1)5.65×10^{-21}J　　(2)9.42×10^{-21}J　　(3)37.5％

7.9　1.3×10^{-2}K

7.12　(1)1.58×10^3m/s　1.78×10^3m/s　1.93×10^3m/s
　　(2)2.31×10^{19}

7.13　0.83％

7.14　120K　1.13×10^3m/s　1.22×10^3m/s

7.15　$\dfrac{4}{\pi v}$

7.16　(2)$\dfrac{3}{v_0^3}$　　(3)v_0　　$\dfrac{3}{4}v_0$　　$\sqrt{\dfrac{3}{5}}v_0$　　(4)$\sqrt{\dfrac{3}{20}}v_0$

7.17　(1)$\sqrt{\dfrac{m_2}{m_1}}$　　(2)$\dfrac{4E}{3V}$

7.18　$\rho_0 e^{\frac{m\omega^2 r^2}{2kT}}$

7.19　2.3×10^3m

7.20　2.05

7.21　0.999

7.22　2.37×10^6 s^{-1}

7.23　3.21×10^{17}m^{-3}　真空管线度

7.24　(1)7.1×10^3m/s　　(2)2.0×10^{-10}m　　(3)3.6×10^{10}s^{-1}

7.25　$\dfrac{\kappa_1 L_2 T_1+\kappa_2 L_1 T_2}{\kappa_1 L_2+\kappa_2 L_1}$

7.26　(1)-12.5K　　(2)9.6×10^4W/m^2

7.27　1.01×10^{19}/(m^{-2}·s^{-1})　3.02×10^{-9}kg/s

7.28　(1)6.24×10^{-8}m　　(2)3.66×10^{-10}m

7.29　1.28×10^{-7}m　2.56×10^{-10}m

7.30　<2.4Pa

7.31　(1)7.8×10^{-4}m^3　　(2)4.0×10^{-10}m　　(3)9.3×10^7Pa

7.32　3.27×10^6Pa　4.12×10^6Pa

第八章

8.1　-1.93×10^3J

8.2　-7.2×10^2J

8.3　30J

8.4　外界对它做功 2.12×10^5J

8.5　(1)266J　　(2)放热 308J

8.6　2.16×10^9J　1.69×10^8J　1.99×10^9J

8.7　125J　-84J　-8.4J/(mol·K)

8.8　(1)692J　　(2)969J

8.9　40.0%　　28.6%

8.11　1.67

8.12　50.0×10^{-3}m^3　0.908×10^5Pa

8.13　1.93×10^5 J

8.14　54J

8.15　(1)3.28×10^3J　2.03×10^3J　1.25×10^3J

(2)2. 94×10³J   1. 69×10³J   1. 25×10³J

8. 16   1. 04×10³J

8. 17   (1)141K   51. 8L   (2)1. 22×10⁴J

8. 18   9. 5×10²J

8. 19   (2)1. 25×10⁴J   (3)0   (4)1. 25×10⁴J   (5)113L

8. 20   (1)ab (2)200J

8. 22   2. 67×10⁵Pa   383K

8. 23 $\gamma=\dfrac{\ln p_1-\ln p_0}{\ln p_1-\ln p_2}$

8. 24   (1)1. 71   (2)71. 3J   (3)−55. 3J

8. 25 $C_m=C_{V,m}+\dfrac{R}{2}$

8. 26   (2)200J   (3)241K

8. 27 $A^2\left(\dfrac{1}{V_1}-\dfrac{1}{V_2}\right)$ 放热

8. 28   (1)75J   0   75J   2. 0×10²J   2. 0×10²J   0   (2)75J

8. 29   13. 4%

8. 30   5. 6%

8. 31   (1)25. 0%   (2)5. 86×10⁸J

8. 32   (2)$\nu RT_1\left(\dfrac{V_1^{\gamma-1}}{V_2^{\gamma}}\right)$ V_2 $T_1\left(\dfrac{V_1}{V_2}\right)^{\gamma-1}$ (4)$1-\dfrac{1-\left(\dfrac{V_1}{V_2}\right)^{\gamma-1}}{(\gamma-1)\ln\dfrac{V_2}{V_1}}$

8. 33   (1)2. 3m³   346K   1. 8×10⁵Pa   (2)30%

8. 34   12%

8. 35   (1)334 C   (2)26. 8%   55. 0%

8. 36   (1)1. 66×10⁶J   (2)1. 84×10⁷J   (3)7. 0×10⁵J

8. 37   2. 75×10⁵J   1. 70×10⁵J

8. 38   4. 0×10⁴J

8. 39   (1)$\nu R\ln 2$ (2)0

8. 40   2. 25J/K

8. 41   (1)1. 3×10³J   (2)2. 8×10³J   (3)23. 5J/K

8. 42   (1)1. 30×10³J/K   (2)−1. 12×10³J/K   (3)180J/K

8. 43   37. 0J/K

8. 44 $2\left(\dfrac{m_1}{M_1}\right)R\ln 2$